21 世纪
高等院校数学规划系列教材／主编　肖筱南

高 等 数 学

（第二版）

（下　册）

肖筱南　林建华　高琪仁
庄平辉　许清泉　林应标　编著

北京大学出版社
PEKING UNIVERSITY PRESS

图书在版编目(CIP)数据

高等数学. 下册/肖筱南等编著. —2 版. —北京： 北京大学出版社，2023.2
21 世纪高等院校数学规划系列教材
ISBN 978-7-301-33703-5

Ⅰ.①高…　Ⅱ.①肖…　Ⅲ.①高等数学 – 高等学校 – 教材　Ⅳ.①O13

中国国家版本馆 CIP 数据核字(2023)第 007980 号

书　　　　名	高等数学（第二版）（下册）
	GAODENG SHUXUE（DI-ER BAN）（XIACE）
著作责任者	肖筱南　林建华　高琪仁　庄平辉　许清泉　林应标　编著
责 任 编 辑	曾琬婷
标 准 书 号	ISBN 978-7-301-33703-5
出 版 发 行	北京大学出版社
地　　　址	北京市海淀区成府路 205 号　100871
网　　　址	http://www.pup.cn　新浪微博：@北京大学出版社
电 子 信 箱	zpup@pup.cn
电　　　话	邮购部 010-62752015　发行部 010-62750672　编辑部 010-62754819
印 刷 者	北京鑫海金澳胶印有限公司
经 销 者	新华书店
	787 毫米×960 毫米　16 开本　18.5 印张　400 千字
	2011 年 1 月第 1 版
	2023 年 2 月第 2 版　2024 年 2 月第 2 次印刷（总第 8 次印刷）
印　　　数	22001—25000 册
定　　　价	55.00 元

"21 世纪高等院校数学规划系列教材"
编审委员会

主　编　肖筱南

编　委　（按姓氏笔画为序）

王海玲　　王惠君　　庄平辉　　许振明

许清泉　　李清桂　　杨世廞　　林应标

林建华　　欧阳克智　周小林　　周牡丹

单福奎　　茹世才　　宣飞红　　殷　倩

高琪仁　　曹镇潮

内 容 简 介

　　本书是根据教育部关于高等学校理工类本科"高等数学"课程教学大纲的要求,结合编者多年在教学第一线积累的实践经验以及对"高等数学"课程内容的深入研究和透彻理解编写而成的.本书旨在培养学生的数学素质、创新意识以及运用数学知识解决实际问题的能力.全书分上、下两册,上册内容包括:函数、极限与连续,导数与微分,微分中值定理与导数的应用,不定积分,定积分,定积分的应用,常微分方程;下册内容包括:空间解析几何与向量代数,多元函数微分学,重积分,曲线积分与曲面积分,无穷级数.各章中除"综合例题"一节外,每节均配有适量的习题,书末附有部分习题答案或提示,供读者参考.

　　本书内容取材适当,逻辑清晰,重点突出,难点分散,通俗易懂,便于自学.每一章的最后设置了"综合例题"一节,介绍各种重要的题型,博采众长的解题方法.这对开阔解题思路,激发学生学习兴趣,提高学生综合运用数学知识的能力将是十分有益的.本次修订保持了第一版的风格、体系与结构以及诸多优点,同时更加注重实用性和适用性,力图使本书更切合学生的实际要求,更便于教学与自学.

　　本书可作为高等学校理工类本科"高等数学"课程的教材,也可作为考研学生的一本无师自通的参考书.

第二版前言

本书自第一版出版以来,受到了广大读者和同行的青睐,并被许多高等学校的教师相继选为教材或教学参考书.

进入 21 世纪以来,随着我国高等教育事业的快速发展,对高等学校数学基础课程的教学提出了新的挑战.为了更好地满足新形势下对高等学校理工类本科"高等数学"课程培养高素质复合型、创新型人才的要求,我们根据多年的教学研究与实践,结合广大读者的反馈意见以及新形势下广大理工类本科生对"高等数学"课程的学习要求,在第一版的基础上,对本书进行全面修订.

在修订中,我们在保持第一版风格、体系与结构以及诸多优点的基础上,特别注意针对教学中学生经常出现的疑惑,进一步加强了对一些重要概念的引入描述以及重点、难点问题与典型实例的深入剖析,使全书脉络更加清晰,理论内容更加深入浅出、通俗易懂,思路更加开阔,解题方法、技巧更加完善,以达到易教易学之目的.

本次修订由肖筱南制订修订方案,并负责统稿、定稿,其中参与修订工作的有林建华、高琪仁、许清泉、庄平辉、林应标.在修订过程中,充分听取了广大用书教师与学生的意见与建议,并广泛汲取了国内外优秀教材的优点.在此,对相关人员表示衷心感谢.

本书的修订出版得到了北京大学出版社及厦门大学嘉庚学院的鼎力支持与帮助,在此谨一并表示由衷感谢.

我们谨将此书奉献给广大的热心读者.书中不妥之处,敬请广大读者批评指正.

编　者

2022 年 1 月

第一版前言

随着我国高等教育改革的不断深入，根据教育部《关于做好 2009 年度高等学校本科教学质量与教学改革工程项目申报工作的通知》的精神，为了更好地适应 21 世纪对高等学校培养复合型高素质人才的需要，北京大学出版社计划出版一套对国内高等学校本科大学数学公共课程教学质量与教学改革起到积极推动作用的“21 世纪高等院校数学规划系列教材”．应北京大学出版社的邀请，我们这些长期在教学第一线的教师，经过统一策划、集体讨论、反复推敲，编写了这套教材，其中包括：《高等数学(上册)》《高等数学(下册)》《微积分》《线性代数》《新编概率论与数理统计》《现代数值计算方法》．

在结合编写者长期讲授本科大学数学公共课程所积累的成功教学经验的同时，本套教材紧扣教育部关于本科大学数学公共课程的教学大纲，紧紧围绕 21 世纪大学数学公共课程教学改革与创新这一主题，立足大学数学公共课程教学改革新的起点、新的高度，狠抓了教材建设中基础性与前瞻性、通俗性与创新性、启发性与开拓性、趣味性与科学性、直观性与严谨性、技巧性与应用性的和谐与统一的“六突破”．实践将会有力证明，符合上述先进理念的优秀教材，将会深受广大学生的欢迎．

本套教材的特点还体现在：在编写过程中，我们按照本科数学基础课程要“加强基础，培养能力，重视应用”的改革精神，对传统的教材体系及教学内容进行了必要的调整和改革，在遵循本学科科学性、系统性与逻辑性的前提下，尽量注意贯彻深入浅出、通俗易懂、循序渐进、融会贯通的教学原则与直观形象的教学方法．既注重数学基本概念、基本定理和基本方法的本质内涵的剖析与阐述，特别是对它们的几何意义、物理背景、经济解释以及实际应用价值的剖析，又注重学生基本运算能力的训练以及综合分析问题、解决问题能力的培养；既兼顾教材的前瞻性，教材的优点，又注意数学基础课程与相关专业课程的联系，为各专业后续课程打好坚实的基础．

为了帮助各类学生更好地掌握相应课程的教学内容，加强基础训练和基本能力的培养，本套教材紧密结合概念、定理和运算法则配置了丰富的例题，并做了深入的剖析与解答．各章中除“综合例题”一节外，每节均配有适量习题，以供读者复习、巩固所学知识．书末附有部分习题答案与提示，以便读者参考．

本书分上、下两册，共十二章，其中第一章由杨世廞编写，第二章由林建华编写，第三章由林应标编写，第四、五、六章由许清泉编写，第七章由庄平辉编写，第八章由杨世廞编写，第九章由高琪仁编写，第十章由林应标编写，第十一章由林建华编写，第十二章由庄平辉编写，许清泉参与全书习题的编写．全书先由林建华负责修改与统稿，最后由肖筱南负责审稿和定稿.

　　本套教材的编写与出版,得到了北京大学出版社及厦门大学嘉庚学院的大力支持与帮助,刘勇副编审与责任编辑曾琬婷为本套教材的出版付出了辛勤劳动,在此一并表示诚挚的谢意.

　　限于编者水平,书中难免有不妥之处,恳请读者指正!

编　者

2010 年 6 月

目 录

目录

$$S(t) = V(t)$$

$$V_0 = C_1$$

$$\therefore \quad \cancel{S(t) = V}$$

$$S = Vt + C_2 \quad \rightarrow \underline{S} = V_0t + at + C_2$$

$$S = V_0t + \frac{1}{2}at^2 \qquad = \underline{C_2 + C_1 + at.}$$

$$Vt = V_0t + at.$$

$$\frac{d^2x}{dt^2} = -k^2x \quad \star \, \& \qquad \qquad \boxed{} \; \square$$

$$x = C_1 \cdot \cos kt + C_2 \cdot \sin kt.$$

$$\boxed{x \big|_{t=0} = A}$$

$$\boxed{\frac{dx}{dt} \bigg|_{t=0} = 0}$$

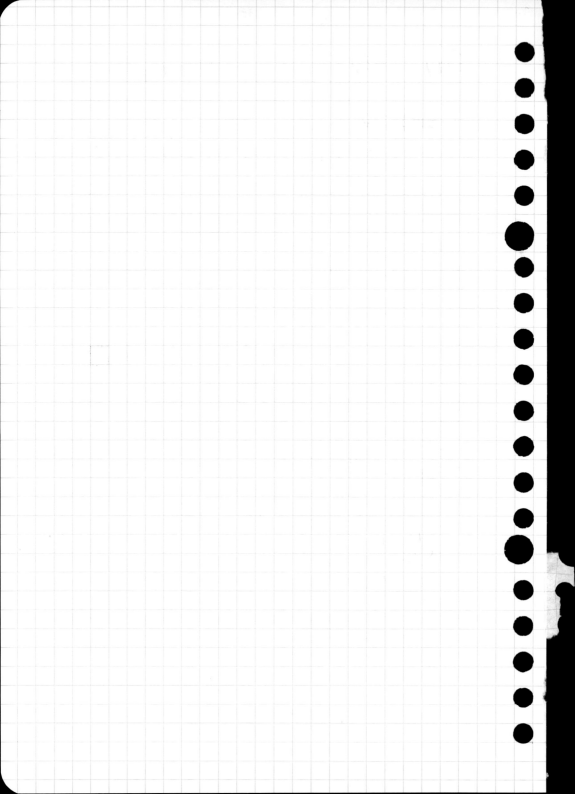

第 八 章 空间解析几何与向量代数

空间解析几何的产生是数学史上一个划时代的成就,它开创了人们用代数方法研究几何问题的新时代.空间解析几何通过坐标系的建立,完美地把数学研究的两个基本对象——形与数统一结合起来.

向量也称为矢量,它是在数学、物理学中经常要用到的一个基本工具.本章作为学习多元函数微积分学的预备知识,将介绍空间解析几何与向量代数的基本内容.

§8.1 向量代数

一、向量的概念

在实际问题中所遇到的量有两类:一类由数值完全确定,例如温度、质量、面积等,这一类量叫作**数量**(或**纯量**);另一类既有大小,又有方向,例如速度、力、位移、电场强度等,这一类量叫作**向量**(或**矢量**).

在几何上,向量可以用空间中一条带有箭头的线段,即有向线段来表示,其中线段的长度表示向量的大小,线段的方向表示向量的方向.以 A 为起点,B 为终点的有向线段所表示的向量记作 $\overrightarrow{AB}$(见图 8-1),也可以用黑体字母 $\boldsymbol{a}$ 或加箭头的字母来 $\vec{a}$ 表示这一向量.

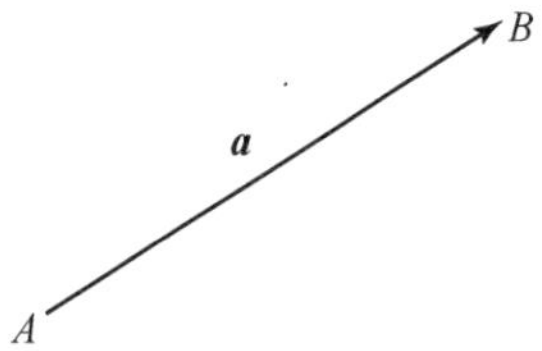

图 8-1

这里只讨论与起点无关的向量,即所谓的**自由向量**.也就是说,若两个向量 $\boldsymbol{a}$ 和 $\boldsymbol{b}$ 的大小相等且方向相同,就规定向量 $\boldsymbol{a}$ 和 $\boldsymbol{b}$ 是**相等**的,记作 $\boldsymbol{a}=\boldsymbol{b}$.换句话说,若两个向量被平移到同一起点后能完全重合,则它们就是相等的.

向量的大小叫作向量的**模**.向量 $\overrightarrow{AB}$(或 $\boldsymbol{a}$,$\vec{a}$)的模记作 $|\overrightarrow{AB}|$(或 $|\boldsymbol{a}|$,$|\vec{a}|$).模等于 1 的向量称为**单位向量**.模等于零的向量称为**零向量**,记为

0 或 $\vec{0}$. 规定零向量的方向是任意的.

设有两个非零向量 $\boldsymbol{a},\boldsymbol{b}$. 任取空间一点 O, 作 $\overrightarrow{OA}=\boldsymbol{a},\overrightarrow{OB}=\boldsymbol{b}$, 称 $\angle AOB=\varphi$(规定 $0\leqslant\varphi\leqslant\pi$)为向量 $\boldsymbol{a}$ 与 $\boldsymbol{b}$ 的**夹角**(见图 8-2), 记作 $(\widehat{\boldsymbol{a},\boldsymbol{b}})$ 或 $(\widehat{\boldsymbol{b},\boldsymbol{a}})$.

如果 $(\widehat{\boldsymbol{a},\boldsymbol{b}})=0$ 或 π, 则称向量 $\boldsymbol{a}$ 与 $\boldsymbol{b}$ **平行**, 记作 $\boldsymbol{a}/\!/\boldsymbol{b}$.

如果 $(\widehat{\boldsymbol{a},\boldsymbol{b}})=\dfrac{\pi}{2}$, 则称 $\boldsymbol{a}$ 与 $\boldsymbol{b}$ **垂直**, 记作 $\boldsymbol{a}\perp\boldsymbol{b}$.

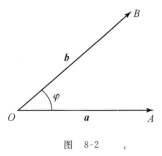

图 8-2

当向量 $\boldsymbol{a}$ 与 $\boldsymbol{b}$ 中有一个是零向量时, 规定它们的夹角可以取 0 到 π 之间的任意值. 因此, 可以认为零向量与任意向量都平行, 也可以认为零向量与任意向量都垂直.

由于我们只讨论自由向量, 因此当 $\boldsymbol{a}/\!/\boldsymbol{b}$ 时, 任取一定点作为共同的起点, 则 $\boldsymbol{a}$ 与 $\boldsymbol{b}$ 的终点和起点都落在同一条直线上. 所以, 这时也称 $\boldsymbol{a}$ 与 $\boldsymbol{b}$ **共线**. 设有 $n(n\geqslant3)$ 个向量, 当取定一共同的起点时, 若这 n 个向量的终点和起点都落在同一个平面上, 则称这 n 个向量**共面**.

向量的大小和方向是组成向量的不可分割的部分, 也是向量与数量的根本区别所在, 因此在讨论向量时, 必须把它的大小和方向统一起来考虑.

二、向量的线性运算

下面定义向量的加法、减法和向量与数的乘法, 它们统称为向量的**线性运算**.

1. 向量的加法

向量的**加法**规定如下: 设有两个向量 $\boldsymbol{a}$ 与 $\boldsymbol{b}$, 在空间中任取一点 A, 作 $\overrightarrow{AB}=\boldsymbol{a}$, 再以 B 为起点作 $\overrightarrow{BC}=\boldsymbol{b}$, 连接 AC, 称向量 $\overrightarrow{AC}=\boldsymbol{c}$ 为向量 $\boldsymbol{a}$ 与 $\boldsymbol{b}$ 的**和**, 记作 $\boldsymbol{a}+\boldsymbol{b}$[见图 8-3(a)], 即

$$\boldsymbol{c}=\boldsymbol{a}+\boldsymbol{b}.$$

上述规定两个向量之和的方法, 叫作

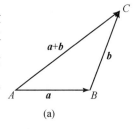
(a)

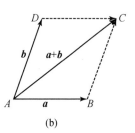
(b)

图　8-3

向量加法的**三角形法则**. 此外, 也可以仿照力的合成法则, 用**平行四边形法则**规定两个向量之和. 这就是说, 当向量 $\boldsymbol{a}$ 与 $\boldsymbol{b}$ 不平行时, 作 $\overrightarrow{AB}=\boldsymbol{a},\overrightarrow{AD}=\boldsymbol{b}$, 以 AB,AD 为边作平行四边形 $ABCD$, 连接对角线 AC, 则向量 $\overrightarrow{AC}=\boldsymbol{a}+\boldsymbol{b}$[见图 8-3(b)].

由上述向量加法的定义, 容易验证向量加法满足下列运算规律:

(1) **交换律**: $\boldsymbol{a}+\boldsymbol{b}=\boldsymbol{b}+\boldsymbol{a}$[见图 8-4(a)];

(2) **结合律**: $(\boldsymbol{a}+\boldsymbol{b})+\boldsymbol{c}=\boldsymbol{a}+(\boldsymbol{b}+\boldsymbol{c})$[见图 8-4(b)].

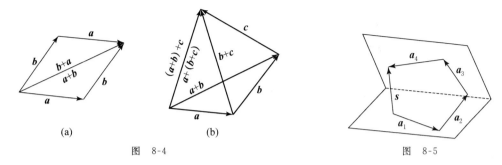

图　8-4　　　　　　　　　　图　8-5

由于向量加法满足交换律和结合律,因此 n 个向量 $a_1,a_2,\cdots,a_n(n\geqslant 3)$ 相加可记为
$$a_1+a_2+\cdots+a_n,$$
并可按照向量加法的三角形法则作出这 n 个向量之和,即以任意次序相继作向量 $a_1,a_2,\cdots,$ a_n,并以前一向量的终点作为后一向量的起点,再以第一个向量的起点为起点,最后一个向量的终点为终点作出一个向量 s,这个向量就是所求的和(参见图 8-5,其中 $n=4$),即
$$s=a_1+a_2+\cdots+a_n.$$

2. 向量的减法

作为向量加法的逆运算,向量的**减法**规定如下:设 a 为一个向量,与 a 的模相等而方向相反的向量叫作 a 的**负向量**(或逆向量、反向量),记作 $-a$.规定向量 b 与 a 的**差**为
$$b-a=b+(-a),$$
即将向量 $-a$ 加到向量 b 上,便得 $b-a$(见图 8-6).特别地,当 $b=a$ 时,可得
$$a-a=a+(-a)=0.$$

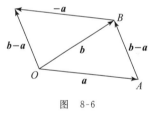

向量 b 与 a 的差也可按照下面的方法作图得到:任取点 O,作 $\overrightarrow{OA}=a,\overrightarrow{OB}=b$,则 $b-a=\overrightarrow{AB}$(见图 8-6).

图　8-6

由向量和与差的作图法,可得到向量模的不等式
$$|a+b|\leqslant|a|+|b|,\quad|a-b|\leqslant|a|+|b|,$$
其中第一个式子仅当 a,b 同向时等号成立,第二个式子仅当 a,b 反向时等号成立.在忽略等号时,这就是三角形两边之和大于第三边的向量表示形式.

3. 向量与数的乘法

向量 a 与实数 λ 的**乘积**记作 λa,规定其模为
$$|\lambda a|=|\lambda||a|,$$
它的方向为:当 $\lambda>0$ 时,与 a 同向;当 $\lambda<0$ 时,与 a 反向;当 $\lambda=0$ 时,λa 为零向量 0.这种运算就是**向量与数的乘法**.

容易验证,向量与数的乘法满足下列运算规律:

第八章 空间解析几何与向量代数

(1) 结合律：$\lambda(\mu a) = \mu(\lambda a) = (\lambda\mu)a$ $(\lambda,\mu \in \mathbf{R})$；

(2) 分配律：$(\lambda+\mu)a = \lambda a + \mu a$，$\lambda(a+b) = \lambda a + \lambda b$ $(\lambda,\mu \in \mathbf{R})$.

设 a 是一个非零向量，记 $e_a = \dfrac{1}{|a|}a$. 按照向量与数的乘积的规定，显然 e_a 与 a 同向，且 $|e_a| = 1$，即 e_a 是与 a 同方向的单位向量，从而有 $a = |a|e_a$. 更一般地，有下述结论：

定理 设向量 $a \neq \mathbf{0}$，则向量 b 平行于 a 的充要条件是，存在唯一的实数 λ，使得
$$b = \lambda a.$$

证 由向量与数的乘积的定义，立即推出充分性. 下面证明必要性.

设 $b // a$，取 $|\lambda| = \dfrac{|b|}{|a|}$，且当 b 与 a 同向时，取 $\lambda > 0$；当 b 与 a 反向时，取 $\lambda < 0$. 可以证明 $b = \lambda a$. 这是因为，b 与 λa 同向，且
$$|\lambda a| = |\lambda|\,|a| = \frac{|b|}{|a|}|a| = |b|.$$

下面证明 λ 的唯一性. 设 $b = \lambda a$，又设 $b = \mu a$，两式相减得
$$(\lambda-\mu)a = \mathbf{0}, \quad 即 \quad |\lambda-\mu|\,|a| = 0.$$
因为 $|a| \neq 0$，所以 $|\lambda-\mu| = 0$，即 $\lambda = \mu$.

例 1 设 $\triangle ABC$ 的三边为 $\overrightarrow{BC} = a$，$\overrightarrow{CA} = b$，$\overrightarrow{AB} = c$，这三边的中点依次为 D,E,F，试证：
$$\overrightarrow{AD} + \overrightarrow{BE} + \overrightarrow{CF} = \mathbf{0}.$$

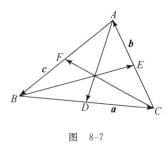

图 8-7

证 如图 8-7 所示，有
$$\overrightarrow{BD} = \frac{1}{2}\overrightarrow{BC} = \frac{1}{2}a, \quad \overrightarrow{CE} = \frac{1}{2}\overrightarrow{CA} = \frac{1}{2}b, \quad \overrightarrow{AF} = \frac{1}{2}\overrightarrow{AB} = \frac{1}{2}c,$$
于是
$$\overrightarrow{AD} = \overrightarrow{AB} + \overrightarrow{BD} = c + \frac{1}{2}a, \quad \overrightarrow{BE} = \overrightarrow{BC} + \overrightarrow{CE} = a + \frac{1}{2}b,$$
$$\overrightarrow{CF} = \overrightarrow{CA} + \overrightarrow{AF} = b + \frac{1}{2}c.$$

所以
$$\overrightarrow{AD} + \overrightarrow{BE} + \overrightarrow{CF} = c + \frac{1}{2}a + a + \frac{1}{2}b + b + \frac{1}{2}c = \frac{3}{2}(a+b+c) = \mathbf{0}.$$

4. 向量在数轴上的投影

给定一个点 O 及一个单位向量 e 就确定一条数轴，记为 u 轴，其中 O 称为 u 轴的**原点**（见图 8-8）. u 轴上任一点 P 对应于一个向量 $\overrightarrow{OP}$. 因为 $\overrightarrow{OP} // e$，所以由本节的定理知，存在唯一的实数 λ，使得 $\overrightarrow{OP} = \lambda e$（实数 λ 称为 u 轴上有向线段 $\overline{OP}$ 的值）. 因此，u 轴上的点 P 与实数 λ 之间也有一一对应的关系，即

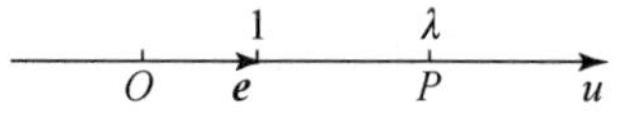

图 8-8

$$\text{点 } P \longleftrightarrow \text{向量 } \overrightarrow{OP} = \lambda e \longleftrightarrow \text{实数 } \lambda.$$

我们定义实数 λ 为 u 轴上点 P 的**坐标**.

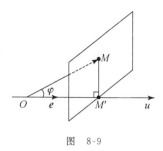

任给一个向量 a,作 $\overrightarrow{OM} = a$,过点 M 作与 u 轴垂直的平面交 u 轴于点 M'. 点 M' **叫作点 M 在 u 轴上的投影**,而向量 $\overrightarrow{OM'}$ 叫作向量 $a = \overrightarrow{OM}$ 在 u 轴上的**分向量**. 设 $\overrightarrow{OM'} = \lambda e$,称 λ 为**向量 a 在 u 轴上的投影**,记作 $\mathrm{Prj}_u a$ 或 $(a)_u$,即 $\lambda = \mathrm{Prj}_u a$(见图 8-9).

当非零向量 b 与 u 轴同向时,也称向量 a 在 u 轴上的投影为向量 a 在向量 b 上的投影,记作 $\mathrm{Prj}_b a$.

图　8-9

由定义不难验证向量在 u 轴上的投影具有下列**性质**:

(1) $\mathrm{Prj}_u a = |a| \cos\varphi$,其中 φ 为向量 a 与 u 轴的夹角(a 与 e 的夹角);

(2) $\mathrm{Prj}_u(a+b) = \mathrm{Prj}_u a + \mathrm{Prj}_u b$;

(3) $\mathrm{Prj}_u(\mu a) = \mu \mathrm{Prj}_u a \,(\mu \in \mathbf{R})$.

例 2　设向量 a 的模为 $|a| = 2$,a 与 u 轴的夹角为 $\dfrac{\pi}{6}$,求 $\mathrm{Prj}_u a$.

解　$\mathrm{Prj}_u a = |a| \cos\dfrac{\pi}{6} = 2 \times \dfrac{\sqrt{3}}{2} = \sqrt{3}$.

三、空间直角坐标系

由空间中一个定点 O 和三个两两垂直的单位向量 i,j,k 就确定了三条都以 O 为原点的互相垂直的数轴,分别叫作 x **轴**(横轴)、y **轴**(纵轴)、z **轴**(竖轴),统称为**坐标轴**,并规定它们

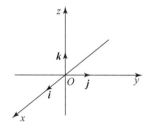

图　8-10

的正方向符合右手法则,即以右手握住 z 轴,当右手的四个手指从 x 轴正向以 $\dfrac{\pi}{2}$ 的角度转向 y 轴正向时,大拇指所指的方向就是 z 轴的正向(见图 8-10). 这样的三条坐标轴就组成一个**空间直角坐标系**,记作 $Oxyz$ 或 $[O;i,j,k]$.

空间直角坐标系 $Oxyz$ 中,任意两条坐标轴可以确定一个平面,如 x 轴和 y 轴确定 Oxy 面,y 轴和 z 轴确定 Oyz 面,z 轴和 x 轴确定 Ozx 面. 这三个平面统称为**坐标面**. 三个坐标面把空间分为八部分,每一部分称为一个**卦限**. 把含三个坐标轴正向的那个卦限叫作**第一卦限**,第二、三、四卦限在 Oxy 面的上方,按逆时针方向确定;第五至八卦限在 Oxy 面的下方,在第一卦限正下方的是第五卦限,其余按逆时针方向确定. 这八个卦限分别用字母 Ⅰ,Ⅱ,Ⅲ,Ⅳ,Ⅴ,Ⅵ,Ⅶ,Ⅷ表示(见图 8-11).

任给向量 r,作 $\overrightarrow{OM} = r$,过点 M 作三个平面分别垂直于三条坐标轴,它们与 x 轴、y 轴、z 轴的交点依次记为 P,Q,R(见图 8-12),于是有

$$r = \overrightarrow{OM} = \overrightarrow{OP} + \overrightarrow{PN} + \overrightarrow{NM} = \overrightarrow{OP} + \overrightarrow{OQ} + \overrightarrow{OR},$$

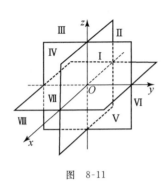

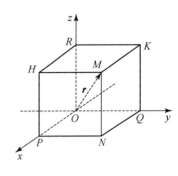

图　8-11　　　　　　　　　　　　　　图　8-12

其中点 N 为点 M 在 Oxy 面上的垂足,设 $\overrightarrow{OP}=x\boldsymbol{i},\overrightarrow{OQ}=y\boldsymbol{j},\overrightarrow{OR}=z\boldsymbol{k}$,则

$$\boldsymbol{r}=\overrightarrow{OM}=x\boldsymbol{i}+y\boldsymbol{j}+z\boldsymbol{k}.$$

上式称为向量 $\boldsymbol{r}$ 的**坐标分解式**,其中 $x\boldsymbol{i},y\boldsymbol{j},z\boldsymbol{k}$ 依次称为向量 $\boldsymbol{r}$ 沿 x 轴、y 轴、z 轴的**分向量**,这里

$$x=\mathrm{Prj}_x\boldsymbol{r},\quad y=\mathrm{Prj}_y\boldsymbol{r},\quad z=\mathrm{Prj}_z\boldsymbol{r}.$$

显然,给定向量 $\boldsymbol{r}$,就唯一确定点 M 及三个分向量 $\overrightarrow{OP},\overrightarrow{OQ},\overrightarrow{OR}$,从而就确定了一个三元有序实数组 (x,y,z);反之,给定一个三元有序实数组 (x,y,z),也就唯一确定了向量 $\boldsymbol{r}$ 与点 M.于是,点 M、向量 $\boldsymbol{r}$ 与三元有序实数组 (x,y,z) 之间有一一对应关系,即

$$M\leftrightarrow\boldsymbol{r}=\overrightarrow{OM}=x\boldsymbol{i}+y\boldsymbol{j}+z\boldsymbol{k}\leftrightarrow(x,y,z).$$

因此,我们将三元有序实数组 (x,y,z) 称为**向量 $\boldsymbol{r}$ 的坐标**,记作 $\boldsymbol{r}=(x,y,z)$ 或 $\{x,y,z\}$;也将三元有序实数组 (x,y,z) 称为**点 M 的坐标**,记作 $M(x,y,z)$,其中 x,y,z 依次称为**横坐标**、**纵坐标**、**竖坐标**.向量 $\overrightarrow{OM}$ 称为点 M 关于原点 O 的**向径**.由定义知,一个点与该点的向径具有相同的坐标.因此,记号 (x,y,z) 既表示点 M,又表示向量 $\overrightarrow{OM}$.

坐标轴和坐标面上的点,其坐标有一定的特殊性.例如,x 轴上点的坐标为 $(x,0,0)$,y 轴上点的坐标为 $(0,y,0)$,z 轴上点的坐标为 $(0,0,z)$;Oxy 面上点的坐标为 $(x,y,0)$,Oyz 面上点的坐标为 $(0,y,z)$,Ozx 面上点坐标为 $(x,0,z)$.

设 $M(x,y,z)$ 为空间中的一点,则点 M 关于 Oxy 面的对称点的坐标为 $(x,y,-z)$,关于 x 轴的对称点的坐标为 $(x,-y,-z)$,关于原点的对称点的坐标为 $(-x,-y,-z)$.可见,这些对称点的坐标是有一定规律的.按照相应的规律,容易得到点 M 关于其他坐标面和坐标轴的对称点的坐标.

四、利用坐标做向量的线性运算

利用向量的坐标,可以把向量的线性运算转化为一般的代数运算.

设

$$a = a_x i + a_y j + a_z k = (a_x, a_y, a_z), \quad b = b_x i + b_y j + b_z k = (b_x, b_y, b_z).$$

由向量线性运算的运算规律有

$$a + b = (a_x + b_x)i + (a_y + b_y)j + (a_z + b_z)k = (a_x + b_x, a_y + b_y, a_z + b_z),$$

$$a - b = (a_x - b_x)i + (a_y - b_y)j + (a_z - b_z)k = (a_x - b_x, a_y - b_y, a_z - b_z),$$

$$\lambda a = (\lambda a_x, \lambda a_y, \lambda a_z) \quad (\lambda \in \mathbf{R}).$$

由本节的定理知,当 $a \neq 0$ 时,$b /\!/ a$ 等价于 $b = \lambda a$(λ 为某个实数),用坐标表示为

$$(b_x, b_y, b_z) = (\lambda a_x, \lambda a_y, \lambda a_z).$$

这等价于向量 b 与 a 的对应坐标成比例,即

$$\frac{b_x}{a_x} = \frac{b_y}{a_y} = \frac{b_z}{a_z},$$

其中若 a_x, a_y, a_z 中有一个为零,例如 $a_x = 0$,则相应的 $b_x = 0$,即此式应理解为 $\begin{cases} b_x = 0, \\ \dfrac{b_y}{a_y} = \dfrac{b_z}{a_z}; \end{cases}$ 又

若 $a_x = a_y = 0$,则此式应理解为 $\begin{cases} b_x = 0, \\ b_y = 0. \end{cases}$

例 3 已知两点 $A(x_1, y_1, z_1)$,$B(x_2, y_2, z_2)$,求向量 $\overrightarrow{AB}$ 的坐标.

解 作向径 $\overrightarrow{OA}, \overrightarrow{OB}$(见图 8-13). 因为 $\overrightarrow{OB} = (x_2, y_2, z_2)$,$\overrightarrow{OA} = (x_1, y_1, z_1)$,所以

$$\overrightarrow{AB} = \overrightarrow{OB} - \overrightarrow{OA} = (x_2 - x_1, y_2 - y_1, z_2 - z_1).$$

例 4 已知两点 $A(x_1, y_1, z_1)$,$B(x_2, y_2, z_2)$ 及实数 $\lambda \neq -1$,在直线 AB 上求点 P,使得 $\overrightarrow{AP} = \lambda \overrightarrow{PB}$($P$ 叫作有向线段 $\overrightarrow{AB}$ 的 λ 分点).

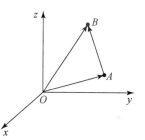

图 8-13

解 求点 P 的坐标等价于求向径 $\overrightarrow{OP}$ 的坐标. 如图 8-14 所示,有

$$\overrightarrow{AP} = \overrightarrow{OP} - \overrightarrow{OA}, \quad \overrightarrow{PB} = \overrightarrow{OB} - \overrightarrow{OP},$$

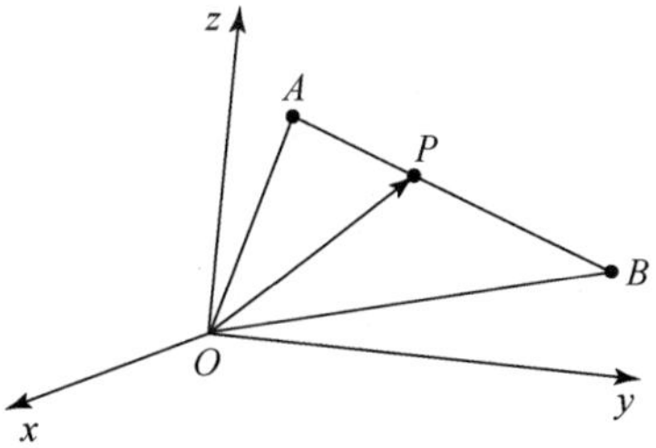

所以由 $\overrightarrow{AP} = \lambda \overrightarrow{PB}$ 得 $\overrightarrow{OP} - \overrightarrow{OA} = \lambda(\overrightarrow{OB} - \overrightarrow{OP})$,即

$$\overrightarrow{OP} = \frac{1}{1+\lambda}(\overrightarrow{OA} + \lambda \overrightarrow{OB}).$$

由 $\overrightarrow{OA} = (x_1, y_1, z_1)$,$\overrightarrow{OB} = (x_2, y_2, z_2)$ 即有

$$\overrightarrow{OP} = \left(\frac{x_1 + \lambda x_2}{1+\lambda}, \frac{y_1 + \lambda y_2}{1+\lambda}, \frac{z_1 + \lambda z_2}{1+\lambda} \right).$$

特别地,当 $\lambda = 1$ 时,得线段 AB 的中点为

$$P\left(\frac{x_1 + x_2}{2}, \frac{y_1 + y_2}{2}, \frac{z_1 + z_2}{2} \right).$$

图 8-14

第八章　空间解析几何与向量代数

五、向量的模、方向角与方向余弦

1. 向量的模与两点间的距离公式

设向量 $r=(x,y,z)$,作 $\overrightarrow{OM}=r$,过点 M 作三个平面分别垂直于三条坐标轴,它们与 x 轴、y 轴、z 轴的交点依次记为 P,Q,R,如图 8-12 所示,于是有

$$|r|=|\overrightarrow{OM}|=|OM|=\sqrt{|OP|^2+|OQ|^2+|OR|^2}=\sqrt{x^2+y^2+z^2}.$$

设有两点 $A(x_1,y_1,z_1),B(x_2,y_2,z_2)$.由例 3 知 $\overrightarrow{AB}=(x_2-x_1,y_2-y_1,z_2-z_1)$,因此两点 A,B 间的距离为

$$|AB|=|\overrightarrow{AB}|=\sqrt{(x_2-x_1)^2+(y_2-y_1)^2+(z_2-z_1)^2}.$$

例 5　在 y 轴上求与两点 $A(1,-3,7),B(5,7,-5)$ 等距离的点 M.

解　因为所求的点 M 在 y 轴上,故设点 M 的坐标为 $(0,y,0)$.由 $|AM|=|MB|$ 得

$$\sqrt{(0-1)^2+(y+3)^2+(0-7)^2}=\sqrt{(5-0)^2+(7-y)^2+(-5-0)^2},$$

两边平方,解得 $y=2$,故所求的点为 $M(0,2,0)$.

例 6　已知点 $A(2,-1,-5)$,向量 $a=(2,-3,6)$,求点 B,使得向量 $\overrightarrow{AB}$ 与 a 同方向,且 $|\overrightarrow{AB}|=14$.

解　由于 $|a|=\sqrt{2^2+(-3)^2+6^2}=7$,所以与 a 同方向的单位向量为

$$e_a=\frac{1}{|a|}a=\left(\frac{2}{7},-\frac{3}{7},\frac{6}{7}\right).$$

设点 B 的坐标为 (x,y,z),则 $\overrightarrow{AB}=(x-2,y+1,z+5)$.由题设得

$$(x-2,y+1,z+5)=\frac{14}{7}(2,-3,6),$$

于是

$$x-2=4,\quad y+1=-6,\quad z+5=12,$$

即

$$x=6,\quad y=-7,\quad z=7.$$

所以,所求的点为 $B(6,-7,7)$.

2. 向量的方向角与方向余弦

非零向量 r 分别与 x 轴、y 轴、z 轴正向的夹角 α,β,γ 称为向量 r 的**方向角**;$\cos\alpha,\cos\beta,\cos\gamma$ 称为向量 r 的**方向余弦**.设 $r=(x,y,z)$,由向量在数轴上的投影的性质(1)有

$$\cos\alpha=\frac{x}{|r|},\quad \cos\beta=\frac{y}{|r|},\quad \cos\gamma=\frac{z}{|r|},$$

所以 $(\cos\alpha,\cos\beta,\cos\gamma)=\left(\dfrac{x}{|r|},\dfrac{y}{|r|},\dfrac{z}{|r|}\right)=\dfrac{r}{|r|}=e_r$,从而有

$$\cos^2\alpha+\cos^2\beta+\cos^2\gamma=1.$$

故以向量 r 的方向余弦为坐标的向量是与向量 r 同方向的单位向量 e_r.

例7　已知两点 $A(4,\sqrt{2},1),B(3,0,2)$,求向量 $\overrightarrow{AB}$ 的模、方向余弦和方向角.

解　由已知有 $\overrightarrow{AB}=(-1,-\sqrt{2},1)$,于是 $|\overrightarrow{AB}|=\sqrt{1+2+1}=2$,且 $\overrightarrow{AB}$ 的方向余弦为

$$\cos\alpha=-\frac{1}{2},\quad \cos\beta=-\frac{\sqrt{2}}{2},\quad \cos\gamma=\frac{1}{2}.$$

所以
$$\alpha=\frac{2\pi}{3},\quad \beta=\frac{3\pi}{4},\quad \gamma=\frac{\pi}{3}.$$

例8　求三个方向角相等的单位向量.

解　设 α,β,γ 为所求单位向量的三个方向角.因为 $\alpha=\beta=\gamma$,所以

$$\cos^2\alpha=\cos^2\beta=\cos^2\gamma=\frac{1}{3}.$$

因此,所求单位向量的方向余弦为

$$\cos\alpha=\cos\beta=\cos\gamma=\pm\frac{\sqrt{3}}{3},$$

从而所求的单位向量为

$$e=(\cos\alpha,\cos\beta,\cos\gamma)=\left(\frac{\sqrt{3}}{3},\frac{\sqrt{3}}{3},\frac{\sqrt{3}}{3}\right)$$

或
$$e=\left(-\frac{\sqrt{3}}{3},-\frac{\sqrt{3}}{3},-\frac{\sqrt{3}}{3}\right).$$

习　题　8.1

1. 如果平面上一个四边形的对角线互相平分,试用向量证明它是平行四边形.

2. 设向量 $\overrightarrow{AC}=a,\overrightarrow{BD}=b$ 为平行四边形 $ABCD$ 的对角线,试用向量 a,b 来表示向量 $\overrightarrow{AB},\overrightarrow{BC},\overrightarrow{CD},\overrightarrow{DA}$.

3. 求平行于向量 $a=(6,7,-6)$ 的单位向量.

4. (1) 求与向量 a,b 的夹角平分线平行的一个向量;

(2) 已知向量 $a=(3,4,0),b=(1,2,2)$,求 a,b 的夹角平分线上的单位向量.

5. 有一个边长为 $2a$ 的正方体,若选取其中心作为原点,且坐标轴与它的棱平行,试写出该正方体各顶点的坐标.

6. 在 Oyz 面上,求与三点 $A(3,1,2),B(4,-2,-2),C(0,5,1)$ 等距离的点.

7. 证明:顶点在三点 $A(1,-2,1),B(3,-3,-1),C(4,0,3)$ 的三角形是直角三角形.

8. 证明:顶点在三点 $A(4,1,9),B(10,-1,6),C(2,4,3)$ 的三角形是等腰直角三角形.

9. 把两点 $A(1,1,1),B(1,2,0)$ 间的线段按比例 $2:1$ 分成两段,求分点的坐标.

10. 已知两点 $A(2,1,0),B(3,2,\sqrt{2})$,计算向量 $\overrightarrow{AB}$ 的模、方向余弦和方向角.

11. 证明：三点 $A(x_1,y_1,z_1),B(x_2,y_2,z_2),C(x_3,y_3,z_3)$ 共线的条件是

$$\frac{x_2-x_1}{x_3-x_1}=\frac{y_2-y_1}{y_3-y_1}=\frac{z_2-z_1}{z_3-z_1}.$$

12. 设向量 r 的模为 $|r|=4$，它与 u 轴的夹角是 $\frac{\pi}{3}$，求 r 在 u 轴上的投影.

13. 设一个向量的终点在点 $B(2,-1,7)$ 处，这个向量在 x 轴、y 轴、z 轴上的投影依次为 $4,-4,7$，求这个向量的起点 A 的坐标.

14. 设向量 $m=3i+5j+8k,n=2i-4j-7k,p=5i+j-4k$，求向量 $a=4m+3n-p$ 在 x 轴上的投影及在 y 轴上的分向量.

§8.2　向量的数量积、向量积及混合积

一、向量的数量积

从物理学知识知道，当物体在恒力 F 作用下沿直线从点 A 移动到点 B 时，若记位移 $\overrightarrow{AB}=s$，则力 F 所做的功为

$$W=|F||s|\cos\theta,$$

这里 θ 是 F 与 s 的夹角(见图 8-15). 由此，我们引出向量的数量积概念.

图　8-15　　　　　　　　　　　　　　　图　8-16

定义 1　两个向量 a 和 b 的**数量积**等于这两个向量的模 $|a|$，$|b|$ 与它们的夹角 θ 的余弦之积，记作 $a \cdot b$(见图 8-16)，即

$$a \cdot b=|a||b|\cos\theta.$$

由向量在数轴上的投影的性质(1)知，当 $a\neq0$ 时，$a \cdot b=|a|\operatorname{Prj}_a b$；当 $b\neq0$ 时，$a \cdot b=|b|\operatorname{Prj}_b a$.

数量积具有以下基本**性质**：

(1) $a \cdot a=|a|^2$.

事实上，因为 a 与 a 的夹角为 $\theta=0$，所以 $a \cdot a=|a||a|\cos0=|a|^2$.

(2) 向量 $a\perp b$ 的充要条件是 $a \cdot b=0$.

事实上，当 a,b 都是非零向量时，若 $a \cdot b=0$，则 $\cos\theta=0$，从而 $\theta=\frac{\pi}{2}$，所以 $a\perp b$；反之，若

$a \perp b$,则 $\theta = \dfrac{\pi}{2}$,从而 $\cos\theta = 0$,所以 $a \cdot b = 0$. 当 a, b 中有一个为零向量时,由于可以认为零向量与任何向量都垂直,结论显然成立.

数量积满足以下运算规律:

(1) **交换律**:$a \cdot b = b \cdot a$.

由数量积的定义立即推得.

(2) **分配律**:$(a+b) \cdot c = a \cdot c + b \cdot c$.

事实上,当 $c = 0$ 时,显然成立;当 $c \neq 0$ 时,由向量在数轴上的投影的性质(2)有
$$(a+b) \cdot c = |c| \mathrm{Prj}_c(a+b) = |c| \mathrm{Prj}_c a + |c| \mathrm{Prj}_c b = a \cdot c + b \cdot c.$$

(3) **结合律**:$(\lambda a) \cdot b = \lambda(a \cdot b)\ (\lambda \in \mathbf{R})$.

事实上,当 $b = 0$ 时,显然成立;当 $b \neq 0$ 时,由向量在数轴上的投影的性质(3)有
$$(\lambda a) \cdot b = |b| \mathrm{Prj}_b(\lambda a) = \lambda(|b| \mathrm{Prj}_b a) = \lambda(a \cdot b).$$

更一般地,有
$$(\lambda a) \cdot (\mu b) = \lambda\mu(a \cdot b) \quad (\lambda, \mu \in \mathbf{R}).$$

下面给出数量积的坐标表示法. 设向量 $a = a_x i + a_y j + a_z k$,$b = b_x i + b_y j + b_z k$,则有
$$\begin{aligned}
a \cdot b &= (a_x i + a_y j + a_z k) \cdot (b_x i + b_y j + b_z k) \\
&= a_x i \cdot (b_x i + b_y j + b_z k) + a_y j \cdot (b_x i + b_y j + b_z k) + a_z k \cdot (b_x i + b_y j + b_z k) \\
&= a_x b_x (i \cdot i) + a_x b_y (i \cdot j) + a_x b_z (i \cdot k) + a_y b_x (j \cdot i) + a_y b_y (j \cdot j) \\
&\quad + a_y b_z (j \cdot k) + a_z b_x (k \cdot i) + a_z b_y (k \cdot j) + a_z b_z (k \cdot k).
\end{aligned}$$

由于 i, j, k 是两两垂直的单位向量,由数量积的基本性质(1)和(2)有
$$i \cdot j = i \cdot k = j \cdot i = j \cdot k = k \cdot i = k \cdot j = 0,$$
$$i \cdot i = j \cdot j = k \cdot k = 1,$$
因此得到两个向量 a, b 的数量积的坐标表示法
$$a \cdot b = a_x b_x + a_y b_y + a_z b_z.$$

由定义 $a \cdot b = |a||b|\cos\theta$,当 a, b 都是非零向量时,有
$$\cos\theta = \frac{a_x b_x + a_y b_y + a_z b_z}{\sqrt{a_x^2 + a_y^2 + a_z^2} \cdot \sqrt{b_x^2 + b_y^2 + b_z^2}}.$$

例 1　已知向量 a, b, c 满足 $a+b+c = 0$,$|a| = 3$,$|b| = 2$,$|c| = 4$,求 $a \cdot b + b \cdot c + c \cdot a$.

解　由 $a+b+c = 0$ 可得
$$(a+b+c) \cdot (a+b+c) = a \cdot a + b \cdot b + c \cdot c + 2(a \cdot b + b \cdot c + c \cdot a) = 0,$$
所以
$$a \cdot b + b \cdot c + c \cdot a = -\frac{1}{2}(|a|^2 + |b|^2 + |c|^2) = -\frac{1}{2}(3^2 + 2^2 + 4^2) = -\frac{29}{2}.$$

例 2　已知三点 $P(0,1,1)$,$A(1,2,1)$,$B(1,1,2)$,求向量 $a = \overrightarrow{PA}$ 与 $b = \overrightarrow{PB}$ 的夹角.

第八章 空间解析几何与向量代数

解 由已知有 $a=\overrightarrow{PA}=(1,1,0)$,$b=\overrightarrow{PB}=(1,0,1)$,于是 $|a|=\sqrt{2}$,$|b|=\sqrt{2}$,$a\cdot b=1$. 所以

$$\cos(\widehat{a,b})=\frac{a\cdot b}{|a||b|}=\frac{1}{2},$$

从而 a 与 b 的夹角为 $(\widehat{a,b})=\dfrac{\pi}{3}$.

例3 用向量证明直径所对的圆周角是直角.

证 如图 8-17 所示,设 O 为圆心,AB 是圆的直径,C 是圆上任一点,要证 $\angle ACB=\dfrac{\pi}{2}$,即证 $\overrightarrow{AC}\perp\overrightarrow{BC}$. 这只要证 $\overrightarrow{AC}\cdot\overrightarrow{BC}=0$ 即可.

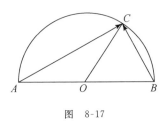

图 8-17

$$\begin{aligned}
\overrightarrow{AC}\cdot\overrightarrow{BC}&=(\overrightarrow{AO}+\overrightarrow{OC})\cdot(\overrightarrow{BO}+\overrightarrow{OC})\\
&=\overrightarrow{AO}\cdot\overrightarrow{BO}+\overrightarrow{AO}\cdot\overrightarrow{OC}+\overrightarrow{OC}\cdot\overrightarrow{BO}+\overrightarrow{OC}\cdot\overrightarrow{OC}\\
&=-|\overrightarrow{AO}|^2+\overrightarrow{AO}\cdot\overrightarrow{OC}-\overrightarrow{AO}\cdot\overrightarrow{OC}+|\overrightarrow{OC}|^2\\
&=0.
\end{aligned}$$

二、向量的向量积

从有关力矩的实际问题,我们引出向量的向量积概念.

定义2 设向量 c 由向量 a 与 b 所确定,c 的模为 $|c|=|a||b|\sin\theta$,这里 θ 是 a 与 b 的夹角;c 的方向与 a 和 b 都垂直,且三个向量 a,b,c 的方向符合右手法则. 向量 c 叫作向量 a 与 b 的**向量积**(或**外积**、**叉积**),记作 $c=a\times b$(见图 8-18).

向量积具有以下基本**性质**:

(1) $a\times a=\mathbf{0}$.

事实上,因为 a 与 a 的夹角为 $\theta=0$,所以 $|a\times a|=|a||a|\sin 0=0$.

(2) 向量 $a\parallel b$ 的充要条件是 $a\times b=\mathbf{0}$.

事实上,当 a,b 均为非零向量时,若 $a\times b=\mathbf{0}$,则 $\sin\theta=0$,所以 $\theta=0$ 或 π,即 $a\parallel b$;反之,若 $a\parallel b$,则 $\theta=0$ 或 π,故 $|a\times b|=0$,即 $a\times b=\mathbf{0}$. 当 a,b 中至少有一个是零向量时,由于可以认为零向量与任何向量都平行,结论显然成立.

(3) 对于非零向量 a,b,$|a\times b|$ 在几何上表示以 a,b 为邻边的平行四边形的面积(见图 8-18).

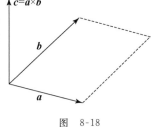

图 8-18

向量积满足以下**运算规律**:

(1) $a\times b=-b\times a$.

事实上,按照右手法则,$b\times a$ 与 $a\times b$ 的方向恰好相反,但它们的模显然相等. 这说明,对

于向量积,交换律不成立.

(2) **分配律**:$(a+b)\times c=a\times c+b\times c$.

(3) **结合律**:$(\lambda a)\times b=a\times(\lambda b)=\lambda(a\times b)\ (\lambda\in\mathbf{R})$.

更一般地,有

$$(\lambda a)\times(\mu b)=\lambda\mu(a\times b)\quad(\lambda,\mu\in\mathbf{R}).$$

下面给出向量积的坐标表示法.设 $a=a_x i+a_y j+a_z k$,$b=b_x i+b_y j+b_z k$,则有

$a\times b=(a_x i+a_y j+a_z k)\times(b_x i+b_y j+b_z k)$

$\quad=a_x i\times(b_x i+b_y j+b_z k)+a_y j\times(b_x i+b_y j+b_z k)+a_z k\times(b_x i+b_y j+b_z k)$

$\quad=a_x b_x(i\times i)+a_x b_y(i\times j)+a_x b_z(i\times k)+a_y b_x(j\times i)+a_y b_y(j\times j)$

$\quad\quad+a_y b_z(j\times k)+a_z b_x(k\times i)+a_z b_y(k\times j)+a_z b_z(k\times k)$.

由于 i,j,k 是两两垂直的单位向量,由向量积的定义及基本性质(1)有

$$i\times i=j\times j=k\times k=0,\quad i\times j=k,\quad j\times k=i,\quad k\times i=j,$$
$$j\times i=-k,\quad k\times j=-i,\quad i\times k=-j,$$

因此

$$a\times b=(a_y b_z-a_z b_y)i+(a_z b_x-a_x b_z)j+(a_x b_y-a_y b_x)k$$

$$=\begin{vmatrix}a_y&a_z\\b_y&b_z\end{vmatrix}i-\begin{vmatrix}a_x&a_z\\b_x&b_z\end{vmatrix}j+\begin{vmatrix}a_x&a_y\\b_x&b_y\end{vmatrix}k=\begin{vmatrix}i&j&k\\a_x&a_y&a_z\\b_x&b_y&b_z\end{vmatrix},$$

这里规定按第一行展开此形式行列式,其展开法类似于通常的三阶行列式.

例 4 设向量 $a=(1,2,3)$,$b=(4,5,0)$,求 $a\times b$.

解 $a\times b=\begin{vmatrix}i&j&k\\1&2&3\\4&5&0\end{vmatrix}=\begin{vmatrix}2&3\\5&0\end{vmatrix}i-\begin{vmatrix}1&3\\4&0\end{vmatrix}j+\begin{vmatrix}1&2\\4&5\end{vmatrix}k=-15i+12j-3k$,

即

$$a\times b=(-15,12,-3).$$

例 5 求以三点 $A(1,2,3)$,$B(2,0,4)$,$C(2,-1,3)$ 为顶点的 $\triangle ABC$ 的面积 S.

解 $\triangle ABC$ 的面积为 $S=\dfrac{1}{2}|\overrightarrow{AB}\times\overrightarrow{AC}|$. 由于

$$\overrightarrow{AB}=(1,-2,1),\quad \overrightarrow{AC}=(1,-3,0),\quad \overrightarrow{AB}\times\overrightarrow{AC}=\begin{vmatrix}i&j&k\\1&-2&1\\1&-3&0\end{vmatrix}=3i+j-k,$$

故所求的面积为

$$S=\frac{1}{2}\sqrt{3^2+1^2+(-1)^2}=\frac{\sqrt{11}}{2}.$$

三、向量的混合积

定义 3　设 a, b, c 是三个给定的向量. 先做向量 a 与 b 的向量积 $a \times b$, 再同向量 c 做数量积 $(a \times b) \cdot c$, 所得的数叫作向量 a, b, c 的**混合积**, 记为 $[abc]$, 即

$$[abc] = (a \times b) \cdot c.$$

下面讨论混合积的坐标表示法. 设 $a = (a_x, a_y, a_z)$, $b = (b_x, b_y, b_z)$, $c = (c_x, c_y, c_z)$, 则有

$$a \times b = \begin{vmatrix} i & j & k \\ a_x & a_y & a_z \\ b_x & b_y & b_z \end{vmatrix} = \begin{vmatrix} a_y & a_z \\ b_y & b_z \end{vmatrix} i - \begin{vmatrix} a_x & a_z \\ b_x & b_z \end{vmatrix} j + \begin{vmatrix} a_x & a_y \\ b_x & b_y \end{vmatrix} k.$$

再由数量积的坐标表示法得

$$[abc] = (a \times b) \cdot c = c_x \begin{vmatrix} a_y & a_z \\ b_y & b_z \end{vmatrix} - c_y \begin{vmatrix} a_x & a_z \\ b_x & b_z \end{vmatrix} + c_z \begin{vmatrix} a_x & a_y \\ b_x & b_y \end{vmatrix} = \begin{vmatrix} a_x & a_y & a_z \\ b_x & b_y & b_z \\ c_x & c_y & c_z \end{vmatrix}.$$

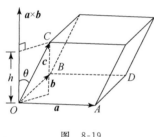

图　8-19

混合积的几何意义　设向量 a, b, c 不共面, 计算以它们为棱的平行六面体的体积 V. 如图 8-19 所示, 把以 a, b 为边的平行四边形作为底面, 则底面积为 $S = |a \times b|$, 高为 $h = |c| \cos\theta = |c| |\cos(\widehat{a \times b, c})|$, 其中 $(\widehat{a \times b, c})$ 表示向量 $a \times b$ 与 c 的夹角. 于是, 该平行六面体的体积为

$$V = Sh = |a \times b| |c| |\cos(\widehat{a \times b, c})|$$
$$= |(a \times b) \cdot c| = |[abc]|.$$

也就是说, 混合积 $[abc]$ 的绝对值表示以 a, b, c 为棱的平行六面体的体积. 此外, 由上式可见, $[abc]$ 是正值还是负值, 取决于夹角 $(\widehat{a \times b, c})$ 是锐角还是钝角, 即 $a \times b$ 与 c 是在底面的同侧还是异侧. 当 a, b, c 构成右手系(当右手四指从 a 转向 b 时, c 的方向符合右手法则)时, 混合积 $[abc] > 0$; 当 a, b, c 构成左手系(当左手四指从 a 转向 b 时, c 的方向符合左手法则)时, 混合积 $[abc] < 0$.

混合积具有以下基本**性质**:

(1) $[abc] = [bca] = [cab]$.

这可由混合积的坐标表示法 $[abc] = \begin{vmatrix} a_x & a_y & a_z \\ b_x & b_y & b_z \\ c_x & c_y & c_z \end{vmatrix}$ 及行列式的性质立即得到.

(2) 向量 a, b, c 共面的充要条件是 $[abc] = 0$.

事实上, 由混合积的几何意义可知, 若 $[abc] \neq 0$, 则以 a, b, c 为棱能构成平行六面体, 从而 a, b, c 不共面; 反之, 若 a, b, c 不共面, 则以 a, b, c 为棱能构成平行六面体, 其体积不等于

零,从而$[abc]\neq 0$.

例6　设向量$a=(2,3,5)$,$b=(3,1,0)$,$c=(1,-1,2)$,求混合积$[abc]$.问：a,b,c是构成右手系还是左手系?

解　因为

$$[abc]=\begin{vmatrix} 2 & 3 & 5 \\ 3 & 1 & 0 \\ 1 & -1 & 2 \end{vmatrix}=-34<0,$$

所以a,b,c构成左手系.

例7　已知四点$A(1,2,0)$,$B(2,3,1)$,$C(4,2,2)$,$M(x,y,z)$共面,求点M的坐标(x,y,z)所满足的方程.

解　因为四点A,B,C,M共面等价于三个向量$\overrightarrow{AM},\overrightarrow{AB},\overrightarrow{AC}$共面,又

$$\overrightarrow{AM}=(x-1,y-2,z),\quad \overrightarrow{AB}=(1,1,1),\quad \overrightarrow{AC}=(3,0,2),$$

所以由三个向量共面的充要条件得

$$\begin{vmatrix} x-1 & y-2 & z \\ 1 & 1 & 1 \\ 3 & 0 & 2 \end{vmatrix}=0,\quad 即\quad 2x+y-3z-4=0.$$

这就是点M的坐标(x,y,z)所满足的方程.

习　题　8.2

1. 已知三点$M_1(1,-1,2)$,$M_2(3,3,1)$,$M_3(3,1,3)$,求与向量$\overrightarrow{M_1M_2}$,$\overrightarrow{M_2M_3}$同时垂直的单位向量.

2. 求向量$a=(3,3,1)$在向量$b=(2,5,-1)$所确定的数轴上的投影.

3. 设向量$a=(3,5,-2)$,$b=(2,1,4)$,问：λ与μ有怎样的关系,才能使得$\lambda a+\mu b$与z轴垂直?

4. 已知$\triangle ABC$的三个顶点为$A(5,1,-1)$,$B(0,-4,3)$,$C(1,-3,7)$,求该三角形的面积.

5. 已知向量$\overrightarrow{OA}=i+3k$,$\overrightarrow{OB}=j+3k$,求$\triangle OAB$的面积.

6. 在$\triangle ABC$中,记$a=\overrightarrow{BC}$,$b=\overrightarrow{CA}$,$c=\overrightarrow{AB}$,顶点A,B,C所对的边长分别为a,b,c.从等式$-c=a+b$出发,利用数量积推导出余弦定理：

$$c^2=a^2+b^2-2ab\cos\angle C.$$

7. 设四面体$ABCD$的顶点是$A(0,0,0)$,$B(3,4,-1)$,$C(2,3,5)$,$D(6,0,-3)$,求该四面体的体积.

8. 设a,b,c为三个向量,证明：

(1) $(a\times b)\times c=(a\cdot c)b-(c\cdot b)a$;　　(2) $|a\times b|^2+(a\cdot b)^2=|a|^2|b|^2$;

(3) $a \times (b \times c) + b \times (c \times a) + c \times (a \times b) = 0$.

9. 证明:若向量 a, b, c 满足 $a \times b + b \times c + c \times a = 0$,则它们共面.

10. 试用向量证明不等式:

$$\sqrt{a_1^2 + a_2^2 + a_3^2} \cdot \sqrt{b_1^2 + b_2^2 + b_3^2} \geqslant |a_1 b_1 + a_2 b_2 + a_3 b_3|,$$

其中 $a_i, b_i (i = 1, 2, 3)$ 为任意实数;并指出这个不等式中等号成立的条件.

§8.3　曲面及其方程

一、曲面方程的概念

如同平面解析几何中把平面曲线看成动点的轨迹一样,在空间解析几何中,任何几何图形(例如曲面、曲线等)也都可看成具有某种性质的动点的轨迹.

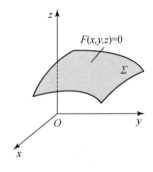

图　8-20

在空间直角坐标系中,记任意点的坐标为 (x, y, z). 若曲面 Σ 与三元方程

$$F(x, y, z) = 0 \tag{1}$$

具有如下对应关系:曲面 Σ 上每一点的坐标都满足方程(1),不在曲面 Σ 上的点的坐标都不满足方程(1),那么方程(1)叫作**曲面 Σ 的方程**,而曲面 Σ 叫作**方程(1)的图形**(见图 8-20).

在空间解析几何中,对曲面的研究主要有如下两个方面:

(1) 给定曲面 Σ 上点的轨迹条件(几何条件),求它的方程;

(2) 给定坐标 (x, y, z) 满足的一个方程,研究它所表示的图形及其性质.

例 1　求以点 $M_0(x_0, y_0, z_0)$ 为球心,R 为半径的球面方程(见图 8-21).

解　设 $M(x, y, z)$ 为球面上的任一点,则依球面的定义有 $|M_0 M| = R$,即

$$\sqrt{(x - x_0)^2 + (y - y_0)^2 + (z - z_0)^2} = R$$

或　　$(x - x_0)^2 + (y - y_0)^2 + (z - z_0)^2 = R^2. \tag{2}$

可见,球面上每一点的坐标满足方程(2).显然,不在球面上的点的坐标不满足这方程(2),所以方程(2)就是以点 M_0 为球心,R 为半径的球面方程.

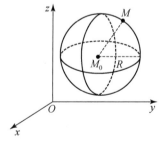

图　8-21

特别地,球心为原点($x_0 = y_0 = z_0 = 0$),半径为 R 的球面方程为

$$x^2 + y^2 + z^2 = R^2.$$

例 2　下述三元二次方程表示怎样的几何图形?

(1) $x^2 + y^2 + z^2 - 4x + 2y - 2z + 2 = 0$;

(2) $x^2 + y^2 + z^2 - 4x + 2y - 2z + 6 = 0$;

(3) $x^2 + y^2 + z^2 - 4x + 2y - 2z + 8 = 0$.

解　(1) 通过配方,原方程可写成

$$(x-2)^2 + (y+1)^2 + (z-1)^2 = 4,$$

故原方程表示球心为点 $M_0(2, -1, 1)$,半径为 $R = 2$ 的球面.

(2) 通过配方,原方程可写成

$$(x-2)^2 + (y+1)^2 + (z-1)^2 = 0,$$

故原方程只表示一点 $M_0(2, -1, 1)$.

(3) 通过配方,原方程可写成

$$(x-2)^2 + (y+1)^2 + (z-1)^2 = -2.$$

因为没有任何实数组 x, y, z 满足此方程,故原方程为无轨迹方程.

一般地,三元二次方程

$$a(x^2 + y^2 + z^2) + bx + cy + dz + e = 0$$

经配方后即可化为例 2 的三种形式中的一种,它表示一个球面或一点,或者是无轨迹方程,其中 a, b, c, d, e 为常数且 $a \neq 0$.

二、旋转曲面

平面中一条曲线 C 绕同一平面内一条定直线 L 旋转一周所生成的曲面称为**旋转曲面**,其中曲线 C 和直线 L 分别称为旋转曲面的**母线**(或**生成曲线**)和**轴**.

设一个旋转曲面的母线 C 在 Oyz 面上,其方程为

$$f(y, z) = 0,$$

轴是 z 轴,求该旋转曲面的方程(见图 8-22).

设 $M_0(x_0, y_0, z_0)$ 是曲线 C 上的任一点,那么有

$$f(y_0, z_0) = 0.$$

当曲线 C 绕 z 轴旋转时,点 M_0 也绕 z 轴旋转到另一点 $M(x, y, z)$,这时 $z = z_0$,且点 M 与 z 轴的距离恒等于 $|y_0|$,即 $\sqrt{x^2 + y^2} = |y_0|$,因此

$$f(\pm\sqrt{x^2 + y^2}, z) = 0.$$

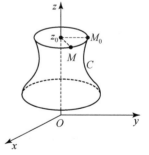

图　8-22

易知,这就是所求的旋转曲面方程.可见,只要将曲线 C 的方程 $f(y, z) = 0$ 中的 y 改成 $\pm\sqrt{x^2 + y^2}$,而 z 变量不动,便得到曲线 C 绕 z 轴旋转一周所生成旋转曲面的方程.

同理,曲线 C 绕 y 轴旋转一周所生成旋转曲面的方程为

$$f(y, \pm\sqrt{x^2 + z^2}) = 0.$$

　　对于 Oxy 面上的曲线绕 x 轴或 y 轴以及 Ozx 面上的曲线绕 x 轴或 z 轴旋转一周所生成的旋转曲面,都可用类似的方法讨论,并得到类似的结论.

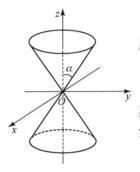

　　例 3　将 Oyz 面上的直线 $y=z\tan\alpha\left(0<\alpha<\dfrac{\pi}{2}\right)$ 绕 z 轴旋转一周,求所生成旋转曲面的方程.

　　解　所求的旋转曲面方程为 $\pm\sqrt{x^2+y^2}=z\tan\alpha$,即
$$x^2+y^2=(\tan\alpha)^2z^2,\quad \text{或}\quad z^2=a^2(x^2+y^2),$$
其中 $a=\cot\alpha$.此旋转曲面叫作**圆锥面**,其中 α 叫作该圆锥面的**半顶角**.该圆锥面的顶点是原点(见图 8-23).

　　例 4　将 Oyz 面上的抛物线 $y^2=2pz\ (p>0)$ 和椭圆 $\dfrac{y^2}{b^2}+\dfrac{z^2}{c^2}=1$

图　8-23

$(b,c>0)$ 绕 z 轴旋转一周,求所生成旋转曲面的方程.

　　解　所求的旋转曲面方程依次为
$$x^2+y^2=2pz\quad \text{和}\quad \frac{x^2+y^2}{b^2}+\frac{z^2}{c^2}=1.$$

它们所表示的曲面分别称为**旋转抛物面**[见图 8-24(a)]和**旋转椭球面**[见图 8-24(b)].

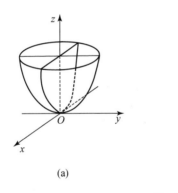
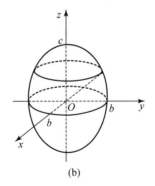

(a)　　　　　　　　　　　　　　(b)

图　8-24

　　例 5　将 Ozx 面上的双曲线 $\dfrac{x^2}{a^2}-\dfrac{z^2}{c^2}=1(a,c>0)$ 分别绕 z 轴和 x 轴旋转一周,求所生成旋转曲面的方程.

　　解　该双曲线绕 z 轴旋转一周所生成的旋转曲面称为**旋转单叶双曲面**[见图 8-25(a)],其方程为
$$\frac{x^2+y^2}{a^2}-\frac{z^2}{c^2}=1;$$

绕 x 轴旋转一周所生成的旋转曲面称为**旋转双叶双曲面**[见图 8-25(b)],其方程为

$$\frac{x^2}{a^2} - \frac{y^2+z^2}{c^2} = 1.$$

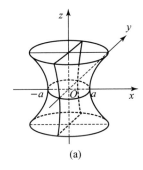

(a)

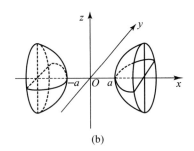

(b)

图　8-25

三、柱面

先考查一个例子.

例 6　在空间直角坐标系中,方程 $\dfrac{x^2}{a^2}+\dfrac{y^2}{b^2}=1(a,b>0)$ 表示怎样的曲面?

解　方程 $\dfrac{x^2}{a^2}+\dfrac{y^2}{b^2}=1$ 在 Oxy 面上表示一个椭圆.在空间直角坐标系中,该方程不含坐标 z,若设直线 l 通过 Oxy 面中椭圆 $\dfrac{x^2}{a^2}+\dfrac{y^2}{b^2}=1$ 上任取的一点 $M(x,y,0)$,且平行于 z 轴,则直线 l 上的任一点均满足这一方程.所以,该方程所表示的曲面可以看作由平行于 z 轴的直线 l 沿 Oxy 面上的椭圆 $\dfrac{x^2}{a^2}+\dfrac{y^2}{b^2}=1$ 移动所形成的曲面.这一曲面称为**椭圆柱面**[见图 8-26(a)].

一般地,一条直线 l 沿给定的一条曲线 C 平移所形成的曲面称为**柱面**,其中曲线 C 称为柱面的**准线**,直线 l 叫作柱面的**母线**.

例如,例 6 中不含 z 的方程 $\dfrac{x^2}{a^2}+\dfrac{y^2}{b^2}=1$（$a,b>0$）在空间直角坐标系中表示一个椭圆柱面,它的准线是 Oxy 面上的椭圆 $\dfrac{x^2}{a^2}+\dfrac{y^2}{b^2}=1$,母线平行于 z 轴.又如,方程 $\dfrac{x^2}{a^2}-\dfrac{y^2}{b^2}=1$ $(a,b>0)$ 和 $y^2=2px(p>0)$ 在空间直角坐标系中所表示的柱面分别称为**双曲柱面**和**抛物柱面**[见图 8-26(b),(c)],它们的准线依次是 Oxy 面上的双曲线 $\dfrac{x^2}{a^2}-\dfrac{y^2}{b^2}=1$ 和抛物线 $y^2=2px$,母线都平行于 z 轴.

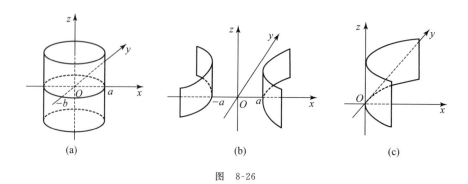

图　8-26

一般地,只含 x,y 而缺 z 的方程 $F(x,y)=0$,在空间直角坐标系中表示母线平行于 z 轴的柱面,其准线是 Oxy 面上的曲线 C：$F(x,y)=0$.类似地,方程 $G(x,z)=0$(或 $H(y,z)=0$)在空间直角坐标系中表示母线平行于 y 轴(或 x 轴),而准线是 Ozx 面上的曲线 $G(x,z)=0$(或 Oyz 面上的曲线 $H(y,z)=0$)的柱面.

四、锥面

设空间中有一条定曲线 C,A 为不在曲线 C 上的一个定点,通过点 A 且沿曲线 C 移动的直线 l 所生成的曲面叫作**锥面**,其中点 A 叫作锥面的**顶点**,曲线 C 叫作锥面的**准线**,直线 l 叫锥面的**母线**.

例如,方程 $\dfrac{x^2}{a^2}+\dfrac{y^2}{b^2}-\dfrac{z^2}{c^2}=0(a,b,c>0)$ 是一个锥面,其准线 C 可以取为平面 $z=c$ 上的椭圆 $\dfrac{x^2}{a^2}+\dfrac{y^2}{b^2}=1$,所以它叫作**椭圆锥面**.当 $a=b$ 时,它即为例 3 中的圆锥面.

球面、二次柱面、二次锥面、抛物面、椭球面、双曲面等曲面的方程都是二次的,所以这些曲面统称为**二次曲面**.

五、二次曲面

由上面的讨论我们知道,一个曲面可以用一个三元方程 $F(x,y,z)=0$ 来表示;反之,一个三元方程通常就表示一个曲面.那么,如何了解三元方程 $F(x,y,z)=0$ 所表示曲面的形状呢?

在空间直角坐标系中,通常采用一系列平行于坐标面的平面去截曲面,从而得到平面与曲面的一系列交线(截痕),通过对截痕形状和性质的综合分析,可以大体明了曲面的形状.这种研究曲面的方法称为**截痕法**.

(1) **椭球面**：$\dfrac{x^2}{a^2}+\dfrac{y^2}{b^2}+\dfrac{z^2}{c^2}=1(a,b,c>0)$.

容易看出,该椭球面关于坐标面、坐标轴及原点都对称.用平面 $z=t$ 去截该椭球面,当

$|t| < c$ 时,截痕是平面 $z=t$ 上的椭圆

$$\frac{x^2}{a^2} + \frac{y^2}{b^2} = 1 - \frac{t^2}{c^2};$$

当 $|t| = c$ 时,截痕是点 $(0,0,\pm c)$,这是该椭球面的上、下两个顶点.类似地,可用平面 $x=t$ 及 $y=t$ 去截该椭球面.综合讨论可知,该椭球面的形状如图 8-27 所示.

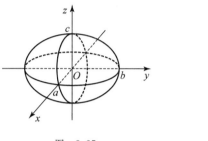 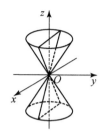

图　8-27　　　　　　　　　　　　图　8-28

通过类似的讨论,可了解其他标准形二次方程所表示曲面的形状.

(2) **椭圆锥面**:$\dfrac{x^2}{a^2} + \dfrac{y^2}{b^2} - \dfrac{z^2}{c^2} = 0$ $(a,b,c>0,$见图 8-28).

(3) **双曲面**:

单叶双曲面:$\dfrac{x^2}{a^2} + \dfrac{y^2}{b^2} - \dfrac{z^2}{c^2} = 1$ $[a,b,c>0,$见图 8-29(a)];

双叶双曲面:$\dfrac{x^2}{a^2} - \dfrac{y^2}{b^2} - \dfrac{z^2}{c^2} = 1$ $[a,b,c>0,$见图 8-29(b)].

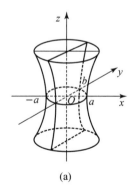 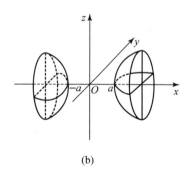

(a)　　　　　　　　　　　　　(b)

图　8-29

(4) **抛物面**:

椭圆抛物面:$\dfrac{x^2}{a^2} + \dfrac{y^2}{b^2} = z$ $[a,b>0,$见图 8-30(a)];

双曲抛物面：$\dfrac{x^2}{a^2}-\dfrac{y^2}{b^2}=z$ $[a,b>0$，见图 8-30(b)$]$.

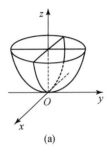

(a)

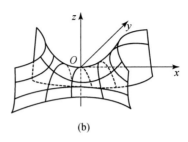

(b)

图　8-30

(5) **二次柱面**：

椭圆柱面：$\dfrac{x^2}{a^2}+\dfrac{y^2}{b^2}=1$ $[a,b>0$，见图 8-26(a)$]$；

双曲柱面：$\dfrac{x^2}{a^2}-\dfrac{y^2}{b^2}=1$ $[a,b>0$，见图 8-26(b)$]$；

抛物柱面：$y^2=2px$ $[p>0$，见图 8-26(c)$]$.

习　题　8.3

1. 建立以点 $(1,3,-2)$ 为球心，且通过原点的球面方程.

2. 求与原点 O 及点 $(2,3,4)$ 的距离之比为 $1:2$ 的点的全体所构成曲面的方程. 它表示怎样的曲面？

3. 已知两点 $A(0,0,c)$ 和 $B(0,0,-c)$，求与它们的距离之和为 $2b(b>c)$ 的点的轨迹. 这一轨迹为怎样的曲面？

4. 将 Ozx 面上的圆 $x^2+z^2=9$ 绕 z 轴旋转一周，求所生成旋转曲面的方程.

5. 将 Oxy 面上的双曲线 $4x^2-9y^2=36$ 分别绕 x 轴及 y 轴旋转一周，求所生成旋转曲面的方程.

6. 画出下列方程所表示的曲面：

(1) $\left(x-\dfrac{1}{2}\right)^2+y^2=\left(\dfrac{1}{2}\right)^2$；　　(2) $\dfrac{x^2}{9}+\dfrac{y^2}{4}=1$；　　(3) $\dfrac{y^2}{4}-\dfrac{z^2}{2}=1$；

(4) $z^2=8x$；　　(5) $z=2-x^2$；　　(6) $9x^2-4z^2=0$.

7. 画出下列方程所表示的曲面：

(1) $\dfrac{x^2}{9}+\dfrac{y^2}{4}+\dfrac{z^2}{15}=1$；　　(2) $4x^2+y^2-z^2=4$；

(3) $\dfrac{x^2}{9}-\dfrac{y^2}{16}-\dfrac{z^2}{25}=1$；　　(4) $\dfrac{z}{3}=\dfrac{x^2}{4}+\dfrac{y^2}{9}$；

(5) $z=\dfrac{x^2}{20}-\dfrac{y^2}{15}$;　　　　　　　　(6) $\dfrac{x^2}{4}-y^2+\dfrac{z^2}{16}=0$.

§8.4　空间曲线及其方程

一、空间曲线的一般方程

空间曲线可以看作两个曲面的公共部分. 设有两个不相同的曲面 Σ_1 和 Σ_2, 它们的交线为空间曲线 Γ(见图 8-31). 若曲面 Σ_1 和 Σ_2 对应的方程分别为 $F(x,y,z)=0$ 和 $G(x,y,z)=0$, 那么方程组

$$\begin{cases} F(x,y,z)=0, \\ G(x,y,z)=0 \end{cases} \quad (1)$$

叫作曲线 Γ 的**一般方程**.

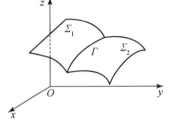

图　8-31

例 1　方程组 $\begin{cases} z=\sqrt{a^2-x^2-y^2}, \\ x^2+y^2=ax \end{cases}$ $(a>0)$ 表示怎样的曲线?

解　该方程组的第一个方程表示球心为原点, 半径为 a 的上半球面; 第二个方程可化为 $\left(x-\dfrac{a}{2}\right)^2+y^2=\left(\dfrac{a}{2}\right)^2$, 它表示母线平行于 z 轴的圆柱面, 且该圆柱面的准线是 Oxy 面上圆心为 $\left(\dfrac{a}{2},0\right)$, 半径为 $\dfrac{a}{2}$ 的圆. 因此, 该方程组表示上述上半球面与圆柱面的交线, 见图 8-32.

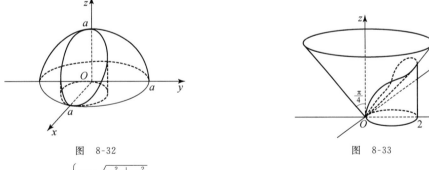

图　8-32　　　　　　　　　　　图　8-33

例 2　方程组 $\begin{cases} z=\sqrt{x^2+y^2}, \\ z^2=2x \end{cases}$ 表示怎样的曲线?

解　由原方程组消去 z 得 $x^2+y^2=2x$, 即 $(x-1)^2+y^2=1$, 所以原方程组可化为同解方程组 $\begin{cases} z=\sqrt{x^2+y^2}, \\ (x-1)^2+y^2=1, \end{cases}$ 其中第一个方程表示顶点为原点, 半顶角为 $\dfrac{\pi}{4}$ 且位于 Oxy 面上方的圆锥面, 第二个方程表示准线为 Oxy 面上的圆 $(x-1)^2+y^2=1$, 而母线平行于 z 轴的圆柱

面. 因此, 原方程组表示上述圆锥面与圆柱面的交线, 见图 8-33.

因为有许多曲面通过同一条空间曲线 Γ, 所以曲线 Γ 可以用不同的同解方程组来表示. 我们可以选取其中恰当的方程组, 以方便研究曲线 Γ 的图形.

二、空间曲线的参数方程

空间曲线 Γ 也可以用参数方程来表示, 只要将曲线 Γ 上动点的坐标 x, y, z 表示为参数 t(或参变量)的函数即可, 其一般形式是

$$\begin{cases} x = x(t), \\ y = y(t), \quad t \in [\alpha, \beta]. \\ z = z(t), \end{cases} \tag{2}$$

对于每个参数值 t, 就确定曲线 Γ 上的一点 (x, y, z), 随着 t 在某一区间(可以是有限或无限区间)上变动, 就得到曲线 Γ 上的全部点. 方程(2)称为曲线 Γ 的**参数方程**.

例 3(螺旋线)　设空间动点 M 在圆柱面 $x^2 + y^2 = a^2 (a > 0)$ 上以角速度 ω 绕 z 轴转动, 同时又以线速度 v 沿平行于 z 轴的正向上升, 求动点 M 的运动轨迹 Γ 的参数方程.

解　取时间 t 为参数, 设 $t = 0$ 时动点 M 位于点 $(a, 0, 0)$ 处, 经过时间 t 后, 动点 M 位于点 (x, y, z) 处, 这时动点 $M(x, y, z)$ 在 Oxy 面上的投影为点 $M'(x, y, 0)$(见图 8-34). 易知, 动点 M 的运动轨迹 Γ 的参数方程为

$$\begin{cases} x = a\cos\omega t, \\ y = a\sin\omega t, \quad (0 \leqslant t < +\infty). \\ z = vt \end{cases}$$

它表示一条螺旋线.

也可以取参数 $\theta = \omega t$, 则螺旋线 Γ 的参数方程可写为

$$\begin{cases} x = a\cos\theta, \\ y = a\sin\theta, \quad (0 \leqslant \theta < +\infty), \\ z = b\theta \end{cases}$$

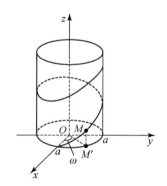

图 8-34

其中 $b = \dfrac{v}{\omega}$.

例 4　将下面曲线 Γ 的一般方程化为参数方程:

$$\begin{cases} x^2 + y^2 + z^2 = \dfrac{9}{2}, \\ x + z = 1. \end{cases}$$

解　将曲线 Γ 的一般方程改写为

$$\begin{cases} \dfrac{1}{2}\left(x - \dfrac{1}{2}\right)^2 + \dfrac{1}{4}y^2 = 1, \\ x + z = 1, \end{cases}$$

化为参数方程得

$$\begin{cases} x = \sqrt{2}\cos\theta + \dfrac{1}{2}, \\ y = 2\sin\theta, \qquad (0 \leqslant \theta \leqslant 2\pi). \\ z = \dfrac{1}{2} - \sqrt{2}\cos\theta \end{cases}$$

三、空间曲线在坐标面上的投影

设空间曲线 Γ 的一般方程为

$$\begin{cases} F(x,y,z) = 0, \\ G(x,y,z) = 0, \end{cases} \tag{3}$$

再设从方程组(3)中消去变量 z 后得方程

$$H(x,y) = 0. \tag{4}$$

因为方程(4)是由方程组(3)消去 z 后所得的结果,所以当 x,y,z 满足方程组(3)时,x,y 必满足方程(4).也就是说,曲线 Γ 上的每一点都落在由方程(4)所表示的曲面上.而方程(4)表示母线平行于 z 轴的柱面(见图 8-35),它包含曲线 Γ.以曲线 Γ 为准线,母线平行于 z 轴的柱面叫作曲线 Γ 关于 Oxy 面的**投影柱面**;投影柱面与 Oxy 面的交线叫作曲线 Γ 在 Oxy 面上的**投影曲线**(简称**投影**).因此,方程(4)所表示的柱面就是曲线 Γ 在 Oxy 面上的投影柱面,而方程组

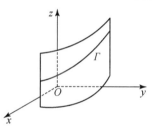

图　8-35

$$\begin{cases} H(x,y) = 0, \\ z = 0 \end{cases}$$

所表示的曲线是曲线 Γ 在 Oxy 面上的投影.

类似地,消去方程组(3)中的变量 x 或 y,若得到方程 $R(y,z)=0$ 或 $T(z,x)=0$,则方程组

$$\begin{cases} R(y,z) = 0, \\ x = 0 \end{cases} \quad \text{或} \quad \begin{cases} T(z,x) = 0, \\ y = 0 \end{cases}$$

所表示的曲线就是曲线 Γ 在 Oyz 面或 Ozx 面上的投影.

例 5　求曲线 $\Gamma: \begin{cases} x^2 + y^2 + z^2 = 1, \\ y - z = 0 \end{cases}$ 在 Oxy 面上的投影.

解　从表示曲线 Γ 的方程组中消去 z,得投影柱面 $x^2 + 2y^2 = 1$,所以曲线 Γ 在 Oxy 面上的投影为 $\begin{cases} x^2 + 2y^2 = 1, \\ z = 0, \end{cases}$ 它是 Oxy 面上的一个椭圆.

例 6 求由圆锥面 $z=\sqrt{x^2+y^2}$ 与抛物面 $z=2-x^2-y^2$ 所围成的立体 Ω 在 Oxy 面上的投影区域(圆锥面 $z=\sqrt{x^2+y^2}$ 与抛物面 $z=2-x^2-y^2$ 的交线投影所围成的平面图形).

解 所给圆锥面与抛物面的交线 Γ 的方程为

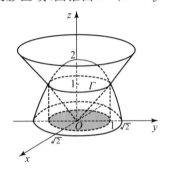

图 8-36

$$\begin{cases} z=\sqrt{x^2+y^2}, \\ z=2-x^2-y^2. \end{cases} \quad (5)$$

为了消去 z,将方程组(5)的第一个方程代入第二个方程,得 $z=2-z^2$,即 $z^2+z-2=0$,解得 $z=1$ 或 $z=-2$(舍去).用 $z=1$ 代入方程组(5)的第一(或第二)个方程,就得到投影柱面 $x^2+y^2=1$.因此,交线 Γ 在 Oxy 面上的投影为

$$\begin{cases} x^2+y^2=1, \\ z=0. \end{cases}$$

于是,立体 Ω 在 Oxy 面上的投影区域是 $x^2+y^2\leqslant 1$(见图 8-36 阴影部分).

四、曲面的参数方程

在空间直角坐标系中,曲面 Σ 的参数方程通常含有两个参数 s,t:

$$\Sigma: \begin{cases} x=x(s,t), \\ y=y(s,t), \\ z=z(s,t). \end{cases}$$

例如,空间曲线 $\Gamma:\begin{cases} x=x(t), \\ y=y(t), \quad (\alpha\leqslant t\leqslant\beta) \\ z=z(t) \end{cases}$ 绕 z 轴旋转一周所得旋转曲面的参数方程为

$$\begin{cases} x=\sqrt{x^2(t)+y^2(t)}\cos\theta, \\ y=\sqrt{x^2(t)+y^2(t)}\sin\theta, \quad (\alpha\leqslant t\leqslant\beta, 0\leqslant\theta\leqslant 2\pi). \\ z=z(t) \end{cases} \quad (6)$$

这是因为:固定 t,得曲线 Γ 上一点 $M_1(x(t),y(t),z(t))$,点 M_1 绕 z 轴旋转得一个圆,该圆在平面 $z=z(t)$ 上,半径为点 M_1 到 z 轴的距离 $\sqrt{x^2(t)+y^2(t)}$,因此当 t 固定时,方程(6)就是该圆的参数方程,再令 t 在区间 $[\alpha,\beta]$ 变动,方程(6)就是旋转曲面的参数方程(见图 8-37).

例 7 求球面 $x^2+y^2+z^2=a^2(a>0)$ 的参数方程.

解 球面可看成由 Oyz 面上的半圆

$$\begin{cases} x=0, \\ y=a\sin\varphi, \quad (0\leqslant\varphi\leqslant\pi) \\ z=a\cos\varphi \end{cases}$$

绕 z 轴旋转一周所得(见图 8-38).利用方程(6),得所求的球面参数方程

$$\begin{cases} x = a\sin\varphi\cos\theta, \\ y = a\sin\varphi\sin\theta, & (0 \leqslant \varphi \leqslant \pi, 0 \leqslant \theta \leqslant 2\pi). \\ z = a\cos\varphi \end{cases}$$

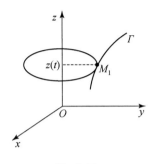

图　8-37

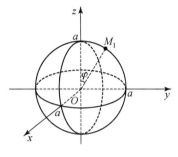

图　8-38

例 8　求椭圆抛物面 $\dfrac{x^2}{a^2} + \dfrac{y^2}{b^2} = 2z$ $(a, b > 0)$ 的参数方程.

解　该椭圆抛物面的参数方程可取为

$$\begin{cases} x = at\cos\theta, \\ y = bt\sin\theta, & (0 \leqslant t < +\infty, 0 \leqslant \theta \leqslant 2\pi). \\ z = \dfrac{t^2}{2} \end{cases}$$

习　题　8.4

1. 求通过曲线 $\begin{cases} 2x^2 + y^2 + z^2 = 16, \\ x^2 + z^2 - y^2 = 0 \end{cases}$ 且母线分别平行于 x 轴和 y 轴的柱面方程.

2. 求球面 $x^2 + y^2 + z^2 = 9$ 与平面 $x + z = 1$ 的交线在 Oxy 面上的投影方程.

3. 求曲线 $\Gamma: \begin{cases} x^2 + y^2 + z^2 = 1, \\ x + y + z = 1 \end{cases}$ 在 Oxy 面上的投影方程.

4. 将下列曲线的一般方程化为参数方程:

(1) $\begin{cases} x^2 + y^2 + z^2 = 9, \\ y = x; \end{cases}$ 　　(2) $\begin{cases} y^2 = 2px, \\ z = kx, \end{cases}$ $(p, k$ 为常数且 $p > 0)$;

(3) $\begin{cases} (x-1)^2 + y^2 + (z+1)^2 = 4, \\ z = 0. \end{cases}$

5. 求曲线 $\Gamma: \begin{cases} (x+2)^2 - z = 4, \\ (x-2)^2 + y^2 = 4 \end{cases}$ 的参数方程,并求曲线 Γ 在 Oyz 面上的投影方程.

6. 求螺旋线 $\begin{cases} x = a\cos\theta, \\ y = a\sin\theta, \\ z = b\theta \end{cases}$ $(a, b > 0)$ 在三个坐标面上的投影的直角坐标方程.

7. 求上半球体 $0 \leqslant z \leqslant \sqrt{a^2 - x^2 - y^2}(a > 0)$ 与圆柱体 $x^2 + y^2 \leqslant ax$ 的公共部分在 Oxy 面和 Ozx 面上的投影区域.

8. 求由上半球面 $z = \sqrt{4 - x^2 - y^2}$ 和圆锥面 $z = \sqrt{3(x^2 + y^2)}$ 所围成的立体在 Oxy 面上的投影区域.

9. 求旋转抛物面 $z = x^2 + y^2 (0 \leqslant z \leqslant 4)$ 在三个坐标面上的投影区域.

§8.5　平面及其方程

平面是最简单、最重要的曲面之一. 本节我们将以向量为工具,在空间直角坐标系中建立平面方程,并讨论有关它的一些基本性质.

一、平面的点法式方程

因为过空间中的一点可以唯一地作一个平面垂直于已知直线,所以当平面 Π 上的一点 $M_0(x_0, y_0, z_0)$ 以及垂直于平面 Π 的一个非零向量 $\boldsymbol{n} = (A, B, C)$ 已知时,平面 Π 就完全确定了(见图 8-39). 向量 $\boldsymbol{n}$ 叫作平面 Π 的**法线向量**(简称**法向量**).下面给出平面 Π 的方程.

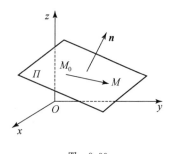

图　8-39

因为空间中的一点 $M(x, y, z)$ 在平面 Π 上的充要条件是
$$\overrightarrow{M_0M} \perp \boldsymbol{n}, \quad 即 \quad \overrightarrow{M_0M} \cdot \boldsymbol{n} = 0,$$
这里 $\boldsymbol{n} = (A, B, C), \overrightarrow{M_0M} = (x - x_0, y - y_0, z - z_0)$,所以有
$$A(x - x_0) + B(y - y_0) + C(z - z_0) = 0. \tag{1}$$
方程(1)就是平面 Π 的方程. 由于方程(1)是由平面 Π 上的一点 $M_0(x_0, y_0, z_0)$ 及平面 Π 的一个法向量 $\boldsymbol{n} = (A, B, C)$ 所确定的,所以它叫作平面 Π 的**点法式方程**.

例 1　已知两点 $A(2, -1, 2), B(8, -7, 5)$,求通过点 A 且与直线 AB 垂直的平面方程.

解　由于 $\overrightarrow{AB} = (6, -6, 3) = 3(2, -2, 1)$,所以可取平面的法向量为 $\boldsymbol{n} = (2, -2, 1)$,得所求的平面方程为
$$2(x - 2) - 2(y + 1) + (z - 2) = 0, \quad 即 \quad 2x - 2y + z - 8 = 0.$$

例 2　已知不共线的三点 $M_0(x_0, y_0, z_0), M_1(x_1, y_1, z_1), M_2(x_2, y_2, z_2)$,求通过这三点的平面 Π 的方程.

解　先求平面 Π 的法向量 $\boldsymbol{n}$. 因为 $\boldsymbol{n}$ 与向量 $\overrightarrow{M_0M_1}, \overrightarrow{M_0M_2}$ 都垂直,所以取 $\boldsymbol{n} = \overrightarrow{M_0M_1} \times$

$\overrightarrow{M_0 M_2}$. 又因为平面 Π 过点 $M_0(x_0, y_0, z_0)$,所以平面 Π 的方程是 $\overrightarrow{M_0 M} \cdot \boldsymbol{n} = 0$,用向量的混合积表示就是

$$[\overrightarrow{M_0 M}\ \overrightarrow{M_0 M_1}\ \overrightarrow{M_0 M_2}] = 0, \quad \text{即} \quad \begin{vmatrix} x - x_0 & y - y_0 & z - z_0 \\ x_1 - x_0 & y_1 - y_0 & z_1 - z_0 \\ x_2 - x_0 & y_2 - y_0 & z_2 - z_0 \end{vmatrix} = 0.$$

上面两式都叫作平面 Π 的**三点式方程**.

二、平面的一般方程

由于任一平面都可以用它上面的一点及它的任一法向量来确定,即可用点法式方程来表示,所以任一平面的方程是三元一次方程. 反之,设有三元一次方程

$$Ax + By + Cz + D = 0, \tag{2}$$

其中 A, B, C 不全为零. 任取这个方程的一个解 x_0, y_0, z_0,即得

$$Ax_0 + By_0 + Cz_0 + D = 0.$$

将上式与(2)式相减,得

$$A(x - x_0) + B(y - y_0) + C(z - z_0) = 0. \tag{3}$$

显然,方程(2)与方程(3)同解,所以任一三元一次方程(2)的图形是一个平面. 方程(2)称为平面的**一般方程**,其中 x, y, z 的系数就是平面的一个法向量 $\boldsymbol{n}$ 的坐标,即 $\boldsymbol{n} = (A, B, C)$.

下面讨论一些特殊三元一次方程的图形:

当 $D = 0$ 时,方程(2)成为 $Ax + By + Cz = 0$,它表示通过原点的平面.

当 $A = 0$ 时,方程(2)成为 $By + Cz + D = 0$,法向量 $\boldsymbol{n} = (0, B, C)$ 垂直于 x 轴,于是该方程表示平行于 x 轴的平面(这里把平面通过直线看成平面与直线平行的特殊情形). 类似地,方程 $Ax + Cz + D = 0$ 和 $Ax + By + D = 0$ 分别表示平行于 y 轴和 z 轴的平面.

当 $A = B = 0$ 时,方程(2)成为 $Cz + D = 0$,即 $z = -\dfrac{D}{C}$,法向量 $\boldsymbol{n} = (0, 0, C)$ 垂直于 x 轴和 y 轴,所以该方程表示平行于 Oxy 面的平面(这里把平面重合看成平面平行的特殊情形). 同样,方程 $Ax + D = 0 \left(x = -\dfrac{D}{A} \right)$ 和 $By + D = 0 \left(y = -\dfrac{D}{B} \right)$ 分别表示平行于 Oyz 面和 Ozx 面的平面.

当 A, B, C, D 均不为零时,方程(2)可改写为

$$\frac{x}{a} + \frac{y}{b} + \frac{z}{c} = 1, \tag{4}$$

其中 $a = -\dfrac{D}{A}, b = -\dfrac{D}{B}, c = -\dfrac{D}{C}$. 这时平面与 x 轴、y 轴、z 轴的交点依次为 $(a, 0, 0)$,$(0, b, 0)$,$(0, 0, c)$. 方程(4)叫作平面的**截距式方程**,其中 a, b, c 依次叫作平面在 x 轴、y 轴、z 轴上的**截距**.

例 3　求通过 x 轴和点 $(4,-3,-1)$ 的平面方程.

解　因为该平面通过 x 轴,它既平行于 x 轴,又通过原点,所以 $A=0,D=0$.因此,可设该平面的方程为

$$By + Cz = 0. \tag{5}$$

又因该平面通过点 $(4,-3,-1)$,故有

$$-3B-C=0, \quad 即 \quad C=-3B.$$

以 $C=-3B$ 代入方程(5),并除以 $B(B\neq0)$,得所求的平面方程

$$y-3z=0.$$

例 4　求平面 $2x-4y+3z+2=0$ 的截距式方程,并求它与坐标轴的交点.

解　所求的截距式方程为

$$\frac{x}{-1} + \frac{y}{\frac{1}{2}} + \frac{z}{-\frac{2}{3}} = 1.$$

该平面与 x 轴、y 轴、z 轴的交点依次为 $(-1,0,0)$,$\left(0,\frac{1}{2},0\right)$,$\left(0,0,-\frac{2}{3}\right)$.

下面介绍平面束的概念.设直线 L 的一般方程为

$$\begin{cases} \Pi_1: A_1x + B_1y + C_1z + D_1 = 0, \\ \Pi_2: A_2x + B_2y + C_2z + D_2 = 0, \end{cases}$$

其中平面 Π_1 的法向量 $\boldsymbol{n}_1=(A_1,B_1,C_1)$ 与平面 Π_2 的法向量 $\boldsymbol{n}_2=(A_2,B_2,C_2)$ 不平行.显然,通过直线 L 的平面有无限多个.

对于任一常数 λ,构造三元一次方程

$$A_1x + B_1y + C_1z + D_1 + \lambda(A_2x + B_2y + C_2z + D_2) = 0 \tag{6}$$

或 $\quad (A_1+\lambda A_2)x + (B_1+\lambda B_2)y + (C_1+\lambda C_2)z + D_1 + \lambda D_2 = 0.$

由于法向量 $\boldsymbol{n}_1$ 与 $\boldsymbol{n}_2$ 不平行,所以方程(6)的系数 $A_1+\lambda A_2,B_1+\lambda B_2,C_1+\lambda C_2$ 不全为零,因此方程(6)表示一个平面.显然,直线 L 上任一点的坐标都满足方程(6),因此方程(6)表示通过直线 L 的平面.反之,对于通过直线 L 的任一平面(除平面 Π_2 外),可选取适当的 λ 值,使方程(6)表示该平面.通过直线 L 的平面的全体叫作直线 L 的**平面束**,而方程(2)叫作直线 L 的**平面束方程**.事实上,平面束方程(2)所表示的平面中不包含平面 Π_2.

三、两个平面的夹角

两个平面的法向量的夹角(一般指锐角)称为两个平面的**夹角**.

设平面 Π_1,Π_2 的方程分别为

$$A_1x + B_1y + C_1z + D_1 = 0,$$
$$A_2x + B_2y + C_2z + D_2 = 0,$$

则它们的法向量分别为 $\boldsymbol{n}_1=(A_1,B_1,C_1)$,$\boldsymbol{n}_2=(A_2,B_2,C_2)$.于是,平面 Π_1 与 Π_2 的夹角

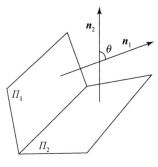

图 8-40

为 $\theta=(\widehat{\boldsymbol{n}_1,\boldsymbol{n}_2})$ 或 $\theta=\pi-(\widehat{\boldsymbol{n}_1,\boldsymbol{n}_2})$(取二者中的锐角,见图 8-40),从而夹角 θ 的余弦为 $\cos\theta=|\cos(\widehat{\boldsymbol{n}_1,\boldsymbol{n}_2})|$,可用坐标表示为

$$\cos\theta=\frac{|A_1A_2+B_1B_2+C_1C_2|}{\sqrt{A_1^2+B_1^2+C_1^2}\cdot\sqrt{A_2^2+B_2^2+C_2^2}}. \tag{7}$$

由(7)式立即推出下述结论:

(1) $\Pi_1\perp\Pi_2\Longleftrightarrow\boldsymbol{n}_1\perp\boldsymbol{n}_2\Longleftrightarrow A_1A_2+B_1B_2+C_1C_2=0$;

(2) $\Pi_1 \mathbin{/\mkern-5mu/} \Pi_2\Longleftrightarrow\boldsymbol{n}_1 \mathbin{/\mkern-5mu/} \boldsymbol{n}_2\Longleftrightarrow\dfrac{A_1}{A_2}=\dfrac{B_1}{B_2}=\dfrac{C_1}{C_2}$(其中当分母为零时,约定分子也为零).

特别地,当 $\dfrac{A_1}{A_2}=\dfrac{B_1}{B_2}=\dfrac{C_1}{C_2}=\dfrac{D_1}{D_2}$ 时,平面 Π_1 与 Π_2 重合.

例 5 求平面 $2x+y-z-1=0$ 与 $x-y-2z+4=0$ 的夹角.

解 设这两个平面的夹角为 θ,则由(7)式得

$$\cos\theta=\frac{|2\times1+1\times(-1)+(-1)\times(-2)|}{\sqrt{2^2+1^2+(-1)^2}\cdot\sqrt{1^2+(-1)^2+(-2)^2}}=\frac{1}{2},$$

从而 $\theta=\arccos\dfrac{1}{2}=\dfrac{\pi}{3}$.

例 6 已知一个平面通过原点及点 $(6,-3,2)$ 且与平面 $4x-y+2z=8$ 垂直,求它的方程.

解 因这个平面通过原点,故可设它的方程为

$$Ax+By+Cz=0.$$

依题意,有

$$\begin{cases} 6A-3B+2C=0, \\ (A,B,C)\cdot(4,-1,2)=4A-B+2C=0. \end{cases}$$

解此方程组,得 $B=A,C=-\dfrac{3}{2}A$.代入 $Ax+By+Cz=0$,化简后即得所求的平面方程

$$2x+2y-3z=0.$$

四、点到平面的距离

设点 $P_0(x_0,y_0,z_0)$ 是平面 Π: $Ax+By+Cz+D=0$ 外一点.下面求点 P_0 到平面 Π 的距离 d.在平面 Π 上任取一点 $P_1(x_1,y_1,z_1)$,并作平面 Π 的法向量 $\boldsymbol{n}=(A,B,C)$.由图 8-41 易知,所求的距离为

$$d=|\mathrm{Prj}_{\boldsymbol{n}}\overrightarrow{P_1P_0}|=\frac{|\boldsymbol{n}\cdot\overrightarrow{P_1P_0}|}{|\boldsymbol{n}|}.$$

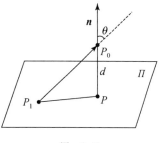

图 8-41

将 $\boldsymbol{n}=(A,B,C)$，$\overrightarrow{P_1P_0}=(x_0-x_1,y_0-y_1,z_0-z_1)$ 代入上式，并利用 $Ax_1+By_1+Cz_1+D=0$，我们即可求得点 P_0 到平面 $\varPi$ 的距离公式

$$d=\frac{|Ax_0+By_0+Cz_0+D|}{\sqrt{A^2+B^2+C^2}}.\tag{8}$$

例 7　求点 $(2,1,0)$ 到平面 $3x+4y+5z=0$ 的距离.

解　由(8)式得所求的距离为

$$d=\frac{|3\times2+4\times1+5\times0+0|}{\sqrt{3^2+4^2+5^2}}=\sqrt{2}.$$

习　题　8.5

1. 分别求满足下列条件的平面方程：

(1) 通过点 $M_0(2,9,-6)$ 且与连接原点 O 及点 M_0 的线段 OM_0 垂直；

(2) 通过点 $A(2,-5,3)$ 且平行于 Ozx 面；

(3) 通过 x 轴和点 $A(5,-2,1)$.

2. 设一个平面通过点 $(1,0,-1)$ 且平行于向量 $\boldsymbol{a}=(2,1,1)$，$\boldsymbol{b}=(1,-1,0)$，求这个平面的方程.

3. 求通过两点 $A(1,1,1)$，$B(1,0,2)$ 且垂直于平面 $x+2y-z-6=0$ 的平面方程.

4. 求通过三点 $(1,1,-1)$，$(-2,-2,2)$，$(1,-1,2)$ 的平面方程.

5. 求通过三点 $(7,6,7)$，$(5,10,5)$，$(-1,8,9)$ 的平面方程.

6. 求通过原点且垂直于平面 $x-y+z-7=0$，$3x+2y-12z+5=0$ 的平面方程.

7. 设一个平面通过点 $(5,-7,4)$ 且在三个坐标轴上的截距相等，求这个平面的方程.

8. 求平面 $2x-2y+z+5=0$ 与各坐标面的夹角的余弦.

9. 求下列给定点到给定平面的距离：

(1) 点 $A(3,-6,7)$，平面 $4x-3z-1=0$；

(2) 点 $A(1,2,1)$，平面 $x+2y+2z-10=0$.

10. 求下列平面的法向量分别与 x 轴、y 轴、z 轴所成的夹角 α,β,γ，并求原点到各平面的距离 d：

(1) $x+\sqrt{2}y+z-10=0$；　　(2) $y-z+2=0$.

§8.6　空间直线及其方程

一、空间直线的一般方程

空间直线可以看作两个平面的交线.设平面 $\varPi_1$ 和 $\varPi_2$ 的交线为直线 L(见图 8-42)，它们

的方程分别是

$$A_1x+B_1y+C_1z+D_1=0 \quad \text{和} \quad A_2x+B_2y+C_2z+D_2=0.$$

易知，直线 L 可以用方程组

$$\begin{cases} A_1x+B_1y+C_1z+D_1 = 0, \\ A_2x+B_2y+C_2z+D_2 = 0 \end{cases} \tag{1}$$

来表示. 方程组(1)叫作直线 L 的**一般方程**.

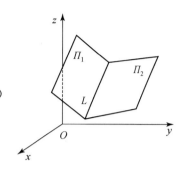

图 8-42

二、空间直线的对称式方程与参数方程

空间直线的位置可由其上的一点和它的方向唯一确定.

如图 8-43 所示，给定空间中的一点 $M_0(x_0,y_0,z_0)$ 和一个非零向量 $s=(m,n,p)$，我们来建立通过点 M_0 且平行于向量 s 的直线 L 的方程. 设 $M(x,y,z)$ 是空间中的任一点，显然点 M

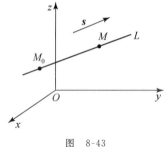

图 8-43

在直线 L 上的充要条件是 $\overrightarrow{M_0M} /\!/ s$，即

$$\frac{x-x_0}{m} = \frac{y-y_0}{n} = \frac{z-z_0}{p}. \tag{2}$$

因此，方程组(2)就是直线 L 的方程，叫作直线 L 的**对称式方程**或**点向式方程**. 由于向量 s 确定了直线 L 的方向，我们称向量 s 为直线 L 的**方向向量**，并称向量 s 的坐标 m,n,p 为直线 L 的一组**方向数**. 方向向量 s 的方向余弦也称为直线 L 的**方向余弦**.

由于 s 是非零向量，它的坐标 m,n,p 不会同时为零，但可能有其中一个或两个为零的情况. 例如，当向量 s 垂直于 x 轴时，它在 x 轴上的投影为 $m=0$，此时为了保持方程的对称形式，我们仍写成

$$\frac{x-x_0}{0} = \frac{y-y_0}{n} = \frac{z-z_0}{p},$$

但上式应理解为

$$\begin{cases} x-x_0 = 0, \\ \dfrac{y-y_0}{n} = \dfrac{z-z_0}{p}; \end{cases}$$

当 m,n,p 中有两个为零，例如 $m=n=0$，方程(2)应理解为

$$\begin{cases} x-x_0 = 0, \\ y-y_0 = 0. \end{cases}$$

由直线 L 的对称式方程容易导出直线 L 的参数方程：因为 $\overrightarrow{M_0M} /\!/ s$ 的充要条件是存在实数 t，使得 $\overrightarrow{M_0M}=ts$，即

$$\frac{x-x_0}{m} = \frac{y-y_0}{n} = \frac{z-z_0}{p} = t$$

或

$$\begin{cases} x = x_0 + mt, \\ y = y_0 + nt, \quad (-\infty < t < +\infty), \\ z = z_0 + pt \end{cases} \tag{3}$$

所以方程组(3)是直线 L 的方程,称之为**参数方程**.

例 1　将直线 L 的一般方程 $\begin{cases} x-2y+3z+1=0, \\ 2x+y-4z-8=0 \end{cases}$ 化为对称式方程及参数方程.

解　先求直线 L 上的一点.令 $z=0$,得 $\begin{cases} x-2y+1=0, \\ 2x+y-8=0, \end{cases}$ 解得 $x=3,y=2$,即求得直线 L 上的一点 $(3,2,0)$.再求直线 L 的方向向量 s.由于

$$\boldsymbol{n}_1 \times \boldsymbol{n}_2 = \begin{vmatrix} \boldsymbol{i} & \boldsymbol{j} & \boldsymbol{k} \\ 1 & -2 & 3 \\ 2 & 1 & -4 \end{vmatrix} = 5\boldsymbol{i} + 10\boldsymbol{j} + 5\boldsymbol{k} = 5(\boldsymbol{i} + 2\boldsymbol{j} + \boldsymbol{k}),$$

所以可以取 $\boldsymbol{s}=(1,2,1)$.因此,直线 L 的对称式方程为

$$\frac{x-3}{1} = \frac{y-2}{2} = \frac{z}{1},$$

参数方程为

$$\begin{cases} x = 3+t, \\ y = 2+2t, \quad (-\infty < t < +\infty). \\ z = t \end{cases}$$

三、两条直线的夹角

两条直线的方向向量的夹角(通常指锐角)叫作两条直线的**夹角**.

设直线 L_1 和 L_2 的方向向量依次为 $\boldsymbol{s}_1=(m_1,n_1,p_1)$ 和 $\boldsymbol{s}_2=(m_2,n_2,p_2)$,于是直线 L_1 与 L_2 的夹角为 $\varphi=(\widehat{\boldsymbol{s}_1,\boldsymbol{s}_2})$ 或 $\varphi=(\widehat{\boldsymbol{s}_1,-\boldsymbol{s}_2})$(取二者中的锐角),从而有 $\cos\varphi=\left|\cos(\widehat{\boldsymbol{s}_1,\boldsymbol{s}_2})\right|$,或用坐标表示为

$$\cos\varphi = \frac{|m_1 m_2 + n_1 n_2 + p_1 p_2|}{\sqrt{m_1^2 + n_1^2 + p_1^2} \cdot \sqrt{m_2^2 + n_2^2 + p_2^2}}. \tag{4}$$

由(4)式立即推出下述**结论**:

(1) $L_1 \perp L_2 \Longleftrightarrow \boldsymbol{s}_1 \perp \boldsymbol{s}_2 \Longleftrightarrow m_1 m_2 + n_1 n_2 + p_1 p_2 = 0$;

(2) $L_1 /\!/ L_2 \Longleftrightarrow \boldsymbol{s}_1 /\!/ \boldsymbol{s}_2 \Longleftrightarrow \dfrac{m_1}{m_2} = \dfrac{n_1}{n_2} = \dfrac{p_1}{p_2}$.

例 2　设有两条直线 $L_1: \dfrac{x-1}{1} = \dfrac{y-5}{-2} = \dfrac{z+8}{1}$ 和 $L_2: \begin{cases} x-y=6, \\ 2y+z=3, \end{cases}$ 求直线 L_1 与 L_2 的夹角 φ.

解　直线 L_1 和 L_2 的方向向量分别为

$$\boldsymbol{s}_1 = (1, -2, 1) \quad \text{和} \quad \boldsymbol{s}_2 = \begin{vmatrix} \boldsymbol{i} & \boldsymbol{j} & \boldsymbol{k} \\ 1 & -1 & 0 \\ 0 & 2 & 1 \end{vmatrix} = (-1, -1, 2).$$

由(4)式有

$$\cos\varphi = \frac{|1 \times (-1) + (-2) \times (-1) + 1 \times 2|}{\sqrt{1^2 + (-2)^2 + 1^2} \cdot \sqrt{(-1)^2 + (-1)^2 + 2^2}} = \frac{1}{2},$$

所以 $\varphi = \dfrac{\pi}{3}$.

四、直线与平面的夹角

当直线与平面不垂直时,直线与其在平面上的投影(直线)的夹角 $\varphi\left(0 \leqslant \varphi < \dfrac{\pi}{2}\right)$ 叫作直线与平面的**夹角**;当直线与平面垂直时,规定直线与平面的夹角等于 $\dfrac{\pi}{2}$.

设直线 L 的方向向量为 $\boldsymbol{s} = (m, n, p)$,平面 Π 的法向量为 $\boldsymbol{n} = (A, B, C)$. 显然,直线 L 与平面 Π 的夹角为 $\varphi = \left|\dfrac{\pi}{2} - (\widehat{\boldsymbol{s}, \boldsymbol{n}})\right|$ (见图 8-44). 所以

$\sin\varphi = |\cos(\widehat{\boldsymbol{s}, \boldsymbol{n}})|$,用坐标表示则有

$$\sin\varphi = \frac{|Am + Bn + Cp|}{\sqrt{A^2 + B^2 + C^2} \cdot \sqrt{m^2 + n^2 + p^2}}. \tag{5}$$

由(5)式立即推得下述结论:

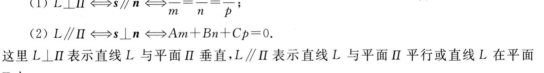

图 8-44

(1) $L \perp \Pi \Longleftrightarrow \boldsymbol{s} // \boldsymbol{n} \Longleftrightarrow \dfrac{A}{m} = \dfrac{B}{n} = \dfrac{C}{p}$;

(2) $L // \Pi \Longleftrightarrow \boldsymbol{s} \perp \boldsymbol{n} \Longleftrightarrow Am + Bn + Cp = 0$.

这里 $L \perp \Pi$ 表示直线 L 与平面 Π 垂直, $L // \Pi$ 表示直线 L 与平面 Π 平行或直线 L 在平面 Π 上.

例3　求通过点 $(1, -2, 4)$ 且与平面 $2x - 3y + z - 4 = 0$ 垂直的直线方程.

解　因为该直线垂直已知平面,而此已知平面的法向量为 $\boldsymbol{n} = (2, -3, 1)$,所以可以取该直线的方向向量为 $\boldsymbol{s} = \boldsymbol{n} = (2, -3, 1)$.因此,所求的直线方程为

$$\frac{x - 1}{2} = \frac{y + 2}{-3} = \frac{z - 4}{1}.$$

习　题　8.6

1. 求通过两点 $M_1(3, -5, 1)$, $M_2(1, 2, 4)$ 的直线方程.

2. 求通过点 $M_0(1,0,-5)$ 且和向量 $a=(7,-2,1)$ 平行的直线方程.

3. 用对称式方程及参数方程表示直线 $\begin{cases} x-y+z=1, \\ 2x+y+z=4. \end{cases}$

4. 化直线 L 的对称式方程 $\dfrac{x-1}{2}=\dfrac{y+2}{-5}=\dfrac{z-4}{7}$ 为一般方程.

5. 求直线 $\dfrac{x}{1}=\dfrac{y}{2}=\dfrac{z}{3}$ 与平面 $x+2y+3z-1=0$ 的交点.

6. 求点 $(-1,2,0)$ 在平面 $x+2y-z+1=0$ 上的投影.

7. 求下列各组直线的夹角:

(1) $\dfrac{x-1}{3}=\dfrac{y+2}{6}=\dfrac{z-5}{2}$ 与 $\dfrac{x}{2}=\dfrac{y-3}{9}=\dfrac{z+1}{6}$;

(2) $\begin{cases} 5x-3y+3z-9=0, \\ 3x-2y+z-1=0 \end{cases}$ 与 $\begin{cases} 2x+2y-z+23=0, \\ 3x+8y+z-18=0. \end{cases}$

8. 求下列直线与平面的夹角:

(1) 直线 $\dfrac{x-1}{-2}=\dfrac{y}{-1}=\dfrac{z-5}{2}$ 与平面 $x+y+5=0$;

(2) 直线 $\begin{cases} x+y+3z=0, \\ x-y-z=0 \end{cases}$ 与平面 $x-y-z+1=0$.

9. 求通过点 $(0,2,4)$ 且与平面 $x+2z=1$,$y-3z=2$ 平行的直线方程.

10. 在 Ozx 面上求一条通过原点且垂直于直线 $\dfrac{x-2}{3}=\dfrac{y+1}{-2}=\dfrac{z-5}{1}$ 的直线方程.

§8.7 综合例题

例1 下列结论中正确的是(   ).

(A) $i+j+k$ 是单位向量

(B) $-i$ 不是单位向量

(C) 两个互相垂直的单位向量的数量积是单位向量

(D) 两个互相垂直的单位向量的向量积是单位向量

解 选(D). 设 a,b 是单位向量,且 $a\perp b$,即 $|a|=1$,$|b|=1$,且 $((\widehat{a,b}))=\dfrac{\pi}{2}$. 因 $c=a\times b$ 是向量,且 $|c|=|a||b|\sin((\widehat{a,b}))=1$,故 c 是单位向量,即(D)正确.

因 $|i+j+k|=\sqrt{1^2+1^2+1^2}=\sqrt{3}\neq 1$,故(A)不正确;因 $|-i|=\sqrt{(-1)^2}=1$,即 $-i$ 是单位向量,即(B)不正确;因 $a\cdot b$ 是一个数,不是向量,故(C)不正确.

例2 设点 A 位于第一卦限,向径 $\overrightarrow{OA}$ 与 x 轴、y 轴的夹角依次为 $\dfrac{\pi}{3},\dfrac{\pi}{4}$,且 $|\overrightarrow{OA}|=6$,

求点 A 的坐标.

解　设 α, β, γ 为向径 $\overrightarrow{OA}$ 的方向角.已知 $\alpha = \dfrac{\pi}{3}, \beta = \dfrac{\pi}{4}$,则 $\cos^2 \gamma = 1 - \cos^2 \alpha - \cos^2 \beta = \dfrac{1}{4}$.

又因点 A 在第一卦限,故 $\cos \gamma = \dfrac{1}{2}$.于是

$$\overrightarrow{OA} = |\overrightarrow{OA}| \boldsymbol{e}_{\overrightarrow{OA}} = 6(\cos\alpha, \cos\beta, \cos\gamma) = 6\left(\dfrac{1}{2}, \dfrac{\sqrt{2}}{2}, \dfrac{1}{2}\right) = (3, 3\sqrt{2}, 3),$$

从而点 A 的坐标为 $(3, 3\sqrt{2}, 3)$.

例3　设 $\triangle ABC$ 的三个顶点 A, B, C 所对的边长分别为 a, b, c,并用 A, B, C 分别表示相应的三个内角,试用向量的方法证明正弦定理:

$$\dfrac{a}{\sin A} = \dfrac{b}{\sin B} = \dfrac{c}{\sin C}.$$

证　如图 8-45 所示,由三角形的面积公式得到 $\triangle ABC$ 的面积

$$S = \dfrac{1}{2}|\overrightarrow{AC} \times \overrightarrow{AB}| = \dfrac{1}{2}|\overrightarrow{BA} \times \overrightarrow{BC}| = \dfrac{1}{2}|\overrightarrow{CB} \times \overrightarrow{CA}|.$$

因为

$$|\overrightarrow{AC} \times \overrightarrow{AB}| = bc\sin A,$$
$$|\overrightarrow{BA} \times \overrightarrow{BC}| = ca\sin B,$$
$$|\overrightarrow{CB} \times \overrightarrow{CA}| = ab\sin C,$$

所以

$$\dfrac{a}{\sin A} = \dfrac{b}{\sin B} = \dfrac{c}{\sin C}.$$

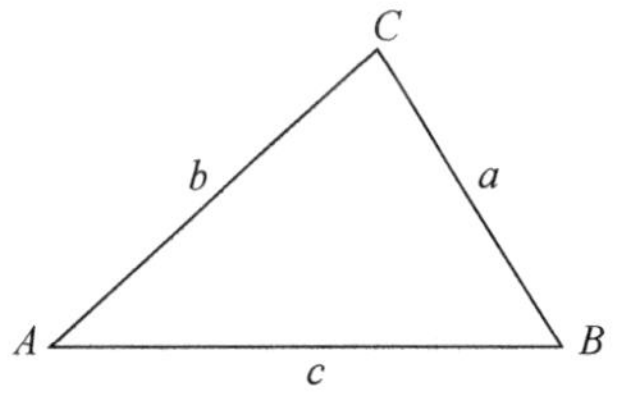

图 8-45

例4　求直线 $L: \begin{cases} x+y-z-1=0, \\ x-y+z+1=0 \end{cases}$ 在平面 $\Pi: x+y+z=0$

上的投影直线 L_0 的方程,并求直线 L_0 绕 z 轴旋转一周所生成旋转曲面的方程.

解　由通过直线 L 的平面束方程知,可设直线 L 在平面 $x+y+z=0$ 上的投影柱面方程为

$$(x+y-z-1) + \lambda(x-y+z+1) = 0,$$

即

$$(1+\lambda)x + (1-\lambda)y + (-1+\lambda)z + (-1+\lambda) = 0,$$

其中 λ 为待定常数.依题意,该投影柱面(平面)与平面 $x+y+z=0$ 垂直,即

$$(1+\lambda, 1-\lambda, -1+\lambda) \cdot (1, 1, 1) = 0,$$

求得 $\lambda = -1$.因此,该投影柱面的方程为 $y-z-1=0$,从而直线 L_0 的方程为

$$\begin{cases} x+y+z = 0, \\ y-z-1 = 0. \end{cases}$$

将直线 L_0 的方程改写为参数方程

$$\begin{cases} x = -2z - 1, \\ y = z + 1, \\ z = z. \end{cases}$$

设 $M_0(x_0, y_0, z_0)$ 是直线 L_0 上任一点,这时 $x_0 = -2z_0 - 1$,$y_0 = z_0 + 1$.当直线 L_0 绕 z 轴旋转时,M_0 也绕 z 轴旋转到另一点 $M(x, y, z)$,这时 $z = z_0$,且点 M 与 z 轴的距离恒等于点 M_0 与 z 轴的距离,即

$$x^2 + y^2 = x_0^2 + y_0^2 = (-2z_0 - 1)^2 + (z_0 + 1)^2 = 5z_0^2 + 6z_0 + 2 = 5z^2 + 6z + 2,$$

所以直线 L_0 绕 z 轴旋转一周所生成旋转曲面的方程为

$$x^2 + y^2 - 5z^2 - 6z - 2 = 0.$$

例 5　设 M_0 是直线 L 外一点,M 是直线 L 上任一点,且直线 L 的方向向量为 s,证明:点 M_0 到直线 L 的距离为

$$d = \frac{|\overrightarrow{M_0 M} \times s|}{|s|}.$$

证　如图 8-46 所示,记点 M_0 到直线 L 的距离为 d,则以向量 $\overrightarrow{MM_0}$ 与 s 为邻边的平行四边形面积为 $S = |s| d$. 而由向量积的几何意义知,该平行四边形的面积为 $S = |\overrightarrow{MM_0} \times s|$,所以有

$$|s| d = |\overrightarrow{MM_0} \times s|,$$

即

$$d = \frac{|\overrightarrow{M_0 M} \times s|}{|s|}.$$

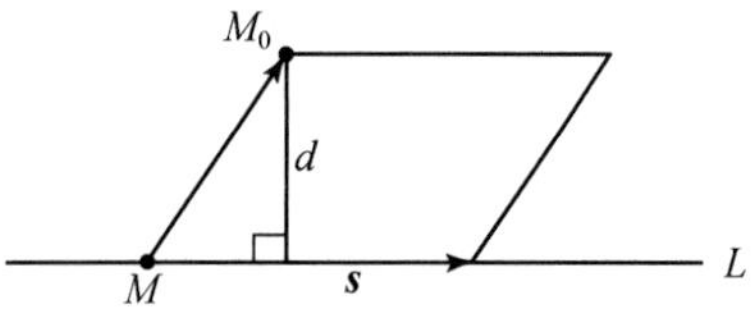

图 8-46

例 6　求点 $M_0(0, 1, -1)$ 到直线 $L: \dfrac{x-1}{1} = \dfrac{y}{-2} = \dfrac{z+1}{1}$ 的距离.

解　本题可以直接利用例 5 所得到的公式来求解.这里提供另一种解法:通过点 $M_0(0, 1, -1)$ 且垂直于直线 L 的平面 Π 的方程为

$$x - 2(y - 1) + (z + 1) = 0, \quad 即 \quad x - 2y + z + 3 = 0.$$

下面求直线 L 与平面 Π 的交点 M_1.为此,把直线 L 的方程改写为参数方程

$$\begin{cases} x = 1 + t, \\ y = -2t, \\ z = -1 + t. \end{cases}$$

将它代入平面 Π 的方程得

$$(1 + t) - 2(-2t) + (-1 + t) + 3 = 0,$$

解得 $t = -\dfrac{1}{2}$,故交点为 $M_1\left(\dfrac{1}{2}, 1, -\dfrac{3}{2}\right)$. 所以,所求的距离为

$$d = |M_0 M_1| = \sqrt{\left(\dfrac{1}{2}\right)^2 + (1 - 1)^2 + \left(-\dfrac{3}{2} + 1\right)^2} = \dfrac{\sqrt{2}}{2}.$$

例 7   设有两条异面直线 $L_1: \dfrac{x-x_1}{l_1}=\dfrac{y-y_1}{m_1}=\dfrac{z-z_1}{p_1}$ 和 $L_2: \dfrac{x-x_2}{l_2}=\dfrac{y-y_2}{m_2}=\dfrac{z-z_2}{p_2}$,证明:直线 L_1 与 L_2 的距离为

$$d=\frac{|(\boldsymbol{s}_1\times\boldsymbol{s}_2)\cdot\overrightarrow{M_1M_2}|}{|\boldsymbol{s}_1\times\boldsymbol{s}_2|}=\frac{|[\boldsymbol{s}_1\boldsymbol{s}_2\overrightarrow{M_1M_2}]|}{|\boldsymbol{s}_1\times\boldsymbol{s}_2|},$$

其中向量 $\boldsymbol{s}_1=(l_1,m_1,p_1)$,$\boldsymbol{s}_2=(l_2,m_2,p_2)$,点 M_1,M_2 的坐标分别为 (x_1,y_1,z_1),(x_2,y_2,z_2).

证   直线 L_1 与 L_2 的距离就是它们的公垂线 L 与它们的两个交点之间的距离. 因为公垂线 L 同时垂直于直线 L_1 和 L_2,所以公垂线 L 的方向向量为 $\boldsymbol{s}=\boldsymbol{s}_1\times\boldsymbol{s}_2$. 设公垂线 L 与直线 L_1 和 L_2 的交点分别为 N_1 和 N_2(见图 8-47),那么直线 L_1 与 L_2 的距离 d 即为线段 N_1N_2 的长度,它等于向量 $\overrightarrow{M_1M_2}$ 在方向向量 $\boldsymbol{s}$ 上的投影的绝对值,即

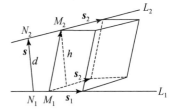

图 8-47

$$\begin{aligned}d&=|\mathrm{Prj}_{\boldsymbol{s}}\overrightarrow{M_1M_2}|=\frac{|\boldsymbol{s}\cdot\overrightarrow{M_1M_2}|}{|\boldsymbol{s}|}\\&=\frac{|(\boldsymbol{s}_1\times\boldsymbol{s}_2)\cdot\overrightarrow{M_1M_2}|}{|\boldsymbol{s}_1\times\boldsymbol{s}_2|}=\frac{|[\boldsymbol{s}_1\boldsymbol{s}_2\overrightarrow{M_1M_2}]|}{|\boldsymbol{s}_1\times\boldsymbol{s}_2|}.\end{aligned}$$

注   两条异面直线的距离公式的几何意义是:d 等于以向量 $\boldsymbol{s}_1,\boldsymbol{s}_2$ 为底面的两条邻边,以向量 $\overrightarrow{M_1M_2}$ 为斜棱的平行六面体的高 h(见图 8-47).

例 8   求两条异面直线 $L_1: \dfrac{x-x_1}{l_1}=\dfrac{y-y_1}{m_1}=\dfrac{z-z_1}{p_1}$ 和 $L_2: \dfrac{x-x_2}{l_2}=\dfrac{y-y_2}{m_2}=\dfrac{z-z_2}{p_2}$ 的公垂线方程.

解   设公垂线为 L,则公垂线 L 与直线 L_1 和 L_2 都垂直且相交,所以可取公垂线 L 的方向向量为

$$\boldsymbol{s}=\boldsymbol{s}_1\times\boldsymbol{s}_2=(l_1,m_1,p_1)\times(l_2,m_2,p_2)\xlongequal{\text{记为}}(l,m,p),$$

其中 $\boldsymbol{s}_1$ 和 $\boldsymbol{s}_2$ 分别为直线 L_1 和 L_2 的方向向量. 通过直线 L_1 且平行于方向向量 $\boldsymbol{s}$ 的平面 Π_1 的方程为

$$\begin{vmatrix} x-x_1 & y-y_1 & z-z_1 \\ l_1 & m_1 & p_1 \\ l & m & p \end{vmatrix}=0.$$

这是因为,平面 Π_1 通过点 $M_1(x_1,y_1,z_1)$,且它的法向量为 $\boldsymbol{n}_1=\boldsymbol{s}_1\times\boldsymbol{s}$. 类似地,通过直线 L_2 且平行于方向向量 $\boldsymbol{s}$ 的平面 Π_2 的方程为

$$\begin{vmatrix} x-x_2 & y-y_2 & z-z_2 \\ l_2 & m_2 & p_2 \\ l & m & p \end{vmatrix}=0.$$

于是,公垂线 L 的一般方程为

$$\begin{cases} \Pi_1: \begin{vmatrix} x-x_1 & y-y_1 & z-z_1 \\ l_1 & m_1 & p_1 \\ l & m & p \end{vmatrix} = 0, \\ \Pi_2: \begin{vmatrix} x-x_2 & y-y_2 & z-z_2 \\ l_2 & m_2 & p_2 \\ l & m & p \end{vmatrix} = 0, \end{cases}$$

如图 8-48 所示.

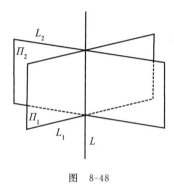

图 8-48

第 九 章

多元函数微分学

在本书上册中,我们学习了一元函数微积分学.但在客观世界中,许多现象或过程的发生与发展都受到多种因素的制约,所以我们往往要考虑多个自变量与一个或多个因变量之间的相互依赖问题,即所谓的多元函数或向量值函数的问题.因此,我们需要进一步学习多元函数微积分学.本章只涉及多元函数微分学及其某些应用.讨论中将以二元函数为主要对象,这不仅因为二元函数的基本概念和基本性质比较直观,便于理解,而且这些基本概念和基本性质容易推广到二元以上的多元函数上.

§9.1 多元函数的基本概念

多元函数的分析性质包括极限、连续性、可微性、可积性等,它们与一元函数的相应性质既有紧密联系,又有较大的差别.在介绍多元函数的基本概念之前,我们先将 $\mathbf{R}$ 中涉及点集的一些基本概念推广到 $\mathbf{R}^n(n \geqslant 2)$,并着重讨论 $\mathbf{R}^2$ 的情况.

一、平面点集

在平面中引入直角坐标系后,平面上的点与二元有序实数组 (x,y) 之间建立了一一对应.于是,可以把平面上的点 P 与它的坐标 (x,y) 等同起来,即集合 $\mathbf{R}^2 = \mathbf{R} \times \mathbf{R} = \{(x,y) \mid x, y \in \mathbf{R}\}$ 就表示 Oxy 面.

定义 1 设点 $P_0(x_0, y_0) \in \mathbf{R}^2, \delta > 0$,称点集

$$U(P_0, \delta) = \{P \mid |P_0 P| < \delta\} = \{(x,y) \mid \sqrt{(x-x_0)^2 + (y-y_0)^2} < \delta\}$$

为点 P_0 的 δ **邻域**(简称邻域).

在几何上,$U(P_0, \delta)$ 就是 Oxy 面上以点 P_0 为圆心,δ 为半径的圆内部的所有点 P 组成的集合.

点集 $\mathring{U}(P_0, \delta) = \{P \mid 0 < |P_0 P| < \delta\}$ 称为点 P_0 的**去心 δ 邻域**(简称去心邻域).

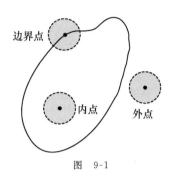

图　9-1

当不需要强调半径 δ 时,可用 $U(P_0)$ 和 $\mathring{U}(P_0)$ 分别表示点 P_0 的某个邻域和某个去心邻域.

设点集 $E\subset\mathbf{R}^2$,E 在 $\mathbf{R}^2$ 的补集记为 E^c,即 $E^c=\mathbf{R}^2\setminus E$. 对于任一点 $P\in\mathbf{R}^2$,它与 E 的关系必是下列三种情况之一(见图 9-1):

(1) **内点**:若存在点 P 的一个 δ 邻域 $U(P,\delta)$,使得 $U(P,\delta)\subset E$,则称 P 为 E 的**内点**.E 的内点的全体称为 E 的**内部**,记为 E°.

(2) **外点**:若存在点 P 的一个 δ 邻域 $U(P,\delta)$,使得 $U(P,\delta)\bigcap E=\varnothing$,即 $U(P,\delta)\subset E^c$,则称 P 为 E 的**外点**.

(3) **边界点**:若不存在点 P 的具有上述情况(1)和(2)中的 δ 邻域,即点 P 的任意邻域既包含 E 中的点,又包含不属于 E 的点,则称 P 为 E 的**边界点**.E 的边界点的全体称为 E 的**边界**,记为 ∂E. 另外,称 $\overline{E}=E\bigcup\partial E$ 为 E 的**闭包**.

可见,E 的内点必属于 E;E 的外点必不属于 E;E 的边界点可能属于 E,也可能不属于 E.特别地,若存在点 P 的一个邻域,其中只有点 P 属于 E,则称 P 为 E 的**孤立点**.显然,孤立点必是边界点.

若对于任意给定的正数 δ,点 P 的去心邻域 $\mathring{U}(P,\delta)$ 内总有 E 中的点,则称 P 是 E 的**聚点**.P 是聚点的另一种等价定义是:点 P 的任意邻域内总有 E 中的无限个点.显然,E 的内点必是 E 的聚点;E 的边界点只要不是孤立点,必定是聚点.因此,E 的聚点可能属于 E,也可能不属于 E.E 的聚点的全体称为 E 的**导集**,记为 E'.

下面再定义一些重要的平面点集.

开集　若点集 E 中的每一点都是 E 的内点,即 $E^\circ=E$,则称 E 为开集.

闭集　若点集 E 的边界 $\partial E\subset E$,则称 E 为闭集.等价地,若 E 包含了它的所有聚点,则 E 是闭集.

连通集　若点集 E 中的任意两点都可用折线(称为 E 中的道路)连接起来,且该折线上的点都属于 E,则称 E 为连通集.

区域或开区域　连通的开集称为区域或开区域.

闭区域　开区域连同它的边界一起所构成的点集称为闭区域.

有界集　对于点集 E,若存在某一正数 r,使得 $E\subset U(O,r)$,其中 O 是原点,则称 E 为有界集.

无界集　若一个点集不是有界集,则称它为无界集.

例1　设点集 $E=\{(x,y)\,|\,0<x^2+y^2\leqslant 1\}$,则 E 是有界集,不是开集,也不是闭集.显然,有

$E° = \{(x,y) \mid 0 < x^2 + y^2 < 1\}$，它是区域；

$\partial E = \{(x,y) \mid x^2 + y^2 = 0$ 或 $x^2 + y^2 = 1\}$，它是闭集；

$\overline{E} = E \cup \partial E = \{(x,y) \mid x^2 + y^2 \leqslant 1\}$，它是有界闭区域；

$E' = \overline{E}$.

例 2 设点集 $E = \{(x,y) \mid x > 0, y \neq 0\}$，则 E 是无界开集，但不是连通集. 又有

$E° = E$, $\quad \partial E = \{(x,y) \mid x = 0$ 或 $x > 0, y = 0\}$, $\quad \overline{E} = \{(x,y) \mid x \geqslant 0\}$,

其中 $\overline{E}$ 为无界闭区域.

设 (x,y) 是 $\mathbf{R}^2$ 中的动点（变元），(x_0, y_0) 是 $\mathbf{R}^2$ 中的固定点（固定元），则它们间的距离等于 $\sqrt{(x-x_0)^2 + (y-y_0)^2}$.

定义 2（变元的极限） 如果 $\sqrt{(x-x_0)^2 + (y-y_0)^2} \to 0$，则称变元 (x,y) 趋于固定元 (x_0, y_0)，记作 $(x,y) \to (x_0, y_0)$.

定理 $(x,y) \to (x_0, y_0) \Longleftrightarrow x \to x_0$ 且 $y \to y_0$.

证 利用不等式

$$|x-x_0| \leqslant \sqrt{(x-x_0)^2 + (y-y_0)^2} \leqslant |x-x_0| + |y-y_0|$$

和

$$|y-y_0| \leqslant \sqrt{(x-x_0)^2 + (y-y_0)^2} \leqslant |x-x_0| + |y-y_0|,$$

即得所要证的结论.

下面简单介绍 n 维空间 $\mathbf{R}^n$.

我们已用直角坐标系或者直积（笛卡儿积）定义了 $\mathbf{R}^2, \mathbf{R}^3$，现将其推广到一般情形. 设 n 为任意取定的正整数，定义集合

$$\mathbf{R}^n = \underbrace{\mathbf{R} \times \mathbf{R} \times \cdots \times \mathbf{R}}_{n个} = \{(x_1, x_2, \cdots, x_n) \mid x_i \in \mathbf{R}, i = 1, 2, \cdots, n\}.$$

$\mathbf{R}^n$ 中的元素 $(x_1, x_2, \cdots, x_n)$ 也记为 $\boldsymbol{x}$，即 $\boldsymbol{x} = (x_1, x_2, \cdots, x_n)$，它是 n 元有序实数组，称为 n **维向量**. 与平面 $\mathbf{R}^2$ 上的点一样，我们称 $\boldsymbol{x}$ 为 $\mathbf{R}^n$ 中的点，其中数 x_i 称为点 $\boldsymbol{x}(i = 1, 2, \cdots, n)$ 的**第 i 个坐标**，也称为 n 维向量 $\boldsymbol{x}$ 的**第 i 个分量**. 特别地，$\mathbf{R}^n$ 中的零元 $\boldsymbol{0} = (0, 0, \cdots, 0)$ 称为 $\mathbf{R}^n$ 中的**坐标原点**（简称原点）或 n **维零向量**.

在集合 $\mathbf{R}^n$ 中定义线性运算如下：设 $\boldsymbol{x} = (x_1, x_2, \cdots, x_n)$ 和 $\boldsymbol{y} = (y_1, y_2, \cdots, y_n)$ 是 $\mathbf{R}^n$ 中的任意两个元素，$\lambda \in \mathbf{R}$，规定

$$\boldsymbol{x} + \boldsymbol{y} = (x_1 + y_1, x_2 + y_2, \cdots, x_n + y_n), \quad \lambda \boldsymbol{x} = (\lambda x_1, \lambda x_2, \cdots, \lambda x_n).$$

定义了线性运算的 $\mathbf{R}^n$ 称为 n **维向量空间**（简称 n **维空间**）.

再在 n 维空间 $\mathbf{R}^n$ 中规定点 $\boldsymbol{x} = (x_1, x_2, \cdots, x_n)$ 与 $\boldsymbol{y} = (y_1, y_2, \cdots, y_n)$ 的距离为

$$\rho(\boldsymbol{x}, \boldsymbol{y}) = \sqrt{(x_1 - y_1)^2 + (x_2 - y_2)^2 + \cdots + (x_n - y_n)^2}.$$

特别地，点 $\boldsymbol{x}$ 与原点 $\boldsymbol{0}$ 的距离 $\rho(\boldsymbol{x}, \boldsymbol{0})$ 记作 $\|\boldsymbol{x}\|$，称为 $\boldsymbol{x}$ 的**范数**，即

$$\|\boldsymbol{x}\| = \sqrt{x_1^2 + x_2^2 + \cdots + x_n^2}.$$

由此易得点 $\boldsymbol{x}$ 与 $\boldsymbol{y}$ 的距离

$$\rho(\boldsymbol{x}, \boldsymbol{y}) = \|\boldsymbol{x} - \boldsymbol{y}\|.$$

在 n 维空间 $\mathbf{R}^n$ 中按上述方法规定了距离(也就规定了范数)之后,称 $\mathbf{R}^n$ 为 n **维欧氏空间**. 这里我们仍将它简称为 n 维空间.

定义 $2'$(变元的极限) 设变元 $\boldsymbol{x} = (x_1, x_2, \cdots, x_n) \in \mathbf{R}^n$,固定元 $\boldsymbol{a} = (a_1, a_2, \cdots, a_n) \in \mathbf{R}^n$. 若 $\|\boldsymbol{x} - \boldsymbol{a}\| \to 0$,则称变元 $\boldsymbol{x}$ 趋于固定元 $\boldsymbol{a}$,记作 $\boldsymbol{x} \to \boldsymbol{a}$.

定理$'$ $\boldsymbol{x} \to \boldsymbol{a} \iff x_1 \to a_1, x_2 \to a_2, \cdots, x_n \to a_n$.

类似于 $\mathbf{R}^2$ 中邻域的概念,在 n 维空间 $\mathbf{R}^n$ 中可定义 $\boldsymbol{a} = (a_1, a_2, \cdots, a_n) \in \mathbf{R}^n$ 的 δ 邻域为

$$U(\boldsymbol{a}, \delta) = \{\boldsymbol{x} \mid \boldsymbol{x} \in \mathbf{R}^n, \|\boldsymbol{x} - \boldsymbol{a}\| < \delta\}.$$

由邻域的概念即可定义 n 维空间 $\mathbf{R}^n$ 中点集的内点、外点、边界点、聚点、开集、闭集、区域等一系列概念.

二、多元函数的概念

在实际问题中,往往会遇到因变量随多个自变量的变化而变化的情况. 例如,长方体的体积 V 和三条棱长 a, b, c 之间的关系为 $V = abc$,即体积 V 的变化同时依赖于 a, b, c. 因此,有必要把一元函数的概念推广到多元函数.

定义 3 设 D 是 $\mathbf{R}^n$ 中的一个非空点集,称映射 $f: D \to \mathbf{R}$ 为 D 上的 n **元函数**(简称**函数**),记为

$$u = f(x_1, x_2, \cdots, x_n), \quad (x_1, x_2, \cdots, x_n) \in D$$

或 $\qquad\qquad u = f(\boldsymbol{x}), \quad \boldsymbol{x} = (x_1, x_2, \cdots, x_n) \in D.$

其中 D 称为该函数的**定义域**,$x_1, x_2, \cdots, x_n$ 称为该函数的**自变量**,u 称为该函数的**因变量**.

在定义 3 中,当 $n = 1$ 时,n 元函数就是一元函数;当 $n \geqslant 2$ 时,n 元函数也称为**多元函数**. 习惯上,二元函数记为 $z = f(x, y)$,三元函数记为 $u = f(x, y, z)$. 下面主要讨论二元函数和三元函数的性质,它们容易推广到 $n(n > 3)$ 元函数上. 此外,若不特别声明,我们约定 n 元函数 $u = f(\boldsymbol{x})$ 的定义域 D 是指其自然定义域,即使得式子 $u = f(\boldsymbol{x})$ 有意义的所有点 $\boldsymbol{x} = (x_1, x_2, \cdots, x_n)$ 组成的集合,此时 D 就不再特别标出. n 元函数可记为 $u = f(\boldsymbol{x})$ 或 $u = f(x_1, x_2, \cdots, x_n)$,也可记为 $u = f(P)$,还可简单地记为 $f(\boldsymbol{x}), f(x_1, x_2, \cdots, x_n), f(P)$.

集合

$$f(D) = \{u \in \mathbf{R} \mid u = f(\boldsymbol{x}), \boldsymbol{x} \in D\}$$

称为函数 $u = f(\boldsymbol{x})$ 的**值域**. 集合

$$\Sigma = \{(\boldsymbol{x}, u) \mid u = f(\boldsymbol{x}), \boldsymbol{x} \in D\}$$

称为函数 $u=f(\boldsymbol{x})$ 的图像，它也可记为

$$\Sigma = \{(x_1, x_2, \cdots, x_n, u) \mid u = f(x_1, x_2, \cdots, x_n), (x_1, x_2, \cdots, x_n) \in D\},$$

其中 $(x_1, x_2, \cdots, x_n, u) \in \mathbf{R}^{n+1}$. 例如，$z = \sqrt{1 - \dfrac{x^2}{a^2} - \dfrac{y^2}{b^2}}$ 是二元函数，其自然定义域

$$D = \left\{ (x, y) \,\middle|\, \frac{x^2}{a^2} + \frac{y^2}{b^2} \leqslant 1 \right\}$$

是 Oxy 面上一个椭圆所围成的闭区域，它的图像是空间中的上半椭球面（见图 9-2）. 又如，三元函数 $u = \sqrt{R^2 - x^2 - y^2 - z^2} + \sqrt{x^2 + y^2 + z^2 - r^2}$ $(R>r)$ 的定义域

$$D = \{(x, y, z) \mid r^2 \leqslant x^2 + y^2 + z^2 \leqslant R^2\}$$

是空间中两个球面所围成的闭区域（见图 9-3）.

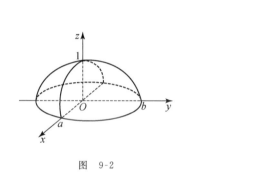

图　9-2

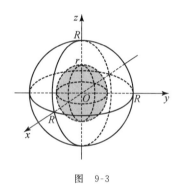

图　9-3

三、多元函数的极限

为了几何上的直观，我们以二元函数为例来阐述多元函数极限的概念.

函数 $z = f(P) = f(x, y)$ 当 $P(x, y) \to P_0(x_0, y_0)$ 时的极限，指的是在 $P \to P_0$ 的过程中，对应的函数值 $f(P) = f(x, y)$ 趋于一个确定的常数 A. 这里 $P \to P_0$，就是点 P 与 P_0 的距离趋于 0，即

$$|PP_0| = \sqrt{(x - x_0)^2 + (y - y_0)^2} \to 0.$$

下面用"ε-δ"语言给出二元函数极限概念的严格定义.

定义 4　设函数 $z = f(P) = f(x, y)$ 的定义域为 D，$P_0(x_0, y_0)$ 是 D 的聚点，A 为常数. 若对于任意给定的 $\varepsilon > 0$，总存在 $\delta > 0$，使得当 $P(x, y) \in D \bigcap \mathring{U}(P_0, \delta)$ 时，有

$$|f(P) - A| = |f(x, y) - A| < \varepsilon,$$

则称常数 A 为函数 $f(x, y)$ 当 $(x, y) \to (x_0, y_0)$ **时的极限**或**在点** (x_0, y_0) **处的极限**，记作

$$\lim_{(x, y) \to (x_0, y_0)} f(x, y) = A \quad \text{或} \quad f(x, y) \to A \; ((x, y) \to (x_0, y_0)),$$

也记作 $$\lim_{P \to P_0} f(P) = A \quad \text{或} \quad f(P) \to A \ (P \to P_0).$$

不难由二元函数极限(也称为**二重极限**)的概念得知,一元函数极限的性质,如唯一性、局部有界性、保号性、夹逼准则等,以及运算法则对二元函数的极限依然成立.

类似于一元函数的极限,直接用定义来求二元函数的极限往往是比较困难或烦琐的. 因此,我们主要根据极限的有关性质和运算法则来求二元函数的极限,也常常通过多种形式的转化,如等价无穷小代换、变量替换等,把二元函数的极限化为一元函数的极限来计算.

例 3 设函数 $f(x,y) = (x+y)\sin\dfrac{y}{x^2+y^2}$,证明: $\lim\limits_{(x,y) \to (0,0)} f(x,y) = 0$.

证 显然,$(0,0)$ 为 $f(x,y)$ 的定义域 $D = \mathbf{R}^2 \setminus \{(0,0)\}$ 的聚点. 由于

$$0 \leqslant |f(x,y) - 0| = \left| (x+y)\sin\frac{y}{x^2+y^2} \right| \leqslant |x+y| \leqslant |x| + |y| \leqslant 2\sqrt{x^2+y^2},$$

且当 $(x,y) \to (0,0)$ 时,$2\sqrt{x^2+y^2} \to 0$,故由夹逼准则得

$$\lim_{(x,y) \to (0,0)} f(x,y) = 0.$$

例 4 求极限 $\lim\limits_{(x,y) \to (0,0)} \dfrac{1-\cos(xy)}{x\sin(xy)}$.

解 函数 $\dfrac{1-\cos(xy)}{x\sin(xy)}$ 的定义域为 $D = \{(x,y) \mid x \neq 0 \text{ 且 } y \neq 0\}$,$(0,0)$ 是 D 的聚点,

于是 $$\lim_{(x,y) \to (0,0)} \frac{1-\cos(xy)}{x\sin(xy)} = \lim_{(x,y) \to (0,0)} \frac{\dfrac{x^2y^2}{2}}{x \cdot xy} = \lim_{y \to 0} \frac{y}{2} = 0.$$

应当注意的是,对于一元函数 $f(x)$,只要在点 x_0 处的左、右极限存在且相等,那么函数 $f(x)$ 在点 x_0 处的极限就存在;但对于二元函数 $f(x,y)$,它在点 (x_0, y_0) 处的极限存在,要求当点 (x,y) 以任何方式趋于点 (x_0, y_0) 时,函数值都要趋于同一个常数. 因此,若点 (x,y) 沿两条不同的曲线趋于点 (x_0, y_0) 时,函数 $f(x,y)$ 的极限不相同,就可以断言这个函数在点 (x_0, y_0) 处的极限一定不存在.

例 5 设函数

$$f(x,y) = \begin{cases} \dfrac{xy}{x^2+y^2}, & (x,y) \neq (0,0), \\ 0, & (x,y) = (0,0), \end{cases}$$

证明:极限 $\lim\limits_{(x,y) \to (0,0)} f(x,y)$ 不存在.

证 显然,当点 (x,y) 沿 x 轴和 y 轴趋于点 $(0,0)$ 时,$f(x,y)$ 的极限都等于 0. 但当点 (x,y) 沿直线 $y = kx$ 趋于点 $(0,0)$ 时,有

$$\lim_{\substack{x \to 0 \\ y = kx \to 0}} f(x,y) = \lim_{x \to 0} \frac{kx^2}{x^2 + k^2x^2} = \frac{k}{1+k^2}.$$

上式对不同的 k 有不同的值,所以 $f(x,y)$ 在点 $(0,0)$ 处的极限 $\lim\limits_{(x,y) \to (0,0)} f(x,y)$ 不存在.

例6 求极限 $\lim\limits_{(x,y)\to(0,0)} x\cos\dfrac{1}{\sqrt{x^2+y^2}}$.

解 因为 $\lim\limits_{(x,y)\to(0,0)} x=\lim\limits_{x\to 0} x=0$,而 $\cos\dfrac{1}{\sqrt{x^2+y^2}}$ 是有界量,故由无穷小与有界量的乘积仍是无穷小得

$$\lim\limits_{(x,y)\to(0,0)} x\cos\dfrac{1}{\sqrt{x^2+y^2}}=0.$$

四、多元函数的连续性

下面以二元函数为例讨论多元函数的连续性.

定义5 设函数 $f(P)=f(x,y)$ 的定义域为 D, $P_0(x_0,y_0)$ 为 D 的聚点,且 $P_0\in D$. 若

$$\lim\limits_{(x,y)\to(x_0,y_0)} f(x,y)=f(x_0,y_0),$$

则称 $f(P)$ 在点 P_0 处**连续**. 若 $f(P)$ 在 D 中每一点都连续,则称 $f(P)$ 在 D 上连续,或称 $f(P)$ 是 D 上的**连续函数**.

连续性可用"ε-δ"语言描述为:若对于任意给定的 $\varepsilon>0$,总存在 $\delta>0$,使得当 $P\in D\bigcap U(P_0,\delta)$ 时,有 $|f(P)-f(P_0)|<\varepsilon$,则称 $f(P)$ 在点 P_0 处连续.

例7 设函数 $f(x,y)=\sin x$,证明: $f(x,y)$ 是 $\mathbf{R}^2$ 上的连续函数.

证 设 $P_0(x_0,y_0)\in\mathbf{R}^2$,因为 $\sin x$ 在点 x_0 处连续,所以对于任意给定的 $\varepsilon>0$,总存在 $\delta>0$,使得当 $|x-x_0|<\delta$ 时,有 $|\sin x-\sin x_0|<\varepsilon$. 以这个 δ 作点 P_0 的 δ 邻域 $U(P_0,\delta)$,则当 $P(x,y)\in U(P_0,\delta)$ 时,有

$$|x-x_0|\leqslant|PP_0|=\sqrt{(x-x_0)^2+(y-y_0)^2}<\delta.$$

从而有

$$|f(x,y)-f(x_0,y_0)|=|\sin x-\sin x_0|<\varepsilon,$$

即 $f(x,y)=\sin x$ 在点 P_0 处连续. 由 P_0 的任意性知,$\sin x$ 作为 x,y 的二元函数在 $\mathbf{R}^2$ 上连续.

显然,每个一元基本初等函数看成二元函数时,它都是定义域内的连续函数.

类似于一元函数,可以证明二元连续函数的和、差、积、商(分母不为零)及复合函数的连续性.

下面考虑二元初等函数的连续性. 所谓的**二元初等函数**,是指可用一个式子表示的函数,且这个式子是由常数及分别以 x 和 y 为自变量的一元基本初等函数经过有限次四则运算及复合运算而得到的. 例如,$(x+y)\sin\dfrac{y}{x^2+y^2}$,$\ln(y-x)+\dfrac{\sqrt{x}}{\sqrt{1-x^2-y^2}}$ 等都是二元初等函数.

容易得出结论：每个二元初等函数在其定义区域内是连续的[①]. 所谓的定义区域,是指包含在定义域内的区域或闭区域.

定义 6　设函数 $f(x,y)$ 的定义域为 D,(x_0,y_0) 是 D 的聚点. 若 $f(x,y)$ 在点 (x_0,y_0) 处不连续,即 $\lim\limits_{(x,y)\to(x_0,y_0)} f(x,y)=f(x_0,y_0)$ 不成立,则称 (x_0,y_0) 为 $f(x,y)$ 的一个 **间断点**(或**不连续点**).

在定义 6 中,若极限 $\lim\limits_{(x,y)\to(x_0,y_0)} f(x,y)$ 不存在,则称 (x_0,y_0) 为 $f(x,y)$ 的**本性间断点**；若极限 $\lim\limits_{(x,y)\to(x_0,y_0)} f(x,y)$ 存在,但此极限不等于 $f(x_0,y_0)$,或者 $f(x,y)$ 在点 (x_0,y_0) 处无定义,则称 (x_0,y_0) 为 $f(x,y)$ 的**可去间断点**.

例如,对于例 5 中的函数 $f(x,y)=\begin{cases} \dfrac{xy}{x^2+y^2}, & (x,y)\neq(0,0), \\ 0, & (x,y)=(0,0), \end{cases}$ 我们已经知道极限 $\lim\limits_{(x,y)\to(0,0)} f(x,y)$ 不存在,所以原点 $O(0,0)$ 是 $f(x,y)$ 的一个间断点,且是本性间断点.

又如,函数 $f(x,y)=\sin\dfrac{1}{x^2+y^2-1}$ 的定义域为 $D=\{(x,y)\,|\,x^2+y^2\neq1\}$,圆 $C=\{(x,y)\,|\,x^2+y^2=1\}$ 上的点都是 D 的聚点,而 $f(x,y)$ 在 C 上没有定义,所以 C 上每一点都是该函数的间断点. 可以验证它们都是本性间断点.

上述关于二元函数的连续性及间断点的讨论都可以相应地推广到 $n(n\geqslant3)$ 元函数上.

由多元函数的连续性可知,当 P_0 是函数 $f(P)$ 的连续点时,$f(P)$ 在点 P_0 处的极限值就是在该点处的函数值,即 $\lim\limits_{P\to P_0} f(P)=f(P_0)$.

例 8　求极限 $\lim\limits_{(x,y)\to(0,0)} \dfrac{x^2+y^2}{\sqrt{1+x^2+y^2}-1}$.

解　$\lim\limits_{(x,y)\to(0,0)} \dfrac{x^2+y^2}{\sqrt{1+x^2+y^2}-1} = \lim\limits_{(x,y)\to(0,0)} \dfrac{(x^2+y^2)(\sqrt{1+x^2+y^2}+1)}{(1+x^2+y^2)-1}$

$\qquad\qquad = \lim\limits_{(x,y)\to(0,0)} (\sqrt{1+x^2+y^2}+1) = \sqrt{1+0^2+0^2}+1 = 2.$

这是利用二元初等函数 $\sqrt{1+x^2+y^2}$ 的连续性求极限.

例 9　求极限 $\lim\limits_{(x,y)\to(0,0)} \dfrac{\sin\left[(x^2+1)\sqrt{x^2+y^2}\right]}{\sqrt{x^2+y^2}}$.

---

①　关于函数 $f(x,y)$ 的连续性,若采用下述较广的定义,则可以说二元初等函数在其定义域上连续：

设函数 $f(P)=f(x,y)$ 的定义域为 D,$P_0\in D$. 若对于任意给定的 $\varepsilon>0$,总存在 $\delta>0$,使得当 $P\in D\bigcap U(P_0,\delta)$ 时,有 $|f(P)-f(P_0)|<\varepsilon$,则称 $f(P)$ 在点 P_0 处连续.

由此定义可知,D 的孤立点必为连续点. 若 P_0 是 D 的聚点,这个定义等价于 $\lim\limits_{P\to P_0} f(P)=f(P_0)$.

解　利用 $\lim\limits_{t\to 0}\dfrac{\sin t}{t}=1$ 及二元初等函数的连续性,得

$$\lim_{(x,y)\to(0,0)}\frac{\sin\left[(x^2+1)\sqrt{x^2+y^2}\right]}{\sqrt{x^2+y^2}}=\lim_{(x,y)\to(0,0)}\frac{\sin\left[(x^2+1)\sqrt{x^2+y^2}\right]}{(x^2+1)\sqrt{x^2+y^2}}(x^2+1)$$

$$=\lim_{(x,y)\to(0,0)}\frac{\sin\left[(x^2+1)\sqrt{x^2+y^2}\right]}{(x^2+1)\sqrt{x^2+y^2}}\cdot\lim_{(x,y)\to(0,0)}(x^2+1)=1.$$

下面将一元连续函数在有界闭区间上的性质推广到多元连续函数上.

设 D 是 $\mathbf{R}^n$ 中的有界闭区域,$f(P)$ 是 D 上的 n 元连续函数,则 $f(P)$ 具有下述性质:

性质 1(有界性定理)　$f(P)$ 在 D 上有界,即存在常数 $M>0$,使得当 $P\in D$ 时,有

$$|f(P)|\leqslant M.$$

性质 2(最值定理)　$f(P)$ 在 D 上必能取到最大值和最小值,即存在 $P_1,P_2\in D$,使得对于任意的 $P\in D$,有 $f(P_1)\leqslant f(P)\leqslant f(P_2)$,或者

$$f(P_1)=\min\{f(P)\mid P\in D\},\quad f(P_2)=\max\{f(P)\mid P\in D\}.$$

性质 3(介值定理)　$f(P)$ 必取得介于最大值和最小值之间的任何值,即对于任意介于最大值与最小值之间的常数 C,必存在 $P_0\in D$,使得 $f(P_0)=C$.

习　题　9.1

1. 求下列点集 E 的内部、导集和边界:

(1) $E=\{(x,y)\mid x^2+(y-1)^2\geqslant 1\}\bigcap\{(x,y)\mid x^2+(y-2)^2\leqslant 4\}$;

(2) $E=\left\{(x,y)\,\middle|\,0<x\leqslant 1,y=\sin\dfrac{1}{x}\right\}$.

2. 求下列函数的定义域:

(1) $z=\ln(y-x)+\dfrac{x}{\sqrt{1-x^2-y^2}}$;　　(2) $z=\dfrac{1}{\sqrt{x+y}}+\dfrac{1}{\sqrt{x-y}}$;

(3) $u=\sqrt{R^2-x^2-y^2-z^2}+\dfrac{1}{\sqrt{x^2+y^2+z^2-r^2}}$ $(R>r>0)$;

(4) $u=\arcsin\dfrac{z}{x^2+y^2}$.

3. 若函数 $f(x,y)=\sqrt{y}+\varphi(\sqrt{x}-1)$,且当 $y=4$ 时,$f(x,y)=x+1$,求 $\varphi(x)$ 和 $f(x,y)$.

4. 求下列极限:

(1) $\lim\limits_{(x,y)\to(0,1)}\dfrac{1-xy}{x^2+y^2}$;　　　　　　(2) $\lim\limits_{(x,y)\to(0,0)}\dfrac{\sqrt{1+xy}-1}{xy}$;

(3) $\lim\limits_{(x,y)\to(0,0)}\dfrac{xy}{\sqrt{2-\mathrm{e}^{xy}}-1}$;

(4) $\lim\limits_{(x,y)\to(0,0)}\dfrac{1-\cos(x^2+y^2)}{(x^2+y^2)\mathrm{e}^{x^2+y^2}}$;

(5) $\lim\limits_{(x,y)\to(1,0)}\dfrac{\arcsin(xy)}{y}$;

(6) $\lim\limits_{(x,y)\to(+\infty,+\infty)}(x^2+y^2)\mathrm{e}^{-(x+y)}$.

*5. 证明下列极限不存在:

(1) $\lim\limits_{(x,y)\to(0,0)}\dfrac{x+y}{x-y}$;

(2) $\lim\limits_{(x,y)\to(0,0)}\sin\dfrac{1}{xy}$.

*6. 设函数 $f(x,y)$ 在区域 $D\subset\mathbf{R}^2$ 内对于变量 x 是连续的,对于变量 y 满足**李普希茨**[①]**条件**: $\big|f(x,y_1)-f(x,y_2)\big|\leqslant L\big|y_1-y_2\big|$,其中 (x,y_1),$(x,y_2)\in D$,L 为常数(称为**李普希茨常数**).证明: $f(x,y)$ 在 D 内连续.

§9.2　偏　导　数

一、偏导数的概念及计算方法

一元函数的导数表示函数的变化率.对于多元函数,同样需要讨论其变化率.事实上,我们常常需要研究某个受到多种因素制约的变量在其他因素固定不变的情况下,只随一种因素变化的变化率问题.这反映在数学上就是多元函数对于某个自变量的变化率问题,也就是所谓的偏导数问题.现以二元函数为例,引入偏导数的概念.

定义　设函数 $z=f(x,y)$ $((x,y)\in D)$,又 (x_0,y_0) 是 D 的一个内点.当取定 $y=y_0$,而变量 x 在点 x_0 处有增量 Δx 时,函数有相应的增量

$$\Delta z=f(x_0+\Delta x,y_0)-f(x_0,y_0).$$

若极限

$$\lim_{\Delta x\to0}\frac{\Delta z}{\Delta x}=\lim_{\Delta x\to0}\frac{f(x_0+\Delta x,y_0)-f(x_0,y_0)}{\Delta x}$$

存在,则称 $z=f(x,y)$ 在点 (x_0,y_0) 处关于 x **可偏导**,并称此极限值为 $z=f(x,y)$ 在点 (x_0,y_0) 处**关于 x 的偏导数**,记作

$$\frac{\partial z}{\partial x}\bigg|_{\substack{x=x_0\\y=y_0}},\quad \frac{\partial f}{\partial x}(x_0,y_0),\quad z_x(x_0,y_0)\quad\text{或}\quad f_x(x_0,y_0).$$

类似地,定义 $z=f(x,y)$ 在点 (x_0,y_0) 处**关于 y 的偏导数**为

$$\lim_{\Delta y\to0}\frac{f(x_0,y_0+\Delta y)-f(x_0,y_0)}{\Delta y},$$

记作 $\qquad\dfrac{\partial z}{\partial y}\bigg|_{\substack{x=x_0\\y=y_0}},\quad \dfrac{\partial f}{\partial y}(x_0,y_0),\quad z_y(x_0,y_0)\quad\text{或}\quad f_y(x_0,y_0).$

---

① 李普希茨(Lipschitz,1832—1903),德国数学家.

若函数 $z=f(x,y)$ 在点 (x_0,y_0) 处关于 x 和 y 均可偏导,则称 $z=f(x,y)$ 在点 (x_0,y_0) 处**可偏导**,或简称 $z=f(x,y)$ 在点 (x_0,y_0) 处**可导**.

若函数 $z=f(x,y)$ 在开集 D 内每一点处关于 x 的偏导数都存在,则这个偏导数也是 x,y 的函数,称为 $z=f(x,y)$**关于 x 的偏导函数**,记作 $\dfrac{\partial z}{\partial x},\dfrac{\partial f}{\partial x},z_x$ 或 f_x;类似地,可定义 $z=f(x,y)$**关于 y 的偏导函数** $\dfrac{\partial z}{\partial y},\dfrac{\partial f}{\partial y},z_y$ 或 f_y. 在不导致混淆时也将偏导函数称为偏导数.

从偏导数的定义得

$$f_x(x_0,y_0)=\lim_{\Delta x\to 0}\frac{f(x_0+\Delta x,y_0)-f(x_0,y_0)}{\Delta x}=\frac{\mathrm{d}}{\mathrm{d}x}f(x,y_0)\Big|_{x=x_0},$$

所以二元函数 $f(x,y)$ 在点 (x_0,y_0) 处关于 x 的偏导数 $f_x(x_0,y_0)$ 等于一元函数 $f(x,y_0)$ 在点 x_0 处的导数. 对于 $f_y(x_0,y_0)$,也有类似的结论. 因此,求二元函数的偏导数时,只要把一个自变量看作常量,而对另一变量求导数即可,也就是说,只需用一元函数的微分法即可.

二元函数偏导数的概念可推广到三元及三元以上的函数上. 例如,三元函数 $u=f(x,y,z)$ 在点 (x,y,z) 处关于 x 的偏导数定义为

$$f_x(x,y,z)=\lim_{\Delta x\to 0}\frac{f(x+\Delta x,y,z)-f(x,y,z)}{\Delta x}.$$

类似地,可以定义 $u=f(x,y,z)$ 在点 (x,y,z) 处分别关于 y 和 z 的偏导数 $f_y(x,y,z)$ 和 $f_z(x,y,z)$.

现在考查偏导数的几何意义. 考虑连续函数 $z=f(x,y)$ $((x,y)\in D)$. 它的图像是一个曲面. 设 $M_0(x_0,y_0,f(x_0,y_0))$ 是该曲面上一点,则平面 $y=y_0$ 与该曲面的交线 Γ 的方程为

$$\begin{cases} z=f(x,y), \\ y=y_0. \end{cases}$$

于是,由 $f_x(x_0,y_0)=\dfrac{\mathrm{d}}{\mathrm{d}x}f(x,y_0)\Big|_{x=x_0}$ 可知,偏导数 $f_x(x_0,y_0)$ 就是曲线 Γ 在点 M_0 处的切线 T_x 对 x 轴的斜率(见图 9-4). 偏导数 $f_y(x_0,y_0)$ 也有类似的几何意义.

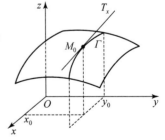

图 9-4

例 1 求函数 $z=\dfrac{1}{\sqrt{x^2+y^2}}$ 的偏导数.

解 将 y 看成常量,对 x 求导数得

$$\frac{\partial z}{\partial x}=-\frac{x}{(x^2+y^2)^{\frac{3}{2}}}.$$

由于所给函数关于自变量的对称性(函数表达式中两个自变量对调后仍表示原来的函数),所以

$$\frac{\partial z}{\partial y} = -\frac{y}{(x^2+y^2)^{\frac{3}{2}}}.$$

例 2　设函数 $f(x,y)=x+(y-1)\arcsin\sqrt{\dfrac{x}{y}}$，求 $f_x(x,1)$.

解　**方法 1**　因为

$$f_x(x,y)=1+(y-1)\cdot\frac{1}{\sqrt{1-\dfrac{x}{y}}}\cdot\frac{\dfrac{1}{y}}{2\sqrt{\dfrac{x}{y}}},$$

所以 $f_x(x,1)=1$.

方法 2　因为 $f(x,1)=x$，所以

$$f_x(x,1)=\frac{\mathrm{d}}{\mathrm{d}x}f(x,1)\bigg|_{x=1}=1.$$

例 3　求函数 $u=x\mathrm{e}^{yz}+\mathrm{e}^{-z}+y$ 的偏导数.

解　$\dfrac{\partial u}{\partial x}=\mathrm{e}^{yz}$，　$\dfrac{\partial u}{\partial y}=xz\mathrm{e}^{yz}+1$，　$\dfrac{\partial u}{\partial z}=xy\mathrm{e}^{yz}-\mathrm{e}^{-z}$.

例 4　设函数 $f(x,y)=\begin{cases}\dfrac{xy}{x^2+y^2}, & (x,y)\neq(0,0),\\ 0, & (x,y)=(0,0),\end{cases}$ 求 $f_x(0,0)$ 和 $f_y(0,0)$.

解　按照偏导数的定义,得

$$f_x(0,0)=\lim_{\Delta x\to0}\frac{f(0+\Delta x,0)-f(0,0)}{\Delta x}=\lim_{\Delta x\to0}\frac{0}{\Delta x}=0.$$

类似地,有 $f_y(0,0)=0$.

注 1　对一元函数而言,导数 $\dfrac{\mathrm{d}y}{\mathrm{d}x}$ 可看作因变量的微分 $\mathrm{d}y$ 与自变量的微分 $\mathrm{d}x$ 之商,但偏导数的记号 $\dfrac{\partial u}{\partial x}$ 是一个整体.

注 2　分段函数在分段点处的偏导数要利用偏导数的定义来求.

注 3　不同于一元函数具有性质"可导必定连续",多元函数可偏导时未必连续.例如,例 4 中的函数 $f(x,y)$ 尽管在点 $(0,0)$ 处可偏导,但 $f(x,y)$ 在点 $(0,0)$ 处不连续(见 §9.1 的例 5).

例 5　设函数 $z=x^y(x>0,x\neq1,y\neq0)$,证明:该函数满足方程

$$\frac{x}{y}\cdot\frac{\partial z}{\partial x}+\frac{1}{\ln x}\cdot\frac{\partial z}{\partial y}=2z.$$

证　由于 $\dfrac{\partial z}{\partial x}=yx^{y-1},\dfrac{\partial z}{\partial y}=x^y\ln x$,所以

$$\frac{x}{y} \cdot \frac{\partial z}{\partial x} + \frac{1}{\ln x} \cdot \frac{\partial z}{\partial y} = \frac{x}{y} \cdot y x^{y-1} + \frac{1}{\ln x} \cdot x^y \ln x = 2x^y = 2z.$$

二、高阶偏导数

设函数 $z = f(x, y)$ 在区域 $D \subset \mathbf{R}^2$ 上具有偏导数

$$\frac{\partial z}{\partial x} = f_x(x, y) \quad \text{和} \quad \frac{\partial z}{\partial y} = f_y(x, y),$$

那么在 D 上 $f_x(x, y)$ 和 $f_y(x, y)$ 都是二元函数. 若这两个偏导数的偏导数也存在, 则称它们是 $z = f(x, y)$ 的**二阶偏导数**. 根据对自变量的求偏导次序不同, $z = f(x, y)$ 的二阶偏导数有下列四种:

$$f_{xx}(x, y) = \frac{\partial^2 z}{\partial x^2} = \frac{\partial}{\partial x}\left(\frac{\partial z}{\partial x}\right), \qquad f_{xy}(x, y) = \frac{\partial^2 z}{\partial x \partial y} = \frac{\partial}{\partial y}\left(\frac{\partial z}{\partial x}\right),$$

$$f_{yx}(x, y) = \frac{\partial^2 z}{\partial y \partial x} = \frac{\partial}{\partial x}\left(\frac{\partial z}{\partial y}\right), \qquad f_{yy}(x, y) = \frac{\partial^2 z}{\partial y^2} = \frac{\partial}{\partial y}\left(\frac{\partial z}{\partial y}\right),$$

其中 $f_{xy}(x, y)$ 和 $f_{yx}(x, y)$ 称为**二阶混合偏导数**. 可类似地定义 $z = f(x, y)$ 的三阶、四阶……n 阶偏导数. 二阶及二阶以上的偏导数统称为**高阶偏导数**.

同样, 可对 $n(n \geq 3)$ 元函数 $u = f(x_1, x_2, \cdots, x_n)$ 定义高阶偏导数.

例 6 设函数 $z = 3x^2 y - xy^2$, 求 z 的二阶偏导数.

解 由于 $\frac{\partial z}{\partial x} = 6xy - y^2, \frac{\partial z}{\partial y} = 3x^2 - 2xy$, 从而有

$$\frac{\partial^2 z}{\partial x^2} = 6y, \quad \frac{\partial^2 z}{\partial x \partial y} = 6x - 2y, \quad \frac{\partial^2 z}{\partial y \partial x} = 6x - 2y, \quad \frac{\partial^2 z}{\partial y^2} = -2x.$$

注意, 例 6 中两个二阶混合偏导数相等, 即 $\frac{\partial^2 z}{\partial x \partial y} = \frac{\partial^2 z}{\partial y \partial x}$. 但并非任何具有二阶混合偏导数的函数都有这个结果.

例 7 设函数 $f(x, y) = \begin{cases} xy \dfrac{x^2 - y^2}{x^2 + y^2}, & (x, y) \neq (0, 0), \\ 0, & (x, y) = (0, 0), \end{cases}$ 证明: $f_{xy}(0, 0) \neq f_{yx}(0, 0)$.

证 求 $f(x, y)$ 的偏导数得

$$f_x(x, y) = \begin{cases} y \dfrac{x^4 + 4x^2 y^2 - y^4}{(x^2 + y^2)^2}, & (x, y) \neq (0, 0), \\ 0, & (x, y) = (0, 0), \end{cases}$$

$$f_y(x, y) = \begin{cases} x \dfrac{x^4 - 4x^2 y^2 - y^4}{(x^2 + y^2)^2}, & (x, y) \neq (0, 0), \\ 0, & (x, y) = (0, 0). \end{cases}$$

所以

$$f_{xy}(0,0)=\lim_{\Delta y\to 0}\frac{f_x(0,0+\Delta y)-f_x(0,0)}{\Delta y}=\lim_{\Delta y\to 0}\frac{-\frac{(\Delta y)^5}{(\Delta y)^4}-0}{\Delta y}=-1,$$

$$f_{yx}(0,0)=\lim_{\Delta x\to 0}\frac{f_y(0+\Delta x,0)-f_y(0,0)}{\Delta x}=\lim_{\Delta x\to 0}\frac{\frac{(\Delta x)^5}{(\Delta x)^4}-0}{\Delta x}=1,$$

即 $f_{xy}(0,0)\neq f_{yx}(0,0)$.

那么,我们自然要问:在什么条件下,函数 $f(x,y)$ 的两个二阶混合偏导数 $f_{xy}(x,y)$ 和 $f_{yx}(x,y)$ 才能相等,即函数的二阶混合偏导数与求偏导次序无关? 对此,我们有下述充分条件:

定理　若函数 $z=f(x,y)$ 的两个二阶混合偏导数 $f_{xy}(x,y)$ 和 $f_{yx}(x,y)$ 在点 (x_0,y_0) 处连续,则

$$f_{xy}(x_0,y_0)=f_{yx}(x_0,y_0).$$

这里略去该定理的证明. 该定理表明,二阶混合偏导数在连续的条件下与求偏导次序无关. 对于更高阶的混合偏导数,也有类似的结论. 在实际问题中,往往认为所出现的偏导数是连续的,所以求偏导数时不在意求偏导次序.

例 8　验证函数 $z=\ln\sqrt{x^2+y^2}$ 满足拉普拉斯[①]方程

$$\Delta z\equiv\frac{\partial^2 z}{\partial x^2}+\frac{\partial^2 z}{\partial y^2}=0.$$

证　因为

$$\frac{\partial z}{\partial x}=\frac{x}{x^2+y^2},\quad \frac{\partial z}{\partial y}=\frac{y}{x^2+y^2},\quad \frac{\partial^2 z}{\partial x^2}=\frac{y^2-x^2}{(x^2+y^2)^2},\quad \frac{\partial^2 z}{\partial y^2}=\frac{x^2-y^2}{(x^2+y^2)^2},$$

所以

$$\frac{\partial^2 z}{\partial x^2}+\frac{\partial^2 z}{\partial y^2}=\frac{y^2-x^2}{(x^2+y^2)^2}+\frac{x^2-y^2}{(x^2+y^2)^2}=0.$$

例 9　验证函数 $u=\dfrac{1}{\sqrt{x^2+y^2+z^2}}$ 满足拉普拉斯方程

$$\Delta u\equiv\frac{\partial^2 u}{\partial x^2}+\frac{\partial^2 u}{\partial y^2}+\frac{\partial^2 u}{\partial z^2}=0.$$

证　记 $r=\sqrt{x^2+y^2+z^2}$,则

$$\frac{\partial u}{\partial x}=-\frac{1}{r^2}\cdot\frac{\partial r}{\partial x}=-\frac{1}{r^2}\cdot\frac{x}{r}=-\frac{x}{r^3},\quad \frac{\partial^2 u}{\partial x^2}=-\frac{1}{r^3}+\frac{3x}{r^4}\cdot\frac{\partial r}{\partial x}=-\frac{1}{r^3}+\frac{3x^2}{r^5}.$$

由该函数关于自变量的对称性有

$$\frac{\partial^2 u}{\partial y^2}=-\frac{1}{r^3}+\frac{3y^2}{r^5},\quad \frac{\partial^2 u}{\partial z^2}=-\frac{1}{r^3}+\frac{3z^2}{r^5}.$$

---

① 拉普拉斯(Laplace,1749—1827),法国数学家、天文学家.

所以

$$\frac{\partial^2 u}{\partial x^2} + \frac{\partial^2 u}{\partial y^2} + \frac{\partial^2 u}{\partial z^2} = -\frac{1}{r^3} + \frac{3x^2}{r^5} + \left(-\frac{1}{r^3} + \frac{3y^2}{r^5}\right) + \left(-\frac{1}{r^3} + \frac{3z^2}{r^5}\right)$$

$$= \frac{3}{r^5}(x^2 + y^2 + z^2) - \frac{3}{r^3} = \frac{3}{r^5} \cdot r^2 - \frac{3}{r^3} = 0.$$

例 10 设函数 $z = x\ln(xy)$，求 $\dfrac{\partial^3 z}{\partial x^2 \partial y}, \dfrac{\partial^3 z}{\partial x \partial y^2}$.

解 由 $\dfrac{\partial z}{\partial x} = \ln(xy) + 1$ 得 $\dfrac{\partial^2 z}{\partial x^2} = \dfrac{1}{x}, \dfrac{\partial^2 z}{\partial x \partial y} = \dfrac{1}{y}$，于是

$$\frac{\partial^3 z}{\partial x^2 \partial y} = 0, \quad \frac{\partial^3 z}{\partial x \partial y^2} = -\frac{1}{y^2}.$$

习 题 9.2

1. 求下列函数的偏导数：

(1) $z = xy + \dfrac{x}{y}$；　　　(2) $z = \sin\dfrac{x}{y}\cos\dfrac{y}{x}$；　　　(3) $z = \ln(x + \ln y)$；

(4) $z = (1 + xy)^y$；　　　(5) $u = \arctan(x - y)^z$；　　　(6) $u = x^{y^z}$.

2. 设函数 $f(x, y, z) = \dfrac{x\cos y + y\cos z + z\cos x}{1 + \cos x + \cos y + \cos z}$，求 $f_x(0,0,0), f_y(0,0,0), f_z(0,0,0)$.

3. 求曲线 $\begin{cases} z = \dfrac{x^2 + y^2}{4}, \\ y = 4 \end{cases}$ 在点 $(2, 4, 5)$ 处的切线与 x 轴正向的夹角.

4. 验证：

(1) 函数 $z = e^{x/y^2}$ 满足 $2x\dfrac{\partial z}{\partial x} + y\dfrac{\partial z}{\partial y} = 0$；

(2) 函数 $r = \sqrt{x^2 + y^2 + z^2}$ 满足 $\dfrac{\partial^2 r}{\partial x^2} + \dfrac{\partial^2 r}{\partial y^2} + \dfrac{\partial^2 r}{\partial z^2} = \dfrac{2}{r}$.

5. 求下列函数的高阶偏导数：

(1) $z = \arctan\dfrac{y}{x}$，求 $\dfrac{\partial^2 z}{\partial x^2}, \dfrac{\partial^2 z}{\partial x \partial y}, \dfrac{\partial^2 z}{\partial y^2}$；

(2) $z = y^x$，求 $\dfrac{\partial^2 z}{\partial x^2}, \dfrac{\partial^2 z}{\partial x \partial y}, \dfrac{\partial^2 z}{\partial y^2}$；

(3) $z = xe^{xy}$，求 $\dfrac{\partial^3 z}{\partial x^2 \partial y}, \dfrac{\partial^3 z}{\partial x \partial y^2}$；

(4) $u = \ln(ax + by + cz)$，求 $\dfrac{\partial^2 u}{\partial x^2}, \dfrac{\partial^3 u}{\partial x^2 \partial y}$，其中 a, b, c 是不全为零的常数.

$$\S 9.3 \quad 全 \quad 微 \quad 分$$

一、全微分的概念

函数 $z=f(x,y)$ 在一点处的偏导数,表示当一个自变量固定时这个函数在该点处对另一个自变量的变化率.但在实际问题中,往往还需要讨论两个自变量都取得增量时函数相应的增量问题.

设函数 $z=f(x,y)$ 在包含点 $P(x,y)$ 的区域 D 内有定义,当自变量 x,y 分别取得增量 $\Delta x,\Delta y$ 时,$P'(x+\Delta x,y+\Delta y)\in D$,称函数的增量

$$\Delta z=f(x+\Delta x,y+\Delta y)-f(x,y)$$

为 $z=f(x,y)$ 在点 (x,y) 处的**全增量**.与一元函数的微分类似,我们也希望用自变量的增量 Δx 和 Δy 的线性函数来近似表示二元函数的全增量 Δz.为此,引入下述定义:

定义　设函数 $z=f(x,y)$ 定义在区域 D 上,$(x,y)\in D$ 是定点,且 $(x+\Delta x,y+\Delta y)\in D$.若存在只与点 (x,y) 有关而与 $\Delta x,\Delta y$ 无关的常数 A 和 B,使得全增量

$$\Delta z=f(x+\Delta x,y+\Delta y)-f(x,y)$$

可表示为

$$\Delta z=A\Delta x+B\Delta y+o(\rho),\tag{1}$$

其中 $\rho=\sqrt{(\Delta x)^2+(\Delta y)^2}$,则称 $z=f(x,y)$ 在点 (x,y) 处**可微**,并称 Δz 的线性主要部分(简称**线性主部**)$A\Delta x+B\Delta y$ 为 $z=f(x,y)$ 在点 (x,y) 处的**全微分**,记作 $\mathrm{d}z$,即

$$\mathrm{d}z=A\Delta x+B\Delta y.$$

与一元函数类似,常常将自变量的增量 $\Delta x,\Delta y$ 分别记为 $\mathrm{d}x,\mathrm{d}y$,并称为自变量的微分,那么函数 $z=f(x,y)$ 在点 (x,y) 处的全微分为

$$\mathrm{d}z=A\mathrm{d}x+B\mathrm{d}y.$$

若函数 $z=f(x,y)$ 在区域 D 内各点处都可微,则称该函数在 D 内可微.

下面讨论二元函数的连续性、可偏导性及可微性之间的关系.首先,上一节例 4 表明,二元函数在某点处可偏导并不能保证二元函数在这一点处连续.但是,若函数 $z=f(x,y)$ 在点 (x,y) 处可微,那么它在该点处必定连续.事实上,由可微的定义有

$$\Delta z=A\Delta x+B\Delta y+o(\rho),$$

得到 $\lim\limits_{\rho\to 0}\Delta z=0$,故连续.

可微性与可偏导性之间具有如下关系:

定理 1(可微的必要条件)　若函数 $z=f(x,y)$ 在点 (x,y) 处可微,则 $z=f(x,y)$ 在该点处必可偏导,且它在点 (x,y) 处的全微分为

$$\mathrm{d}z=\frac{\partial z}{\partial x}\mathrm{d}x+\frac{\partial z}{\partial y}\mathrm{d}y.\tag{2}$$

证 设 $z=f(x,y)$ 在点 (x,y) 处可微,则存在与 $\Delta x,\Delta y$ 无关的常数 A,B,使得
$$\Delta z=f(x+\Delta x,y+\Delta y)-f(x,y)=A\Delta x+B\Delta y+o(\rho),$$
其中 $\rho=\sqrt{(\Delta x)^2+(\Delta y)^2}$. 特别地,当 $\Delta y=0$ 时,$\rho=|\Delta x|$,上式成为
$$\Delta z=f(x+\Delta x,y)-f(x,y)=A\Delta x+o(|\Delta x|),$$
因此 $$\lim_{\Delta x\to 0}\frac{\Delta z}{\Delta x}=\lim_{\Delta x\to 0}\frac{f(x+\Delta x,y)-f(x,y)}{\Delta x}=A,\quad 即 \quad \frac{\partial z}{\partial x}=A.$$

类似地,可证 $\frac{\partial z}{\partial y}=B$. 所以,$z=f(x,y)$ 在点 (x,y) 处可偏导,且有
$$\mathrm{d}z=A\mathrm{d}x+B\mathrm{d}y=\frac{\partial z}{\partial x}\mathrm{d}x+\frac{\partial z}{\partial y}\mathrm{d}y.$$

但是,不同于一元函数的"可微的充要条件是可导",对于多元函数,在一点处可偏导时未必在这一点处可微. 例如,上一节例 4 中的函数
$$f(x,y)=\begin{cases}\dfrac{xy}{x^2+y^2}, & (x,y)\neq(0,0),\\ 0, & (x,y)=(0,0)\end{cases}$$
在点 $(0,0)$ 处不连续,所以不可微,但该函数在点 $(0,0)$ 处是可偏导的.

下面给出二元函数可微的一个充分条件.

定理 2(可微的充分条件) 设函数 $z=f(x,y)$ 在点 (x,y) 的某个邻域内存在偏导数 $\frac{\partial z}{\partial x},\frac{\partial z}{\partial y}$,且这两个偏导数都在点 (x,y) 处连续,则 $z=f(x,y)$ 在点 (x,y) 处可微.

证 $z=f(x,y)$ 在点 (x,y) 处的全增量可表示为
$$\begin{aligned}\Delta z=&f(x+\Delta x,y+\Delta y)-f(x,y)\\ =&[f(x+\Delta x,y+\Delta y)-f(x,y+\Delta y)]+[f(x,y+\Delta y)-f(x,y)]\\ =&f_x(x+\theta_1\Delta x,y+\Delta y)\Delta x+f_y(x,y+\theta_2\Delta y)\Delta y\quad(0<\theta_1,\theta_2<1),\end{aligned}$$
其中最后的等号成立利用了一元函数的拉格朗日微分中值定理. 由于假定 $f_x(x,y),f_y(x,y)$ 在点 (x,y) 处连续,所以有
$$f_x(x+\theta_1\Delta x,y+\Delta y)=f_x(x,y)+o(1),$$
$$f_y(x,y+\theta_2\Delta y)=f_y(x,y)+o(1),$$
其中 $o(1)$ 表示当 $\rho=\sqrt{(\Delta x)^2+(\Delta y)^2}\to 0$ 时的无穷小,从而有
$$\begin{aligned}\Delta z=&f_x(x,y)\Delta x+f_y(x,y)\Delta y+o(1)\Delta x+o(1)\Delta y\\ =&f_x(x,y)\Delta x+f_y(x,y)\Delta y+o(\rho).\end{aligned}$$
因此,$z=f(x,y)$ 在点 (x,y) 处可微.

二元函数全微分的定义以及可微的必要条件和充分条件都可类似地推广到 $n(n\geqslant 3)$ 元函数上. 例如,三元函数 $u=f(x,y,z)$ 的全微分为

$$\mathrm{d}u = \frac{\partial u}{\partial x}\mathrm{d}x + \frac{\partial u}{\partial y}\mathrm{d}y + \frac{\partial u}{\partial z}\mathrm{d}z.$$

例 1　求函数 $z = x^2 y + y^2$ 的全微分.

解　因为 $\frac{\partial z}{\partial x} = 2xy, \frac{\partial z}{\partial y} = x^2 + 2y$,所以

$$\mathrm{d}z = 2xy\,\mathrm{d}x + (x^2 + 2y)\mathrm{d}y.$$

例 2　求函数 $z = \frac{\sin x}{y^2}$ 在点 $(0,1)$ 处的全微分.

解　由于 $\frac{\partial z}{\partial x} = \frac{\cos x}{y^2}, \frac{\partial z}{\partial y} = -\frac{2\sin x}{y^3}$,从而有

$$\mathrm{d}z = \frac{\cos x}{y^2}\mathrm{d}x - \frac{2\sin x}{y^3}\mathrm{d}y, \quad \mathrm{d}z\big|_{(0,1)} = \mathrm{d}x.$$

例 3　求函数 $u = x - \cos\frac{y}{2} + \arctan\frac{z}{y}$ 的全微分.

解　由于

$$\frac{\partial u}{\partial x} = 1, \quad \frac{\partial u}{\partial y} = \frac{1}{2}\sin\frac{y}{2} + \frac{-\frac{z}{y^2}}{1 + \left(\frac{z}{y}\right)^2} = \frac{1}{2}\sin\frac{y}{2} - \frac{z}{y^2 + z^2}, \quad \frac{\partial u}{\partial z} = \frac{\frac{1}{y}}{1 + \left(\frac{z}{y}\right)^2} = \frac{y}{y^2 + z^2},$$

因此

$$\mathrm{d}u = \frac{\partial u}{\partial x}\mathrm{d}x + \frac{\partial u}{\partial y}\mathrm{d}y + \frac{\partial u}{\partial z}\mathrm{d}z = \mathrm{d}x + \left(\frac{1}{2}\sin\frac{y}{2} - \frac{z}{y^2 + z^2}\right)\mathrm{d}y + \frac{y}{y^2 + z^2}\mathrm{d}z.$$

二、全微分在近似计算中的应用

由前面的讨论我们知道,当函数 $z = f(x,y)$ 在点 (x_0, y_0) 的某个邻域内具有连续的偏导数 $f_x(x,y), f_y(x,y)$,且 $|\Delta x| = |x - x_0|, |\Delta y| = |y - y_0|$ 充分小时,有近似公式

$$\Delta z \approx \mathrm{d}z = f_x(x_0, y_0)\Delta x + f_y(x_0, y_0)\Delta y$$

或

$$f(x_0 + \Delta x, y_0 + \Delta y) \approx f(x_0, y_0) + f_x(x_0, y_0)\Delta x + f_y(x_0, y_0)\Delta y. \tag{3}$$

利用上式可对二元函数值进行近似计算.

由于 $\Delta x = x - x_0, \Delta y = y - y_0$,所以公式(3)右端是 x, y 的线性函数,其图像是通过点 (x_0, y_0) 的一个平面.因此,公式(3)的几何思想是:用过点 (x_0, y_0) 的一小块平面近似代替过点 (x_0, y_0) 的一小块曲面.故二元函数值的近似计算实质上就是用平面上的竖坐标近似代替曲面上的竖坐标,并使误差在容许的范围内.

例 4　计算 $1.04^{2.02}$ 的近似值.

解　令函数 $f(x,y)=x^y$,则本例相当于要计算 $f(1.04,2.02)$ 的近似值.

对 $f(x,y)$ 求偏导数,得

$$f_x(x,y)=yx^{y-1}, \quad f_y(x,y)=x^y\ln x.$$

取 $x_0=1,y_0=2,\Delta x=0.04,\Delta y=0.02$.计算得

$$f(1,2)=1, \quad f_x(1,2)=2, \quad f_y(1,2)=0.$$

应用公式(3),得

$$1.04^{2.02}\approx 1+2\times0.04+0\times0.02=1.08.$$

习　题　9.3

1. 求下列函数的全微分:

(1) $z=\dfrac{x+y}{x-y}$;　　　　　　　　(2) $z=\dfrac{y}{\sqrt{x^2+y^2}}$;

(3) $u=x^{yz}$;　　　　　　　　　　(4) $u=\sqrt{x^2+y^2+z^2}$.

2. 求下列函数在指定点处的全微分:

(1) $z=\ln(1+x^2+y^2)$,在点 $(2,4)$ 处;

(2) $u=\mathrm{e}^{x+y+z}(x^2+y^2+z^2)$,在点 $(1,1,1)$ 处.

3. 求函数 $z=\dfrac{y}{x}$ 当 $x=2,y=1,\Delta x=0.1,\Delta y=-0.2$ 时的全增量和全微分.

*4. 计算 $\sqrt{1.02^3+1.97^3}$ 的近似值.

5. 考虑函数 $f(x,y)$ 的下列四条性质:

(1) $f(x,y)$ 在点 (x_0,y_0) 处连续;　　　(2) $f_x(x,y),f_y(x,y)$ 在点 (x_0,y_0) 处连续;

(3) $f(x,y)$ 在点 (x_0,y_0) 处可微;　　　(4) $f_x(x_0,y_0),f_y(x_0,y_0)$ 存在.

若用"$P\Rightarrow Q$"表示由性质 P 可推出性质 Q,则下列四个选项中正确的是(　　　).

(A) $(2)\Rightarrow(3)\Rightarrow(1)$　　　　　(B) $(3)\Rightarrow(2)\Rightarrow(1)$

(C) $(3)\Rightarrow(4)\Rightarrow(1)$　　　　　(D) $(3)\Rightarrow(1)\Rightarrow(4)$

§9.4　多元复合函数的求导法则

本节将一元函数的复合函数求导法则推广到多元函数的情形,导出多元复合函数的求导法则.

一、多元复合函数的求导法则

首先导出一元函数与多元函数复合所得复合函数的求导法则.

定理1　设函数 $u=\varphi(t),v=\psi(t)$ 在点 t 处可导,函数 $z=f(u,v)$ 在对应点 (u,v) 处可

微,则复合函数 $z=f[\varphi(t),\psi(t)]$ 在点 t 处可导,且有

$$\frac{\mathrm{d}z}{\mathrm{d}t}=\frac{\partial z}{\partial u}\cdot\frac{\mathrm{d}u}{\mathrm{d}t}+\frac{\partial z}{\partial v}\cdot\frac{\mathrm{d}v}{\mathrm{d}t}, \tag{1}$$

这里 $\dfrac{\mathrm{d}z}{\mathrm{d}t}$ 称为**全导数**.

证　由于 $z=f(u,v)$ 在点 (u,v) 处可微,因此 $z=f(u,v)$ 的全增量可表示为

$$\Delta z=\frac{\partial z}{\partial u}\Delta u+\frac{\partial z}{\partial v}\Delta v+\alpha(\Delta u,\Delta v)\sqrt{(\Delta u)^2+(\Delta v)^2}, \tag{2}$$

其中 $\alpha(\Delta u,\Delta v)$ 满足 $\lim\limits_{(\Delta u,\Delta v)\to(0,0)}\alpha(\Delta u,\Delta v)=0$,即 $\alpha(\Delta u,\Delta v)$ 是 $\sqrt{(\Delta u)^2+(\Delta v)^2}$ 趋于 0 时的无穷小. 补充定义 $\alpha(0,0)=0$,那么(2)式当 $(\Delta u,\Delta v)=(0,0)$ 时也成立.

设 t 的增量为 $\Delta t(\Delta t>0)$,$u=\varphi(t)$,$v=\psi(t)$ 对应的增量分别为 $\Delta u,\Delta v$. 将 $z=f(u,v)$ 对应的全增量 Δz 除以 Δt,由(2)式得到

$$\frac{\Delta z}{\Delta t}=\frac{\partial z}{\partial u}\cdot\frac{\Delta u}{\Delta t}+\frac{\partial z}{\partial v}\cdot\frac{\Delta v}{\Delta t}+\frac{\alpha(\Delta u,\Delta v)\sqrt{(\Delta u)^2+(\Delta v)^2}}{\Delta t}.$$

因为当 $\Delta t\to0$ 时,有

$$\Delta u\to0,\quad\Delta v\to0,\quad\sqrt{(\Delta u)^2+(\Delta v)^2}\to0,\quad\frac{\Delta u}{\Delta t}\to\frac{\mathrm{d}u}{\mathrm{d}t},\quad\frac{\Delta v}{\Delta t}\to\frac{\mathrm{d}v}{\mathrm{d}t}$$

及

$$\frac{\alpha(\Delta u,\Delta v)\sqrt{(\Delta u)^2+(\Delta v)^2}}{\Delta t}=\alpha(\Delta u,\Delta v)\frac{|\Delta t|}{\Delta t}\sqrt{\left(\frac{\Delta u}{\Delta t}\right)^2+\left(\frac{\Delta v}{\Delta t}\right)^2}\to0,$$

所以

$$\lim_{\Delta t\to0}\frac{\Delta z}{\Delta t}=\frac{\partial z}{\partial u}\cdot\frac{\mathrm{d}u}{\mathrm{d}t}+\frac{\partial z}{\partial v}\cdot\frac{\mathrm{d}v}{\mathrm{d}t}.$$

这就证明了 $z=f[\varphi(t),\psi(t)]$ 在点 t 处可导,且可用公式(1)计算其导数.

定理 1 可以推广到中间变量多于两个的复合函数上. 例如,对于由函数 $z=f(u,v,w)$ 与 $u=\varphi(t)$,$v=\psi(t)$,$w=\omega(t)$ 复合而成的复合函数 $z=f[\varphi(t),\psi(t),\omega(t)]$,在类似于定理 1 的条件下,其全导数公式为

$$\frac{\mathrm{d}z}{\mathrm{d}t}=\frac{\partial z}{\partial u}\cdot\frac{\mathrm{d}u}{\mathrm{d}t}+\frac{\partial z}{\partial v}\cdot\frac{\mathrm{d}v}{\mathrm{d}t}+\frac{\partial z}{\partial w}\cdot\frac{\mathrm{d}w}{\mathrm{d}t}. \tag{3}$$

下面给出多元函数与多元函数复合所得复合函数的求导法则.

定理 2　设函数 $u=\varphi(x,y)$,$v=\psi(x,y)$ 都在点 (x,y) 处具有关于 x 和 y 的偏导数,函数 $z=f(u,v)$ 在对应点 (u,v) 处可微,则复合函数 $z=f[\varphi(x,y),\psi(x,y)]$ 在点 (x,y) 处的偏导数存在,且有

$$\frac{\partial z}{\partial x}=\frac{\partial z}{\partial u}\cdot\frac{\partial u}{\partial x}+\frac{\partial z}{\partial v}\cdot\frac{\partial v}{\partial x},\quad\frac{\partial z}{\partial y}=\frac{\partial z}{\partial u}\cdot\frac{\partial u}{\partial y}+\frac{\partial z}{\partial v}\cdot\frac{\partial v}{\partial y}. \tag{4}$$

事实上,求 $\dfrac{\partial z}{\partial x}$ 时,将 y 看作常量,因此 $u=\varphi(x,y)$ 及 $v=\psi(x,y)$ 可看作 x 的一元函数,从而可以应用定理 1. 但由于 $u=\varphi(x,y)$ 及 $v=\psi(x,y)$ 都是 x,y 的二元函数,所以将公式(1)

中的 d 改为 ∂,把 t 换成 x,即公式(4)的第一个式子成立.同理可得公式(4)的第二个式子成立.公式(4)称为多元复合函数求导的**链式法则**.

定理 2 也可以推广到中间变量多于两个的复合函数上.例如,对于由函数 $z=f(u,v,w)$ 与 $u=\varphi(x,y),v=\psi(x,y),w=\omega(x,y)$ 复合而成的复合函数

$$z=f[\varphi(x,y),\psi(x,y),\omega(x,y)],$$

在类似于定理 2 的条件下,有如下公式:

$$\frac{\partial z}{\partial x}=\frac{\partial z}{\partial u}\cdot\frac{\partial u}{\partial x}+\frac{\partial z}{\partial v}\cdot\frac{\partial v}{\partial x}+\frac{\partial z}{\partial w}\cdot\frac{\partial w}{\partial x},\quad\frac{\partial z}{\partial y}=\frac{\partial z}{\partial u}\cdot\frac{\partial u}{\partial y}+\frac{\partial z}{\partial v}\cdot\frac{\partial v}{\partial y}+\frac{\partial z}{\partial w}\cdot\frac{\partial w}{\partial y}.\quad(5)$$

例 1　设函数 $z=uv+\sin t$,其中 $u=\mathrm{e}^t,v=\cos t$,求 $\dfrac{\mathrm{d}z}{\mathrm{d}t}$.

解　这里 $z=uv+\sin t$ 可看作 $z=uv+\sin w$ 与 $u=\mathrm{e}^t,v=\cos t,w=t$ 的复合函数,所以利用公式(3)得

$$\frac{\mathrm{d}z}{\mathrm{d}t}=\frac{\partial z}{\partial u}\cdot\frac{\mathrm{d}u}{\mathrm{d}t}+\frac{\partial z}{\partial v}\cdot\frac{\mathrm{d}v}{\mathrm{d}t}+\frac{\partial z}{\partial w}\cdot\frac{\mathrm{d}w}{\mathrm{d}t}=\frac{\partial z}{\partial u}\cdot\frac{\mathrm{d}u}{\mathrm{d}t}+\frac{\partial z}{\partial v}\cdot\frac{\mathrm{d}v}{\mathrm{d}t}+\frac{\partial z}{\partial w}$$

$$=v\mathrm{e}^t-u\sin t+\cos w=\mathrm{e}^t\cos t-\mathrm{e}^t\sin t+\cos t$$

$$=\mathrm{e}^t(\cos t-\sin t)+\cos t.$$

例 2　设函数 $z=\arctan xy$,其中 $y=\mathrm{e}^x$,求 $\dfrac{\mathrm{d}z}{\mathrm{d}x}\bigg|_{x=0}$.

解　由公式(1)得

$$\frac{\mathrm{d}z}{\mathrm{d}x}=\frac{\partial z}{\partial x}\cdot\frac{\mathrm{d}x}{\mathrm{d}x}+\frac{\partial z}{\partial y}\cdot\frac{\mathrm{d}y}{\mathrm{d}x}=\frac{y}{1+(xy)^2}\cdot1+\frac{x}{1+(xy)^2}\cdot\mathrm{e}^x=\frac{\mathrm{e}^x(1+x)}{1+x^2\mathrm{e}^{2x}},$$

于是

$$\frac{\mathrm{d}z}{\mathrm{d}x}\bigg|_{x=0}=1.$$

例 3　设函数 $z=\dfrac{u^2}{v}$,其中 $u=x-2y,v=2x+y$,求 $\dfrac{\partial z}{\partial x},\dfrac{\partial z}{\partial y}$.

解　利用公式(4),得

$$\frac{\partial z}{\partial x}=\frac{\partial z}{\partial u}\cdot\frac{\partial u}{\partial x}+\frac{\partial z}{\partial v}\cdot\frac{\partial v}{\partial x}=\frac{2u}{v}\cdot1+\left(-\frac{u^2}{v^2}\right)\cdot2$$

$$=\frac{2(x-2y)}{2x+y}-\frac{2(x-2y)^2}{(2x+y)^2}=\frac{2(x-2y)(x+3y)}{(2x+y)^2}.$$

类似地,可得

$$\frac{\partial z}{\partial y}=\frac{(2y-x)(9x+2y)}{(2x+y)^2}.$$

例 4　设函数 $w=f(x^2+y^2+z^2,xyz)$,其中 f 具有二阶连续偏导数,求 $\dfrac{\partial w}{\partial x},\dfrac{\partial^2 w}{\partial x\partial z}$.

解　将 $w=f(x^2+y^2+z^2,xyz)$ 看作 $w=f(u,v)$,其中 $u=x^2+y^2+z^2,v=xyz$.为了使表达式简单,引入记号

$$f_1' = \frac{\partial f}{\partial u}, \quad f_2' = \frac{\partial f}{\partial v}, \quad f_{12}'' = \frac{\partial^2 f}{\partial u \partial v}, \quad f_{21}'' = \frac{\partial^2 f}{\partial v \partial u}, \quad f_{11}'' = \frac{\partial^2 f}{\partial u^2}, \quad f_{22}'' = \frac{\partial^2 f}{\partial v^2},$$

这里函数符号加下标 i $(i=1,2)$ 表示对其第 i 个变量的偏导数. 因此有

$$\frac{\partial w}{\partial x} = \frac{\partial w}{\partial u} \cdot \frac{\partial u}{\partial x} + \frac{\partial w}{\partial v} \cdot \frac{\partial v}{\partial x} = 2x f_1' + yz f_2'.$$

注意到 f_1' 和 f_2' 仍是复合函数,于是再运用复合函数的求导法则并由

$$\frac{\partial u}{\partial z} = 2z, \quad \frac{\partial v}{\partial z} = xy$$

得

$$\frac{\partial^2 w}{\partial x \partial z} = \frac{\partial}{\partial z}(2x f_1' + yz f_2') = 2x \frac{\partial f_1'}{\partial z} + yf_2' + yz \frac{\partial f_2'}{\partial z}$$

$$= 2x \left(f_{11}'' \frac{\partial u}{\partial z} + f_{12}'' \frac{\partial v}{\partial z} \right) + yf_2' + yz \left(f_{21}'' \frac{\partial u}{\partial z} + f_{22}'' \frac{\partial v}{\partial z} \right)$$

$$= 2x(2z f_{11}'' + xy f_{12}'') + yf_2' + yz(2z f_{21}'' + xy f_{22}'')$$

$$= 4xz f_{11}'' + 2y(x^2 + z^2) f_{12}'' + xy^2 z f_{22}'' + yf_2',$$

其中最后的等号成立利用了 $f_{12}'' = f_{21}''$.

例 5 设函数 $u = f(x, y, z) = e^{x^2 + y^2 + z^2}$,其中 $z = x^2 \sin y$,求 $\dfrac{\partial u}{\partial x}, \dfrac{\partial u}{\partial y}$.

解 这可看成公式(5)的特殊情形,这里 x, y 既是中间变量,又是复合函数的自变量,即 $\varphi(x, y) = x, \psi(x, y) = y, \omega(x, y) = x^2 \sin y$,从而有

$$\frac{\partial \varphi}{\partial x} = 1, \quad \frac{\partial \varphi}{\partial y} = 0, \quad \frac{\partial \psi}{\partial x} = 0, \quad \frac{\partial \psi}{\partial y} = 1,$$

所以

$$\frac{\partial u}{\partial x} = \frac{\partial f}{\partial x} + \frac{\partial f}{\partial z} \cdot \frac{\partial z}{\partial x} = 2x e^{x^2 + y^2 + z^2} + 2z e^{x^2 + y^2 + z^2} \cdot 2x \sin y,$$

$$= 2x(1 + 2x^2 \sin^2 y) e^{x^2 + y^2 + x^4 \sin^2 y},$$

$$\frac{\partial u}{\partial y} = \frac{\partial f}{\partial y} + \frac{\partial f}{\partial z} \cdot \frac{\partial z}{\partial y} = 2y e^{x^2 + y^2 + z^2} + 2z e^{x^2 + y^2 + z^2} \cdot x^2 \cos y$$

$$= 2(y + x^4 \sin y \cos y) e^{x^2 + y^2 + x^4 \sin^2 y}.$$

这里应注意 $\dfrac{\partial u}{\partial x}$ 与 $\dfrac{\partial f}{\partial x}$ 是不同的,$\dfrac{\partial u}{\partial x}$ 是把 $u = f(x, y, z) = e^{x^2 + y^2 + z^2}$ 与 $z = x^2 \sin y$ 的复合函数中的 y 看作常量而对 x 的偏导数,$\dfrac{\partial f}{\partial x}$ 是把 $f(x, y, z) = e^{x^2 + y^2 + z^2}$ 中的 y 和 z 看作常量而对 x 的偏导数. $\dfrac{\partial u}{\partial y}$ 与 $\dfrac{\partial f}{\partial y}$ 也有类似的区别. 此外,在应用公式(5)求偏导数时,还应注意变量的变换.

例6 已知 $u=f(x,y)$ 为可微函数,求 $\left(\dfrac{\partial u}{\partial x}\right)^2+\left(\dfrac{\partial u}{\partial y}\right)^2$ 在极坐标系下的表达式.

解 直角坐标 (x,y) 与极坐标 (r,θ) 之间的关系式为

$$x=r\cos\theta,\quad y=r\sin\theta.$$

方法1 将 x,y 看成中间变量,则有

$$\frac{\partial u}{\partial r}=\frac{\partial u}{\partial x}\cdot\frac{\partial x}{\partial r}+\frac{\partial u}{\partial y}\cdot\frac{\partial y}{\partial r}=\frac{\partial u}{\partial x}\cos\theta+\frac{\partial u}{\partial y}\sin\theta,$$

$$\frac{\partial u}{\partial \theta}=\frac{\partial u}{\partial x}\cdot\frac{\partial x}{\partial \theta}+\frac{\partial u}{\partial y}\cdot\frac{\partial y}{\partial \theta}=-\frac{\partial u}{\partial x}r\sin\theta+\frac{\partial u}{\partial y}r\cos\theta.$$

将上面第一个式子乘以 r 后的平方加上第二个式子的平方,再除以 r^2,得

$$\left(\frac{\partial u}{\partial x}\right)^2+\left(\frac{\partial u}{\partial y}\right)^2=\left(\frac{\partial u}{\partial r}\right)^2+\frac{1}{r^2}\left(\frac{\partial u}{\partial \theta}\right)^2.$$

方法2 由 $r=\sqrt{x^2+y^2}$,$\theta=\arctan\dfrac{y}{x}$ $\left(\text{或 }\theta=\arctan\dfrac{y}{x}+\pi\right)$[①],将 r,θ 看成中间变量,则有 $u=u(r,\theta)$,从而有

$$\frac{\partial u}{\partial x}=\frac{\partial u}{\partial r}\cdot\frac{\partial r}{\partial x}+\frac{\partial u}{\partial \theta}\cdot\frac{\partial \theta}{\partial x}=\frac{\partial u}{\partial r}\cdot\frac{x}{r}-\frac{\partial u}{\partial \theta}\cdot\frac{y}{r^2}=\frac{\partial u}{\partial r}\cos\theta-\frac{\partial u}{\partial \theta}\cdot\frac{\sin\theta}{r},$$

$$\frac{\partial u}{\partial y}=\frac{\partial u}{\partial r}\cdot\frac{\partial r}{\partial y}+\frac{\partial u}{\partial \theta}\cdot\frac{\partial \theta}{\partial y}=\frac{\partial u}{\partial r}\cdot\frac{y}{r}+\frac{\partial u}{\partial \theta}\cdot\frac{x}{r^2}=\frac{\partial u}{\partial r}\sin\theta+\frac{\partial u}{\partial \theta}\cdot\frac{\cos\theta}{r}.$$

上两式平方后相加,得

$$\left(\frac{\partial u}{\partial x}\right)^2+\left(\frac{\partial u}{\partial y}\right)^2=\left(\frac{\partial u}{\partial r}\right)^2+\frac{1}{r^2}\left(\frac{\partial u}{\partial \theta}\right)^2.$$

当 $u=f(x,y)$ 具有二阶连续偏导数时,类似地可求得

$$\frac{\partial^2 u}{\partial x^2}+\frac{\partial^2 u}{\partial y^2}=\frac{\partial^2 u}{\partial r^2}+\frac{1}{r}\cdot\frac{\partial u}{\partial r}+\frac{1}{r^2}\cdot\frac{\partial^2 u}{\partial \theta^2}$$

$$=\frac{1}{r^2}\left[r\frac{\partial}{\partial r}\left(r\frac{\partial u}{\partial r}\right)+\frac{\partial^2 u}{\partial \theta^2}\right].$$

二、全微分形式不变性

下面总假设所讨论的函数都满足相应的可微性条件.

设函数 $z=f(u,v)$. 当 u,v 为自变量时,$z=f(u,v)$ 的全微分为

$$\mathrm{d}z=\frac{\partial z}{\partial u}\mathrm{d}u+\frac{\partial z}{\partial v}\mathrm{d}v;$$

---

① 当点 $P(x,y)$ 在第一、四象限时,规定 $-\dfrac{\pi}{2}<\theta<\dfrac{\pi}{2}$,则 $\theta=\arctan\dfrac{y}{x}$;当点 $P(x,y)$ 在第二、三象限时,规定 $\dfrac{\pi}{2}<\theta<\dfrac{3\pi}{2}$,则 $\theta=\arctan\dfrac{y}{x}+\pi$.

而当 u,v 为中间变量时,若 $u=\varphi(x,y),v=\psi(x,y)$,则复合函数 $z=f[\varphi(x,y),\psi(x,y)]$ 的全微分为

$$dz = \left(\frac{\partial z}{\partial u}\cdot\frac{\partial u}{\partial x}+\frac{\partial z}{\partial v}\cdot\frac{\partial v}{\partial x}\right)dx + \left(\frac{\partial z}{\partial u}\cdot\frac{\partial u}{\partial y}+\frac{\partial z}{\partial v}\cdot\frac{\partial v}{\partial y}\right)dy$$

$$=\frac{\partial z}{\partial u}\left(\frac{\partial u}{\partial x}dx+\frac{\partial u}{\partial y}dy\right)+\frac{\partial z}{\partial v}\left(\frac{\partial v}{\partial x}dx+\frac{\partial v}{\partial y}dy\right)=\frac{\partial z}{\partial u}du+\frac{\partial z}{\partial v}dv.$$

这说明,无论 u,v 是自变量还是中间变量,$z=f(u,v)$ 的全微分都具有相同的形式.这个性质称为**全微分形式不变性**.

例 7　设函数 $z=\sqrt[4]{\dfrac{x+y}{x-y}}$,求全微分 dz.

解　对 $z=\sqrt[4]{\dfrac{x+y}{x-y}}$ 的两边取对数,得

$$\ln z = \frac{1}{4}\left[\ln(x+y)-\ln(x-y)\right].$$

上式两边求全微分,利用全微分形式不变性,有

$$\frac{dz}{z}=\frac{1}{4}\left(\frac{dx+dy}{x+y}-\frac{dx-dy}{x-y}\right),\quad 即 \quad dz=\frac{1}{2}\sqrt[4]{\frac{x+y}{x-y}}\cdot\frac{xdy-ydx}{x^2-y^2}.$$

同时,由上述结果可得到两个偏导数

$$\frac{\partial z}{\partial x}=-\frac{1}{2}\sqrt[4]{\frac{x+y}{x-y}}\cdot\frac{y}{x^2-y^2},\quad \frac{\partial z}{\partial y}=\frac{1}{2}\sqrt[4]{\frac{x+y}{x-y}}\cdot\frac{x}{x^2-y^2}.$$

这也是求偏导数的方法之一.当我们求某些复合关系较复杂的复合函数的偏导数时,可利用全微分形式不变性,由外向内逐层微分,直到自变量的微分,即可求得所要的偏导数.

例 8　设函数 $z=f(x,u,v)$,其中 $u=\varphi(x),v=\psi(u,y)$,且函数 f,ψ 具有连续偏导数,求 $\dfrac{\partial z}{\partial x},\dfrac{\partial z}{\partial y}$.

解　利用全微分形式不变性,得

$$dz = f_x dx + f_u du + f_v dv = f_x dx + f_u \varphi'(x)dx + f_v\cdot(\psi_u du + \psi_y dy)$$

$$=[f_x+f_u\varphi'(x)+f_v\psi_u\varphi'(x)]dx+f_v\psi_y dy,$$

所以

$$\frac{\partial z}{\partial x}=f_x+f_u\varphi'(x)+f_v\psi_u\varphi'(x),\quad \frac{\partial z}{\partial y}=f_v\psi_y.$$

习　题　9.4

1. 求下列函数的全导数:

(1) $z=e^{x-2y}$,其中 $x=\sin t,y=t^3$,求 $\dfrac{dz}{dt}$;

(2) $z=\tan(3t+2x^2-y^2)$,其中 $x=\dfrac{1}{t}$,$y=\sqrt{t}$,求 $\dfrac{\mathrm{d}z}{\mathrm{d}t}$;

(3) $u=\dfrac{\mathrm{e}^{ax}(y-z)}{a^2+1}$,其中 $y=a\sin x$,$z=\cos x$,a 为常数,求 $\dfrac{\mathrm{d}u}{\mathrm{d}x}$.

2. 求下列函数的偏导数:

(1) $z=u^2\ln v$,其中 $u=\dfrac{x}{y}$,$v=3x-2y$,求 $\dfrac{\partial z}{\partial x}$,$\dfrac{\partial z}{\partial y}$;

(2) $z=\arctan\dfrac{x}{y}$,其中 $x=u+v$,$y=u-v$,求 $\dfrac{\partial z}{\partial u}$,$\dfrac{\partial z}{\partial v}$;

(3) $u=(x+y+z)\sin(x^2+y^2+z^2)$,其中 $x=t\mathrm{e}^s$,$y=\mathrm{e}^t$,$z=\mathrm{e}^{s+t}$,求 $\dfrac{\partial u}{\partial s}$,$\dfrac{\partial u}{\partial t}$.

3. 求下列函数的偏导数(其中函数 f 具有连续偏导数):

(1) $z=f\left(xy,\dfrac{x}{y}\right)$;　　　　(2) $z=f[\ln(1+x^2+y^2),\mathrm{e}^{x+y}]$;

(3) $u=f(x,xy,xyz)$.

4. 求下列函数的二阶偏导数(其中函数 f 具有二阶连续导数或偏导数):

(1) $z=f(x^2+y^2)$,求 $\dfrac{\partial^2 z}{\partial x^2}$,$\dfrac{\partial^2 z}{\partial x\partial y}$,$\dfrac{\partial^2 z}{\partial y^2}$;

(2) $z=f(\mathrm{e}^x\sin y,x^2+y^2)$,求 $\dfrac{\partial^2 z}{\partial x\partial y}$;

(3) $z=f(\sin x,\cos y,\mathrm{e}^{x+y})$,求 $\dfrac{\partial^2 z}{\partial x^2}$,$\dfrac{\partial^2 z}{\partial x\partial y}$.

5. 验证:

(1) 函数 $z=\dfrac{y}{f(x^2-y^2)}$ (其中函数 f 具有连续导数)满足方程

$$\frac{1}{x}\cdot\frac{\partial z}{\partial x}+\frac{1}{y}\cdot\frac{\partial z}{\partial y}=\frac{z}{y^2};$$

(2) 函数 $z=xy+xF(u)\left(\text{其中 }u=\dfrac{y}{x},\text{函数 }F\text{ 具有连续导数}\right)$满足方程

$$x\frac{\partial z}{\partial x}+y\frac{\partial z}{\partial y}=z+xy;$$

(3) 函数 $z=\varphi(x-at)+\psi(x+at)$(其中函数 φ,ψ 具有二阶连续导数,a 为常数)满足方程

$$\frac{\partial^2 z}{\partial t^2}=a^2\frac{\partial^2 z}{\partial x^2}.$$

6. 若函数 $f(x,y)$ 满足:对于任意的实数 t 及自变量 x,y,有 $f(tx,ty)=t^nf(x,y)$,则称 $f(x,y)$ 为 n 次齐次函数.

（1）证明：n 次齐次函数 $f(x,y)$ 满足方程 $x\dfrac{\partial f}{\partial x}+y\dfrac{\partial f}{\partial y}=nf(x,y)$；

（2）利用（1）中的性质，对函数 $z=\sqrt{x^2+y^2}$ 求出 $x\dfrac{\partial z}{\partial x}+y\dfrac{\partial z}{\partial y}$.

§9.5　隐函数的求导公式

前面讨论的函数大多数是显函数形式的. 但在理论研究与实际问题中，往往会遇到函数关系无法用显函数形式来表达的情况. 例如，从天体力学中知道，反映行星运动规律的开普勒（Kepler）方程

$$F(x,y)=y-x-\varepsilon\sin y=0 \quad (0<\varepsilon<1)$$

可确定 y 是 x 的隐函数，但其函数关系却不能用显函数形式来表达.

一、一个方程的情形

我们现在来讨论一个方程

$$F(x,y)=0 \tag{1}$$

在何种条件下确实表示一个隐函数，且保证该隐函数具有连续性和可微性等分析性质，同时考虑利用复合函数的求导法则导出隐函数的求导公式.

定理 1（一元隐函数存在定理）　设函数 $F(x,y)$ 在点 (x_0,y_0) 的某一邻域内具有连续偏导数，且满足 $F(x_0,y_0)=0$，$F_y(x_0,y_0)\neq0$，则方程 $F(x,y)=0$ 在点 (x_0,y_0) 的某一邻域内唯一确定一个具有连续导数的隐函数 $y=f(x)$，使得 $F[x,f(x)]\equiv0$ 和 $y_0=f(x_0)$，且有

$$\dfrac{\mathrm{d}y}{\mathrm{d}x}=-\dfrac{F_x(x,y)}{F_y(x,y)}. \tag{2}$$

我们略去这个定理中隐函数的存在性、连续可导性的证明，只推导公式（2）. 将方程（1）所确定的隐函数 $y=f(x)$ 代入方程（1），那么在点 x_0 的某一邻域内成立

$$F[x,f(x)]\equiv0.$$

此恒等式的左边可以看成 x 的一个复合函数. 在此恒等式两边对 x 求导数，得

$$\dfrac{\partial F}{\partial x}+\dfrac{\partial F}{\partial y}\cdot\dfrac{\mathrm{d}y}{\mathrm{d}x}=0.$$

由于 $F_y(x,y)$ 连续且 $F_y(x_0,y_0)\neq0$，所以在点 (x_0,y_0) 的某一邻域内 $F_y(x,y)\neq0$. 于是

$$\dfrac{\mathrm{d}y}{\mathrm{d}x}=-\dfrac{F_x(x,y)}{F_y(x,y)}.$$

若 $F(x,y)$ 的二阶偏导数也连续，可以证明隐函数 $y=f(x)$ 具有二阶连续导数. 事实上，利用公式（2）及复合函数的求导法则，可得

$$\dfrac{\mathrm{d}^2y}{\mathrm{d}x^2}=\dfrac{\partial}{\partial x}\left(-\dfrac{F_x}{F_y}\right)+\dfrac{\partial}{\partial y}\left(-\dfrac{F_x}{F_y}\right)\cdot\dfrac{\mathrm{d}y}{\mathrm{d}x}$$

$$= -\frac{F_{xx}F_y - F_{yx}F_x}{F_y^2} - \frac{F_{xy}F_y - F_{yy}F_x}{F_y^2}\left(-\frac{F_x}{F_y}\right)$$

$$= -\frac{F_{xx}F_y^2 - 2F_{xy}F_xF_y + F_{yy}F_x^2}{F_y^3}.$$

例 1 验证方程 $x^2 + y^2 = 1$ 在点 $(0,1)$ 的某一邻域内唯一确定一个隐函数 $y = f(x)$,并求它的一阶、二阶导数在点 $x = 0$ 处的值.

解 令 $F(x,y) = x^2 + y^2 - 1$,则 $F_x = 2x, F_y = 2y, F(0,1) = 0, F_y(0,1) = 2 \neq 0$. 因此,由定理 1 可知,方程 $x^2 + y^2 = 1$ 在点 $(0,1)$ 的某一邻域内唯一确定一个具有连续导数的隐函数 $y = f(x)$,它满足当 $x = 0$ 时 $y = 1$,且

$$\frac{\mathrm{d}y}{\mathrm{d}x} = -\frac{F_x}{F_y} = -\frac{x}{y},$$

从而

$$\frac{\mathrm{d}^2 y}{\mathrm{d}x^2} = -\frac{y - xy'}{y^2} = -\frac{y - x\left(-\dfrac{x}{y}\right)}{y^2} = -\frac{y^2 + x^2}{y^3} = -\frac{1}{y^3}.$$

于是

$$\frac{\mathrm{d}y}{\mathrm{d}x}\bigg|_{\substack{x=0 \\ y=1}} = 0, \quad \frac{\mathrm{d}^2 y}{\mathrm{d}x^2}\bigg|_{\substack{x=0 \\ y=1}} = -1.$$

读者可以用隐函数的显式表达式 $y = \sqrt{1 - x^2}$ 来验证上述结果的正确性.

一元隐函数存在定理可以推广到多元函数的情形. 例如,一个三元方程

$$F(x,y,z) = 0 \tag{3}$$

在一定条件下可确定一个二元隐函数. 这也就是下面的定理.

定理 2(二元隐函数存在定理) 设函数 $F(x,y,z)$ 在点 (x_0,y_0,z_0) 的某一邻域内具有连续偏导数,且 $F(x_0,y_0,z_0) = 0, F_z(x_0,y_0,z_0) \neq 0$,则方程(3)在点 (x_0,y_0,z_0) 的某一邻域内唯一确定一个具有连续偏导数的隐函数 $z = f(x,y)$,使得 $F[x,y,f(x,y)] \equiv 0, z_0 = f(x_0,y_0)$,且有

$$\frac{\partial z}{\partial x} = -\frac{F_x}{F_z}, \quad \frac{\partial z}{\partial y} = -\frac{F_y}{F_z}. \tag{4}$$

这里我们仅推导公式(4). 由于

$$F[x,y,f(x,y)] \equiv 0,$$

两边分别对 x 和 y 求偏导数,并利用复合函数的求导法则,得

$$F_x + F_z\frac{\partial z}{\partial x} = 0, \quad F_y + F_z\frac{\partial z}{\partial y} = 0,$$

于是

$$\frac{\partial z}{\partial x} = -\frac{F_x}{F_z}, \quad \frac{\partial z}{\partial y} = -\frac{F_y}{F_z}.$$

例 2 设方程 $x^2 + y^2 + z^2 = 4z$ 确定 z 为 x,y 的隐函数,求 $\dfrac{\partial^2 z}{\partial x^2}, \dfrac{\partial^2 z}{\partial y \partial x}$.

解 本例可直接利用公式(4)来求偏导数,进而再求二阶偏导数. 下面按照推导公式(4)的方法来求解. 在所给的方程两边对 x 求偏导数,得

$$2x + 2z\frac{\partial z}{\partial x} = 4\frac{\partial z}{\partial x}, \quad 于是 \quad \frac{\partial z}{\partial x} = \frac{x}{2-z},$$

再在前一等式两边对 x 求偏导数,得

$$2 + 2\left(\frac{\partial z}{\partial x}\right)^2 + 2z\frac{\partial^2 z}{\partial x^2} = 4\frac{\partial^2 z}{\partial x^2}, \quad 因此 \quad \frac{\partial^2 z}{\partial x^2} = \frac{1 + \left(\frac{\partial z}{\partial x}\right)^2}{2-z} = \frac{(2-z)^2 + x^2}{(2-z)^3}.$$

在所给的方程两边对 y 求偏导数,得

$$2y + 2z\frac{\partial z}{\partial y} = 4\frac{\partial z}{\partial y}, \quad 于是 \quad \frac{\partial z}{\partial y} = \frac{y}{2-z},$$

再在前一等式两边对 x 求偏导数,得

$$2\frac{\partial z}{\partial x} \cdot \frac{\partial z}{\partial y} + 2z\frac{\partial^2 z}{\partial y \partial x} = 4\frac{\partial^2 z}{\partial y \partial x}, \quad 所以 \quad \frac{\partial^2 z}{\partial y \partial x} = \frac{\frac{\partial z}{\partial x} \cdot \frac{\partial z}{\partial y}}{2-z} = \frac{xy}{(2-z)^3}.$$

例 3　设方程 $F(xz, yz) = 0$ 确定 z 为 x, y 的隐函数,其中函数 F 具有连续偏导数,求 $\dfrac{\partial z}{\partial x}, \dfrac{\partial z}{\partial y}$.

解　按照推导公式(4)的方法来求解. 在方程 $F(xz, yz) = 0$ 两边分别对 x 和 y 求偏导数,得

$$\left(z + x\frac{\partial z}{\partial x}\right)F_1' + y\frac{\partial z}{\partial x}F_2' = 0, \quad x\frac{\partial z}{\partial y}F_1' + \left(z + y\frac{\partial z}{\partial y}\right)F_2' = 0,$$

于是当 $\dfrac{\partial F}{\partial z} = xF_1' + yF_2' \neq 0$ 时,有

$$\frac{\partial z}{\partial x} = -\frac{zF_1'}{xF_1' + yF_2'}, \quad \frac{\partial z}{\partial y} = -\frac{zF_2'}{xF_1' + yF_2'}.$$

二、方程组的情形

下面讨论由方程组

$$\begin{cases} F(x, y, u, v) = 0, \\ G(x, y, u, v) = 0 \end{cases} \tag{5}$$

确定的隐函数的存在性问题. 这时,在四个变量 x, y, u, v 中一般只能有两个独立变量,因此在一定条件下,方程组(5)可确定两个二元隐函数(也称方程组(5)可确定向量值隐函数).

定理 3（向量值隐函数存在定理）　设函数 $F(x, y, u, v)$, $G(x, y, u, v)$ 均在点 (x_0, y_0, u_0, v_0) 的某一邻域内具有连续偏导数, $F(x_0, y_0, u_0, v_0) = 0$, $G(x_0, y_0, u_0, v_0) = 0$,且由偏导数所组成的函数行列式（称为**雅可比**[①]**行列式**）

---

① 雅可比(Jacobi, 1804—1851),德国数学家.

$$J = \frac{\partial(F,G)}{\partial(u,v)} = \begin{vmatrix} F_u & F_v \\ G_u & G_v \end{vmatrix}$$

在点(x_0,y_0,u_0,v_0)处不等于零,则方程组(5)在点(x_0,y_0,u_0,v_0)的某一邻域内唯一确定一组具有连续偏导数的隐函数 $u=u(x,y),v=v(x,y)$,使得 $u_0=u(x_0,y_0),v_0=v(x_0,y_0)$, $F[x,y,u(x,y),v(x,y)] \equiv 0,G[x,y,u(x,y),v(x,y)] \equiv 0$,且有

$$\frac{\partial u}{\partial x} = -\frac{1}{J} \cdot \frac{\partial(F,G)}{\partial(x,v)} = -\frac{\begin{vmatrix} F_x & F_v \\ G_x & G_v \end{vmatrix}}{\begin{vmatrix} F_u & F_v \\ G_u & G_v \end{vmatrix}}, \quad \frac{\partial v}{\partial x} = -\frac{1}{J} \cdot \frac{\partial(F,G)}{\partial(u,x)} = -\frac{\begin{vmatrix} F_u & F_x \\ G_u & G_x \end{vmatrix}}{\begin{vmatrix} F_u & F_v \\ G_u & G_v \end{vmatrix}},$$

$$\frac{\partial u}{\partial y} = -\frac{1}{J} \cdot \frac{\partial(F,G)}{\partial(y,v)} = -\frac{\begin{vmatrix} F_y & F_v \\ G_y & G_v \end{vmatrix}}{\begin{vmatrix} F_u & F_v \\ G_u & G_v \end{vmatrix}}, \quad \frac{\partial v}{\partial y} = -\frac{1}{J} \cdot \frac{\partial(F,G)}{\partial(u,y)} = -\frac{\begin{vmatrix} F_u & F_y \\ G_u & G_y \end{vmatrix}}{\begin{vmatrix} F_u & F_v \\ G_u & G_v \end{vmatrix}}.$$

$$(6)$$

同样,我们仅推导公式(6).由于

$$\begin{cases} F[x,y,u(x,y),v(x,y)] \equiv 0, \\ G[x,y,u(x,y),v(x,y)] \equiv 0, \end{cases}$$

在这两个恒等式两边对 x 求偏导数,并利用复合函数的求导法则,得

$$\begin{cases} F_x + F_u \dfrac{\partial u}{\partial x} + F_v \dfrac{\partial v}{\partial x} = 0, \\ G_x + G_u \dfrac{\partial u}{\partial x} + G_v \dfrac{\partial v}{\partial x} = 0. \end{cases}$$

这是关于 $\dfrac{\partial u}{\partial x},\dfrac{\partial v}{\partial x}$ 的线性方程组. 由假设知在点(x_0,y_0,u_0,v_0)的某一邻域内,此方程组的系数行列式为

$$J = \begin{vmatrix} F_u & F_u \\ G_u & G_v \end{vmatrix} \neq 0,$$

因此可解出

$$\frac{\partial u}{\partial x} = -\frac{1}{J} \cdot \frac{\partial(F,G)}{\partial(x,v)}, \quad \frac{\partial v}{\partial x} = -\frac{1}{J} \cdot \frac{\partial(F,G)}{\partial(u,x)}.$$

同理可得

$$\frac{\partial u}{\partial y} = -\frac{1}{J} \cdot \frac{\partial(F,G)}{\partial(y,v)}, \quad \frac{\partial v}{\partial y} = -\frac{1}{J} \cdot \frac{\partial(F,G)}{\partial(u,y)}.$$

对于方程组

$$\begin{cases} F(x,y,z) = 0, \\ G(x,y,z) = 0, \end{cases} \tag{7}$$

有类似的向量值隐函数存在定理.

定理 4　设函数 $F(x,y,z),G(x,y,z)$ 均在点 (x_0,y_0,z_0) 的某一邻域内具有连续偏导数, $F(x_0,y_0,z_0)=0,G(x_0,y_0,z_0)=0$, 且由偏导数所组成的雅可比行列式

$$J = \frac{\partial(F,G)}{\partial(y,z)} = \begin{vmatrix} F_y & F_z \\ G_y & G_z \end{vmatrix}$$

在点 (x_0,y_0,z_0) 处不等于零,则方程组(7)在点 (x_0,y_0,z_0) 的某一邻域内唯一确定一组具有连续导数的隐函数 $y=y(x),z=z(x)$,使得 $y(x_0)=y_0,z(x_0)=z_0,F[x,y(x),z(x)]\equiv0$, $G[x,y(x),z(x)]\equiv0$,且有

$$\frac{\mathrm{d}y}{\mathrm{d}x} = -\frac{1}{J}\cdot\frac{\partial(F,G)}{\partial(x,z)}, \quad \frac{\mathrm{d}z}{\mathrm{d}x} = -\frac{1}{J}\cdot\frac{\partial(F,G)}{\partial(y,x)}. \tag{8}$$

例 4　设 $u=u(x,y),v=v(x,y)$ 是由方程组

$$\begin{cases} xu-yv=0, \\ yu+xv=1 \end{cases}$$

所确定的隐函数,求 $\dfrac{\partial u}{\partial x},\dfrac{\partial v}{\partial x},\dfrac{\partial u}{\partial y},\dfrac{\partial v}{\partial y}$.

解　本例可直接利用公式(6)来求偏导数,这里按照推导公式(6)的方法来求解.将所给方程组中的方程两边对 x 求偏导数,得

$$\begin{cases} x\dfrac{\partial u}{\partial x} - y\dfrac{\partial v}{\partial x} = -u, \\ y\dfrac{\partial u}{\partial x} + x\dfrac{\partial v}{\partial x} = -v. \end{cases}$$

当 $J = \begin{vmatrix} x & -y \\ y & x \end{vmatrix} = x^2+y^2 \neq 0$ 时,解得

$$\frac{\partial u}{\partial x} = \frac{\begin{vmatrix} -u & -y \\ -v & x \end{vmatrix}}{\begin{vmatrix} x & -y \\ y & x \end{vmatrix}} = -\frac{xu+yv}{x^2+y^2}, \quad \frac{\partial v}{\partial x} = \frac{\begin{vmatrix} x & -u \\ y & -v \end{vmatrix}}{\begin{vmatrix} x & -y \\ y & x \end{vmatrix}} = \frac{yu-xv}{x^2+y^2}.$$

将所给方程组中的方程两边对 y 求偏导数,同理可得

$$\frac{\partial u}{\partial y} = \frac{xv-yu}{x^2+y^2}, \quad \frac{\partial v}{\partial y} = -\frac{xu+yv}{x^2+y^2}.$$

例 5　设方程组 $\begin{cases} z=xf(x+y), \\ F(x,y,z)=0, \end{cases}$ 确定隐函数 $y=y(x),z=z(x)$,其中函数 f 和 F 分别具有连续导数和偏导数,求 $\dfrac{\mathrm{d}z}{\mathrm{d}x}$.

解　按照推导公式(8)的方法来求解.将所给方程组中的方程两边对 x 求导数或偏导

数,得

$$\begin{cases} \dfrac{\mathrm{d}z}{\mathrm{d}x} = f(x+y) + x\left(1 + \dfrac{\mathrm{d}y}{\mathrm{d}x}\right)f'(x+y), \\[2mm] \dfrac{\partial F}{\partial x} + \dfrac{\partial F}{\partial y} \cdot \dfrac{\mathrm{d}y}{\mathrm{d}x} + \dfrac{\partial F}{\partial z} \cdot \dfrac{\mathrm{d}z}{\mathrm{d}x} = 0, \end{cases}$$

整理得

$$\begin{cases} -xf'(x+y)\dfrac{\mathrm{d}y}{\mathrm{d}x} + \dfrac{\mathrm{d}z}{\mathrm{d}x} = f(x+y) + xf'(x+y), \\[2mm] \dfrac{\partial F}{\partial y} \cdot \dfrac{\mathrm{d}y}{\mathrm{d}x} + \dfrac{\partial F}{\partial z} \cdot \dfrac{\mathrm{d}z}{\mathrm{d}x} = -\dfrac{\partial F}{\partial x}, \end{cases}$$

解得

$$\dfrac{\mathrm{d}z}{\mathrm{d}x} = \dfrac{\left[f(x+y) + xf'(x+y)\right]\dfrac{\partial F}{\partial y} - xf'(x+y)\dfrac{\partial F}{\partial x}}{xf'(x+y)\dfrac{\partial F}{\partial z} + \dfrac{\partial F}{\partial y}}.$$

读者可类似地求得 $\dfrac{\mathrm{d}y}{\mathrm{d}x}$.

下面利用定理 3 将一元函数的反函数存在定理推广到二元函数的情形.

例 6(逆映射定理) 设函数 $x = x(u,v)$，$y = y(u,v)$ 均在点 (u,v) 的某一邻域内具有连续偏导数,且 $J = \dfrac{\partial(x,y)}{\partial(u,v)} \neq 0$.

（1）证明：函数组 $\begin{cases} x = x(u,v), \\ y = y(u,v) \end{cases}$ 在点 (x,y,u,v) 的某一邻域内唯一确定一组具有连续偏导数的反函数组 $\begin{cases} u = u(x,y), \\ v = v(x,y); \end{cases}$

（2）求反函数组 $\begin{cases} u = u(x,y), \\ v = v(x,y) \end{cases}$ 关于 x 和 y 的偏导数;

（3）证明：$\dfrac{\partial(x,y)}{\partial(u,v)} \cdot \dfrac{\partial(u,v)}{\partial(x,y)} = 1$.

解 （1）将函数组 $\begin{cases} x = x(u,v), \\ y = y(u,v) \end{cases}$ 改写成

$$\begin{cases} F(x,y,u,v) = x - x(u,v) = 0, \\ G(x,y,u,v) = y - y(u,v) = 0. \end{cases}$$

由假设有

$$J = \dfrac{\partial(F,G)}{\partial(u,v)} = \dfrac{\partial(x,y)}{\partial(u,v)} \neq 0,$$

再由定理 3 即得所要证的结论.

（2）将反函数组 $\begin{cases} u=u(x,y), \\ v=v(x,y) \end{cases}$ 代入函数组 $\begin{cases} x=x(u,v), \\ y=y(u,v), \end{cases}$ 得

$$\begin{cases} x \equiv x[u(x,y),v(x,y)], \\ y \equiv y[u(x,y),v(x,y)]. \end{cases}$$

将这两个恒等式两边对 x 求偏导数，得

$$\begin{cases} 1 = \dfrac{\partial x}{\partial u} \cdot \dfrac{\partial u}{\partial x} + \dfrac{\partial x}{\partial v} \cdot \dfrac{\partial v}{\partial x}, \\ 0 = \dfrac{\partial y}{\partial u} \cdot \dfrac{\partial u}{\partial x} + \dfrac{\partial y}{\partial v} \cdot \dfrac{\partial v}{\partial x}. \end{cases}$$

由于 $J \neq 0$，可解得

$$\frac{\partial u}{\partial x} = \frac{1}{J} \cdot \frac{\partial y}{\partial v}, \qquad \frac{\partial v}{\partial x} = -\frac{1}{J} \cdot \frac{\partial y}{\partial u}.$$

同理可得

$$\frac{\partial u}{\partial y} = -\frac{1}{J} \cdot \frac{\partial x}{\partial v}, \qquad \frac{\partial v}{\partial y} = \frac{1}{J} \cdot \frac{\partial x}{\partial u}.$$

（3）由（2）中所得结果立即得到

$$\frac{\partial(x,y)}{\partial(u,v)} \cdot \frac{\partial(u,v)}{\partial(x,y)} = 1.$$

例 6(3) 的结论说明，函数组与其反函数组的雅可比行列式互为倒数. 这个结果与一元函数的反函数导数公式 $\dfrac{\mathrm{d}x}{\mathrm{d}y} \cdot \dfrac{\mathrm{d}y}{\mathrm{d}x} = 1$ 是类似的. 该结论可以推广到三元及三元以上函数组的情形. 例如，若函数组 $\begin{cases} x=x(u,v,w), \\ y=y(u,v,w), \\ z=z(u,v,w) \end{cases}$ 确定反函数组 $\begin{cases} u=u(x,y,z), \\ v=v(x,y,z), \\ w=w(x,y,z), \end{cases}$ 则在一定条件下有

$$\frac{\partial(x,y,z)}{\partial(u,v,w)} \cdot \frac{\partial(u,v,w)}{\partial(x,y,z)} = 1.$$

习 题 9.5

1. 求由方程 $\ln\sqrt{x^2+y^2} = \arctan \dfrac{y}{x}$ 所确定隐函数的导数 $\dfrac{\mathrm{d}y}{\mathrm{d}x}$.

2. 设 $z=z(x,y)$ 是由方程 $z=\mathrm{e}^{2x-3z}+2y$ 所确定的隐函数，求 $\dfrac{\partial z}{\partial x}, \dfrac{\partial z}{\partial y}$.

3. 设 $z=z(x,y)$ 是由方程 $x+2y+z-2\sqrt{xyz}=0$ 所确定的隐函数，求 $\dfrac{\partial z}{\partial x}, \dfrac{\partial z}{\partial y}$.

4. 设 $z=z(x,y)$ 是由方程 $z-y-x+x\mathrm{e}^{z-y-x}=0$ 所确定的隐函数，求 $\mathrm{d}z$.

5. 设函数 $f(x,y,z)=\mathrm{e}^{x}yz^2$，其中 $z=z(x,y)$ 是由方程 $x+y+z+xyz=0$ 所确定的隐

函数,求 $f_x(0,1,-1)$.

6. 设 $z=z(x,y)$ 是由方程 $z=x+ye^z$ 所确定的隐函数,求 $\dfrac{\partial^2 z}{\partial x \partial y}$.

7. 设 $z=z(x,y)$ 是由方程 $z^3-3xyz=a^3$(a 为常数)所确定的隐函数,求 $\dfrac{\partial^2 z}{\partial x \partial y}$.

8. 设方程 $\varphi\left(x+\dfrac{z}{y},y+\dfrac{z}{x}\right)=0$ 确定隐函数 $z=f(x,y)$,证明:该隐函数满足方程

$$x\frac{\partial z}{\partial x}+y\frac{\partial z}{\partial y}=z-xy.$$

9. 设函数 $y=f(x,t)$,而 t 是由方程 $F(x,y,t)=0$ 所确定的 x,y 的隐函数,其中函数 f 和 F 都具有连续偏导数,证明:

$$\frac{\mathrm{d}y}{\mathrm{d}x}=\frac{\dfrac{\partial f}{\partial x}\cdot\dfrac{\partial F}{\partial t}-\dfrac{\partial f}{\partial t}\cdot\dfrac{\partial F}{\partial x}}{\dfrac{\partial f}{\partial t}\cdot\dfrac{\partial F}{\partial y}+\dfrac{\partial F}{\partial t}}.$$

10. 求由下列方程组所确定隐函数的导数或偏导数:

(1) $\begin{cases} z-x^2-y^2=0, \\ x^2+2y^2+3z^2=4a^2, \end{cases}$ 求 $\dfrac{\mathrm{d}y}{\mathrm{d}x},\dfrac{\mathrm{d}z}{\mathrm{d}x}$;

(2) $\begin{cases} u=f(ux,v+y), \\ v=g(u-x,v^2y), \end{cases}$ 其中函数 f,g 具有连续偏导数,求 $\dfrac{\partial u}{\partial x},\dfrac{\partial v}{\partial x}$;

(3) $\begin{cases} x=e^u+u\sin v, \\ y=e^u-u\cos v, \end{cases}$ 求 $\dfrac{\partial u}{\partial x},\dfrac{\partial u}{\partial y},\dfrac{\partial v}{\partial x},\dfrac{\partial v}{\partial y}$;

(4) $\begin{cases} x=e^u\cos v, \\ y=e^u\sin v, \\ z=u^2+v^2, \end{cases}$ 求 $\dfrac{\partial z}{\partial x},\dfrac{\partial z}{\partial y}$.

§9.6　多元函数微分学的几何应用

一、空间曲线的切线与法平面

设空间曲线 Γ 的参数方程为

$$\begin{cases} x=\varphi(t), \\ y=\psi(t), \quad t\in[\alpha,\beta], \\ z=\omega(t), \end{cases} \tag{1}$$

它也可以写成向量形式

$$\boldsymbol{r}(t)=\varphi(t)\boldsymbol{i}+\psi(t)\boldsymbol{j}+\omega(t)\boldsymbol{k},\quad t\in[\alpha,\beta].$$

这里假定(1)式中的三个函数 $\varphi(t), \psi(t), \omega(t)$ 都在区间 $[\alpha, \beta]$ 上可导,且它们的导数不同时为零.特别地,当 $\varphi'(t), \psi'(t), \omega'(t)$ 都连续时,通常称 Γ 是**光滑曲线**.

　　下面求曲线 Γ 上点 $M_0(x_0, y_0, z_0)$ 处的切线方程和法平面方程.

　　空间曲线的切线定义与平面曲线的情形相同,即切线定义为割线的极限位置.设与点 M_0 对应的参数为 t_0,即 $x_0 = \varphi(t_0), y_0 = \psi(t_0), z_0 = \omega(t_0)$.任意取曲线 Γ 上异于点 M_0 的一点 M,设点 M 对应的参数为 t,即 $M(\varphi(t), \psi(t), \omega(t))$,那么过点 M_0 和 M 的割线方程为

$$\frac{x - x_0}{\varphi(t) - \varphi(t_0)} = \frac{y - y_0}{\psi(t) - \psi(t_0)} = \frac{z - z_0}{\omega(t) - \omega(t_0)}$$

或

$$\frac{x - x_0}{\dfrac{\varphi(t) - \varphi(t_0)}{t - t_0}} = \frac{y - y_0}{\dfrac{\psi(t) - \psi(t_0)}{t - t_0}} = \frac{z - z_0}{\dfrac{\omega(t) - \omega(t_0)}{t - t_0}}.$$

当点 M 沿着曲线 Γ 趋于点 M_0,即 $t \to t_0$ 时,就得到曲线 Γ 在点 M_0 处的**切线方程**

$$\frac{x - x_0}{\varphi'(t_0)} = \frac{y - y_0}{\psi'(t_0)} = \frac{z - z_0}{\omega'(t_0)}. \tag{2}$$

向量 $\boldsymbol{T} = (\varphi'(t_0), \psi'(t_0), \omega'(t_0))$ 就是曲线 Γ 在点 M_0 处切线的一个方向向量,称为曲线 Γ 在点 M_0 处的**切向量**.

　　通过点 M_0 且与切线垂直的平面称为曲线 Γ 在点 M_0 处的**法平面**.曲线 Γ 在点 M_0 处的法平面是通过点 M_0 且以切向量 $\boldsymbol{T} = (\varphi'(t_0), \psi'(t_0), \omega'(t_0))$ 为法向量的平面,因此该法平面的方程为

$$\varphi'(t_0)(x - x_0) + \psi'(t_0)(y - y_0) + \omega'(t_0)(z - z_0) = 0. \tag{3}$$

　　特别地,若曲线 Γ 的方程为

$$\begin{cases} y = \psi(x), \\ z = \omega(x), \end{cases} \tag{4}$$

可以把它看成以 x 为参数的参数方程

$$\begin{cases} x = x, \\ y = \psi(x), \\ z = \omega(x). \end{cases}$$

这时,曲线 Γ 在点 M_0 处的一个切向量为 $\boldsymbol{T} = (1, \psi'(x_0), \omega'(x_0))$,因此曲线 Γ 在点 M_0 处的切线方程为

$$\frac{x - x_0}{1} = \frac{y - y_0}{\psi'(x_0)} = \frac{z - z_0}{\omega'(x_0)}, \tag{5}$$

法平面方程为

$$x - x_0 + \psi'(x_0)(y - y_0) + \omega'(x_0)(z - z_0) = 0. \tag{6}$$

　　若曲线 Γ 的一般方程为

$$\begin{cases} F(x,y,z) = 0, \\ G(x,y,z) = 0, \end{cases} \tag{7}$$

函数 $F(x,y,z),G(x,y,z)$ 具有连续偏导数,且雅可比行列式 $\dfrac{\partial(F,G)}{\partial(y,z)},\dfrac{\partial(F,G)}{\partial(z,x)},\dfrac{\partial(F,G)}{\partial(x,y)}$ 中

至少有一个,例如 $\dfrac{\partial(F,G)}{\partial(y,z)}$ 在点 M_0 处不等于零,即 $\dfrac{\partial(F,G)}{\partial(y,z)}\Big|_{M_0} \neq 0$,那么由 § 9.5 的定理 4

知,方程组(7)在点 M_0 的某一邻域内唯一确定一组具有连续导数的隐函数 $y=\psi(x),z=\omega(x)$,

使得 $y_0=\psi(x_0),z_0=\omega(x_0)$,且有

$$\frac{\mathrm{d}y}{\mathrm{d}x}\Big|_{x=x_0} = \psi'(x_0) = \frac{\begin{vmatrix} F_z & F_x \\ G_z & G_x \end{vmatrix}_{M_0}}{\begin{vmatrix} F_y & F_z \\ G_y & G_z \end{vmatrix}_{M_0}}, \quad \frac{\mathrm{d}z}{\mathrm{d}x}\Big|_{x=x_0} = \omega'(x_0) = \frac{\begin{vmatrix} F_x & F_y \\ G_x & G_y \end{vmatrix}_{M_0}}{\begin{vmatrix} F_y & F_z \\ G_y & G_z \end{vmatrix}_{M_0}}.$$

于是曲线 Γ 在点 M_0 处的一个切向量为 $\boldsymbol{T}=(1,\psi'(x_0),\omega'(x_0))$,也可以取切向量为

$$\boldsymbol{T} = \left(\begin{vmatrix} F_y & F_z \\ G_y & G_z \end{vmatrix}_{M_0}, \begin{vmatrix} F_z & F_x \\ G_z & G_x \end{vmatrix}_{M_0}, \begin{vmatrix} F_x & F_y \\ G_x & G_y \end{vmatrix}_{M_0} \right).$$

因此,曲线 Γ 在点 M_0 处的切线方程为

$$\frac{x-x_0}{\begin{vmatrix} F_y & F_z \\ G_y & G_z \end{vmatrix}_{M_0}} = \frac{y-y_0}{\begin{vmatrix} F_z & F_x \\ G_z & G_x \end{vmatrix}_{M_0}} = \frac{z-z_0}{\begin{vmatrix} F_x & F_y \\ G_x & G_y \end{vmatrix}_{M_0}}, \tag{8}$$

法平面方程为

$$\begin{vmatrix} F_y & F_z \\ G_y & G_z \end{vmatrix}_{M_0}(x-x_0) + \begin{vmatrix} F_z & F_x \\ G_z & G_x \end{vmatrix}_{M_0}(y-y_0) + \begin{vmatrix} F_x & F_y \\ G_x & G_y \end{vmatrix}_{M_0}(z-z_0) = 0. \tag{9}$$

例1 求曲线 $\boldsymbol{r}(t)=(2\cos t)\boldsymbol{i}+(3\sin t)\boldsymbol{j}+4t\boldsymbol{k}$ 在 $t=\dfrac{\pi}{2}$ 相应点处的切线方程和法平面方程.

解 该曲线的参数方程为 $\begin{cases} x=2\cos t, \\ y=3\sin t, \\ z=4t. \end{cases}$ 因

$$\frac{\mathrm{d}x}{\mathrm{d}t} = -2\sin t, \quad \frac{\mathrm{d}y}{\mathrm{d}t} = 3\cos t, \quad \frac{\mathrm{d}z}{\mathrm{d}t} = 4,$$

故该曲线在 $t=\dfrac{\pi}{2}$ 相应点处的一个切向量为 $\boldsymbol{T}=(-2,0,4)$.又 $t=\dfrac{\pi}{2}$ 对应于点 $(0,3,2\pi)$,所

以所求的切线方程为

$$\frac{x-0}{-2} = \frac{y-3}{0} = \frac{z-2\pi}{4}, \quad 即 \quad \frac{x}{-1} = \frac{y-3}{0} = \frac{z-2\pi}{2};$$

法平面方程为

$$-(x-0)+2(z-2\pi)=0, \quad 即 \quad x-2z+4\pi=0.$$

例 2　求曲线 $\Gamma:\begin{cases} x^2+y^2+z^2-2y=4, \\ x+y+z=0 \end{cases}$ 在点 $(1,1,-2)$ 处的切线方程和法平面方程.

解　方法 1　直接利用公式来求解.

曲线 Γ 的方程可写为

$$\begin{cases} F(x,y,z)=x^2+y^2+z^2-2y-4=0, \\ G(x,y,z)=x+y+z=0, \end{cases}$$

且有

$$\frac{\partial(F,G)}{\partial(y,z)}=\begin{vmatrix} 2y-2 & 2z \\ 1 & 1 \end{vmatrix}=2(y-z-1), \quad \frac{\partial(F,G)}{\partial(z,x)}=\begin{vmatrix} 2z & 2x \\ 1 & 1 \end{vmatrix}=2(z-x),$$

$$\frac{\partial(F,G)}{\partial(x,y)}=\begin{vmatrix} 2x & 2y-2 \\ 1 & 1 \end{vmatrix}=2(x-y+1),$$

于是　　$\dfrac{\partial(F,G)}{\partial(y,z)}\bigg|_{(1,1,-2)}=4, \quad \dfrac{\partial(F,G)}{\partial(z,x)}\bigg|_{(1,1,-2)}=-6, \quad \dfrac{\partial(F,G)}{\partial(x,y)}\bigg|_{(1,1,-2)}=2.$

所以,所求的切线方程为

$$\frac{x-1}{4}=\frac{y-1}{-6}=\frac{z+2}{2}, \quad 即 \quad \frac{x-1}{2}=\frac{y-1}{-3}=\frac{z+2}{1};$$

法平面方程为

$$4(x-1)-6(y-1)+2(z+2)=0, \quad 即 \quad 2x-3y+z+3=0.$$

方法 2　按照推导公式的方法来求解.在曲线 Γ 的方程两边对 x 求导数,得

$$\begin{cases} 2x+2y\dfrac{\mathrm{d}y}{\mathrm{d}x}+2z\dfrac{\mathrm{d}z}{\mathrm{d}x}-2\dfrac{\mathrm{d}y}{\mathrm{d}x}=0, \\ 1+\dfrac{\mathrm{d}y}{\mathrm{d}x}+\dfrac{\mathrm{d}z}{\mathrm{d}x}=0, \end{cases}$$

解得

$$\frac{\mathrm{d}y}{\mathrm{d}x}=\frac{z-x}{y-z-1}, \quad \frac{\mathrm{d}z}{\mathrm{d}x}=\frac{1-y+x}{y-z-1},$$

因此　　$\dfrac{\mathrm{d}y}{\mathrm{d}x}\bigg|_{(1,1,-2)}=-\dfrac{3}{2}, \quad \dfrac{\mathrm{d}z}{\mathrm{d}x}\bigg|_{(1,1,-2)}=\dfrac{1}{2}.$

于是,曲线 Γ 在点 $(1,1,-2)$ 处的一个切向量为 $\boldsymbol{T}=\left(1,-\dfrac{3}{2},\dfrac{1}{2}\right)$,也可以取切向量为 $\boldsymbol{T}=(2,-3,1)$,从而所求的切线方程和法平面方程同于方法 1 的结果.

二、曲面的切平面与法线

设曲面 Σ 的方程是

$$F(x, y, z) = 0, \qquad (10)$$

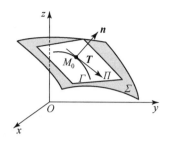

$M_0(x_0, y_0, z_0)$ 是曲面 Σ 上的一点,又设函数 $F(x, y, z)$ 在点 M_0 处具有连续偏导数,且偏导数不全为零($F_x^2(x_0, y_0, z_0) + F_y^2(x_0, y_0, z_0) + F_z^2(x_0, y_0, z_0) \neq 0$). 在曲面 Σ 上过点 M_0 任作一条曲线 Γ(见图 9-5),并设其方程为

$$\begin{cases} x = \varphi(t), \\ y = \psi(t), \qquad \alpha \leqslant t \leqslant \beta. \\ z = \omega(t), \end{cases} \qquad (11)$$

设 $t = t_0$ 对应于点 M_0,且

图　9-5

$$\varphi'^2(t_0) + \psi'^2(t_0) + \omega'^2(t_0) \neq 0,$$

则曲线 Γ 在点 M_0 处的一个切向量为 $\boldsymbol{T} = (\varphi'(t_0), \psi'(t_0), \omega'(t_0))$. 由于曲线 Γ 在曲面 Σ 上,因此

$$F[\varphi(t), \psi(t), \omega(t)] \equiv 0.$$

在此恒等式两边对 t 求导数,并在点 $t = t_0$ 处取值,即有

$$\frac{\mathrm{d}}{\mathrm{d}t} F[\varphi(t), \psi(t), \omega(t)] \bigg|_{t=t_0} = 0.$$

再利用复合函数的求导法则,得

$$F_x(x_0, y_0, z_0) \varphi'(t_0) + F_y(x_0, y_0, z_0) \psi'(t_0) + F_z(x_0, y_0, z_0) \omega'(t_0) = 0.$$

记向量 $\boldsymbol{n} = (F_x(x_0, y_0, z_0), F_y(x_0, y_0, z_0), F_z(x_0, y_0, z_0))$,则上式表示 $\boldsymbol{T} \cdot \boldsymbol{n} = 0$. 这说明,曲面 Σ 上通过点 M_0 的任一曲线 Γ 在该点处的切线都与向量 $\boldsymbol{n}$ 垂直. 因此,这些切线都在某个平面 Π 上. 平面 Π 称为曲面 Σ 在点 M_0 处的**切平面**(见图 9-5). 易知,曲面 Σ 在点 M_0 处的切平面方程是

$$F_x(x_0, y_0, z_0)(x - x_0) + F_y(x_0, y_0, z_0)(y - y_0) + F_z(x_0, y_0, z_0)(z - z_0) = 0. \qquad (12)$$

曲面 Σ 的切平面的法向量称为该曲面的**法向量**. 向量

$$\boldsymbol{n} = (F_x(x_0, y_0, z_0), F_y(x_0, y_0, z_0), F_z(x_0, y_0, z_0))$$

就是曲面 Σ 在点 M_0 处的一个法向量. 通过点 M_0 且垂直于切平面(12)的直线称为曲面 Σ 在点 M_0 处的**法线**. 显然,曲面 Σ 在点 M_0 处的法线方程是

$$\frac{x - x_0}{F_x(x_0, y_0, z_0)} = \frac{y - y_0}{F_y(x_0, y_0, z_0)} = \frac{z - z_0}{F_z(x_0, y_0, z_0)}. \qquad (13)$$

现在考虑曲面 Σ 的方程为

$$z = f(x, y) \qquad (14)$$

的情形. 令 $F(x, y, z) = f(x, y) - z$,则

$$F_x(x, y, z) = f_x(x, y), \quad F_y(x, y, z) = f_y(x, y), \quad F_z(x, y, z) = -1.$$

当 $f(x, y)$ 的偏导数 $f_x(x, y), f_y(x, y)$ 在点 (x_0, y_0) 处连续时,曲面 Σ 在点 M_0 处的一个法

向量为
$$\boldsymbol{n} = (f_x(x_0,y_0), f_y(x_0,y_0), -1),$$
于是曲面 Σ 在点 M_0 处的切平面方程为
$$z - z_0 = f_x(x_0,y_0)(x - x_0) + f_y(x_0,y_0)(y - y_0), \tag{15}$$
法线方程为
$$\frac{x - x_0}{f_x(x_0,y_0)} = \frac{y - y_0}{f_y(x_0,y_0)} = \frac{z - z_0}{-1}. \tag{16}$$

方程(15)的右端恰好是函数 $z = f(x,y)$ 在点 (x_0,y_0) 处的全微分,而左端是切平面上点的竖坐标的增量.因此,$z = f(x,y)$ 在点 (x_0,y_0) 处的全微分在几何上表示曲面 Σ 在该点处的切平面上点的竖坐标增量.

将方程(15)与 $z = f(x,y)$ 在点 (x_0,y_0) 处的增量表达式
$$z - z_0 = f(x,y) - f(x_0,y_0)$$
$$= f_x(x_0,y_0)(x - x_0) + f_y(x_0,y_0)(y - y_0) + o(\sqrt{(x - x_0)^2 + (y - y_0)^2}),$$
进行比较可知,若 $z = f(x,y)$ 在点 (x_0,y_0) 处可微,则在点 (x_0,y_0) 的某个小邻域内可用点 (x_0,y_0,z_0) 处的小块切平面近似代替相应的小块曲面,其误差是 $\sqrt{(x - x_0)^2 + (y - y_0)^2}$ 的高阶无穷小.

例 3　求曲面 $e^{\frac{x}{z}} + e^{\frac{y}{z}} = 4$ 在点 $(\ln 2, \ln 2, 1)$ 处的切平面方程与法线方程.

解　由于该曲面的方程为 $F(x,y,z) = e^{\frac{x}{z}} + e^{\frac{y}{z}} - 4 = 0$,且
$$F_x = \frac{1}{z}e^{\frac{x}{z}}, \quad F_y = \frac{1}{z}e^{\frac{y}{z}}, \quad F_z = -\frac{x}{z^2}e^{\frac{x}{z}} - \frac{y}{z^2}e^{\frac{y}{z}},$$
因此该曲面在点 $(\ln 2, \ln 2, 1)$ 处的一个法向量为
$$\boldsymbol{n} = (F_x, F_y, F_z)\big|_{(\ln 2, \ln 2, 1)} = (2, 2, -4\ln 2).$$
所以,该曲面在点 $(\ln 2, \ln 2, 1)$ 处的切平面方程为
$$x - \ln 2 + y - \ln 2 - 2\ln 2 \cdot (z - 1) = 0, \quad 即 \quad x + y - 2z\ln 2 = 0;$$
法线方程为
$$x - \ln 2 = y - \ln 2 = \frac{z - 1}{-2\ln 2}.$$

例 4　求椭球面 $x^2 + 2y^2 + 3z^2 = 498$ 的平行于平面 $x + 3y + 5z = 7$ 的切平面方程.

解　设切点为 (x_0, y_0, z_0),则可取该切平面的法向量为 $\boldsymbol{n} = (2x_0, 4y_0, 6z_0)$.由题设可知,向量 $\boldsymbol{n} = (2x_0, 4y_0, 6z_0)$ 与 $(1,3,5)$ 平行,所以
$$\frac{2x_0}{1} = \frac{4y_0}{3} = \frac{6z_0}{5}, \quad 解得 \quad y_0 = \frac{3}{2}x_0, \quad z_0 = \frac{5}{3}x_0.$$
代入所给的椭球面方程,得 $x_0 = \pm 6$,即切点为 $(6,9,10)$ 或 $(-6,-9,-10)$,因此所求的切平面方程为

$$(x-6)+3(y-9)+5(z-10)=0 \quad \text{与} \quad (x+6)+3(y+9)+5(z+10)=0,$$

即
$$x+3y+5z\pm83=0.$$

例5 求旋转抛物面 $z=x^2+y^2-1$ 在点 $(2,1,4)$ 处的切平面方程和法线方程.

解 设 $f(x,y)=x^2+y^2-1$,则该旋转抛物面的法向量为

$$\boldsymbol{n}=(f_x,f_y,-1)=(2x,2y,-1), \quad \text{从而} \quad \boldsymbol{n}\big|_{(2,1,4)}=(4,2,-1).$$

所以,该旋转抛物在点 $(2,1,4)$ 处的切平面方程为

$$4(x-2)+2(y-1)-(z-4)=0, \quad \text{即} \quad 4x+2y-z-6=0;$$

法线方程为

$$\frac{x-2}{4}=\frac{y-1}{2}=\frac{z-4}{-1}.$$

习　题　9.6

1. 求下列曲线在指定点处的切线方程与法平面方程:

(1) $\begin{cases} x=t-\sin t, \\ y=1-\cos t, \\ z=4\sin\dfrac{t}{2}, \end{cases}$ 在 $t=\dfrac{\pi}{2}$ 相应的点处; 　　(2) $\begin{cases} y=x^2, \\ z=\dfrac{x}{1+x}, \end{cases}$ 在点 $\left(1,1,\dfrac{1}{2}\right)$ 处;

(3) $\begin{cases} \dfrac{x^2}{4}+\dfrac{y^2}{2}+\dfrac{z^2}{4}=1, \\ x-2y+z=0, \end{cases}$ 在点 $(1,1,1)$ 处.

2. 在曲线 $\begin{cases} x=t, \\ y=t^2, \\ z=t^3 \end{cases}$ 上求一点,使得此曲线在该点处的切线与平面 $x+2y+z=10$ 平行.

3. 求下列曲面在指定点处的切平面方程与法线方程:

(1) $z=2x^4+3y^3$,在点 $(2,1,35)$ 处; 　　　　(2) $e^z-z+xy=3$,在点 $(2,1,0)$ 处.

4. 求曲面 $z=x^2+y^2$ 的与平面 $2x+4y-z=0$ 平行的切平面方程.

5. 已知曲面 $x^2-y^2-3z=0$,求该曲面的通过点 $P(0,0,-1)$ 且与直线 $\dfrac{x}{2}=\dfrac{y}{1}=\dfrac{z}{2}$ 平行的切平面方程.

6. 在曲面 $z=xy$ 上求一点,使得该点处的法线与平面 $x+3y+z+9=0$ 垂直,并写出此法线的方程.

7. 证明:曲面 $\sqrt{x}+\sqrt{y}+\sqrt{z}=\sqrt{a}$ $(a>0)$ 上任何点处的切平面在各坐标轴上的截距之和等于 a.

$$\S 9.7 \quad 方向导数与梯度$$

一、方向导数

函数 $z=f(x,y)$ 的偏导数表示该函数沿 x 轴和 y 轴方向的变化率.下面我们讨论 $z=f(x,y)$ 沿平面上任意方向的变化率.

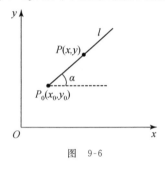

图 9-6

如图 9-6 所示,设 l 是 Oxy 面上以定点 $P_0(x_0,y_0)$ 为起点的一条射线, $e_l=(\cos\alpha,\cos\beta)$ 是与射线 l 同方向的单位向量,则射线 l 的参数方程为

$$\begin{cases} x=x_0+t\cos\alpha, \\ y=y_0+t\cos\beta, \end{cases} \quad t\geqslant 0, \alpha+\beta=\frac{\pi}{2}. \tag{1}$$

设 $P(x,y)=P(x_0+t\cos\alpha,y_0+t\cos\beta)$ 为射线 l 上任一点,那么两点 P,P_0 间的距离为

$$|PP_0|=t.$$

定义 1 设函数 $f(x,y)$ 在点 P_0 的某一邻域内有定义.如果极限

$$\lim_{P\to P_0}\frac{f(P)-f(P_0)}{|P_0P|}=\lim_{t\to 0^+}\frac{f(x_0+t\cos\alpha,y_0+t\cos\beta)-f(x_0,y_0)}{t}$$

存在,则称此极限值为 $f(x,y)$ 在点 P_0 处沿方向 l (指射线 l 的方向)的**方向导数**,记作 $\left.\dfrac{\partial f}{\partial l}\right|_{(x_0,y_0)}$,即

$$\left.\frac{\partial f}{\partial l}\right|_{(x_0,y_0)}=\lim_{t\to 0^+}\frac{f(x_0+t\cos\alpha,y_0+t\cos\beta)-f(x_0,y_0)}{t}. \tag{2}$$

由定义 1 知,方向导数 $\left.\dfrac{\partial f}{\partial l}\right|_{(x_0,y_0)}$ 就是函数 $f(x,y)$ 沿方向 l 的变化率.由于 x 轴和 y 轴的正向分别为向量 $e_1=(1,0)$ 和 $e_2=(0,1)$ 的方向,若函数 $f(x,y)$ 在点 (x_0,y_0) 处的偏导数存在,则有

$$\left.\frac{\partial f}{\partial e_1}\right|_{(x_0,y_0)}=\lim_{t\to 0^+}\frac{f(x_0+t,y_0)-f(x_0,y_0)}{t}=f_x(x_0,y_0),$$

$$\left.\frac{\partial f}{\partial e_2}\right|_{(x_0,y_0)}=\lim_{t\to 0^+}\frac{f(x_0,y_0+t)-f(x_0,y_0)}{t}=f_y(x_0,y_0).$$

但应注意的是,方向导数的存在不能保证偏导数一定存在.例如,函数 $z=f(x,y)=\sqrt{x^2+y^2}$ 在点 $(0,0)$ 处沿方向 $e_1=(1,0)$ (指向量 e_1 的方向)的方向导数为 $\left.\dfrac{\partial f}{\partial e_1}\right|_{(0,0)}=1$,但偏导数 $f_x(0,0)$ 却不存在.由定义 1 易知,函数 $f(x,y)$ 在点 (x_0,y_0) 处关于 x (或 y)的偏导数存在的充要条件是 $f(x,y)$ 在该点处沿方向 e_1 和 $-e_1$ (或方向 e_2 和 $-e_2$)的方向导数都存在,且互为相反数.这时,在点 (x_0,y_0) 处有

$$\frac{\partial f}{\partial x} = \frac{\partial f}{\partial \boldsymbol{e}_1} \quad \left(或 \ \frac{\partial f}{\partial y} = \frac{\partial f}{\partial \boldsymbol{e}_2}\right).$$

下面给出方向导数存在的充分条件及计算公式.

定理 1 如果函数 $f(x,y)$ 在点 (x_0,y_0) 处可微,则 $f(x,y)$ 在该点处沿任一方向 l 的方向导数都存在,且有

$$\begin{aligned}
\frac{\partial f}{\partial l}\Big|_{(x_0,y_0)} &= f_x(x_0,y_0)\cos\alpha + f_y(x_0,y_0)\cos\beta \\
&= f_x(x_0,y_0)\cos\alpha + f_y(x_0,y_0)\sin\alpha,
\end{aligned} \tag{3}$$

其中 $\cos\alpha, \cos\beta$ 是 l 的方向余弦.

证 设 l 是任一以 (x_0,y_0) 为起点的射线,其方向余弦为 $\cos\alpha,\cos\beta$,即方程(1)是它的参数方程. 由 $f(x,y)$ 在点 (x_0,y_0) 处可微有

$$f(x_0+\Delta x,y_0+\Delta y)-f(x_0,y_0)=f_x(x_0,y_0)\Delta x+f_y(x_0,y_0)\Delta y+o(\rho),$$

其中 $\rho=\sqrt{(\Delta x)^2+(\Delta y)^2}$. 特别地,当点 $(x_0+\Delta x,y_0+\Delta y)\in l$ 时,有 $\Delta x=t\cos\alpha,\Delta y=t\cos\beta,\rho=t$,所以由上式可得

$$\lim_{t\to 0^+}\frac{f(x_0+t\cos\alpha,y_0+t\cos\beta)-f(x_0,y_0)}{t}=f_x(x_0,y_0)\cos\alpha+f_y(x_0,y_0)\cos\beta.$$

这就证明了 $f(x,y)$ 在点 (x_0,y_0) 处沿方向 l 的方向导数存在,且有

$$\frac{\partial f}{\partial l}\Big|_{(x_0,y_0)}=f_x(x_0,y_0)\cos\alpha+f_y(x_0,y_0)\cos\beta.$$

方向导数的概念可以推广到三元及三元以上的函数上. 例如,三元函数 $f(x,y,z)$ 在空间中一点 (x_0,y_0,z_0) 处沿方向 l(方向余弦为 $\cos\alpha,\cos\beta,\cos\gamma$)的方向导数定义为

$$\frac{\partial f}{\partial l}\Big|_{(x_0,y_0,z_0)}=\lim_{t\to 0^+}\frac{f(x_0+t\cos\alpha,y_0+t\cos\beta,z_0+t\cos\gamma)-f(x_0,y_0,z_0)}{t}. \tag{4}$$

若 $f(x,y,z)$ 在点 (x_0,y_0,z_0) 处可微,则方向导数的计算公式为

$$\frac{\partial f}{\partial l}\Big|_{(x_0,y_0,z_0)}=f_x(x_0,y_0,z_0)\cos\alpha+f_y(x_0,y_0,z_0)\cos\beta+f_z(x_0,y_0,z_0)\cos\gamma. \tag{5}$$

例 1 求函数 $z=x\mathrm{e}^{2y}$ 在点 $P(1,0)$ 处沿从点 $P(1,0)$ 到点 $Q(2,-1)$ 方向的方向导数.

解 这里方向 l 就是向量 $\overrightarrow{PQ}=(1,-1)$ 的方向,其单位向量为 $\boldsymbol{e}_l=\left(\frac{\sqrt{2}}{2},-\frac{\sqrt{2}}{2}\right)$. 因为 $z=x\mathrm{e}^{2y}$ 可微,且 $\frac{\partial z}{\partial x}\Big|_{(1,0)}=\mathrm{e}^{2y}|_{(1,0)}=1,\frac{\partial z}{\partial y}\Big|_{(1,0)}=2x\mathrm{e}^{2y}|_{(1,0)}=2$,所以所求的方向导数为

$$\frac{\partial f}{\partial l}\Big|_{(1,0)}=1\times\frac{\sqrt{2}}{2}+2\times\left(-\frac{\sqrt{2}}{2}\right)=-\frac{\sqrt{2}}{2}.$$

例 2 求函数 $f(x,y,z)=xy^2+z^3-xyz$ 在点 $(1,1,2)$ 处沿方向 l 的方向导数,其中 l 的方向角分别为 $\frac{\pi}{3},\frac{\pi}{4},\frac{\pi}{3}$.

解　与 l 同方向的单位向量为

$$\boldsymbol{e}_l = \left(\cos \frac{\pi}{3}, \cos \frac{\pi}{4}, \cos \frac{\pi}{3} \right) = \left(\frac{1}{2}, \frac{\sqrt{2}}{2}, \frac{1}{2} \right).$$

因为 $f(x,y,z)$ 可微,且

$$f_x(1,1,2) = (y^2 - yz)\big|_{(1,1,2)} = -1, \quad f_y(1,1,2) = (2xy - xz)\big|_{(1,1,2)} = 0,$$

$$f_z(1,1,2) = (3z^2 - xy)\big|_{(1,1,2)} = 11,$$

所以由公式(5)得

$$\frac{\partial f}{\partial l}\bigg|_{(1,1,2)} = \frac{1}{2} \times (-1) + \frac{\sqrt{2}}{2} \times 0 + \frac{1}{2} \times 11 = 5.$$

二、梯度

定义 2　设函数 $f(x,y)$ 定义在区域 $D \subset \mathbf{R}^2$ 上,$(x_0,y_0) \in D$. 若 $f(x,y)$ 在点 (x_0,y_0) 处可偏导,则称向量 $f_x(x_0,y_0)\boldsymbol{i} + f_y(x_0,y_0)\boldsymbol{j}$ 为 $f(x,y)$ 在点 (x_0,y_0) 处的**梯度**,记为 $\mathbf{grad}f(x_0,y_0)$ 或 $\nabla f(x_0,y_0)$,即

$$\mathbf{grad}f(x_0,y_0) = \nabla f(x_0,y_0) = f_x(x_0,y_0)\boldsymbol{i} + f_y(x_0,y_0)\boldsymbol{j},$$

其中 $\nabla = \dfrac{\partial}{\partial x}\boldsymbol{i} + \dfrac{\partial}{\partial y}\boldsymbol{j}$ 称为(二维)**向量微分算子**或 **Nabla 算子**: $\nabla f = \dfrac{\partial f}{\partial x}\boldsymbol{i} + \dfrac{\partial f}{\partial y}\boldsymbol{j}$.

若函数 $f(x,y)$ 在点 (x_0,y_0) 处可微,那么方向导数与梯度之间有关系式

$$\frac{\partial f}{\partial l}\bigg|_{(x_0,y_0)} = f_x(x_0,y_0)\cos\alpha + f_y(x_0,y_0)\cos\beta$$

$$= \mathbf{grad}f(x_0,y_0) \cdot \boldsymbol{e}_l = |\mathbf{grad}f(x_0,y_0)|\cos\theta,$$

其中 $\theta = (\widehat{\mathbf{grad}f(x_0,y_0), \boldsymbol{e}_l})$. 由这一关系式可得下列**结论**:

(1) 当 $\theta = 0$,即方向 l 与梯度 $\mathbf{grad}f(x_0,y_0)$ 的方向相同时,$f(x,y)$ 在点 (x_0,y_0) 处沿这一方向的方向导数达到最大值 $|\mathbf{grad}f(x_0,y_0)|$,$f(x,y)$ 增加最快. 也就是说,$f(x,y)$ 在一点处可微时,梯度的方向是 $f(x,y)$ 在该点处的方向导数取最大值的方向,梯度的模是方向导数的最大值.

(2) 当 $\theta = \pi$,即方向 l 与梯度 $\mathbf{grad}f(x_0,y_0)$ 方向相反时,$f(x,y)$ 在点 (x_0,y_0) 处沿这一方向的方向导数达到最小值 $-|\mathbf{grad}f(x_0,y_0)|$,$f(x,y)$ 减少最快.

(3) 当 $\theta = \dfrac{\pi}{2}$,即方向 l 与梯度 $\mathbf{grad}f(x_0,y_0)$ 的方向正交时,$f(x,y)$ 在点 (x_0,y_0) 处沿这一方向的方向导数等于零,即 $f(x,y)$ 的变化率为零.

如果函数 $f(x,y)$ 在区域 D 内具有连续偏导数,那么

$$\mathbf{grad}f(x,y) = \nabla f(x,y) = f_x(x,y)\boldsymbol{i} + f_y(x,y)\boldsymbol{j}$$

是 D 上的一个**向量值函数**,称为由 $f(x,y)$ 生成的**梯度场**.

梯度场具有如下运算法则:

(1) 若 $f(x,y)\equiv C$ (C 为常数),则 $\mathbf{grad}C=\mathbf{0}$;

(2) 若 α,β 为常数,则 $\mathbf{grad}[\alpha f(x,y)+\beta g(x,y)]=\alpha\,\mathbf{grad}f(x,y)+\beta\,\mathbf{grad}g(x,y)$;

(3) $\mathbf{grad}[f(x,y)g(x,y)]=f(x,y)\mathbf{grad}g(x,y)+g(x,y)\mathbf{grad}f(x,y)$;

(4) $\mathbf{grad}\,\dfrac{f(x,y)}{g(x,y)}=\dfrac{g(x,y)\mathbf{grad}f(x,y)-f(x,y)\mathbf{grad}g(x,y)}{g^2(x,y)}\quad(g(x,y)\neq 0)$.

这里函数 $f(x,y),g(x,y)$具有连续偏导数.

下面我们讨论梯度的几何意义.

连续函数 $z=f(x,y)$在空间直角坐标系中通常表示一个曲面,这个曲面与平面 $z=C$ (C 是常数)的交线 l 的方程为

$$\begin{cases} z=f(x,y),\\ z=C. \end{cases}$$

记交线 l 在 Oxy 面上的投影曲线为 l^*,它在 Oxy 面上的方程为

$$f(x,y)=C.$$

对于曲线 l^* 上的每一点(x,y),其函数值 $f(x,y)$都等于 C,所以称曲线 l^* 为 $f(x,y)$的**等值线**(见图 9-7).若 $f_x(x,y),f_y(x,y)$不同时为零,则等值线 l^* 上任一点 $P_0(x_0,y_0)$处的一个单位法向量为

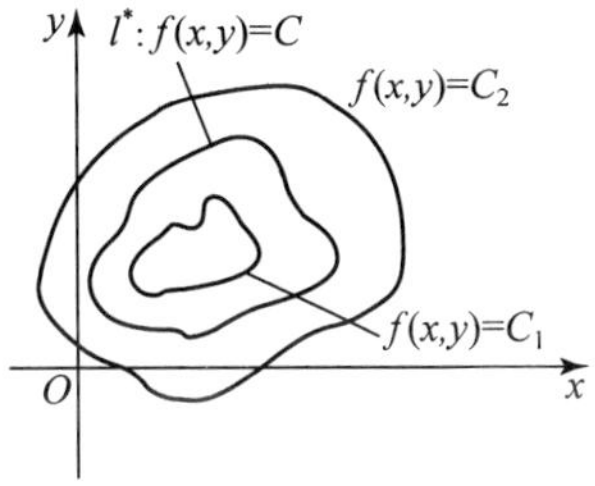

图 9-7

$$\begin{aligned}\boldsymbol{n}&=\frac{1}{\sqrt{f_x^2(x_0,y_0)+f_y^2(x_0,y_0)}}(f_x(x_0,y_0),f_y(x_0,y_0))\\&=\frac{\mathbf{grad}f(x_0,y_0)}{|\mathbf{grad}f(x_0,y_0)|}.\end{aligned}$$

这一式表明,$f(x,y)$在点 $P_0(x_0,y_0)$处的梯度 $\mathbf{grad}f(x_0,y_0)$的方向就是等值线 $f(x,y)=C$ 在这一点处的法线方向,而梯度的模 $|\mathbf{grad}f(x_0,y_0)|$ 就是沿这一法线方向的方向导数 $\dfrac{\partial f}{\partial \boldsymbol{n}}$.

于是,我们有

$$\mathbf{grad}f(x_0,y_0)=\frac{\partial f}{\partial \boldsymbol{n}}\boldsymbol{n}.$$

上述二元函数梯度的概念可以推广到三元及三元以上的函数上.例如,若三元函数 $f(x,y,z)$在空间区域 $D\subset\mathbf{R}^3$ 内具有连续偏导数,则对于每一点$(x_0,y_0,z_0)\in D$,可定义 $f(x,y,z)$在点(x_0,y_0,z_0)处的梯度为

$$\begin{aligned}\mathbf{grad}f(x_0,y_0,z_0)&=\nabla f(x_0,y_0,z_0)\\&=f_x(x_0,y_0,z_0)\boldsymbol{i}+f_y(x_0,y_0,z_0)\boldsymbol{j}+f_z(x_0,y_0,z_0)\boldsymbol{k}.\end{aligned}$$

它具有与二元函数的梯度类似的性质.例如,梯度 $\mathbf{grad}f(x_0,y_0,z_0)$的方向是 $f(x,y,z)$在点(x_0,y_0,z_0)处的方向导数取得最大值的方向,该梯度的模等于方向导数的最大值;又如,梯度 $\mathbf{grad}f(x_0,y_0,z_0)$的方向是 $f(x,y,z)$的**等值面** $f(x,y,z)=C$ 上点(x_0,y_0,z_0)处的一个法

向量 n 的方向,而它的模 $|\mathbf{grad} f(x_0,y_0,z_0)|$ 就等于沿方向 n 的方向导数 $\dfrac{\partial f}{\partial n}$.

例 3　求函数 $f(x,y)=x^2+y^2\sin(xy)$ 的梯度.

解　因为 $\dfrac{\partial f}{\partial x}=2x+y^3\cos(xy)$, $\dfrac{\partial f}{\partial y}=2y\sin(xy)+xy^2\cos(xy)$, 所以

$$\mathbf{grad} f = [2x+y^3\cos(xy)]\mathbf{i}+[2y\sin(xy)+xy^2\cos(xy)]\mathbf{j}.$$

例 4　设函数 $f(x,y)=x^2-xy+y^2$, 求:

(1) $f(x,y)$ 在点 $(1,1)$ 处增加最快的方向及沿此方向的方向导数;

(2) $f(x,y)$ 在点 $(1,1)$ 处减少最快的方向及沿此方向的方向导数;

(3) $f(x,y)$ 在点 $(1,1)$ 处变化率为零的方向.

解　因为 $\mathbf{grad} f(x,y)=\nabla f(x,y)=(2x-y)\mathbf{i}+(2y-x)\mathbf{j}$, 所以 $\mathbf{grad} f(1,1)=(1,1)$. 取

$$n=\frac{\mathbf{grad} f(1,1)}{|\mathbf{grad} f(1,1)|}=\left(\frac{\sqrt{2}}{2},\frac{\sqrt{2}}{2}\right).$$

(1) $f(x,y)$ 在点 $(1,1)$ 处沿方向 $n=\left(\dfrac{\sqrt{2}}{2},\dfrac{\sqrt{2}}{2}\right)$ 增加最快, 且沿方向 n 的方向导数为

$$\left.\frac{\partial f}{\partial n}\right|_{(1,1)} = |\mathbf{grad} f(1,1)| = \sqrt{2}.$$

(2) $f(x,y)$ 在点 $(1,1)$ 处沿方向 $-n=\left(-\dfrac{\sqrt{2}}{2},-\dfrac{\sqrt{2}}{2}\right)$ 减少最快, 且沿方向 $-n$ 的方向导数为

$$\left.\frac{\partial f}{\partial (-n)}\right|_{(1,1)} =- |\mathbf{grad} f(1,1)| =-\sqrt{2}.$$

(3) $f(x,y)$ 在点 $(1,1)$ 处沿垂直于 n 的方向变化率为零, 该方向是

$$\mathbf{T}_1 = \left(-\frac{\sqrt{2}}{2},\frac{\sqrt{2}}{2}\right) \quad 或 \quad \mathbf{T}_2 = \left(\frac{\sqrt{2}}{2},-\frac{\sqrt{2}}{2}\right).$$

例 5　求函数 $f(x,y,z)=\ln(x^2+y^2+z^2)$ 在点 $(1,0,1)$ 处变化最快的方向, 并求沿该方向的变化率.

解　由 $\mathbf{grad} f(x,y,z)=\left(\dfrac{2x}{x^2+y^2+z^2},\dfrac{2y}{x^2+y^2+z^2},\dfrac{2z}{x^2+y^2+z^2}\right)$ 得

$$\mathbf{grad} f(1,0,1)=(1,0,1).$$

所以, $f(x,y,z)$ 在点 $(1,0,1)$ 处沿方向 $(1,0,1)$ 增加最大, 沿方向 $(-1,0,-1)$ 减少最快, 沿这两个方向的变化率分别是

$$|\mathbf{grad} f(1,0,1)|=\sqrt{1^2+0^2+1^2} = \sqrt{2} \quad 和 \quad - |\mathbf{grad} f(1,0,1)|=-\sqrt{2}.$$

*三、向量值函数

下面简单介绍向量值函数的概念及性质.

定义 3 设 D 是 $\mathbf{R}^n$ 中的一个非空点集,称映射

$$\boldsymbol{f}: D \to \mathbf{R}^m,$$
$$\boldsymbol{x} = (x_1, x_2, \cdots, x_n) \mapsto \boldsymbol{y} = (y_1, y_2, \cdots, y_m)$$

为 n 元 m 维向量值函数(简称向量值函数),也称为 n 元函数组,记作 $\boldsymbol{y} = \boldsymbol{f}(\boldsymbol{x})$,其中 D 称为该向量值函数的定义域. 这时,称 $\boldsymbol{f}(D) = \{\boldsymbol{y} \in \mathbf{R}^m \mid \boldsymbol{y} = \boldsymbol{f}(\boldsymbol{x}), \boldsymbol{x} \in D\}$ 称为向量值函数 $\boldsymbol{y} = \boldsymbol{f}(\boldsymbol{x})$ 的值域.

显然,$\boldsymbol{y}$ 的每个坐标分量 y_i 都是 $\boldsymbol{x} = (x_1, x_2, \cdots, x_n)$ 的函数,即

$$y_i = f_i(\boldsymbol{x}) = f_i(x_1, x_2, \cdots, x_n) \quad (i = 1, 2, \cdots, m),$$

它们是 n 元函数,称为**坐标分量函数**. 因此,映射 $\boldsymbol{y} = \boldsymbol{f}(\boldsymbol{x})$ 可以表示为坐标形式:

$$\begin{cases} y_1 = f_1(x_1, x_2 \cdots, x_n), \\ y_2 = f_2(x_1, x_2, \cdots, x_n), \\ \cdots\cdots \\ y_m = f_m(x_1, x_2, \cdots, x_n), \end{cases} \quad (x_1, x_2, \cdots, x_n) \in D,$$

即

$$\boldsymbol{f}(\boldsymbol{x}) = (f_1(\boldsymbol{x}), f_2(\boldsymbol{x}), \cdots, f_m(\boldsymbol{x})), \quad \boldsymbol{x} \in D.$$

例如,一条空间曲线的参数方程

$$\begin{cases} x = \varphi(t), \\ y = \psi(t), \quad t \in [\alpha, \beta] \\ z = \omega(t), \end{cases}$$

就是一个一元三维向量值函数 $\boldsymbol{f}(t) = (\varphi(t), \psi(t), \omega(t))$. 又如,一个曲面的参数方程

$$\begin{cases} x = x(u, v), \\ y = y(u, v), \quad (u, v) \in D \\ z = z(u, v), \end{cases}$$

就是一个二元三维向量值函数 $\boldsymbol{f}(u, v) = (x(u, v), y(u, v), z(u, v))$.

相应于向量值函数,也将之前学习的 n 元函数 $z = f(x_1, x_2, \cdots, x_n)$ 称为**数量函数**. 与数量函数类似,向量值函数也有极限、连续性等概念.

定义 4 设 n 元 m 维向量值函数 $\boldsymbol{y} = \boldsymbol{f}(\boldsymbol{x})$ 的定义域为 D,$\boldsymbol{x}_0 = (x_1^0, x_2^0, \cdots, x_n^0)$ 是 D 的一个聚点,$\boldsymbol{a} = (a_1, a_2, \cdots, a_m)$ 是一个 m 维常向量. 若对于任意给定的 $\varepsilon > 0$,存在 $\delta > 0$,使得当 $\boldsymbol{x} = (x_1, x_2, \cdots, x_n) \in D \cap \mathring{U}(\boldsymbol{x}_0, \delta)$ 时,有 $|\boldsymbol{f}(\boldsymbol{x}) - \boldsymbol{a}| < \varepsilon$,则称 $\boldsymbol{a}$ 为 $\boldsymbol{y} = \boldsymbol{f}(\boldsymbol{x})$ 当 $\boldsymbol{x} \to \boldsymbol{x}_0$ 时的极限,也称 $\boldsymbol{y} = \boldsymbol{f}(\boldsymbol{x})$ 当 $\boldsymbol{x} \to \boldsymbol{x}_0$ 时收敛于 $\boldsymbol{a}$,记为 $\lim\limits_{\boldsymbol{x} \to \boldsymbol{x}_0} \boldsymbol{f}(\boldsymbol{x}) = \boldsymbol{a}$.

在定义 4 中,记号 $|\boldsymbol{f}(\boldsymbol{x}) - \boldsymbol{a}|$ 表示 m 维向量 $\boldsymbol{f}(\boldsymbol{x})$ 与 $\boldsymbol{a}$ 的距离,因此 $|\boldsymbol{f}(\boldsymbol{x}) - \boldsymbol{a}| < \varepsilon$ 也可以写成 $\boldsymbol{f}(\boldsymbol{x}) \in U(\boldsymbol{a}, \varepsilon)$.

定义 5 设向量值函数 $\boldsymbol{y} = \boldsymbol{f}(\boldsymbol{x})$ 的定义域为 D,$\boldsymbol{x}_0$ 是 D 的聚点,且 $\boldsymbol{x}_0 \in D$. 若有

$$\lim_{\boldsymbol{x} \to \boldsymbol{x}_0} \boldsymbol{f}(\boldsymbol{x}) = \boldsymbol{f}(\boldsymbol{x}_0),$$

则称 $y=f(x)$ 在点 x_0 处连续.

定义 6　若向量值函数 $y=f(x)$ 的每个坐标分量函数 $y_i=f_i(x_1,x_2,\cdots,x_n)$ 都在点 $x_0=(x_1^0,x_2^0,\cdots,x_n^0)$ 处可偏导,则称 $y=f(x)$ 在点 x_0 处**可导**,并称矩阵

$$\begin{pmatrix} \dfrac{\partial f_1}{\partial x_1}(x_0) & \dfrac{\partial f_1}{\partial x_2}(x_0) & \cdots & \dfrac{\partial f_1}{\partial x_n}(x_0) \\[2mm] \dfrac{\partial f_2}{\partial x_1}(x_0) & \dfrac{\partial f_2}{\partial x_2}(x_0) & \cdots & \dfrac{\partial f_2}{\partial x_n}(x_0) \\[2mm] \vdots & \vdots & & \vdots \\[2mm] \dfrac{\partial f_m}{\partial x_1}(x_0) & \dfrac{\partial f_m}{\partial x_2}(x_0) & \cdots & \dfrac{\partial f_m}{\partial x_n}(x_0) \end{pmatrix}$$

为 $y=f(x)$ 在点 x_0 处的**导数**(或雅可比矩阵),记作 $f'(x_0)$(或 $J_f(x_0)$).

例如,三元函数 $u=f(x,y,z)$ 是三元一维向量值函数,它在点 (x_0,y_0,z_0) 处的导数是

$$f'(x_0,y_0,z_0)=(f_x(x_0,y_0,z_0),f_y(x_0,y_0,z_0),f_z(x_0,y_0,z_0)).$$

又如,一条空间曲线的参数方程

$$\begin{cases} x=\varphi(t), \\ y=\psi(t), & t\in[\alpha,\beta] \\ z=\omega(t), \end{cases}$$

是一元三维向量值函数 $f(t)=(\varphi(t),\psi(t),\omega(t))$ $(t\in[\alpha,\beta])$,它的导数

$$f'(t)=\begin{pmatrix} \varphi'(t) \\ \psi'(t) \\ \omega'(t) \end{pmatrix}$$

就是该曲线在点 $(\varphi(t),\psi(t),\omega(t))$ 处的切向量.

关于数量函数的可偏导性和可微性定义也可以推广到向量值函数上.此外,可以证明下述定理:

定理 2　n 元 m 维向量值函数 $y=f(x)$ 在点 $x_0=(x_1^0,x_2^0,\cdots,x_n^0)$ 处连续、可导和可微分别等价于它的每个坐标分量函数 $y_i=f_i(x_1,x_2,\cdots,x_n)$ 都在点 x_0 处连续、可偏导和可微.

例 6　求向量值函数 $f(t)=(a\cos t,b\sin t,ct)$ 在点 $t=\dfrac{\pi}{4}$ 处的导数.

解　$f'(t)=\begin{pmatrix}(a\cos t)' \\ (b\sin t)' \\ (ct)'\end{pmatrix}=\begin{pmatrix}-a\sin t \\ b\cos t \\ c\end{pmatrix}$,　$f'\left(\dfrac{\pi}{4}\right)=\begin{pmatrix}-\sqrt{2}a/2 \\ \sqrt{2}b/2 \\ c\end{pmatrix}$.

例 7　求向量值函数 $f(x,y,z)=(x^3+ze^y,y^3+z\ln x)$ 在点 $(1,1,1)$ 处的导数.

解　这里 $f(x,y,z)=(f_1(x,y,z),f_2(x,y,z))$,其中

$$f_1(x,y,z)=x^3+ze^y,\quad f_2(x,y,z)=y^3+z\ln x,$$

于是

$$\boldsymbol{f}'(x,y,z) = \begin{pmatrix} \dfrac{\partial f_1}{\partial x} & \dfrac{\partial f_1}{\partial y} & \dfrac{\partial f_1}{\partial z} \\ \dfrac{\partial f_2}{\partial x} & \dfrac{\partial f_2}{\partial y} & \dfrac{\partial f_2}{\partial z} \end{pmatrix} = \begin{pmatrix} 3x^2 & ze^y & e^y \\ \dfrac{z}{x} & 3y^2 & \ln x \end{pmatrix}, \quad \boldsymbol{f}'(1,1,1) = \begin{pmatrix} 3 & e & e \\ 1 & 3 & 0 \end{pmatrix}.$$

最后,简单介绍数量场与向量场的概念.

设 $G \subset \mathbf{R}^3$ 是一个区域.若 G 中的每一点 (x,y,z) 都有一个确定的数值 $f(x,y,z)$ 与它对应,则由此确定了一个函数 $f(x,y,z)$,称为 G 上的一个**数量场**;若 G 中每一点 (x,y,z) 都有一个确定的向量 $\boldsymbol{F}(x,y,z) = P(x,y,z)\boldsymbol{i} + Q(x,y,z)\boldsymbol{j} + R(x,y,z)\boldsymbol{k}$ 与它对应,则由此确定了一个向量值函数 $\boldsymbol{F}(x,y,z)$,称为 G 上的一个**向量场**.例如,某个区域上每一点的温度确定了一个数量场,称为温度场;而流体在某个区域上每一点的速度确定了一个向量场,称为速度场;等等.

若向量场 $\boldsymbol{F}(x,y,z)$ 是函数 $f(x,y,z)$ 的梯度场,则称 $f(x,y,z)$ 是向量场 $\boldsymbol{F}(x,y,z)$ 的一个**势函数**,并称向量场 $\boldsymbol{F}(x,y,z)$ 为**势场**.所以,梯度场 $\mathbf{grad}\, f(x,y,z) = (f_x, f_y, f_z)$ 就是势场,$f(x,y,z)$ 是 $\mathbf{grad}\, f(x,y,z)$ 的势函数.但并非任一向量场都是势场.

习　题　9.7

1. 求函数 $z = x^2 + y^2$ 在点 $(1,2)$ 处沿从点 $(1,2)$ 到点 $(2, 2+\sqrt{3})$ 方向的方向导数.

2. 求函数 $u = xyz$ 在点 $(5,1,2)$ 处沿从点 $(5,1,2)$ 到点 $(9,4,14)$ 方向的方向导数.

3. 求函数 $f(x,y,z) = 1 + \dfrac{x^2}{6} + \dfrac{y^2}{12} + \dfrac{z^2}{18}$ 在点 $(1,2,3)$ 处沿方向 $\boldsymbol{v} = (1,1,1)$ 的方向导数.

4. 求函数 $z = \ln(x+y)$ 在点 $(1,2)$ 处沿抛物线 $y^2 = 4x$ 在该点处偏向 x 轴正向的切线方向的方向导数.

5. 求函数 $z = 1 - \left(\dfrac{x^2}{a^2} + \dfrac{y^2}{b^2} \right)$ $(a,b>0)$ 在点 $\left(\dfrac{a}{\sqrt{2}}, \dfrac{b}{\sqrt{2}} \right)$ 处沿椭圆 $\dfrac{x^2}{a^2} + \dfrac{y^2}{b^2} = 1$ 在该点处的内法线方向的方向导数.

6. 求函数 $u = x^2 + y^2 + z^2$ 在点 $(1,1,1)$ 处沿曲线 $x = t, y = t^2, z = t^3$ 在该点处的切线正向(对应于 t 增大的方向)的方向导数.

7. 求函数 $u = \dfrac{\sqrt{6x^2 + 8y^2}}{z}$ 在点 $(1,1,1)$ 处沿方向 $\boldsymbol{n}$ 的方向导数,其中 $\boldsymbol{n}$ 为椭球面 $2x^2 + 3y^2 + z^2 = 6$ 在点 $(1,1,1)$ 处的外法向量.

8. 求函数 $u = x + y + z$ 在点 (x_0, y_0, z_0) 处沿球面 $x^2 + y^2 + z^2 = 1$ 在该点处的外法线方向的方向导数.

9. 求下列函数的梯度:

(1) $z=1-\left(\dfrac{x^2}{a^2}+\dfrac{y^2}{b^2}\right)$ $(a,b$ 为常数$)$;

(2) $u=x^2+2y^2+3z^2+3xy+4yz+6x-2y-5z$,在点$(1,1,1)$处.

§9.8　多元函数的极值

一、极值及最值

在实际问题中,所考查的对象通常会受到多个因素影响,而这种现象在数学上一般由多元函数来描述,因此有必要讨论多元函数的最值问题.类似于一元函数,多元函数的最值与极值有密切的联系.下面以二元函数为例,引进多元函数的极值概念.

定义　设函数 $f(x,y)$ 的定义域为 $D,P_0(x_0,y_0)$ 是 D 的一个内点.若存在点 P_0 的某个邻域 $U(P_0)\subset D$,使得对于去心邻域 $\mathring{U}(P_0)$ 内的每一点(x,y),都有
$$f(x,y)<f(x_0,y_0)\quad(\text{或 }f(x,y)>f(x_0,y_0)),$$
则称 $f(x,y)$ 在点(x_0,y_0)处取得**极大值**(或**极小值**)$f(x_0,y_0)$,并称(x_0,y_0)为 $f(x,y)$ 的**极大值点**(或**极小值点**).

极大值与极小值统称为**极值**,极大值点和极小值点统称为**极值点**.

例如,函数 $z=x^2+y^2$ 在点$(0,0)$处取得极小值 0;函数 $z=-\sqrt{x^2+y^2}$ 在点$(0,0)$处取得极大值 0;但点$(0,0)$不是函数 $z=xy$ 的极值点,因为在点$(0,0)$处的函数值为 0,而在点$(0,0)$的任一邻域内总有使函数值为正的点,也有使函数值为负的点.

如果一个二元函数 $z=f(x,y)$ 在点(x_0,y_0)处取得极值,那么固定 $y=y_0$,一元函数 $z=f(x,y_0)$ 在点 $x=x_0$ 处必取得相同的极值;同理,固定 $x=x_0$,一元函数 $z=f(x_0,y)$ 在点 $y=y_0$ 处也取得相同的极值.由一元函数取得极值的必要条件,我们可以得到二元函数取得极值的必要条件.下面的定理是费马引理在多元函数情形中的推广.

定理 1(极值的必要条件)　设(x_0,y_0)是函数 $z=f(x,y)$ 的极值点,且 $f(x,y)$ 在点(x_0,y_0)处具有偏导数,则有
$$f_x(x_0,y_0)=0,\quad f_y(x_0,y_0)=0.$$

证　先证明 $f_x(x_0,y_0)=0$.考虑一元函数 $\varphi(x)=f(x,y_0)$.由假设可知 x_0 是 $\varphi(x)$ 的极值点.由于 $f(x,y)$ 在点(x_0,y_0)处的偏导数存在,因此 $\varphi(x)$ 在点 x_0 处可导,从而由费马引理即得
$$f_x(x_0,y_0)=\varphi'(x_0)=0.$$

类似可证 $f_y(x_0,y_0)=0$.

仿照一元函数,称使得 $f_x(x,y)=0$ 且 $f_y(x,y)=0$ 同时成立的点(x_0,y_0)为函数 $z=f(x,y)$ 的**驻点**.由定理 1 可知,具有偏导数的函数的极值点必定是驻点.但函数的驻点未必

是极值点.例如,显然点$(0,0)$是函数$z=xy$的驻点,但它不是极值点.此外,偏导数不存在的点也可能是函数的极值点.例如,函数$z=-\sqrt{x^2+y^2}$在点$(0,0)$处的偏导数不存在,但$(0,0)$是极大值点.因此,函数的可能极值点除了驻点外,还包括偏导数不存在的点.

下面的定理给出判定驻点是否是极值点的一个充分条件.

定理2(极值的充分条件)　设函数$f(x,y)$在点(x_0,y_0)的某个邻域内具有二阶连续偏导数,(x_0,y_0)是$f(x,y)$的驻点$(f_x(x_0,y_0)=0,f_y(x_0,y_0)=0)$,记

$$A=f_{xx}(x_0,y_0),\quad B=f_{xy}(x_0,y_0),\quad C=f_{yy}(x_0,y_0),\quad \Delta=\begin{vmatrix} A & B \\ B & C \end{vmatrix}=AC-B^2.$$

(1) 当$\Delta>0$时,若$A<0$,则$f(x_0,y_0)$为极大值;若$A>0$,则$f(x_0,y_0)$为极小值.

(2) 当$\Delta<0$时,$f(x_0,y_0)$不是极值.

(3) 当$\Delta=0$时,$f(x_0,y_0)$可能是极值,也可能不是极值,需另做讨论.

定理证明从略.

例1　求函数$f(x,y)=x^3-y^3+3x^2+3y^2-9x$的极值.

解　第一步,求可能极值点(这里只有驻点).解方程组

$$\begin{cases} f_x(x,y)=3x^2+6x-9=0, \\ f_y(x,y)=-3y^2+6y=0, \end{cases}$$

求得驻点$(1,0),(1,2),(-3,0),(-3,2)$.

第二步,求二阶偏导数:

$$f_{xx}(x,y)=6x+6,\quad f_{xy}(x,y)=0,\quad f_{yy}(x,y)=-6y+6.$$

第三步,利用极值的充分条件判定是否取得极值.这里有四个驻点,列表9.1进行判定.

表　9.1

可能极值点(x_0,y_0)	A	B	C	$\Delta=AC-B^2$	是否是极值
$(1,0)$	12	0	6	72	$f(1,0)=-5$是极小值
$(1,2)$	12	0	-6	-72	$f(1,2)$不是极值
$(-3,0)$	-12	0	6	-72	$f(-3,0)$不是极值
$(-3,2)$	-12	0	-6	72	$f(-3,2)=31$是极大值

例2　讨论函数$f(x,y)=x^4+y^4$的极值.

解　解方程组

$$\begin{cases} f_x(x,y)=4x^3=0, \\ f_y(x,y)=4y^3=0, \end{cases}$$

求得唯一驻点$(0,0)$.

求二阶偏导数:

$$f_{xx}(x,y)=12x^2,\quad f_{xy}(x,y)=0,\quad f_{yy}(x,y)=12y^2.$$

在点$(0,0)$处,$\Delta=AC-B^2=0$. 这时,定理 2 的判别法失效,但显然 $f(0,0)=0$ 是极小值.

例 3 讨论函数 $f(x,y)=x^2-2xy^2+y^4-y^5$ 的极值.

解 解方程组

$$\begin{cases} f_x(x,y)=2x-2y^2=0, \\ f_y(x,y)=-4xy+4y^3-5y^4=0, \end{cases}$$

求得唯一驻点$(0,0)$.

求二阶偏导数:

$$f_{xx}(x,y)=2, \quad f_{xy}(x,y)=-4y, \quad f_{yy}(x,y)=-4x+12y^2-20y^3.$$

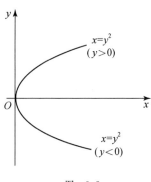

图 9-8

在点$(0,0)$处,$\Delta=AC-B^2=0$. 这时,无法用定理 2 来判定. 易知,在曲线 $x=y^2$ $(y>0)$ 上,有 $f(x,y)<0$;在曲线 $x=y^2$ $(y<0)$ 上,有 $f(x,y)>0$. 因此,$f(0,0)=0$ 不是极值(见图 9-8).

上述极值的概念及相应的判别法都可以推广到 $n(n\geqslant3)$ 元函数上. 这时,极值的必要条件类似于定理 1,而极值的充分条件涉及代数学中矩阵的概念及二次型的正定性,这里就不赘述了.

下面讨论多元函数的最值问题,仍以二元函数为例. 若函数 $f(x,y)$ 在有界闭区域 D 上连续,那么 $f(x,y)$ 在 D 上必取得最大值和最小值. 当最大值(或最小值)在 D 的内部取得时,最大值(或最小值)也是 $f(x,y)$ 的极大值(或极小值). 因此,当 $f(x,y)$ 在 D 上连续,且在 D 内可偏导,又只有有限个驻点时,只需将 D 内所有驻点处的函数值与 D 的边界上的最大值和最小值进行比较,其中最大的就是最大值,最小的就是最小值. 在实际问题中,往往根据问题的性质就能判定 $f(x,y)$ 的最大值(或最小值)在 D 内部取到,这时只需比较在驻点处的函数值就能得到最大值(或最小值). 特别地,只有唯一驻点时,那么 $f(x,y)$ 在该驻点处的值就是所求的 $f(x,y)$ 在 D 上的最大值(或最小值).

例 4 求函数 $z=f(x,y)=x^2-y^2+2$ 在椭圆形闭区域 $D=\left\{(x,y)\,\middle|\,x^2+\dfrac{y^2}{4}\leqslant1\right\}$ 上的最大值和最小值.

解 第一步,解方程组

$$\begin{cases} f_x(x,y)=2x=0, \\ f_y(x,y)=-2y=0, \end{cases}$$

求得唯一驻点$(0,0)$.

第二步,求 $z=f(x,y)$ 在 D 的边界上的最大值和最小值:在椭圆 $x^2+\dfrac{y^2}{4}=1$ 上,有

$$z=x^2-y^2+2=x^2-(4-4x^2)+2=5x^2-2 \quad (-1\leqslant x\leqslant 1),$$

其最大值为 $z\big|_{x=\pm 1}=3$,最小值为 $z\big|_{x=0}=-2$.

第三步,将 $z=f(x,y)$ 在 D 的边界上的最大值和最小值与 $f(0,0)=2$ 做比较,得 $z=f(x,y)$ 在 D 上的最大值 $f(\pm 1,0)=3$,最小值为 $f(0,\pm 2)=-2$.

例 5 设有一块宽 24 cm 的长方形铁板,把它两边折起来,做成一个横截面为等腰梯形的水槽(见图 9-9).问:采用怎样的折法,才能使水槽横截面的面积最大?

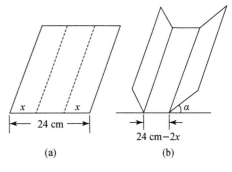

图 9-9

解 设折起的边长为 x(单位:cm),折角为 α [见图 9-9(b)],那么水槽横截面的面积为

$$S(x,\alpha)=\frac{1}{2}\big[(24-2x)+(24-2x)+2x\cos\alpha\big]x\sin\alpha$$

$$=24x\sin\alpha-2x^2\sin\alpha+x^2\sin\alpha\cos\alpha \text{(单位:cm}^2).$$

依题意,$S(x,\alpha)$ 的定义域为

$$D=\left\{(x,\alpha)\,\bigg|\,0\leqslant x\leqslant 12,0\leqslant\alpha\leqslant\frac{\pi}{2}\right\}.$$

下面求 $S(x,\alpha)$ 在 D 内部的驻点.令

$$\begin{cases} S_x=24\sin\alpha-4x\sin\alpha+2x\sin\alpha\cos\alpha \\ \quad =2\sin\alpha(12-2x+x\cos\alpha)=0, \\ S_\alpha=24x\cos\alpha-2x^2\cos\alpha+x^2(\cos^2\alpha-\sin^2\alpha) \\ \quad =24x\cos\alpha-2x^2\cos\alpha+x^2(2\cos^2\alpha-1)=0. \end{cases}$$

由于这时 $x\neq 0$ cm,12 cm,$\alpha\neq 0,\frac{\pi}{2}$,上面的方程组可化为

$$\begin{cases} 12-2x+x\cos\alpha=0, \\ 24\cos\alpha-2x\cos\alpha+x(2\cos^2\alpha-1)=0. \end{cases}$$

解此方程组得 $x=8$ cm,$\alpha=\frac{\pi}{3}$,即 $S(x,\alpha)$ 在 D 内的驻点为 $\left(8,\frac{\pi}{3}\right)$.

依题意,水槽横截面面积的最大值一定存在,且不在 D 的边界达到,又 D 内只有一个驻点 $\left(8,\frac{\pi}{3}\right)$,因此它必为最大值点.故水槽截面面积的最大值为 $S\left(8,\frac{\pi}{3}\right)=48\sqrt{3}$ cm^2.

二、条件极值的拉格朗日乘数法

前面讨论函数的极值问题时,只对函数的定义域进行限制,而不附加其他条件,通常称这样的极值问题为**无条件极值问题**.但在实际问题中,往往需要考虑对函数的自变量附加一定条件(称为**约束条件**)的极值问题,即所谓的**条件极值问题**,其相应的极值称为**条件极值**.

对于条件极值问题,有时可将它化为无条件极值问题来求解.例如,对于"求容积为 a^3 的无盖长方体容器的长、宽、高,使其表面积最小"的问题,设长方体容器的长、宽、高分别为 x,y,z,那么其表面积为

$$S = xy + 2xz + 2yz,$$

而变量 x,y,z 还必须满足附加条件 $xyz = a^3$,即 $z = \dfrac{a^3}{xy}$.对于这个条件极值问题,只要把 $z = \dfrac{a^3}{xy}$ 代入 S 的表达式,即可化为求

$$S = xy + (x+y)\frac{2a^3}{xy} = xy + 2a^3\left(\frac{1}{x} + \frac{1}{y}\right) \quad (x,y > 0)$$

的无条件极值问题.但在一般情况下,当约束条件比较复杂时,往往很难甚至不可能将条件极值问题化为无条件极值问题.

下面介绍一种直接求解条件极值问题的方法——拉格朗日乘数法.

首先探讨目标函数

$$z = f(x,y) \tag{1}$$

在约束条件

$$\varphi(x,y) = 0 \tag{2}$$

下取得极值的必要条件.

如果函数 $z = f(x,y)$ 在点 (x_0,y_0) 处取得满足约束条件(2)的极值,那么有

$$\varphi(x_0,y_0) = 0. \tag{3}$$

若还假定在点 (x_0,y_0) 的某个邻域内函数 $z = f(x,y)$ 和 $z = \varphi(x,y)$ 都具有连续偏导数且 $\varphi_y(x_0,y_0) \neq 0$,那么由一元隐函数存在定理,方程(2)唯一确定一个具有连续导数的隐函数 $y = \psi(x)$.将它代入(1)式,得到含一个变量 x 的函数

$$z = f[x,\psi(x)].$$

因此,二元函数 $z = f(x,y)$ 在点 (x_0,y_0) 取得条件极值就相当于一元函数 $z = f[x,\psi(x)]$ 在点 $x = x_0$ 取得极值.由一元函数取得极值的必要条件知

$$\frac{\mathrm{d}z}{\mathrm{d}x}\bigg|_{x=x_0} = f_x(x_0,y_0) + f_y(x_0,y_0)\frac{\mathrm{d}y}{\mathrm{d}x}\bigg|_{x=x_0} = 0. \tag{4}$$

而由方程(2),利用隐函数求导公式,得

$$\frac{\mathrm{d}y}{\mathrm{d}x}\bigg|_{x=x_0} = -\frac{\varphi_x(x_0,y_0)}{\varphi_y(x_0,y_0)}.$$

将上式代入(4)式,得

$$f_x(x_0,y_0) - f_y(x_0,y_0)\frac{\varphi_x(x_0,y_0)}{\varphi_y(x_0,y_0)} = 0. \tag{5}$$

因此,(3),(5)两式就是在约束条件 $\varphi(x,y)=0$ 下,函数 $z=f(x,y)$ 在点 (x_0,y_0) 处取得条件极值的必要条件. 令

$$\frac{f_y(x_0,y_0)}{\varphi_y(x_0,y_0)}=-\lambda,$$

则上述必要条件就成为

$$\begin{cases} f_x(x_0,y_0)+\lambda\varphi_x(x_0,y_0)=0, \\ f_y(x_0,y_0)+\lambda\varphi_y(x_0,y_0)=0, \\ \varphi(x_0,y_0)=0. \end{cases} \tag{6}$$

若引进辅助函数

$$L(x,y,\lambda)=f(x,y)+\lambda\varphi(x,y),$$

则(6)式的前两式就是

$$L_x(x_0,y_0)=0, \quad L_y(x_0,y_0)=0.$$

通常我们称 $L(x,y,\lambda)$ 为**拉格朗日函数**,而称 λ 为**拉格朗日乘数**.

综上所述,我们得到如下求条件极值的方法:

拉格朗日乘数法 为了求目标函数 $z=f(x,y)$ 在约束条件 $\varphi(x,y)=0$ 下的极值,可先作拉格朗日函数

$$L(x,y,\lambda)=f(x,y)+\lambda\varphi(x,y),$$

其中 λ 为拉格朗日乘数;再解方程组

$$\begin{cases} L_x(x,y,\lambda)=f_x(x,y)+\lambda\varphi_x(x,y)=0, \\ L_y(x,y,\lambda)=f_y(x,y)+\lambda\varphi_y(x,y)=0, \\ \varphi(x,y)=0, \end{cases} \tag{7}$$

所得的解 x,y,λ 对应的点 (x,y) 就是可能极值点.

至于如何判定所得的可能极值点是否为极值点,这里不做一般性讨论. 对于实际问题,通常可依据问题本身的性质来判定.

这一方法可以推广到自变量多于两个而约束条件多于一个的情形. 例如,为了求目标函数 $u=f(x,y,z,t)$ 在约束条件

$$\varphi(x,y,z,t)=0 \quad 和 \quad \psi(x,y,z,t)=0$$

下的极值,可先构造拉格朗日函数

$$L(x,y,z,t,\lambda,\mu)=f(x,y,z,t)+\lambda\varphi(x,y,z,t)+\mu\psi(x,y,z,t),$$

其中 λ,μ 为拉格朗日乘数;再解方程组

$$\begin{cases} L_x(x,y,z,t,\lambda,\mu) = f_x(x,y,z,t) + \lambda\varphi_x(x,y,z,t) + \mu\psi_x(x,y,z,t) = 0, \\ L_y(x,y,z,t,\lambda,\mu) = f_y(x,y,z,t) + \lambda\varphi_y(x,y,z,t) + \mu\psi_y(x,y,z,t) = 0, \\ L_z(x,y,z,t,\lambda,\mu) = f_z(x,y,z,t) + \lambda\varphi_z(x,y,z,t) + \mu\psi_z(x,y,z,t) = 0, \\ L_t(x,y,z,t,\lambda,\mu) = f_t(x,y,z,t) + \lambda\varphi_t(x,y,z,t) + \mu\psi_t(x,y,z,t) = 0, \\ \varphi(x,y,z,t) = 0, \\ \psi(x,y,z,t) = 0, \end{cases}$$

便可得到可能极值点 (x,y,z,t).

例 6 求原点到直线 $\begin{cases} x+y+z=1, \\ x+2y+3z=6 \end{cases}$ 的距离.

解 依题意,就是要求目标函数

$$u=f(x,y,z)=\sqrt{x^2+y^2+z^2}$$

在约束条件 $x+y+z=1$ 和 $x+2y+3z=6$ 下的最小值. 为了计算方便,目标函数可取为

$$F(x,y,z)=x^2+y^2+z^2,$$

作拉格朗日函数

$$L(x,y,z,\lambda,\mu) = x^2+y^2+z^2+\lambda(x+y+z-1)+\mu(x+2y+3z-6).$$

其中 λ,μ 为拉格朗日乘数. 下面解方程组

$$\begin{cases} L_x(x,y,z,\lambda,\mu) = 2x+\lambda+\mu = 0, \\ L_y(x,y,z,\lambda,\mu) = 2y+\lambda+2\mu = 0, \\ L_z(x,y,z,\lambda,\mu) = 2z+\lambda+3\mu = 0, \\ x+y+z-1 = 0, \\ x+2y+3z-6 = 0. \end{cases}$$

将此方程组中的第一、二、三个方程相加,再利用第四个方程,得

$$3\lambda+6\mu = -2;$$

将第一、二个方程的两倍和第三个方程的三倍相加,再利用第五个方程,得

$$6\lambda+14\mu = -12.$$

从上面得到的两式解得 $\lambda=\dfrac{22}{3}, \mu=-4$. 代入上述方程组,可得唯一可能极值点 $\left(-\dfrac{5}{3}, \dfrac{1}{3}, \dfrac{7}{3}\right)$.

由于原点到所给直线的距离存在,是个定数,函数 $F(x,y,z)$ 的最小值必定存在,因此所求得的唯一可能极值点 $\left(-\dfrac{5}{3}, \dfrac{1}{3}, \dfrac{7}{3}\right)$ 必定是最小值点. 所以,所求的距离为

$$\sqrt{F\left(-\frac{5}{3}, \frac{1}{3}, \frac{7}{3}\right)} = \sqrt{\frac{25}{3}} = \frac{5\sqrt{3}}{3}.$$

例 7 设要造一个容积为 a^3 的无盖长方体水箱,问:这个水箱的长、宽、高为多少时,用料最省?

解　正如先前指出的,这一问题可以化为无条件极值来求解.这里用拉格朗日乘数法来求解.

设水箱的长为 x,宽为 y,高为 z,则问题化为:在水箱容积 $V=xyz=a^3$ 的约束条件下,求水箱表面积

$$S(x,y,z)=xy+2xz+2yz \quad (x,y,z>0)$$

的最小值.

作拉格朗日函数

$$L(x,y,z,\lambda)=xy+2xz+2yz+\lambda(xyz-a^3),$$

其中 λ 为拉格朗日乘数.解方程组

$$\begin{cases} L_x(x,y,z,\lambda)=y+2z+\lambda yz=0, \\ L_y(x,y,z,\lambda)=x+2z+\lambda xz=0, \\ L_z(x,y,z,\lambda)=2x+2y+\lambda xy=0, \\ xyz-a^3=0, \end{cases}$$

得唯一可能极值点:

$$x=\sqrt[3]{2}a, \quad y=\sqrt[3]{2}a, \quad z=\frac{\sqrt[3]{2}}{2}a.$$

由于水箱表面积的最小值必定存在,因此 $\left(\sqrt[3]{2}a,\sqrt[3]{2}a,\dfrac{\sqrt[3]{2}}{2}a\right)$ 就是最小值点.也就是说,当水箱的底是边长为 $\sqrt[3]{2}a$ 的正方形,高为 $\dfrac{\sqrt[3]{2}}{2}a$ 时,用料最省.

习　题　9.8

1. 求下列函数的极值:

(1) $f(x,y)=4(x-y)-x^2-y^2$;　　(2) $f(x,y)=x^4+y^4-x^2-2xy-y^2$;

(3) $f(x,y)=e^{2x}(x+2y+y^2)$;　　(4) $f(x,y)=xy+\dfrac{a^3}{x}+\dfrac{b^3}{y}$ $(a,b>0)$.

2. 求下列函数的条件极值或最值:

(1) 求函数 $z=xy$ 在约束条件 $x+y=1$ 下的极值;

(2) $f(x,y,z)=x-2y+2z$ 在约束条件 $x^2+y^2+z^2=1$ 下的最值;

(3) $f(x,y,z)=x^2+y^2+z^2$ 在约束条件 $z=x^2+y^2$ 和 $x+y+z=4$ 下的最值.

3. 已知曲线 $C:\begin{cases} x^2+y^2-2z^2=0, \\ x+y+3z=5, \end{cases}$ 求曲线 C 上距离 Oxy 面最远和最近的点.

4. 从斜边长为 l 的一切直角三角形中,求周长最长的直角三角形.

5. 周长为 $2p$ 的矩形绕它的一条边旋转而构成一个圆柱体,问:矩形的长和宽各为多少

时,才使所得圆柱体的体积最大?

6. 旋转抛物面 $z = x^2 + y^2$ 被平面 $x + y + z = 1$ 所截的截痕是一个椭圆,求这个椭圆到原点的距离的最值.

7. 求函数 $f(x, y) = x^2 + 2y^2 - x^2 y^2$ 在闭区域 $D = \{(x, y) \mid x^2 + y^2 \leqslant 4, y \geqslant 0\}$ 上的最值.

§9.9　综 合 例 题

例1　设函数 $u = f(z)$,方程 $z = \varphi(z) + \displaystyle\int_y^x g(t)\mathrm{d}t$ 确定 z 是 x, y 的隐函数,其中 $f(z)$, $\varphi(z)$ 可微,$g(t)$,$\varphi'(z)$ 连续,且 $\varphi'(z) \neq 1$,证明:

$$g(y) \frac{\partial u}{\partial x} + g(x) \frac{\partial u}{\partial y} = 0.$$

证　$\dfrac{\partial u}{\partial x} = f'(z) \dfrac{\partial z}{\partial x}, \dfrac{\partial u}{\partial y} = f'(z) \dfrac{\partial z}{\partial y}$. 又由题设有

$$\begin{cases} \dfrac{\partial z}{\partial x} = \varphi'(z) \dfrac{\partial z}{\partial x} + g(x), \\[2mm] \dfrac{\partial z}{\partial y} = \varphi'(z) \dfrac{\partial z}{\partial y} - g(y), \end{cases} \quad 解得 \quad \begin{cases} \dfrac{\partial z}{\partial x} = \dfrac{g(x)}{1 - \varphi'(z)}, \\[2mm] \dfrac{\partial z}{\partial y} = \dfrac{-g(y)}{1 - \varphi'(z)}, \end{cases}$$

于是

$$g(y) \frac{\partial u}{\partial x} + g(x) \frac{\partial u}{\partial y} = f'(z) \left[g(y) \frac{\partial z}{\partial x} + g(x) \frac{\partial z}{\partial y} \right] = 0.$$

例2　证明:函数

$$f(x, y) = \begin{cases} xy \sin \dfrac{1}{\sqrt{x^2 + y^2}}, & (x, y) \neq (0, 0), \\[3mm] 0, & (x, y) = (0, 0) \end{cases}$$

在点 $(0,0)$ 处连续且可微,但偏导数不连续.

证　因为

$$\left| xy \sin \frac{1}{\sqrt{x^2 + y^2}} \right| \leqslant |xy| \leqslant \frac{x^2 + y^2}{2},$$

所以

$$\lim_{(x, y) \to (0, 0)} f(x, y) = 0 = f(0, 0),$$

即 $f(x, y)$ 在点 $(0,0)$ 处连续.

现在证可微性. 因为 $f(x, 0) \equiv 0, f(0, y) \equiv 0$,所以 $f_x(0, 0) = 0, f_y(0, 0) = 0$.

记 $\rho = \sqrt{(\Delta x)^2 + (\Delta y)^2}$,则

$$0 \leqslant \lim_{\rho \to 0} \left| \frac{\Delta f - f_x(0, 0) \Delta x - f_y(0, 0) \Delta y}{\rho} \right| = \lim_{\rho \to 0} \left| \frac{\Delta x \Delta y}{\rho} \sin \frac{1}{\rho} \right| \leqslant \lim_{\rho \to 0} \frac{\rho}{2} = 0.$$

所以
$$\Delta f - f_x(0,0)\Delta x - f_y(0,0)\Delta y = o(\rho),$$
即 $f(x,y)$ 在点 $(0,0)$ 处可微.

下面讨论 $f(x,y)$ 的偏导数在点 $(0,0)$ 处的连续性. 当 $(x,y)\neq(0,0)$ 时,有
$$f_x(x,y) = y\sin\frac{1}{\sqrt{x^2+y^2}} - \frac{x^2 y}{\sqrt{(x^2+y^2)^3}}\cos\frac{1}{\sqrt{x^2+y^2}}.$$
考虑 $f_x(x,y)$ 当点 (x,y) 沿射线 $y=x(x>0)$ 趋于点 $(0,0)$ 时的极限
$$\lim_{\substack{x\to 0^+ \\ y=x}} f_x(x,y) = \lim_{x\to 0^+}\left(x\sin\frac{1}{\sqrt{2}x} - \frac{x^3}{2\sqrt{2}x^3}\cos\frac{1}{\sqrt{2}x}\right).$$
此极限显然不存在,所以 $f_x(x,y)$ 在点 $(0,0)$ 处不连续.

同理,$f_y(x,y)$ 在点 $(0,0)$ 处也不连续.

例 3 设函数 $z=f(x,y)$ 在点 $(1,1)$ 处可微,且 $f(1,1)=1, f_x(1,1)=2, f_y(1,1)=3$. 若函数 $\varphi(x)=f[x,f(x,x)]$,求 $\dfrac{\mathrm{d}}{\mathrm{d}x}\varphi^3(x)\Big|_{x=1}$.

解 由题设有 $\varphi(1)=f[1,f(1,1)]=f(1,1)=1$,于是
$$\frac{\mathrm{d}}{\mathrm{d}x}\varphi^3(x)\Big|_{x=1} = \left[3\varphi^2(x)\frac{\mathrm{d}\varphi}{\mathrm{d}x}\right]\Big|_{x=1}$$
$$= 3\varphi^2(1)\{f_1'[x,f(x,x)] + f_2'[x,f(x,x)][f_1'(x,x) + f_2'(x,x)\cdot 1]\}\big|_{x=1}$$
$$= 3\times 1\times[2+3\times(2+3)] = 51,$$
这里 $f_1'(1,1)=f_x(1,1)=2, f_2'(1,1)=f_y(1,1)=3$.

例 4 设函数 $u=f(x,y,z)$ 具有连续偏导数,又函数 $y=y(x)$ 和 $z=z(x)$ 分别由方程所 $\mathrm{e}^{xy}-xy=2$ 和 $\mathrm{e}^x=\displaystyle\int_0^{x-z}\frac{\sin t}{t}\mathrm{d}t$ 确定,求 $\dfrac{\mathrm{d}u}{\mathrm{d}x}$.

解 将两个确定函数 $y=y(x)$ 和 $z=z(x)$ 的方程两边对 x 求导数,得
$$\mathrm{e}^{xy}(y+xy') - (y+xy') = 0 \quad \text{和} \quad \mathrm{e}^x = \frac{\sin(x-z)}{x-z}(1-z'),$$
分别解得
$$y' = -\frac{y}{x} \quad \text{和} \quad z' = 1 - \frac{\mathrm{e}^x(x-z)}{\sin(x-z)},$$
所以
$$\frac{\mathrm{d}u}{\mathrm{d}x} = f_1' - \frac{y}{x}f_2' + \left[1 - \frac{\mathrm{e}^x(x-z)}{\sin(x-z)}\right]f_3'.$$

例 5 设 $u=f(x,y,z), \varphi(x^2,\mathrm{e}^y,z)=0, y=\sin x$,其中函数 f,φ 具有连续偏导数,且 $\dfrac{\partial\varphi}{\partial z}\neq 0$,求 $\dfrac{\mathrm{d}u}{\mathrm{d}x}$.

解 将所给的三个方程两边对 x 求导数,得

$$\begin{cases} \dfrac{\mathrm{d}u}{\mathrm{d}x} = f_1' + f_2'\dfrac{\mathrm{d}y}{\mathrm{d}x} + f_3'\dfrac{\mathrm{d}z}{\mathrm{d}x}, \\[2mm] 2x\varphi_1' + \mathrm{e}^y\varphi_2'\dfrac{\mathrm{d}y}{\mathrm{d}x} + \varphi_3'\dfrac{\mathrm{d}z}{\mathrm{d}x} = 0, \\[2mm] \dfrac{\mathrm{d}y}{\mathrm{d}x} = \cos x, \end{cases}$$

解得

$$\frac{\mathrm{d}u}{\mathrm{d}x} = f_1' + f_2'\cos x - \frac{f_3'}{\varphi_3}(2x\varphi_1' + \mathrm{e}^y\varphi_2'\cos x).$$

例 6 设由方程 $x^3 + y^3 + z^3 = a^3$ (a 为常数)确定隐函数 $z = f(x,y)$,求 $\dfrac{\partial^2 z}{\partial x^2}, \dfrac{\partial^2 z}{\partial x \partial y}$.

解 令 $F(x,y,z) = x^3 + y^3 + z^3 - a^3$,则
$$F_x = 3x^2, \quad F_y = 3y^2, \quad F_z = 3z^2.$$

于是

$$\frac{\partial z}{\partial x} = -\frac{F_x}{F_z} = -\frac{x^2}{z^2}, \quad \frac{\partial z}{\partial y} = -\frac{F_y}{F_z} = -\frac{y^2}{z^2},$$

$$\frac{\partial^2 z}{\partial x^2} = \frac{\partial}{\partial x}\left(\frac{\partial z}{\partial x}\right) = -\frac{2xz^2 - x^2 \cdot 2z\dfrac{\partial z}{\partial x}}{z^4} = -\frac{2xz^2 - x^2 \cdot 2z\left(-\dfrac{x^2}{z^2}\right)}{z^4}$$

$$= -\frac{2(xz^3 + x^4)}{z^5},$$

$$\frac{\partial^2 z}{\partial x \partial y} = \frac{\partial}{\partial y}\left(\frac{\partial z}{\partial x}\right) = \frac{x^2 \cdot 2z\dfrac{\partial z}{\partial y}}{z^4} = \frac{x^2 \cdot 2z\left(-\dfrac{y^2}{z^2}\right)}{z^4} = -\frac{2x^2 y^2}{z^5}.$$

例 7 设旋转抛物面 $z = x^2 + y^2$ 被平面 $x + y + z = 1$ 所截的截痕是一个椭圆,求此椭圆到原点的最长距离和最短距离.

解 设该椭圆上任一点 P 的坐标为 (x,y,z),则它到原点的距离为
$$d = \sqrt{x^2 + y^2 + z^2}.$$

因为点 P 既在旋转抛物面 $z = x^2 + y^2$ 上,又在平面 $x + y + z = 1$ 上,所以该问题就是在约束条件
$$x^2 + y^2 - z = 0, \quad x + y + z - 1 = 0$$

下,求函数 $d = \sqrt{x^2 + y^2 + z^2}$ 的最大值与最小值. 为了计算简便,取目标函数为
$$u = d^2 = x^2 + y^2 + z^2.$$

显然,u 的最大值点和最小值点就是 d 的最大值点和最小值点.

作拉格朗日函数
$$F(x,y,z) = x^2 + y^2 + z^2 + \lambda_1(x^2 + y^2 - z) + \lambda_2(x + y + z - 1),$$

其中 λ_1,λ_2 为拉格朗日乘数.解方程组

$$\begin{cases} F_x=2x+2\lambda_1 x+\lambda_2=0, \\ F_y=2y+2\lambda_1 y+\lambda_2=0, \\ F_z=2z-\lambda_z+\lambda_2=0, \\ x^2+y^2-z=0, \\ x+y+z-1=0, \end{cases}$$

得

$$x=y=\frac{-1\pm\sqrt{3}}{2}, \quad z=2\mp\sqrt{3}.$$

于是,得两个可能极值点

$$\left(\frac{-1+\sqrt{3}}{2},\frac{-1+\sqrt{3}}{2},2-\sqrt{3}\right) \quad 和 \quad \left(\frac{-1-\sqrt{3}}{2},\frac{-1-\sqrt{3}}{2},2+\sqrt{3}\right).$$

由该问题的几何意义知,d 存在最大值和最小值.又知:当 $x=y=\dfrac{-1+\sqrt{3}}{2},z=2-\sqrt{3}$ 时,有

$$d=\sqrt{9-5\sqrt{3}};$$

当 $x=y=\dfrac{-1-\sqrt{3}}{2},z=2+\sqrt{3}$ 时,有

$$d=\sqrt{9+5\sqrt{3}}.$$

故该椭圆到原点的最短距离为 $d=\sqrt{9-5\sqrt{3}}$,最长距离为 $d=\sqrt{9+5\sqrt{3}}$.

例 8 求曲面 $x^2+y^2+z^2=4$ 的通过直线 $L:\begin{cases}4x+2y+3z=6, \\ 2x+y=0\end{cases}$ 的切平面方程.

解 设切点为 $P_0(x_0,y_0,z_0)$,则该曲面在点 P_0 处的一个法向量为

$$\boldsymbol{n}_1=(2x_0,2y_0,2z_0).$$

又设通过直线 L 的平面束方程为

$$4x+2y+3z-6+\lambda(2x+y)=0,$$

即

$$(4+2\lambda)x+(2+\lambda)y+3z-6=0,$$

其中 λ 是任意常数.记 $\boldsymbol{n}_2=(4+2\lambda,2+\lambda,3)$.依题意得方程组

$$\begin{cases} \dfrac{4+2\lambda}{2x_0}=\dfrac{2+\lambda}{2y_0}=\dfrac{3}{2z_0}=t, & (因\ \boldsymbol{n}_1 /\!/ \boldsymbol{n}_2) \\ (4+2\lambda)x_0+(2+\lambda)y_0+3z_0-6=0, & (因\ P_0\in切平面) \\ x_0^2+y_0^2+z_0^2=4, & (因\ P_0\in曲面) \end{cases}$$

解得 $t=\dfrac{3}{4},z_0=2$.再由最后一个方程知 $x_0=0,y_0=0$,故 $\lambda=-2$.所以,切点是 $P_0(0,0,2)$,切平面方程为 $z=2$.

例 9　求由方程 $2x^2+2y^2+z^2+8yz-z+8=0$ 所确定的隐函数 $z=z(x,y)$ 的极值.

解　由

$$\begin{cases} \dfrac{\partial z}{\partial x}=\dfrac{4x}{1-2z-8y}=0, \\[3mm] \dfrac{\partial z}{\partial y}=\dfrac{4(y+2z)}{1-2z-8y}=0 \end{cases}$$

解得 $x=0$ 与 $y+2z=0$,再代入原方程得

$$7z^2+z-8=0.$$

解此方程,得 $z=1$ 和 $z=-\dfrac{8}{7}$,从而可得 $y=-2$ 和 $y=\dfrac{16}{7}$.因此,隐函数 $z=z(x,y)$ 的驻点

为 $(0,-2)$ 和 $\left(0,\dfrac{16}{7}\right)$.

由 $\dfrac{\partial^2 z}{\partial x^2}=\dfrac{4}{1-2z-8y},\dfrac{\partial^2 z}{\partial x\partial y}=0,\dfrac{\partial^2 z}{\partial y^2}=\dfrac{4}{1-2z-8y}$ 可知,在驻点 $(0,-2)$ 和 $\left(0,\dfrac{16}{7}\right)$ 处有

$\Delta=AC-B^2>0$,故它们为极值点.又在点 $(0,-2)$ 处,$z=1$,有 $A=\dfrac{4}{15}>0$,所以 $(0,-2)$ 为极

小值点,极小值为 $z=1$;在点 $\left(0,\dfrac{16}{7}\right)$ 处,$z=-\dfrac{8}{7}$,有 $A=-\dfrac{4}{15}<0$,所以 $\left(0,\dfrac{16}{7}\right)$ 为极大值点,

极大值为 $z=-\dfrac{8}{7}$.

注 1　例 9 中所给的方程可改写成

$$2x^2+2(y+2z)^2=(z-1)(7z+8).$$

由左边 $\geqslant 0$ 可以推出右边 $=(z-1)(7z+8)\geqslant 0$,因此有 $z\leqslant-\dfrac{8}{7}$ 或 $z\geqslant 1$.

注 2　在空间直角坐标系下,例 9 中所给方程的图形是双叶双曲面,由两个不相连接的部分组成,其中一个开口向上,其最低点对应于极小值 $z=1$;另一个开口向下,其最高点对应于极大值 $z=-\dfrac{8}{7}$.

例 10　设常数 $\alpha,\beta,\gamma>0$,求函数 $f(x,y,z)=x^\alpha y^\beta z^\gamma (x,y,z>0)$ 在约束条件 $x+y+z=1$ 下的最大值.

解　为了计算简单,作辅助函数

$$g(x,y,z)=\ln f(x,y,z)=\alpha\ln x+\beta\ln y+\gamma\ln z.$$

因为函数 $\ln u$ 单调增加,所以只要考虑 $g(x,y,z)$ 的极值就可以求得 $f(x,y,z)$ 的极值.

作拉格朗日函数

$$L(x,y,z,\lambda)=\alpha\ln x+\beta\ln y+\gamma\ln z+\lambda(x+y+z-1).$$

其中 λ 为拉格朗日乘数.由极值的必要条件得方程组

$$
\begin{cases}
L_x(x,y,z,\lambda) = \dfrac{\alpha}{x} + \lambda = 0, \\[2mm]
L_y(x,y,z,\lambda) = \dfrac{\beta}{y} + \lambda = 0, \\[2mm]
L_z(x,y,z,\lambda) = \dfrac{\gamma}{z} + \lambda = 0, \\[2mm]
x + y + z = 1.
\end{cases}
$$

由前三个方程得 $x = -\dfrac{\alpha}{\lambda}, y = -\dfrac{\beta}{\lambda}, z = -\dfrac{\gamma}{\lambda}$，再代入最后一个方程得 $\lambda = -(\alpha + \beta + \gamma)$，所以有

$$
x = \frac{\alpha}{\alpha + \beta + \gamma}, \quad y = \frac{\beta}{\alpha + \beta + \gamma}, \quad z = \frac{\gamma}{\alpha + \beta + \gamma}.
$$

于是，$\left(\dfrac{\alpha}{\alpha + \beta + \gamma}, \dfrac{\beta}{\alpha + \beta + \gamma}, \dfrac{\gamma}{\alpha + \beta + \gamma}\right)$ 是 $g(x,y,z)$ 的唯一可能极值点.

由于该问题的最大值存在，所以该可能极值点就是 $f(x,y,z)$ 在约束条件 $x + y + z = 1$ 下的最大值点，从而所求的最大值为

$$
f_{\max} = \left(\frac{\alpha}{\alpha + \beta + \gamma}\right)^{\alpha} \left(\frac{\beta}{\alpha + \beta + \gamma}\right)^{\beta} \left(\frac{\gamma}{\alpha + \beta + \gamma}\right)^{\gamma}.
$$

注 特别地，当 $\alpha = \beta = \gamma = 1$ 时，有 $f_{\max} = \left(\dfrac{1}{3}\right)^3$，即当 $x + y + z = 1$ 且 $x,y,z > 0$ 时，有

$$
xyz \leqslant \left(\frac{1}{3}\right)^3.
$$

对于任意三个正数 a,b,c，只要令

$$
x = \frac{a}{a+b+c}, \quad y = \frac{b}{a+b+c}, \quad z = \frac{c}{a+b+c},
$$

就得到

$$
\frac{abc}{(a+b+c)^3} \leqslant \left(\frac{1}{3}\right)^3,
$$

即

$$
\sqrt[3]{abc} \leqslant \frac{a+b+c}{3}.
$$

这就是平均值不等式.

*例 11** 求向量值函数 $\boldsymbol{f}(u,v) = (u\cos v, u\sin v, v)$ 在点 $(1,\pi)$ 处的导数.

解 这里 $\boldsymbol{f}(u,v) = (f_1(u,v), f_2(u,v), f_3(u,v))$，其中

$$
f_1(u,v) = u\cos v, \quad f_2(u,v) = u\sin v, \quad f_3(u,v) = v,
$$

于是

$$f'(u,v) = \begin{pmatrix} \dfrac{\partial f_1}{\partial u} & \dfrac{\partial f_1}{\partial v} \\[2mm] \dfrac{\partial f_2}{\partial u} & \dfrac{\partial f_2}{\partial v} \\[2mm] \dfrac{\partial f_3}{\partial u} & \dfrac{\partial f_3}{\partial v} \end{pmatrix} = \begin{pmatrix} \cos v & -u\sin v \\ \sin v & u\cos v \\ 0 & 1 \end{pmatrix}, \quad f'(1,\pi) = \begin{pmatrix} -1 & 0 \\ 0 & -1 \\ 0 & 1 \end{pmatrix}.$$

第十章

重 积 分

重积分是定积分的概念向多元函数情形的推广,它有明确的物理背景以及广泛的应用价值.从一元函数的积分学中我们知道,定积分是某种特殊形式和式的极限.这种和式的极限推广到定义在闭区域、曲线弧及曲面上的多元函数的情形,便得到重积分、曲线积分及曲面积分的概念.本章主要介绍重积分(包括二重积分和三重积分)的概念、性质、计算方法及一些应用.

§10.1 重积分的概念与性质

一、重积分的概念

首先讨论两个实例,然后从中抽象出二重积分和三重积分的概念,并讨论它们的性质.

1. 计算曲顶柱体的体积

设有曲面 S:$z = f(x, y)$,其中 $f(x, y)$ 是平面有界闭区域 D 上的非负连续函数.以闭区域 D 为底,曲面 S 为顶,侧面是准线为闭区域 D 的边界、母线平行于 z 轴的柱面的立体,称为**曲顶柱体**[见图 10-1(a)].现在我们来讨论如何计算该曲顶柱体的体积 V.

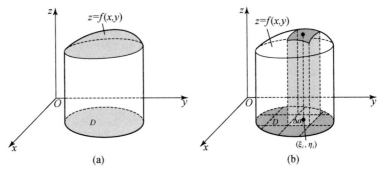

图 10-1

特殊地,若曲面 S 为水平面,则该曲顶柱体成为平顶柱体,其体积等于底面积与高的乘积.对于一般的曲顶柱体,当点 (x,y) 在闭区域 D 上变动时,高度 $f(x,y)$ 是变化的,因此不能直接用初等方法(底面积×高)计算其体积.联想用定积分计算曲边梯形面积的思路和方法,我们不难类似讨论曲顶柱体体积的计算问题.

(1) 分割.把闭区域 D 任意分成 n 个小闭区域

$$\Delta\sigma_1,\ \Delta\sigma_2,\ \cdots,\ \Delta\sigma_n,$$

并仍以 $\Delta\sigma_i(i=1,2,\cdots,n)$ 表示第 i 个小闭区域的面积.以每个小闭区域的边界为准线作母线平行于 z 轴的柱面[见图 10-1(b)],则该曲顶柱体被分成 n 个小曲顶柱体.记第 i 个小曲顶柱体的体积为 $\Delta V_i(i=1,2,\cdots,n)$,则所求的曲顶柱体体积为

$$V=\sum_{i=1}^{n}\Delta V_i.$$

(2) 近似.当这些小闭区域的直径[①]很小时,由于 $f(x,y)$ 连续,对同一小闭区域来说,$f(x,y)$ 变化很小,这时每个小曲顶柱体都可近似看成小平顶柱体.任取点 $P(\xi_i,\eta_i)\in\Delta\sigma_i$,第 i 个小曲顶柱体的体积近似为以 $f(\xi_i,\eta_i)$ 为高,$\Delta\sigma_i$ 为底的小平顶柱体的体积,即

$$\Delta V_i\approx f(\xi_i,\eta_i)\Delta\sigma_i,\quad i=1,2,\cdots,n.$$

(3) 求和.所求的曲顶柱体体积 V 近似为所有小平顶柱体的体积之和:

$$V=\sum_{i=1}^{n}\Delta V_i\approx\sum_{i=1}^{n}f(\xi_i,\eta_i)\Delta\sigma_i.$$

(4) 取极限.记 $\lambda_i(i=1,2,\cdots,n)$ 为小闭区域 $\Delta\sigma_i$ 的直径,$\lambda=\max\{\lambda_1,\lambda_2,\cdots,\lambda_n\}$ 为 n 个小闭区域直径的最大值.为了得到 V 的精确值,必须将分割无限加密(此时小曲顶柱体的个数 n 随之增加),使所有的这些小闭区域越来越小,并让每个小闭区域的直径都趋于 0.当 $\lambda\to0$ 时,从直观上可以看出,和式 $\sum\limits_{i=1}^{n}f(\xi_i,\eta_i)\Delta\sigma_i$ 的极限趋于所求的曲顶柱体体积 V,即

$$V=\lim_{\lambda\to0}\sum_{i=1}^{n}f(\xi_i,\eta_i)\Delta\sigma_i.$$

2. 求非均匀物体的质量

设一个物体所占据的空间有界闭区域为 Ω,该物体的密度 $\rho(x,y,z)$ 在闭区域 Ω 上连续,求该物体的质量 m.

由于该物体各点的密度不相同,所以不能直接用密度乘以体积的公式来计算该物体的质量 m.但是,我们可用上述求曲顶柱体体积的思路和方法来解决此问题.

(1) 分割.将闭区域 Ω 任意分成 n 个小闭区域

---

① 称 $d=\max\limits_{P_1,P_2\in\Omega}\{|P_1P_2|\}$ 为闭区域 Ω 的**直径**.

$$\Delta v_1, \Delta v_2, \cdots, \Delta v_n,$$

同时以 $\Delta v_i(i=1,2,\cdots,n)$ 表示第 i 个小闭区域的体积. 记第 i 个小闭区域对应的部分物体质量为 $\Delta m_i(i=1,2,\cdots,n)$，则所求的物体质量为

$$m = \sum_{i=1}^{n} \Delta m_i.$$

(2) 近似. 由于这些小闭区域的直径都很小，且 $\rho(x,y,z)$ 在 Ω 上连续，对每个小闭区域来说，$\rho(x,y,z)$ 变化很小，这时每个小闭区域对应的部分物体都可近似看作密度均匀的. 任取点 $P(\xi_i,\eta_i,\zeta_i) \in \Delta v_i$，则第 i 个小闭区域对应的部分物体的质量为

$$\Delta m_i \approx \rho(\xi_i,\eta_i,\zeta_i)\Delta v_i, \quad i=1,2,\cdots,n.$$

(3) 求和. 所求的物体质量 m 近似为 n 个小闭区域对应的均匀物体的质量之和：

$$m = \sum_{i=1}^{n} \Delta m_i \approx \sum_{i=1}^{n} \rho(\xi_i,\eta_i,\zeta_i)\Delta v_i.$$

(4) 取极限. 记 $\lambda_i(i=1,2,\cdots,n)$ 为小闭区域 Δv_i 的直径，$\lambda=\max\{\lambda_1,\lambda_2,\cdots,\lambda_n\}$ 为 n 个小闭区域直径的最大值. 为了得到 m 的精确值，让 $\lambda \to 0$，这时上述和式的极限趋于该物体的质量 m，即

$$m = \lim_{\lambda \to 0} \sum_{i=1}^{n} \rho(\xi_i,\eta_i,\zeta_i)\Delta v_i.$$

尽管上面两个问题的实际意义不同，但解决问题的思路和方法是一样的，所求的量最后都归结为具有同一结构的和式极限，并且在许多实际问题中也会遇到同样的情况. 因此，我们有必要撇开这类极限问题的实际背景，给出一个广泛、抽象的数学概念——重积分.

定义　设 Ω 表示平面 $\mathbf{R}^2$ 或空间 $\mathbf{R}^3$ 中的有界闭区域，$f(P)$ 是 Ω 上的有界函数. 将 Ω 任意分成 n 个小闭区域 $\Delta\Omega_1,\Delta\Omega_2,\cdots,\Delta\Omega_n$，同时以 $\Delta\Omega_i(i=1,2,\cdots,n)$ 作为第 i 个小闭区域的度量(面积或体积). 在小闭区域 $\Delta\Omega_i(i=1,2,\cdots,n)$ 上任取一点 P_i，作和式 $\sum_{i=1}^{n} f(P_i)\Delta\Omega_i$. 若当所有小闭区域直径的最大值 $\lambda \to 0$ 时，和式的极限 $\lim\limits_{\lambda \to 0}\sum_{i=1}^{n} f(P_i)\Delta\Omega_i$ 存在，则称 $f(P)$ 在 Ω 上**可积**，并称此极限值为 $f(P)$ 在 Ω 上的**重积分**.

(1) 若 Ω 表示平面有界闭区域，记为 D，$f(P)$ 为二元函数 $f(x,y)$，则称上述极限值称为**二重积分**，记作

$$\iint_{D} f(x,y)\mathrm{d}\sigma = \lim_{\lambda \to 0} \sum_{i=1}^{n} f(\xi_i,\eta_i)\Delta\sigma_i,$$

其中 $f(x,y)$ 称为**被积函数**，$f(x,y)\mathrm{d}\sigma$ 称为**被积表达式**，$\mathrm{d}\sigma$ 称为**面积微元**，x,y 称为**积分变量**，D 称为**积分区域**，(ξ_i,η_i) 为点 P_i，$\Delta\sigma_i$ 为 $\Delta\Omega_i(i=1,2,\cdots,n)$.

(2) 若 Ω 表示空间有界闭区域，$f(P)$ 为三元函数 $f(x,y,z)$，则称上述极限值称为**三重积分**，记作

$$\iiint_\Omega f(x,y,z)\mathrm{d}v = \lim_{\lambda \to 0}\sum_{i=1}^n f(\xi_i,\eta_i,\zeta_i)\Delta v_i,$$

其中 $f(x,y,z)$ 称为**被积函数**,$f(x,y,z)\mathrm{d}v$ 称为**被积表达式**,$\mathrm{d}v$ 称为**体积微元**,x,y,z 称为**积分变量**,Ω 称为**积分区域**,(ξ_i,η_i,ζ_i) 为点 P_i,Δv_i 为 $\Delta\Omega_i(i=1,2,\cdots,n)$.

由重积分的定义可知,前面实例中曲顶柱体的体积 V 可表示为二重积分:

$$V = \iint_D f(x,y)\mathrm{d}\sigma;$$

物体的质量 m 可表示为三重积分:

$$m = \iiint_\Omega \rho(x,y,z)\mathrm{d}v.$$

我们自然要问:什么样的函数 $f(P)$ 才是可积的呢? 换句话说,$f(P)$ 满足什么条件,它的重积分才存在? 这里我们不加证明地指出,当函数 $f(P)$ 在所讨论的有界闭区域 D(或 Ω)上连续,或只有有限个不连续点,或只在有限条曲线上不连续时,$f(P)$ 必是可积的,即二重积分 $\iint_D f(x,y)\mathrm{d}\sigma$(或三重积分 $\iiint_\Omega f(x,y,z)\mathrm{d}v$)必存在. 在以后讨论中,若没有特殊情况,我们总假定 $f(P)$ 在所讨论的有界闭区域 D(或 Ω)上是连续的,而不再加以说明.

二重积分 $\iint_D f(x,y)\mathrm{d}\sigma$ 具有明显的几何意义:如果在 D 上有 $f(x,y) \geqslant 0$,则该二重积分表示以 D 为底,曲面 $z = f(x,y)$ 为顶的曲顶柱体体积;如果在 D 上有 $f(x,y) \leqslant 0$,则该二重积分为负值,其绝对值等于以 D 为底,曲面 $z = f(x,y)$ 为顶的曲顶柱体体积(此时曲顶柱体在 Oxy 面下方);如果在 D 上 $f(x,y)$ 可正可负,则该二重积分表示 D 上各曲顶柱体体积的代数和(规定在 Oxy 面上方的曲顶柱体体积为正值,在 Oxy 面下方的曲顶柱体体积为负值).

例 1　设一个球缺所在球的半径为 R,它的高为 h,底圆半径为 a,试用二重积分将该球缺的体积 V 表示出来.

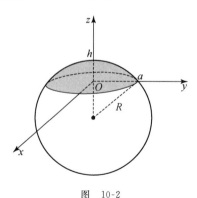

图　10-2

解　如图 10-2 所示建立坐标系,球心在 z 轴上,则球面方程为

$$x^2 + y^2 + [z-(h-R)]^2 = R^2.$$

该球缺可看作球被 Oxy 面所截得的上部分,其顶部就是函数 $z = h - R + \sqrt{R^2 - x^2 - y^2}$ 所表示的上半球面的一部分,底部是圆形闭区域 $D:x^2 + y^2 \leqslant a^2$. 由二重积分的几何意义得

$$V = \iint_D (h - R + \sqrt{R^2 - x^2 - y^2})\mathrm{d}\sigma.$$

例 2　利用二重积分的几何意义,计算二重积分

$$\iint\limits_{D} c\sqrt{1-\frac{x^2}{a^2}-\frac{y^2}{b^2}}\,\mathrm{d}\sigma(a,b,c>0), \quad \text{其中} \quad D: \frac{x^2}{a^2}+\frac{y^2}{b^2} \leqslant 1.$$

解 被积函数 $z=c\sqrt{1-\dfrac{x^2}{a^2}-\dfrac{y^2}{b^2}}$ 表示以原点为中心,a,b,c 为三个半轴的上半椭球面,

它与 Oxy 面的交线是 $\dfrac{x^2}{a^2}+\dfrac{y^2}{b^2}=1$,此交线所围成的闭区域为 D. 根据二重积分的几何意义

知,该二重积分表示上半椭球的体积,而椭球的体积为 $\dfrac{4}{3}\pi abc$,故

$$\iint\limits_{D} c\sqrt{1-\frac{x^2}{a^2}-\frac{y^2}{b^2}}\,\mathrm{d}\sigma = \frac{1}{2} \cdot \frac{4}{3}\pi abc = \frac{2}{3}\pi abc.$$

二、重积分的性质

重积分与定积分有类似的性质.下面以二重积分为例列出常用的性质(假设涉及的二重积分存在),其证明过程与定积分类似,这里略去.对于三重积分,也有相类似的性质,这里不再一一赘述.

性质 1(线性性质) 设 α,β 为常数,则

$$\iint\limits_{D}[\alpha f(x,y)+\beta g(x,y)]\mathrm{d}\sigma = \alpha\iint\limits_{D}f(x,y)\mathrm{d}\sigma + \beta\iint\limits_{D}g(x,y)\mathrm{d}\sigma.$$

性质 2(区域可加性) 若将有界闭区域 D 分为两部分,即 $D=D_1\bigcup D_2$,且闭区域 D_1 与 D_2 无公共内点,则

$$\iint\limits_{D}f(x,y)\mathrm{d}\sigma = \iint\limits_{D_1}f(x,y)\mathrm{d}\sigma + \iint\limits_{D_2}f(x,y)\mathrm{d}\sigma.$$

性质 3 若在有界闭区域 D 上有 $f(x,y)\equiv 1$,则

$$\iint\limits_{D}f(x,y)\mathrm{d}\sigma = \iint\limits_{D}\mathrm{d}\sigma = \sigma \quad (\sigma \text{ 为 } D \text{ 的面积}).$$

性质 4 若在有界闭区域 D 上有 $f(x,y)\geqslant\varphi(x,y)$,则

$$\iint\limits_{D}f(x,y)\mathrm{d}\sigma \geqslant \iint\limits_{D}\varphi(x,y)\mathrm{d}\sigma.$$

特别地,若在有界闭区域 D 上有 $f(x,y)\geqslant 0$,则

$$\iint\limits_{D}f(x,y)\mathrm{d}\sigma \geqslant 0.$$

因为 $-|f(x,y)|\leqslant f(x,y)\leqslant|f(x,y)|$,所以

$$\left|\iint\limits_{D}f(x,y)\mathrm{d}\sigma\right| \leqslant \iint\limits_{D}|f(x,y)|\mathrm{d}\sigma.$$

性质 5(估值不等式) 设 M 与 m 分别是函数 $f(x,y)$ 在有界闭区域 D 上的最大值和最

小值,σ 是 D 的面积,则

$$m\sigma \leqslant \iint\limits_{D} f(x,y)\mathrm{d}\sigma \leqslant M\sigma.$$

此性质可用来估计重积分的值所在的范围.

性质 6（二重积分的中值定理）　设函数 $f(x,y)$ 在有界闭区域 D 上连续,σ 为 D 的面积,则在 D 上至少存在一点 (ξ,η),使得

$$\iint\limits_{D} f(x,y)\mathrm{d}\sigma = f(\xi,\eta)\sigma.$$

证　由于 $f(x,y)$ 在有界闭区域 D 上连续,故 $f(x,y)$ 在 D 上取得其最大值 M 和最小值 m. 由性质 5 得

$$m\sigma \leqslant \iint\limits_{D} f(x,y)\mathrm{d}\sigma \leqslant M\sigma.$$

显然 $\sigma \neq 0$,因此

$$m \leqslant \frac{1}{\sigma}\iint\limits_{D} f(x,y)\mathrm{d}\sigma \leqslant M.$$

再由二元连续函数的介值定理知道,至少存在一点 $(\xi,\eta)\in D$,使得

$$\frac{1}{\sigma}\iint\limits_{D} f(x,y)\mathrm{d}\sigma = f(\xi,\eta).$$

上式两端乘以 σ,就得到所需证明的等式.

性质 7（二重积分的对称性）

（1）如果积分区域 D 关于 y 轴对称,$D_1 = \{(x,y)\,|\,(x,y)\in D, x\geqslant 0\}$,则

$$\iint\limits_{D} f(x,y)\mathrm{d}\sigma = \begin{cases} 0, & f(-x,y) = -f(x,y), \\ 2\iint\limits_{D_1} f(x,y)\mathrm{d}\sigma, & f(-x,y) = f(x,y); \end{cases}$$

（2）如果积分区域 D 关于 x 轴对称,$D_1 = \{(x,y)\,|\,(x,y)\in D, y\geqslant 0\}$,则

$$\iint\limits_{D} f(x,y)\mathrm{d}\sigma = \begin{cases} 0, & f(x,-y) = -f(x,y), \\ 2\iint\limits_{D_1} f(x,y)\mathrm{d}\sigma, & f(x,-y) = f(x,y); \end{cases}$$

（3）如果积分区域 D 关于原点对称,D_1 为 D 中关于原点对称的一半,则

$$\iint\limits_{D} f(x,y)\mathrm{d}\sigma = \begin{cases} 0, & f(-x,-y) = -f(x,y), \\ 2\iint\limits_{D_1} f(x,y)\mathrm{d}\sigma, & f(-x,-y) = f(x,y). \end{cases}$$

注　类似地,三重积分也有相应的对称性,其中需将性质 7 中积分区域关于坐标轴的对称性换成关于坐标面的对称性.

例 3　利用三重积分的性质,比较下列三重积分的大小:

$$\iiint\limits_{\Omega} e^{-(x^2+y^2+z^2)} \, dv \quad \text{和} \quad \iiint\limits_{\Omega} e^{-(x^3+y^3+z^3)} \, dv,$$

其中 Ω: $-1 \leqslant x \leqslant 1, -1 \leqslant y \leqslant 1, -1 \leqslant z \leqslant 1$.

解 对于任意的 $(x,y,z) \in \Omega$, 有 $x^3 \leqslant x^2, y^3 \leqslant y^2, z^3 \leqslant z^2$, 所以 $e^{-(x^3+y^3+z^3)} \geqslant e^{-(x^2+y^2+z^2)}$. 于是

$$\iiint\limits_{\Omega} e^{-(x^2+y^2+z^2)} \, dv \leqslant \iiint\limits_{\Omega} e^{-(x^3+y^3+z^3)} \, dv.$$

例 4 利用二重积分的性质估计二重积分 $\iint\limits_{D} (x^2+4y^2+9) d\sigma$ 的值, 其中 D: $x^2+y^2 \leqslant 4$.

解 **方法 1** 首先求 $f(x,y) = x^2+4y^2+9$ 在 D 上的最小值 m 和最大值 M. 由于 $\dfrac{\partial f}{\partial x} = 2x$, $\dfrac{\partial f}{\partial y} = 8y$, 令 $\dfrac{\partial f}{\partial x} = 0, \dfrac{\partial f}{\partial y} = 0$, 求得唯一驻点 $(0,0)$. 计算得 $f(0,0) = 9$. D 的边界为 $x^2+y^2 = 4$, 从而在 D 的边界上有

$$f(x,y) = x^2 + 4y^2 + 9 = 4 - y^2 + 4y^2 + 9 = 13 + 3y^2.$$

又因为 $0 \leqslant y^2 \leqslant 4$, 所以在 D 的边界上有 $13 \leqslant f(x,y) \leqslant 25$. 因此

$$M = \max\{9, 13, 25\} = 25, \quad m = \min\{9, 13, 25\} = 9,$$

从而

$$9\sigma \leqslant \iint\limits_{D} (x^2 + y^2 + 9) d\sigma \leqslant 25\sigma,$$

其中 σ 为 D 的面积. 而易知 $\sigma = 4\pi$, 故

$$36\pi \leqslant \iint\limits_{D} (x^2 + y^2 + 9) d\sigma \leqslant 100\pi.$$

方法 2 由二重积分的中值定理知, 在 D 上至少存在一点 $(\xi, \eta) \in D$, 使得

$$\iint\limits_{D} (x^2 + y^2 + 9) d\sigma = \iint\limits_{D} (x^2 + 4y^2 + 9) d\sigma = (\xi^2 + 4\eta^2 + 9)\sigma,$$

其中 $\sigma = 4\pi$, 且 $\xi^2 + \eta^2 \leqslant 4$ (因 D: $x^2 + y^2 \leqslant 4$). 由于

$$9 \leqslant \xi^2 + 4\eta^2 + 9 \leqslant 4(\xi^2 + \eta^2) + 9,$$

从而

$$9 \leqslant \xi^2 + 4\eta^2 + 9 \leqslant 16 + 9 = 25,$$

故

$$36\pi \leqslant \iint\limits_{D} (x^2 + y^2 + 9) d\sigma \leqslant 100\pi.$$

例 5 计算二重积分 $\iint\limits_{D} x \ln(y + \sqrt{1+y^2}) d\sigma$, 其中 D 由曲线 $y = 4 - x^2$ 与直线 $y = -3x$, $x = 1$ 所围成.

解 如图 10-3 所示, 作辅助线 $y = 3x$, 则积分区域 D 分为 D_1 和 D_2 两部分, 其中 D_1 关于 y 轴对称, D_2 关于 x 轴对称. 又因被积函数关于 x,y 均为奇函数, 故由性质 7 有

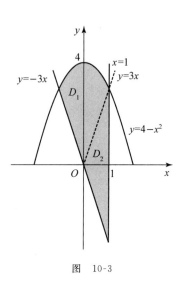

图　10-3

$$\iint\limits_{D} x\ln(y+\sqrt{1+y^2})\,\mathrm{d}\sigma$$

$$= \iint\limits_{D_1} x\ln(y+\sqrt{1+y^2})\,\mathrm{d}\sigma + \iint\limits_{D_2} x\ln(y+\sqrt{1+y^2})\,\mathrm{d}\sigma$$

$$= 0 + 0 = 0.$$

例 6　设闭区域 Ω：$x^2+y^2+z^2\leqslant a^2(z>0)$，$\Omega_1$ 为 Ω 在第一卦限的部分，$f(u)$ 是区间 $(-\infty,+\infty)$ 上连续、非负的偶函数，则有（　　　）.

(A) $\displaystyle\iiint\limits_{\Omega} xf(x)\,\mathrm{d}v = 4\iiint\limits_{\Omega_1} xf(x)\,\mathrm{d}v$

(B) $\displaystyle\iiint\limits_{\Omega} f(x+z)\,\mathrm{d}v = 4\iiint\limits_{\Omega_1} f(x+z)\,\mathrm{d}v$

(C) $\displaystyle\iiint\limits_{\Omega} f(x+y)\,\mathrm{d}v = 4\iiint\limits_{\Omega_1} f(x+y)\,\mathrm{d}v$

(D) $\displaystyle\iiint\limits_{\Omega} f(xyz)\,\mathrm{d}v = 4\iiint\limits_{\Omega_1} f(xyz)\,\mathrm{d}v$

解　应选(D). 因积分区域 Ω 关于 Ozx 面和 Oyz 面都对称，且(D)中的被积函数关于 x，y 均为偶函数，故由重积分的对称性知(D)正确；而(A)中的被积函数是关于 x 的奇函数，所以等式左端的三重积分为零，右端的三重积分大于零；(B)和(C)中的被积函数关于 x,y,z 均为非奇非偶函数，故都不正确.

习　题　10.1

1. 试用重积分表示下列空间闭区域的体积：

(1) 由三个坐标面与平面 $x+y+z=1$ 所围成的闭区域；

(2) 由曲线 $y=\sqrt{2z}$，$x=0$ 绕 z 轴旋转一周而成的旋转曲面与平面 $z=4$ 所围成的闭区域.

2. 判断二重积分 $\displaystyle\iint\limits_{D}\ln(x^2+y^2)\,\mathrm{d}\sigma$ 的正负号，其中 D 是由 x 轴与直线 $x=\dfrac{1}{2}$，$x+y=1$ 所围成的闭区域.

3. 利用重积分的几何意义及性质计算下列重积分：

(1) $\displaystyle\iint\limits_{D}\left[\sin(xy^2)+\sin(yx^2)\right]\mathrm{d}\sigma$，其中 $D=\{(x,y)\mid|x|\leqslant1,|y|\leqslant1\}$；

(2) $\displaystyle\iint\limits_{D} xyf(x^2+y^2)\,\mathrm{d}\sigma$，其中 D 是由曲线 $y=x^3$ 与直线 $y=1$，$x=-1$ 所围成的闭区域；

(3) $\displaystyle\iint\limits_{D}\sqrt{2x-x^2-y^2}\,\mathrm{d}\sigma$，其中 D：$x^2+y^2\leqslant2x$；

(4) $\iiint\limits_{\Omega} \mathrm{d}v$,其中 Ω:$\sqrt{x^2+y^2} \leqslant z \leqslant h$;

(5) $\iiint\limits_{\Omega}[x^3 e^z \ln(1+x^2)+y e^{y^2}+2]\mathrm{d}v$,其中 Ω:$x^2+y^2 \leqslant 1,|z| \leqslant 1$;

(6) $\iiint\limits_{\Omega} \dfrac{z\ln(x^2+y^2+z^2+1)}{x^2+y^2+z^2+1}\mathrm{d}v$,其中 Ω:$x^2+y^2+z^2 \leqslant 1$.

4. 估计下列重积分的值所在的范围:

(1) $\iint\limits_{|x|+|y|\leqslant 10} \dfrac{1}{100+\cos^2 x+\cos^2 y}\mathrm{d}\sigma$;

(2) $\iiint\limits_{\Omega}(1+x+y)^z \mathrm{d}v$,其中 Ω:$x^2+y^2+z^2 \leqslant 1, x,y,z \geqslant 0$.

5. 比较下列重积分的大小:

(1) $\iint\limits_{D} \sin^2(x+y)\mathrm{d}\sigma$ 与 $\iint\limits_{D}(x+y)^2 \mathrm{d}\sigma$,其中 D 是平面上的任一有界闭区域;

(2) $\iiint\limits_{\Omega}(x+y+z)^2 \mathrm{d}v$ 和 $\iiint\limits_{\Omega}(x+y+z)^3 \mathrm{d}v$,其中 Ω 是由三个坐标面与平面 $x+y+z=1$ 所围成的闭区域.

§10.2 二重积分的计算

一、利用直角坐标计算二重积分

设函数 $f(x,y)$ 在有界闭区域 D 上可积. 在直角坐标系下用平行于坐标轴的直线网来分割 D,那么除了包含边界点的一些小闭区域外,其余的小闭区域都是矩形闭区域(见图 10-4). 设小矩形闭区域 $\Delta\sigma_i$ 的边长为 Δx_i 和 Δy_i,则该小矩形闭区域的面积为 $\Delta\sigma_i=\Delta x_i \Delta y_i$. 因此,在直角坐标系中,也把面积微元 $\mathrm{d}\sigma$ 记作 $\mathrm{d}x\mathrm{d}y$,而把 $f(x,y)$ 在 D 上的二重积分记作

$$\iint\limits_{D} f(x,y)\mathrm{d}x\mathrm{d}y,$$

其中 $\mathrm{d}x\mathrm{d}y$ 叫作**直角坐标系中的面积微元**.

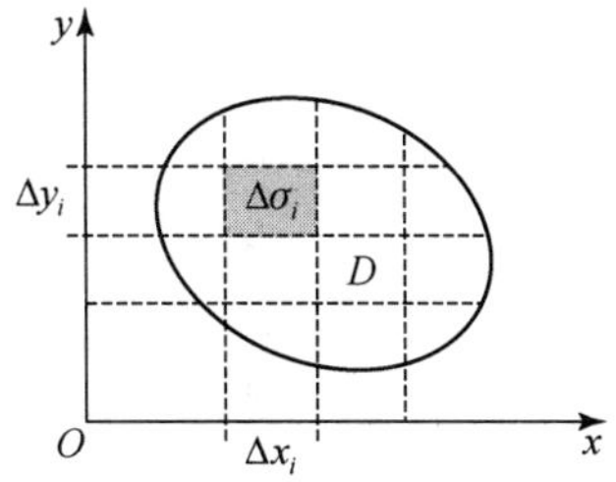

图 10-4

为了计算二重积分,考虑积分区域 D 的两种基本图形:

X 型区域 如果积分区域 D 可以用不等式表示为

$$D:y_1(x) \leqslant y \leqslant y_2(x), a \leqslant x \leqslant b \tag{1}$$

[见图 10-5(a),(b)],其中 $y_1(x),y_2(x)$ 在区间$[a,b]$上连续,则称 D 为 X 型区域.

Y 型区域 如果积分区域 D 可以用不等式表示为

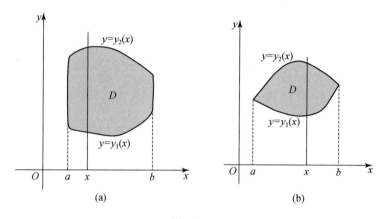

图　10-5

$$D: x_1(y) \leqslant x \leqslant x_2(y), c \leqslant y \leqslant d \qquad\qquad (2)$$

[见图 10-6(a),(b)],其中 $x_1(y), x_2(y)$ 在区间$[c,d]$上连续,则称 D 为 Y 型区域.

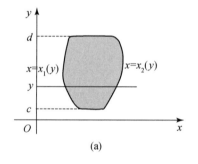

(a)

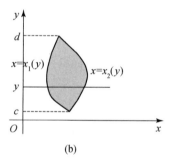

(b)

图　10-6

首先假定 $f(x,y) \geqslant 0$,且积分区域 D 是形如(1)式的 X 型区域.由二重积分几何意义

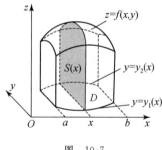

图　10-7

知,$\iint\limits_{D} f(x,y)\mathrm{d}x\mathrm{d}y$ 的值等于以 D 为底,曲面 $z=f(x,y)$ 为顶的曲顶柱体体积.我们借助定积分来计算这个曲顶柱体的体积.如图 10-7 所示,通过区间$[a,b]$上任一点 x 且平行于 Oyz 面的平面截该曲顶柱体所得的截面面积为

$$S(x) = \int_{y_1(x)}^{y_2(x)} f(x,y)\mathrm{d}y,$$

再由"已知平行截面面积的立体体积"的求法,得到该曲顶柱体的体积

$$V = \int_a^b S(x)\,dx = \int_a^b \left[\int_{y_1(x)}^{y_2(x)} f(x,y)\,dy \right] dx$$

$$\xlongequal{\text{记为}} \int_a^b dx \int_{y_1(x)}^{y_2(x)} f(x,y)\,dy,$$

于是

$$\iint\limits_D f(x,y)\,dx\,dy = \int_a^b dx \int_{y_1(x)}^{y_2(x)} f(x,y)\,dy. \tag{3}$$

公式(3)右端称为先对 y、再对 x 的**累次积分**(或**二次积分**).公式(3)表明, $\iint\limits_D f(x,y)\,dx\,dy$ 可化成先对 y、再对 x 的累次积分.

类似地,当积分区域 D 是形如(2)式的 Y 型区域时,二重积分 $\iint\limits_D f(x,y)\,d\sigma$ 可化成先对 x、再对 y 的累次积分:

$$\iint\limits_D f(x,y)\,dx\,dy = \int_c^d \left[\int_{x_1(y)}^{x_2(y)} f(x,y)\,dx \right] dy \xlongequal{\text{记为}} \int_c^d dy \int_{x_1(y)}^{x_2(y)} f(x,y)\,dx. \tag{4}$$

在上面讨论中事先假定了 $f(x,y) \geqslant 0$,但实际上公式(3)和(4)的成立并不受此限制.这是因为,可以令

$$f_1(x,y) = \frac{f(x,y) + |f(x,y)|}{2}, \quad f_2(x,y) = \frac{|f(x,y)| - f(x,y)}{2},$$

则 $f_1(x,y) \geqslant 0$, $f_2(x,y) \geqslant 0$ 均非负,且 $f(x,y) = f_1(x,y) - f_2(x,y)$.由二重积分的性质1有

$$\iint\limits_D f(x,y)\,dx\,dy = \iint\limits_D f_1(x,y)\,dx\,dy - \iint\limits_D f_2(x,y)\,dx\,dy.$$

因此,上面讨论的化二重积分为累次积分的方法对于一般函数仍然成立.

注 1 以上两种积分区域 D 都满足条件:通过 D 的内部且平行于 x 轴或 y 轴的直线与 D 的边界相交不多于两点(见图 10-5 或图 10-6).如果 D 不满足这一条件,可将 D 分成若干部分,使其每一部分都符合这一条件(见图 10-8,这时将 D 分成 D_1, D_2, D_3 三部分),再利用二重积分的性质 2 计算所求的二重积分.

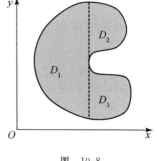

图 10-8

注 2 在用公式(3)和(4)计算二重积分时,往往需要借助积分区域 D 的图形,写出 D 的不等式组表达式,从而确定累次积分的上、下限,这是计算二重积分的关键.具体的方法是:以 X 型区域为例,将积分区域 D 向 x 轴投影,得到投影区间 $a \leqslant x \leqslant b$,任取点 $x \in (a,b)$,过点 x 作一条平行于 y 轴的直线(见图 10-5)自下而上穿过 D 内部,则穿入点和穿出点的纵坐

标 $y_1(x), y_2(x)$ 就构成 D 上任意点处 y 坐标的下、上界,这样 D 就表示成

$$D = \{(x,y) \mid y_1(x) \leqslant y \leqslant y_2(x), a \leqslant x \leqslant b\}.$$

于是,二重积分就化为累次积分:

$$\iint\limits_{D} f(x,y) \mathrm{d}x\mathrm{d}y = \int_a^b \mathrm{d}x \int_{y_1(x)}^{y_2(x)} f(x,y)\mathrm{d}y.$$

当 D 为 Y 型区域时,化二重积分为累次积分的方法类似. 累次积分的上、下限一定要满足"下限≤上限",即每次积分或是"从左向右积分",或是"从下向上积分".

注 3　不论用哪种积分次序,所得的二重积分值都相同,因为它们都等于同一个二重积分.

例 1　计算二重积分 $I = \iint\limits_{D} xy\mathrm{d}x\mathrm{d}y$,其中 D 是由抛物线 $x = y^2$ 与 $x^2 = 6 - 5y$ 所围成的闭区域.

解　先画出积分区域 D 的图形(见图 10-9),再观察 D 及被积函数 $f(x,y) = xy$. 从 D 的形状看,应先对 x 积分;从 $f(x,y)$ 看,先对哪个变量积分都一样. 因此,选择先对 x 积分.

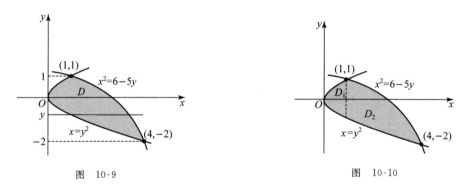

图　10-9　　　　　　　图　10-10

将 D 向 y 轴投影,得 $-2 \leqslant y \leqslant 1$. 任取点 $y \in (-2,1)$,过点 y 作一条平行于 x 轴的直线自左而右穿过 D 内部,则穿入点及穿出点的横坐标分别为 $y^2, \sqrt{6-5y}$,于是 D 的不等式组表达式为

$$D: y^2 \leqslant x \leqslant \sqrt{6-5y}, -2 \leqslant y \leqslant 1.$$

所以,由公式(4)有

$$I = \int_{-2}^1 \mathrm{d}y \int_{y^2}^{\sqrt{6-5y}} xy\mathrm{d}x = \frac{1}{2} \int_{-2}^1 y(6 - 5y - y^4)\mathrm{d}y$$

$$= \frac{1}{2} \left(3y^2 - \frac{5}{3}y^3 - \frac{1}{6}y^6 \right) \Big|_{-2}^1 = -\frac{27}{4}.$$

本例若选择先对 y 积分,需将 D 分成 D_1, D_2 两部分(见图 10-10),其中

$$D_1: -\sqrt{x} \leqslant y \leqslant \sqrt{x}, 0 \leqslant x \leqslant 1; \quad D_2: -\sqrt{x} \leqslant y \leqslant \frac{1}{5}(6 - x^2), 1 \leqslant x \leqslant 4.$$

由公式(3)得

$$I = \int_0^1 dx \int_{-\sqrt{x}}^{\sqrt{x}} xy\,dy + \int_1^4 dx \int_{-\sqrt{x}}^{\frac{1}{5}(6-x^2)} xy\,dy = -\frac{27}{4}.$$

显然,这时计算 I 相比先对 x 积分时麻烦.

例 2 计算二重积分 $\iint\limits_D \dfrac{y\sin x}{x}d\sigma$,其中 D 是由抛物线 $y^2=x$ 与直线 $y=x$ 所围成的闭区域.

解 求得抛物线 $y^2=x$ 与直线 $y=x$ 的交点为 $(0,0),(1,1)$.画出积分区域 D,如图 10-11 所示,它可表示为

$$D: x \leqslant y \leqslant \sqrt{x}, 0 \leqslant x \leqslant 1.$$

由公式(3)得

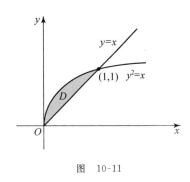

$$\iint\limits_D \frac{y\sin x}{x}d\sigma = \int_0^1 dx \int_x^{\sqrt{x}} \frac{y\sin x}{x}dy = \int_0^1 \frac{\sin x}{x} \cdot \frac{y^2}{2}\Big|_x^{\sqrt{x}} dx$$

$$= \frac{1}{2}\int_0^1 (1-x)\sin x\,dx$$

$$= \frac{1}{2}\big[-(1-x)\cos x - \sin x\big]\big|_0^1$$

$$= \frac{1}{2}(1-\sin 1).$$

图 10-11

如果利用公式(4),则有

$$\iint\limits_D \frac{y\sin x}{x}d\sigma = \int_0^1 dy \int_{y^2}^y \frac{y\sin x}{x}dx.$$

由于 $\dfrac{\sin x}{x}$ 的原函数不是初等函数,所以这时的累次积分无法计算.

以上两例说明,在二重积分的计算中,积分次序的选取是十分重要的.选取积分次序时要考虑两个因素:被积函数和积分区域.其原则是:

(1) 使所选定积分次序的累次积分能计算.若遇到无法计算时,就要考虑交换积分次序.

(2) 使积分区域尽量不分块或少分块,计算过程尽量简单.

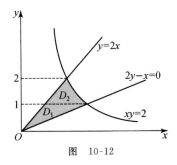

图 10-12

例 3 计算二重积分 $\iint\limits_D \dfrac{x}{y}dxdy$,其中 D 为由曲线 $xy=2$ 与直线 $y=2x, 2y-x=0$ 所围成的闭区域在第一象限部分.

解 画出积分区域 D 的图形(见图 10-12 中阴影部分).从积分区域 D 的形状看,先对哪个变量积分都需将 D 分成两部分.从被积函数 $f(x,y)=\dfrac{x}{y}$ 看,若先对 y 积分,积分计算比较麻烦,因而选择先对 x 积分.将 D 分成 D_1, D_2 两部分

(见图 10-12),其中

$$D_1: \frac{y}{2} \leqslant x \leqslant 2y, 0 \leqslant y \leqslant 1;$$

$$D_2: \frac{y}{2} \leqslant x \leqslant \frac{2}{y}, 1 \leqslant y \leqslant 2.$$

于是

$$\iint\limits_{D} \frac{x}{y} dx dy = \int_0^1 dy \int_{y/2}^{2y} \frac{x}{y} dx + \int_1^2 dy \int_{y/2}^{2/y} \frac{x}{y} dx = \int_0^1 \frac{1}{2y} \cdot x^2 \Big|_{y/2}^{2y} dy + \int_1^2 \frac{1}{2y} \cdot x^2 \Big|_{y/2}^{2/y} dy$$

$$= \int_0^1 \frac{15}{8} y dy + \int_1^2 \left(\frac{2}{y^3} - \frac{y}{8}\right) dy = \frac{15}{16} y^2 \Big|_0^1 + \left(-\frac{1}{y^2} - \frac{y^2}{16}\right)\Big|_1^2 = \frac{3}{2}.$$

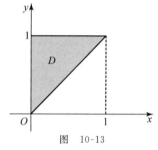

图 10-13

例 4 求累次积分 $\int_0^1 x^2 dx \int_x^1 e^{-y^2} dy$.

解 由于 $\int e^{-y^2} dy$ 不能表示成初等函数,所以必须改变积分次序. 由题设的累次积分知积分区域(见图 10-13)为

$$D: x \leqslant y \leqslant 1, 0 \leqslant x \leqslant 1.$$

改积分次序为先对 x、再对 y 积分,则

$$D: 0 \leqslant x \leqslant y, 0 \leqslant y \leqslant 1.$$

故

$$\int_0^1 x^2 dx \int_x^1 e^{-y^2} dy = \iint\limits_{D} x^2 e^{-y^2} d\sigma = \int_0^1 e^{-y^2} dy \int_0^y x^2 dx = \frac{1}{3} \int_0^1 y^3 e^{-y^2} dy$$

$$= \frac{1}{6} \int_0^1 y^2 e^{-y^2} dy^2 \xrightarrow{\text{令 } y^2 = t} \frac{1}{6} \int_0^1 t e^{-t} dt = -\frac{1}{6} \int_0^1 t d e^{-t}$$

$$= -\frac{1}{6} (t+1) e^{-t} \Big|_0^1 = \frac{1}{6} - \frac{1}{3e}.$$

对于累次积分,由例 4 可以归纳出如下改变积分次序的步骤:

(1) 由所给累次积分写出积分区域 D 的不等式组表达式,最好画出 D 的图形;

(2) 将 D 按照选定的积分次序重新用不等式组来表示,并写出新积分次序下的累次积分.

例 5 求两个底面半径都等于 R 的直交圆柱面所围成的立体体积.

解 把立体的体积表示为二重积分要确定两个因素:一是积分区域,二是被积函数. 积分区域是立体在 Oxy 面上的投影区域,它是包围立体的各边界曲面的交线在 Oxy 面上的投影曲线所围成的闭区域.

设这两个直交圆柱面的方程分别为

$$x^2 + y^2 = R^2, \quad x^2 + z^2 = R^2.$$

因为这两个直交圆柱面所围成的立体关于坐标面对称,所以其体积是在第一卦限部分(见

图 10-14)体积的 8 倍. 由二重积分的几何意义,该立体在第一卦限部分可以看成底为 $D = \{(x,y) \mid 0 \leqslant y \leqslant \sqrt{R^2 - x^2}, 0 \leqslant x \leqslant R\}$,顶为曲面 $z = \sqrt{R^2 - x^2}$ 的曲顶柱体,故其体积为

$$V_1 = \iint\limits_D \sqrt{R^2 - x^2}\,\mathrm{d}x\mathrm{d}y = \int_0^R \mathrm{d}x \int_0^{\sqrt{R^2 - x^2}} \sqrt{R^2 - x^2}\,\mathrm{d}y$$

$$= \int_0^R (R^2 - x^2)\,\mathrm{d}x = \frac{2}{3}R^3.$$

于是,所求的立体体积为

$$V = 8V_1 = \frac{16}{3}R^3.$$

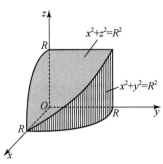

图　10-14

例 6　设函数 $f(x,y)$ 在 D 上连续,且 $f(x,y) = xy + \iint\limits_D f(u,v)\mathrm{d}u\mathrm{d}v$,其中 D 是由抛物线 $y = x^2$ 与直线 $y = 0, x = 1$ 所围成的闭区域,求 $f(x,y)$.

解　因 $\iint\limits_D f(u,v)\mathrm{d}u\mathrm{d}v$ 为一个常数,故可令

$$\iint\limits_D f(u,v)\mathrm{d}u\mathrm{d}v = C \quad (C\ \text{为待定常数}),$$

则

$$f(x,y) = xy + C.$$

在 D 上对等式两端求二重积分,得

$$\iint\limits_D f(x,y)\mathrm{d}x\mathrm{d}y = \iint\limits_D xy\,\mathrm{d}x\mathrm{d}y + C\iint\limits_D \mathrm{d}x\mathrm{d}y.$$

而积分区域 D 如图 10-15 所示,即

$$D: 0 \leqslant y < x^2, 0 \leqslant x \leqslant 1,$$

于是

$$\iint\limits_D xy\,\mathrm{d}x\mathrm{d}y = \int_0^1 \mathrm{d}x \int_0^{x^2} xy\,\mathrm{d}y = \int_0^1 x \cdot \frac{y^2}{2}\Big|_0^{x^2}\,\mathrm{d}x = \frac{1}{12},$$

$$\iint\limits_D \mathrm{d}x\mathrm{d}y = \int_0^1 \mathrm{d}x \int_0^{x^2} \mathrm{d}y = \int_0^1 x^2\,\mathrm{d}x = \frac{1}{3}x^3\Big|_0^1 = \frac{1}{3}.$$

因此,有

$$C = \frac{1}{12} + C\frac{1}{3}, \quad 即 \quad C = \frac{1}{8}.$$

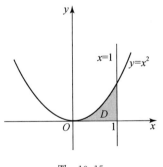

图　10-15

故

$$f(x,y) = xy + \frac{1}{8}.$$

二、利用极坐标计算二重积分

下面考虑在极坐标系下如何计算二重积分 $\iint\limits_{D} f(x,y)\mathrm{d}\sigma$.

引入极坐标变换：

$$x = r\cos\theta, \ y = r\sin\theta, \quad r \geqslant 0, \ 0 \leqslant \theta \leqslant 2\pi.$$

这时极坐标系的极点、极轴分别与直角坐标系的原点、x 轴正半轴重合. 在极坐标系下，方程 $r = r_0$（常数 $r_0 > 0$）表示圆，方程 $\theta = \theta_0$（常数 $\theta_0 > 0$）表示射线.

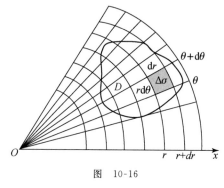

图　10-16

用以极点为圆心的同心圆和射线组成的网无限分割积分区域 D. 由微元法，任取一个小闭区域 $\Delta\sigma$，它可近似视为小矩形闭区域，其中小矩形闭区域的一边长为 Δr，另一边长约为 $r\mathrm{d}\theta$（按圆弧长度计算），因而小闭区域 $\Delta\sigma$ 的面积为 $\Delta\sigma \approx r\mathrm{d}r\mathrm{d}\theta$，所以极坐标系中的面积微元为 $\mathrm{d}\sigma = r\mathrm{d}r\mathrm{d}\theta$（见图 10-16）. 又由于被积函数 $f(x,y) = f(r\cos\theta, r\sin\theta)$，从而有

$$\iint\limits_{D} f(x,y)\mathrm{d}\sigma = \iint\limits_{D} f(r\cos\theta, r\sin\theta)r\mathrm{d}r\mathrm{d}\theta.$$

这里我们把 (r,θ) 看作同一平面上点 (x,y) 的极坐标表示，所以上式右端的积分区域仍然记作 D. 上式表明，要把二重积分中的变量从直角坐标变换到极坐标，只要把被积函数中的 x, y 分别换成 $r\cos\theta, r\sin\theta$，并把直角坐标系下的面积微元 $\mathrm{d}x\mathrm{d}y$ 换成极坐标系下的面积微元 $r\mathrm{d}r\mathrm{d}\theta$ 即可.

类似于用直角坐标计算二重积分，用极坐标计算二重积分的关键是用关于极坐标的不等式组把积分区域 D 表示出来. 其方法是：自极点 O 出发，画一条射线穿过积分区域 D 的内部，交边界于两点：穿入点和穿出点；记穿入点与穿出点的极径分别为 $r_1(\theta), r_2(\theta)$，若积分区域 D 夹在射线 $\theta = \alpha$ 和 $\theta = \beta$ 之间，则积分区域 D 就可表示为

$$D = \{(r,\theta) \mid r_1(\theta) \leqslant r \leqslant r_2(\theta), \ \alpha \leqslant \theta \leqslant \beta\}.$$

在极坐标系下把累重积分化为累次积分时，通常是先对 r、再对 θ 积分. 下面对三种情形的积分区域给出极坐标系下二重积分的计算公式.

（1）极点在积分区域 D 的外部，如图 10-17 所示. 这时，D 可以用不等式组

$$r_1(\theta) \leqslant r \leqslant r_2(\theta), \quad \alpha \leqslant \theta \leqslant \beta$$

来表示，则极坐标系下的二重积分可按照如下公式化为累次积分：

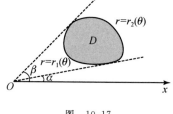

图　10-17

$$\iint\limits_D f(r\cos\theta, r\sin\theta) r \mathrm{d}r\mathrm{d}\theta = \int_\alpha^\beta \mathrm{d}\theta \int_{r_1(\theta)}^{r_2(\theta)} f(r\cos\theta, r\sin\theta) r \mathrm{d}r. \tag{5}$$

（2）极点在积分区域 D 的边界上，如图 10-18 所示. 这时，D 可用不等式组

$$0 \leqslant r \leqslant r(\theta), \quad \alpha \leqslant \theta \leqslant \beta$$

来表示，则极坐标系下的二重积分可按照如下公式化为累次积分：

$$\iint\limits_D f(r\cos\theta, r\sin\theta) r \mathrm{d}r\mathrm{d}\theta = \int_\alpha^\beta \mathrm{d}\theta \int_0^{r(\theta)} f(r\cos\theta, r\sin\theta) r \mathrm{d}r. \tag{6}$$

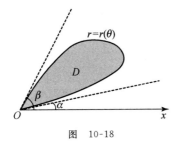

图 10-18

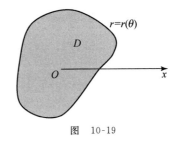

图 10-19

（3）极点在积分区域 D 的内部，如图 10-19 所示. 这时，D 由曲线 $r = r(\theta)$ 围成，它可表示为

$$0 \leqslant r \leqslant r(\theta), \quad 0 \leqslant \theta \leqslant 2\pi,$$

则极坐标系下的二重积分可按照如下公式化为累次积分：

$$\iint\limits_D f(r\cos\theta, r\sin\theta) r \mathrm{d}r\mathrm{d}\theta = \int_0^{2\pi} \mathrm{d}\theta \int_0^{r(\theta)} f(r\cos\theta, r\sin\theta) r \mathrm{d}r.$$

若积分区域的边界由圆弧、射线构成，被积函数也容易用极坐标表示，则可考虑用极坐标来计算二重积分.

例 7 计算二重积分 $\iint\limits_D \sqrt{R^2 - x^2 - y^2}\,\mathrm{d}x\mathrm{d}y$，其中 $D: x^2 + y^2 \leqslant R^2, 0 \leqslant y \leqslant x, x \geqslant 0$.

解 积分区域 D 如图 10-20 所示. 圆 $x^2 + y^2 = R^2$ 的极坐标方程为 $r = R\ (0 \leqslant \theta \leqslant 2\pi)$，从而 D 可表示为

$$0 \leqslant r \leqslant R, \quad 0 \leqslant \theta \leqslant \frac{\pi}{4}.$$

由公式（6）得

$$\iint\limits_D \sqrt{R^2 - x^2 - y^2}\,\mathrm{d}x\mathrm{d}y = \iint\limits_D \sqrt{R^2 - r^2}\, r \mathrm{d}r\mathrm{d}\theta$$

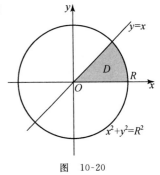

图 10-20

$$= \int_0^{\pi/4} \mathrm{d}\theta \int_0^R r\sqrt{R^2 - r^2}\,\mathrm{d}r$$

$$= -\frac{\pi}{8} \cdot \frac{2}{3}\sqrt{(R^2 - r^2)^3}\,\Big|_0^R = \frac{\pi}{12}R^3.$$

例 8　计算二重积分 $\iint\limits_{D}(x^2+y^2)\mathrm{d}\sigma$,其中 $D\colon\sqrt{2x-x^2}\leqslant y\leqslant\sqrt{4-x^2}$.

解　积分区域 D 如图 10-21 所示. 当 θ 在 $\left(0,\dfrac{\pi}{2}\right)$ 内固定时,以极点 O 为起点作极角为 θ 的射线,这一射线与 D 的边界 $r=2\cos\theta,r=2\left(0\leqslant\theta\leqslant\dfrac{\pi}{2}\right)$ 相交,并从 $r=2\cos\theta$ 穿入 D,从 $r=2$ 穿出 D. 极点 O 虽在 D 的边界上,但 θ 在 $\left(0,\dfrac{\pi}{2}\right)$ 内时射线并不从极点 O 进入 D. 所以,D 的极坐标表示是 $0\leqslant\theta\leqslant\dfrac{\pi}{2},2\cos\theta\leqslant r\leqslant2$,而不是 $0\leqslant\theta\leqslant\dfrac{\pi}{2},0\leqslant r\leqslant2$. 因此,我们不能因为极点 O 在积分域的边界上,就误认为对 r 积分的下限是 0.

由公式(5)得

$$\int_0^{\pi/2}\mathrm{d}\theta\int_{2\cos\theta}^2 r^3\mathrm{d}r=4\int_0^{\pi/2}(1-\cos^4\theta)\mathrm{d}\theta=\frac{5}{4}\pi.$$

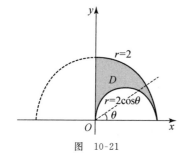

图 10-21

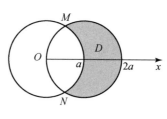

图 10-22

例 9　求位于圆 $x^2+y^2=a^2(a>0)$ 以外、圆 $x^2+y^2=2ax$ 以内的闭区域 D 的面积.

解　圆 $x^2+y^2=a^2$ 和 $x^2+y^2=2ax$ 的极坐标方程分别为 $r=a$ 和 $r=2a\cos\theta$. 联立方程组,求这两个圆的交点:

$$\begin{cases}r=a,\\r=2a\cos\theta\end{cases}\Longrightarrow\cos\theta=\frac{1}{2}\Longrightarrow\theta=\frac{\pi}{3},\frac{5\pi}{3},$$

得交点 $M\left(a,\dfrac{\pi}{3}\right),N\left(a,\dfrac{5\pi}{3}\right)$(见图 10-22). 由 D 的对称性,D 的面积为它在极轴上方部分 D_1 的面积的 2 倍. 而

$$D_1=\left\{(r,\theta)\,\Big|\,0\leqslant\theta\leqslant\frac{\pi}{3},a\leqslant r\leqslant2a\cos\theta\right\}$$

故由公式(5)得所求的面积为

$$S=2\iint\limits_{D_1}\mathrm{d}\sigma=2\iint\limits_{D_1}r\mathrm{d}r\mathrm{d}\theta=2\int_0^{\pi/3}\mathrm{d}\theta\int_a^{2a\cos\theta}r\mathrm{d}r$$

$$=a^2\int_0^{\pi/3}(2\cos2\theta+1)\mathrm{d}\theta=a^2\left(\frac{\sqrt{3}}{2}+\frac{\pi}{3}\right).$$

例 10　设函数 $f(u)$ 可微,且 $f(0)=0$,求极限 $\lim\limits_{t\to 0}\dfrac{1}{\pi t^3}\iint\limits_{x^2+y^2\leqslant t^2}f(\sqrt{x^2+y^2})\mathrm{d}x\mathrm{d}y$ $(t>0)$.

解　$\lim\limits_{t\to 0}\dfrac{1}{\pi t^3}\iint\limits_{x^2+y^2\leqslant t^2}f(\sqrt{x^2+y^2})\mathrm{d}x\mathrm{d}y=\lim\limits_{t\to 0}\dfrac{1}{\pi t^3}\int_0^{2\pi}\mathrm{d}\theta\int_0^t f(r)r\mathrm{d}r$

$$=\lim\limits_{t\to 0}\dfrac{2\pi}{\pi t^3}\int_0^t f(r)r\mathrm{d}r=\lim\limits_{t\to 0}\dfrac{2\int_0^t f(r)r\mathrm{d}r}{t^3}=\lim\limits_{t\to 0}\dfrac{2f(t)t}{3t^2}$$

$$=\dfrac{2}{3}\lim\limits_{t\to 0}\dfrac{f(t)}{t}=\dfrac{2}{3}\lim\limits_{t\to 0}\dfrac{f(t)-f(0)}{t-0}=\dfrac{2}{3}f'(0).$$

例 11　计算二重积分 $I=\iint\limits_{D}\mathrm{e}^{-x^2-y^2}\mathrm{d}x\mathrm{d}y$,其中 $D:x^2+y^2\leqslant a^2(a>0)$.

解　积分区域 D 如图 10-23 所示.因为 D 关于 x 轴和 y 轴都对称,且被积函数 $f(x,y)=\mathrm{e}^{-x^2-y^2}$ 对于 x,y 都是偶函数,所以由二重积分的对称性有

$$I=4\iint\limits_{D_1}\mathrm{e}^{-x^2-y^2}\mathrm{d}x\mathrm{d}y,$$

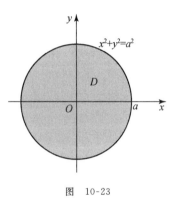

图　10-23

其中 $D_1:0\leqslant r\leqslant a,0\leqslant\theta\leqslant\dfrac{\pi}{2}$,它是 D 在第一象限的部分.利用极坐标计算且由公式(6),得

$$I=4\iint\limits_{D_1}\mathrm{e}^{-r^2}r\mathrm{d}r\mathrm{d}\theta=4\int_0^{\pi/2}\mathrm{d}\theta\int_0^a\mathrm{e}^{-r^2}r\mathrm{d}r=\pi(1-\mathrm{e}^{-a^2}).$$

例 11 如果采用直角坐标来计算,则会遇到不定积分 $\int\mathrm{e}^{-x^2}\mathrm{d}x$,它不能用初等函数来表示,因而无法计算.由此可见利用极坐标计算二重积分的优越性.

另外,由上面几个例题可以看到,当被积函数形如 $f(x^2+y^2)$,积分区域为圆形、圆环形或扇形闭区域时,利用极坐标计算二重积分往往比较简单.

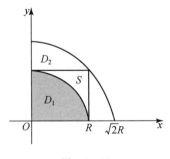

图　10-24

利用例 11 的结果可求出著名的概率积分

$$I=\int_0^{+\infty}\mathrm{e}^{-x^2}\mathrm{d}x.$$

如图 10-24 所示,设

$$D_1=\{(x,y)\mid x^2+y^2\leqslant R^2,x\geqslant 0,y\geqslant 0\},$$
$$D_2=\{(x,y)\mid x^2+y^2\leqslant 2R^2,x\geqslant 0,y\geqslant 0\}.$$
$$S=\{(x,y)\mid 0\leqslant x\leqslant R,0\leqslant y\leqslant R\},$$

显然 $D_1\subset S\subset D_2$,而 $\mathrm{e}^{-x^2-y^2}>0$,从而以下不等式成立:

$$\iint\limits_{D_1} \mathrm{e}^{-x^2-y^2}\,\mathrm{d}x\mathrm{d}y < \iint\limits_{S} \mathrm{e}^{-x^2-y^2}\,\mathrm{d}x\mathrm{d}y < \iint\limits_{D_2} \mathrm{e}^{-x^2-y^2}\,\mathrm{d}x\mathrm{d}y.$$

再利用例 11 的结果有

$$\iint\limits_{D_1} \mathrm{e}^{-x^2-y^2}\,\mathrm{d}x\mathrm{d}y = \frac{\pi}{4}(1-\mathrm{e}^{-R^2}), \quad \iint\limits_{D_2} \mathrm{e}^{-x^2-y^2}\,\mathrm{d}x\mathrm{d}y = \frac{\pi}{4}(1-\mathrm{e}^{-2R^2}),$$

$$\iint\limits_{S} \mathrm{e}^{-x^2-y^2}\,\mathrm{d}x\mathrm{d}y = \int_0^R \mathrm{d}x \int_0^R \mathrm{e}^{-x^2-y^2}\,\mathrm{d}y = \int_0^R \mathrm{e}^{-x^2}\,\mathrm{d}x \int_0^R \mathrm{e}^{-y^2}\,\mathrm{d}y = \left(\int_0^R \mathrm{e}^{-x^2}\,\mathrm{d}x\right)\left(\int_0^R \mathrm{e}^{-y^2}\,\mathrm{d}y\right)$$

$$= \left(\int_0^R \mathrm{e}^{-x^2}\,\mathrm{d}x\right)\left(\int_0^R \mathrm{e}^{-x^2}\,\mathrm{d}x\right) = \left(\int_0^R \mathrm{e}^{-x^2}\,\mathrm{d}x\right)^2,$$

于是上述不等式可改写成如下形式:

$$\frac{\pi}{4}(1-\mathrm{e}^{-R^2}) < \left(\int_0^R \mathrm{e}^{-x^2}\,\mathrm{d}x\right)^2 < \frac{\pi}{4}(1-\mathrm{e}^{-2R^2}).$$

当 $R \to +\infty$ 时,上式两端趋于同一极限 $\dfrac{\pi}{4}$,因此由夹逼准则有

$$\left(\int_0^{+\infty} \mathrm{e}^{-x^2}\,\mathrm{d}x\right)^2 = \lim_{R\to+\infty}\left(\int_0^R \mathrm{e}^{-x^2}\,\mathrm{d}x\right)^2 = \frac{\pi}{4},$$

从而

$$I = \int_0^{+\infty} \mathrm{e}^{-x^2}\,\mathrm{d}x = \frac{\sqrt{\pi}}{2}.$$

习　题　10.2

1. 改变下列累次积分的积分次序:

(1) $\displaystyle\int_1^2 \mathrm{d}x \int_{\sqrt{x}}^2 f(x,y)\,\mathrm{d}y$;　　(2) $\displaystyle\int_0^2 \mathrm{d}x \int_0^{x^2/2} f(x,y)\,\mathrm{d}y + \int_2^{2\sqrt{2}} \mathrm{d}x \int_0^{\sqrt{8-x^2}} f(x,y)\,\mathrm{d}y$.

2. 计算二重积分 $\displaystyle\int_0^1 \mathrm{d}x \int_0^{\sqrt{x}} \mathrm{e}^{-y^2/2}\,\mathrm{d}y$.

3. 计算二重积分 $\displaystyle\iint\limits_{D} \frac{x^2}{y^2}\mathrm{d}x\mathrm{d}y$,其中 D 是由双曲线 $y=\dfrac{1}{x}$ 与直线 $x=2$,$y=x$ 所围成的闭区域.

4. 计算二重积分 $\displaystyle\iint\limits_{D} 2xy\,\mathrm{d}x\mathrm{d}y$,其中 D 是由抛物线 $y^2=x$ 与直线 $y=x-2$ 所围成的闭区域.

5. 计算二重积分 $\displaystyle\iint\limits_{D} |y-x^2|\,\mathrm{d}x\mathrm{d}y$,其中 D:$-1\leqslant x\leqslant 1,0\leqslant y\leqslant 2$.

6. 计算二重积分 $\displaystyle\iint\limits_{D} \mathrm{e}^{x^2}\,\mathrm{d}x\mathrm{d}y$,其中 D 是由曲线 $y=x^3$ 与直线 $y=x$ 所围成的闭区域.

7. 利用二重积分的对称性计算二重积分 $\iint\limits_{D}(|x|+|y|)\mathrm{d}x\mathrm{d}y$，其中 D：$|x|+|y|\leqslant 1$.

8. 设有界闭区域 $D=\{(x,y)|x^2+y^2\leqslant y,x\geqslant 0\}$，$f(x,y)$ 为 D 上的连续函数，且 $f(x,y)=\sqrt{1-x^2-y^2}-\dfrac{8}{\pi}\iint\limits_{D}f(u,v)\mathrm{d}u\mathrm{d}v$，求 $f(x,y)$.

9. 利用极坐标计算下列二重积分：

(1) $\iint\limits_{D}\sin\sqrt{x^2+y^2}\mathrm{d}x\mathrm{d}y$，其中 $D=\{(x,y)|\pi^2\leqslant x^2+y^2\leqslant 4\pi^2\}$；

(2) $\iint\limits_{D}(x+y)\mathrm{d}x\mathrm{d}y$，其中 $D=\{(x,y)|x^2+y^2\leqslant x+y\}$；

(3) $\iint\limits_{D}|xy|\,\mathrm{d}x\mathrm{d}y$，其中 D：$x^2+y^2\leqslant a^2(a>0)$；

(4) $\iint\limits_{D}\arctan\dfrac{y}{x}\mathrm{d}x\mathrm{d}y$，其中 D：$1\leqslant x^2+y^2\leqslant 4,y\geqslant 0,y\leqslant x$.

10. 设一块平面薄片所占据的平面闭区域 D 由螺线 $r=2\theta\left(0\leqslant\theta\leqslant\dfrac{\pi}{2}\right)$ 与直线 $\theta=\dfrac{\pi}{2}$ 所围成，它的面密度为 $\rho(x,y)=x^2+y^2$，求该薄片的质量.

11. 设某个立体所占据的空间闭区域为 Ω：$z\geqslant x^2+y^2,x^2+y^2+z^2\leqslant 2z$，求该立体的体积.

12. 求由心形线 $r=a(1+\cos\theta)(a>0)$ 与圆 $r=a$ 所围成闭区域的不含极点那部分的面积.

13. 证明：$\displaystyle\int_a^b\mathrm{d}x\int_a^x(x-y)^{n-2}f(y)\mathrm{d}y=\dfrac{1}{n-1}\int_a^b(b-y)^{n-1}f(y)\mathrm{d}y$，其中 n 为大于 1 的正整数.

§10.3 三重积分的计算

一、利用直角坐标计算三重积分

这一节介绍三重积分 $\iiint\limits_{\Omega}f(x,y,z)\mathrm{d}v$ 的计算方法.

在直角坐标系下，用分别平行于三个坐标面的三组平面无限分割积分区域 Ω，则体积微元是小长方体的体积，即

$$\mathrm{d}v=\mathrm{d}x\mathrm{d}y\mathrm{d}z,$$

于是可记

$$\iiint\limits_{\Omega} f(x,y,z)\mathrm{d}v = \iiint\limits_{\Omega} f(x,y,z)\mathrm{d}x\mathrm{d}y\mathrm{d}z.$$

与二重积分一样,三重积分最终也要化为累次积分来计算. 下面讨论直角坐标系下三重积分的计算问题.

1. 投影法

假设平行于 z 轴且穿过积分区域 Ω 内部的任意直线与 Ω 的边界的交点不多于两点. 将 Ω 投影到 Oxy 面上,得投影区域 D_{xy}. 以 D_{xy} 的边界为准线作母线平行于 z 轴的柱面,Ω 与此

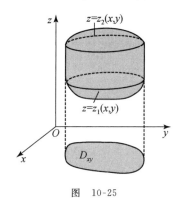

图 10-25

柱面的交线可把 Ω 的边界分出上边界曲面 S_2: $z=z_2(x,y)$ 和下边界面 S_1: $z=z_1(x,y)$,其中 $z_i(x,y)(i=1,2)$ 是 D_{xy} 上的连续函数,且 $z_1(x,y) \leqslant z_2(x,y)$(见图10-25).

过 D_{xy} 内部任一点 (x,y) 自下而上作平行于 z 轴的直线,这条直线通过曲面 S_1 穿入 Ω,再通过曲面 S_2 穿出 Ω,穿入点与穿出点的竖坐标分别为 $z_1(x,y)$,$z_2(x,y)$. 在这种情况下,Ω 可表示为

$$\Omega = \{(x,y,z) \mid z_1(x,y) \leqslant z \leqslant z_2(x,y), (x,y) \in D_{xy}\}.$$

先将 x,y 看作常量,作 $f(x,y,z)$ 在区间 $[z_1(x,y),z_2(x,y)]$ 上的积分,其积分结果是 x,y 的函数,记为 $F(x,y)$,即

$$F(x,y) = \int_{z_1(x,y)}^{z_2(x,y)} f(x,y,z)\mathrm{d}z.$$

若把 $f(x,y,z)$ 看成 Ω 内由点 $(x,y,z_1(x,y))$ 到点 $(x,y,z_2(x,y))$ 的线段上的线密度,则 $F(x,y)$ 就是该线段的质量,因而 $F(x,y)$ 在 D_{xy} 上的二重积分就表示 Ω 的质量,即

$$\iiint\limits_{\Omega} f(x,y,z)\mathrm{d}x\mathrm{d}y\mathrm{d}z = \iint\limits_{D_{xy}} F(x,y)\mathrm{d}x\mathrm{d}y = \iint\limits_{D_{xy}} \left[\int_{z_1(x,y)}^{z_2(x,y)} f(x,y,z)\mathrm{d}z\right]\mathrm{d}x\mathrm{d}y$$

$$\xrightarrow{\text{记为}} \iint\limits_{D_{xy}} \mathrm{d}x\mathrm{d}y \int_{z_1(x,y)}^{z_2(x,y)} f(x,y,z)\mathrm{d}z. \tag{1}$$

若 $D_{xy} = \{(x,y) \mid y_1(x) \leqslant y \leqslant y_2(x), a \leqslant x \leqslant b\}$,再把这个二重积分化为累次积分,于是得到三重积分的计算公式

$$\iiint\limits_{\Omega} f(x,y,z)\mathrm{d}x\mathrm{d}y\mathrm{d}z = \int_a^b \mathrm{d}x \int_{y_1(x)}^{y_2(x)} \mathrm{d}y \int_{z_1(x,y)}^{z_2(x,y)} f(x,y,z)\mathrm{d}z, \tag{2}$$

其计算过程如下式所示:

$$\iiint\limits_{\Omega} f(x,y,z)\mathrm{d}x\mathrm{d}y\mathrm{d}z = \int_a^b \left\{ \int_{y_1(x)}^{y_2(x)} \left[\int_{z_1(x,y)}^{z_2(x,y)} f(x,y,z)\mathrm{d}z\right]\mathrm{d}y \right\}\mathrm{d}x.$$

公式(2)把三重积分化为先对 z、再对 y、最后对 x 的**累次积分**(或称为**三次积分**). 这里要注意的是累次积分的上、下限要满足"下限 $\leqslant$ 上限". 这种计算三重积分的方法称为**投影法**(或

"先一后二"法).

类似地,如果平行于 x 轴(或 y 轴)且穿过积分区域 Ω 内部的任意直线与 Ω 的边界的交点不多于两点,可把 Ω 投影到 Oyz 面(或 Ozx 面)上,并得到与公式(1)类似的计算公式.

如果平行于坐标轴且穿过 Ω 内部的直线与 Ω 的边界的交点多于两点,可像处理二重积分的积分区域那样,把 Ω 分成符合上述讨论条件的若干部分,这时 Ω 上的三重积分化为各部分闭区域上的三重积分之和.

例 1 计算三重积分 $\iiint\limits_{\Omega} \dfrac{1}{x^2+y^2} \mathrm{d}x\mathrm{d}y\mathrm{d}z$,其中 Ω 为由平面 $x=1, x=2, y=x, z=0$, $z=y$ 所围成的闭区域.

解 画出积分区域 Ω 的简图,如图 10-26 所示,Ω 在 Oxy 面上的投影区域为

$$D_{xy} = \{(x,y)\,|\,0 \leqslant y \leqslant x, 1 \leqslant x \leqslant 2\}.$$

过 D_{xy} 内部任一点 (x,y) 自下而上作平行于 z 轴的直线穿过 Ω,穿入点与穿出点的竖坐标分别为 $z=0$ 和 $z=y$,从而 Ω 可表示为

$$\Omega = \{(x,y,z)\,|\,0 \leqslant z \leqslant y, (x,y) \in D_{xy}\}.$$

因此,由公式(2)得

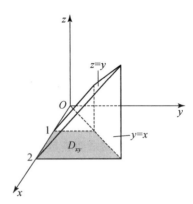

图 10-26

$$
\begin{aligned}
\iiint\limits_{\Omega} \frac{1}{x^2+y^2} \mathrm{d}x\mathrm{d}y\mathrm{d}z &= \int_1^2 \mathrm{d}x \int_0^x \mathrm{d}y \int_0^y \frac{1}{x^2+y^2} \mathrm{d}z \\
&= \int_1^2 \mathrm{d}x \int_0^x \frac{y}{x^2+y^2} \mathrm{d}y \\
&= \int_1^2 \frac{1}{2}\ln 2\,\mathrm{d}x = \frac{1}{2}\ln 2.
\end{aligned}
$$

例 2 计算三重积分 $\iiint\limits_{\Omega} z\mathrm{d}x\mathrm{d}y\mathrm{d}z$,其中 Ω 是由圆锥面 $z=\sqrt{x^2+y^2}$ 与球面 $x^2+y^2+z^2=a^2\,(a>0)$ 所围成的闭区域.

解 由积分区域 Ω 的图形(见图 10-27)可得,圆锥面 $z=\sqrt{x^2+y^2}$ 与球面 $x^2+y^2+z^2=a^2$ 的交线在 Oxy 面上的投影为 $x^2+y^2=\dfrac{a^2}{2}$,所以 Ω 在 Oxy 面上的投影区域为 $D_{xy}: x^2+y^2 \leqslant \dfrac{a^2}{2}$,从而 Ω 可表示为

$$\Omega = \{(x,y,z)\,|\,\sqrt{x^2+y^2} \leqslant z \leqslant \sqrt{a^2-x^2-y^2}, (x,y) \in D_{xy}\}.$$

因此,由公式(1)得

$$\iiint\limits_{\Omega} z\mathrm{d}x\mathrm{d}y\mathrm{d}z = \iint\limits_{D_{xy}} \mathrm{d}x\mathrm{d}y \int_{\sqrt{x^2+y^2}}^{\sqrt{a^2-x^2-y^2}} z\mathrm{d}z = \frac{1}{2}\iint\limits_{D_{xy}} (a^2-2x^2-2y^2)\mathrm{d}x\mathrm{d}y$$

$$= \frac{1}{2}\int_0^{2\pi}d\theta\int_0^{a/\sqrt{2}}(a^2-2r^2)r\mathrm{d}r = \pi\int_0^{a/\sqrt{2}}(a^2-2r^2)r\mathrm{d}r = \frac{1}{8}\pi a^4.$$

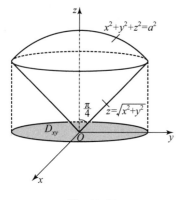

图 10-27

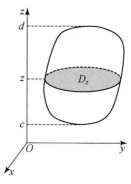

图 10-28

2. 截面法

把积分区域 Ω 向 z 轴投影,假设得到投影区间 $[c,d]$. 任取 $z\in(c,d)$,用过点 $(0,0,z)$ 且平行于 Oxy 面的平面去截 Ω,记截面为 D_z,如图 10-28 所示,于是 Ω 可表示为

$$\Omega = \{(x,y,z)\,|\,(x,y)\in D_z, c\leqslant z\leqslant d\}.$$

先在 D_z 上计算二重积分 $\iint\limits_{D_z}f(x,y,z)\mathrm{d}x\mathrm{d}y$,其结果为 z 的函数 $F(z)$,它可看作截面 D_z 的质

量;再在 $[c,d]$ 上对 z 积分,即 $\int_c^d F(z)\mathrm{d}z$,它可看作 Ω 的质量. 由此得到三重积分的计算公式

$$\iiint\limits_{\Omega}f(x,y,z)\mathrm{d}x\mathrm{d}y\mathrm{d}z = \int_c^d F(z)\mathrm{d}z = \int_c^d\left[\iint\limits_{D_z}f(x,y,z)\mathrm{d}x\mathrm{d}y\right]\mathrm{d}z$$

$$\xrightarrow{\text{记为}}\int_c^d\mathrm{d}z\iint\limits_{D_z}f(x,y,z)\mathrm{d}x\mathrm{d}y. \tag{3}$$

通常称这种计算三重积分的方法为**截面法**(或"先二后一"法).

不难看出,当截面 D_z 比较规则,面积易求时,则采用截面法计算三重积分较为简单.

例 3　计算三重积分 $\iiint\limits_{\Omega}z^2\mathrm{d}x\mathrm{d}y\mathrm{d}z$,其中 Ω 是由椭球面 $\dfrac{x^2}{a^2}+\dfrac{y^2}{b^2}+\dfrac{z^2}{c^2}=1\ (a,b,c>0)$ 所围成的闭区域.

解　将积分区域 Ω 向 z 轴投影,得投影区间 $[-c,c]$. 任取 $z\in(-c,c)$,用过点 $(0,0,z)$ 且平行于 Oxy 面的平面去截 Ω,得截面 D_z,如图 10-29 所示,因而 Ω 可表示为

$$\Omega = \{(x,y,z)\,|\,(x,y)\in D_z, -c\leqslant z\leqslant c\},$$

其中 D_z: $\dfrac{x^2}{a^2}+\dfrac{y^2}{b^2}\leqslant 1-\dfrac{z^2}{c^2}$. 由公式(3)有

$$\iiint\limits_{\Omega}z^2\mathrm{d}x\mathrm{d}y\mathrm{d}z=\int_{-c}^{c}\mathrm{d}z\iint\limits_{D_z}z^2\mathrm{d}x\mathrm{d}y=\int_{-c}^{c}z^2\mathrm{d}z\iint\limits_{D_z}\mathrm{d}x\mathrm{d}y=\int_{-c}^{c}z^2\pi ab\left(1-\frac{z^2}{c^2}\right)\mathrm{d}z$$

$$=\pi ab\left(\frac{z^3}{3}-\frac{z^5}{5c^2}\right)\bigg|_{-c}^{c}=\frac{4}{15}\pi abc^3,$$

其中 $\iint\limits_{D_z}\mathrm{d}x\mathrm{d}y=\pi ab\left(1-\dfrac{z^2}{c^2}\right)$ 为 D_z 所表示的椭圆形闭区域的面积.

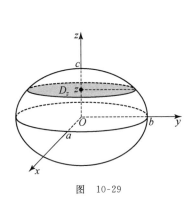

图 10-29

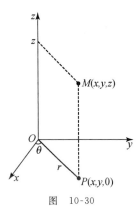

图 10-30

二、利用柱面坐标计算三重积分

设 $M(x,y,z)$ 为空间中任一点,点 M 在 Oxy 面上的投影为点 $P(x,y,0)$,点 P 的平面极坐标为 (r,θ),则点 M 可由三个参数 r,θ,z 确定(见图 10-30). 我们称三元有序实数组 (r,θ,z) 为点 M 的**柱面坐标**,它与直角坐标之间的关系为

$$\begin{cases} x=r\cos\theta, \\ y=r\sin\theta, \\ z=z, \end{cases}$$

其中 $0\leqslant r<+\infty,0\leqslant\theta\leqslant 2\pi,-\infty<z<+\infty$.

与柱面坐标相应的坐标系称为**柱面坐标系**. 在柱面坐标系中,有如下三组坐标面:

$r=c$(c 为正常数),它们是以 z 轴为中心轴的圆柱面;

$\theta=c$(c 为常数且 $0\leqslant c\leqslant 2\pi$),它们是过 z 轴的半平面;

$z=c$(c 为非零常数),它们是平行于 Oxy 面的平面.

现在我们考虑利用柱面坐标来计算三重积分 $\iiint\limits_{\Omega}f(x,y,z)\mathrm{d}v$.

在柱面坐标系中,以三组坐标面无限分割积分区域 Ω,得到许多小柱体. 任取一个小柱体,如图 10-31 所示,其高为 $\mathrm{d}z$,底面积近似为 $r\mathrm{d}r\mathrm{d}\theta$,故体积微元为 $\mathrm{d}v=r\mathrm{d}r\mathrm{d}\theta\mathrm{d}z$. 于是

$$\iiint\limits_{\Omega}f(x,y,z)\mathrm{d}v=\iiint\limits_{\Omega}f(r\cos\theta,r\sin\theta,z)r\mathrm{d}r\mathrm{d}\theta\mathrm{d}z$$

$$=\int_{\alpha}^{\beta}\mathrm{d}\theta\int_{r_1(\theta)}^{r_2(\theta)}r\mathrm{d}r\int_{z_1(r,\theta)}^{z_2(r,\theta)}f(r\cos\theta,r\sin\theta,z)\mathrm{d}z, \tag{4}$$

其中 $\Omega:\alpha\leqslant\theta\leqslant\beta,r_1(\theta)\leqslant r\leqslant r_2(\theta),z_1(r,\theta)\leqslant z\leqslant z_2(r,\theta)$.

对于例 2,利用柱面坐标,积分区域 Ω 可表示为

$$\Omega=\left\{(x,y,z)\,\Big|\,x^2+y^2\leqslant\frac{a^2}{2},\sqrt{x^2+y^2}\leqslant z\leqslant\sqrt{a^2-x^2-y^2}\right\}$$

$$=\left\{(r,\theta,z)\,\Big|\,0\leqslant r\leqslant\frac{a}{\sqrt{2}},0\leqslant\theta\leqslant2\pi,r\leqslant z\leqslant\sqrt{a^2-r^2}\right\},$$

于是所给的三重积分可按照下式计算:

$$\iiint\limits_{\Omega}z\mathrm{d}x\mathrm{d}y\mathrm{d}z=\int_0^{2\pi}\mathrm{d}\theta\int_0^{a/\sqrt{2}}r\mathrm{d}r\int_r^{\sqrt{a^2-r^2}}z\mathrm{d}z=\pi\int_0^{a/\sqrt{2}}r(a^2-2r^2)\mathrm{d}r=\frac{1}{8}\pi a^4.$$

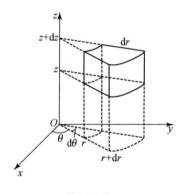

图 10-31

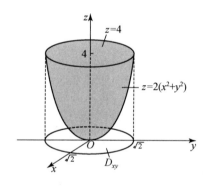

图 10-32

例 4 计算三重积分 $\iiint\limits_{\Omega}xyz\mathrm{d}v$,其中 Ω 是由旋转抛面 $z=2(x^2+y^2)$ 与平面 $z=4$ 所围成的闭区域.

解 积分区域 Ω 如图 10-32 所示,Ω 在 Oxy 面上的投影区域为

$$D_{xy}=\{(x,y)\,|\,x^2+y^2\leqslant2\}$$

$$=\{(r,\theta)\,|\,0\leqslant r\leqslant\sqrt{2},0\leqslant\theta\leqslant2\pi\}.$$

利用柱面坐标,Ω 可表示为

$$\Omega=\{(x,y,z)\,|\,x^2+y^2\leqslant2,2(x^2+y^2)\leqslant z\leqslant4\}$$

$$=\{(r,\theta,z)\,|\,0\leqslant r\leqslant\sqrt{2},0\leqslant\theta\leqslant2\pi,2r^2\leqslant z\leqslant4\},$$

从而由公式(4)可得

$$\iiint_{\Omega} xyz \, dv = \int_0^{2\pi} d\theta \int_0^{\sqrt{2}} r \, dr \int_{2r^2}^4 r^2 (\cos\theta\sin\theta) z \, dz$$

$$= \int_0^{2\pi} \sin\theta\cos\theta \, d\theta \int_0^{\sqrt{2}} r^3 (8 - 2r^4) \, dr$$

$$= 4 \int_0^{2\pi} \sin\theta\cos\theta \, d\theta = 0.$$

事实上,由于积分区域 Ω 关于 Oyz 面对称,且被积函数 $f(x,y,z)=xyz$ 是关于 x 的奇函数,所以由三重积分的对称性知该三重积分必为零.

例 5 计算三重积分 $I = \iiint_{\Omega} (x^2 + y^2 + z) \, dv$,其中 Ω 是由曲线 $\begin{cases} y^2 = 2z, \\ x = 0 \end{cases}$ 绕 z 轴旋转一周而成的旋转曲面与平面 $z = 4$ 所围成的立体.

解 由题意知,积分区域 Ω 是由旋转抛物面 $x^2 + y^2 = 2z$ 与平面 $z = 4$ 所围成的立体(图类似于图 10-32),于是 $\Omega = \left\{ (r,\theta,z) \,\middle|\, 0 \leqslant r \leqslant \sqrt{8}, 0 \leqslant \theta \leqslant 2\pi, \dfrac{r^2}{2} \leqslant z \leqslant 4 \right\}$. 利用柱面坐标,得

$$I = \iiint_{\Omega} (x^2 + y^2 + z) \, dv = \int_0^{2\pi} d\theta \int_0^{\sqrt{8}} r \, dr \int_{r^2/2}^4 (r^2 + z) \, dz$$

$$= 2\pi \int_0^{\sqrt{8}} r \left(r^2 z + \frac{1}{2} z^2 \right) \Big|_{r^2/2}^4 \, dr = 2\pi \int_0^{\sqrt{8}} \left(8r + 4r^3 - \frac{5}{8} r^5 \right) dr$$

$$= 2\pi \left(4r^2 + r^4 - \frac{5}{48} r^6 \right) \Big|_0^{\sqrt{8}} = \frac{256}{3} \pi.$$

一般地,当 Ω 的边界为柱面、锥面及旋转抛物面,而被积函数为 $f(x^2 + y^2)$ 的形式时,可考虑采用柱面坐标来计算三重积分.

三、利用球面坐标计算三重积分

设 $M(x,y,z)$ 为空间中任一点,它在 Oxy 面的投影为点 $P(x,y,0)$,则点 M 可用三个参数 r, φ, θ 来确定,其中 r 表示向径 $\overrightarrow{OM}$ 的模,φ 为向径 $\overrightarrow{OM}$ 与 z 轴正向的夹角,θ 为向径 $\overrightarrow{OP}$ 与 x 轴正向的夹角(见图 10-33). 我们将三元有序实数组 (r, φ, θ) 称为点 M 的**球面坐标**,其中三个坐标分量的取值范围是:

$$0 \leqslant r < +\infty, \quad 0 \leqslant \varphi \leqslant \pi, \quad 0 \leqslant \theta \leqslant 2\pi.$$

由图 10-33 容易知道,球面坐标与直角坐标之间的关系为

$$\begin{cases} x = |\overrightarrow{OP}| \cos\theta = r\sin\varphi\cos\theta, \\ y = |\overrightarrow{OP}| \sin\theta = r\sin\varphi\sin\theta, \\ z = r\cos\varphi. \end{cases}$$

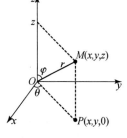

图 10-33

我们称与球面坐标相应的坐标系为**球面坐标系**. 在球面坐标系中也有三组坐标面,分别如下:

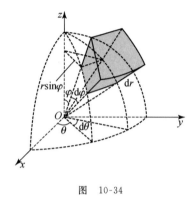

图 10-34

$r=c(c$ 为正常数$)$,它们是以原点为球心的球面;

$\theta=c(c$ 为常数且 $0\leqslant c\leqslant2\pi)$,它们是过 z 轴的半平面;

$\varphi=c(c$ 为常数且 $0<c<\pi)$,它们是顶点在原点、以 z 轴为轴的圆锥面.

为了利用球面坐标来计算三重积分 $\iiint\limits_{\Omega}f(x,y,z)\mathrm{d}v$, 我们用三组坐标面把积分区域 Ω 分成许多小闭区域,并考虑其中由 r,φ,θ 各取得微小增量 $\mathrm{d}r,\mathrm{d}\varphi,\mathrm{d}\theta$ 所构成的小六面体体积(见图 10-34). 不计高阶无穷小,可把这个小六面体看作小长方体,其经线方向的棱长为 $r\mathrm{d}\varphi$,纬线方向的棱长为 $r\sin\varphi\mathrm{d}\theta$,向径方向的棱长为 $\mathrm{d}r$,于是得到球面坐标系下的体积微元

$$\mathrm{d}v = r^2\sin\varphi\mathrm{d}r\mathrm{d}\varphi\mathrm{d}\theta,$$

从而

$$\iiint\limits_{\Omega}f(x,y,z)\mathrm{d}v = \iiint\limits_{\Omega}f(r\sin\varphi\cos\theta,r\sin\varphi\sin\theta,r\cos\varphi)r^2\sin\varphi\mathrm{d}r\mathrm{d}\varphi\mathrm{d}\theta.$$

利用球面坐标计算三重积分,其方法仍是将三重积分转化为累次积分,因此需要将积分区域用球面坐标表示出来,并由此确定累次积分的上、下限. 如何用球面坐标来确定积分区域 Ω 呢? 设对于 Ω 内部的任一点 $P(r,\varphi,\theta)$,自原点 O 出发,过点 $P(r,\varphi,\theta)$ 作一条穿过 Ω 的射线,该射线与 Ω 的边界的交点不多于两个. 若穿入点和穿出点的向径坐标分别为 $r_1(\varphi,\theta),r_2(\varphi,\theta)$,此时即有 $r_1(\varphi,\theta)\leqslant r\leqslant r_2(\varphi,\theta)$,这就是 r 坐标的变化范围. 由于 Ω 总是夹在某两个半平面 $\theta=\alpha$ 和 $\theta=\beta$ 之间,因此 θ 的变化范围是 $\alpha\leqslant\theta\leqslant\beta$. 又当 r,θ 给定时,Ω 与球面 $r=r$、半平面 $\theta=\theta$ 这两个坐标面的交线夹在某两个圆锥面之间,即 φ 有上、下界 $\varphi_2(\theta)$ 与 $\varphi_1(\theta)$,亦即有 $\varphi_1(\theta)\leqslant\varphi\leqslant\varphi_2(\theta)$. 于是,$\Omega$ 可用球面坐标表示为

$$\Omega = \{(r,\varphi,\theta)|r_1(\varphi,\theta)\leqslant r\leqslant r_2(\varphi,\theta),\varphi_1(\theta)\leqslant\varphi\leqslant\varphi_2(\theta),\alpha\leqslant\theta\leqslant\beta\}.$$

这时,有如下化三重积分为累次积分的公式:

$$\iiint\limits_{\Omega}f(x,y,z)\mathrm{d}v = \int_{\alpha}^{\beta}\mathrm{d}\theta\int_{\varphi_1(\theta)}^{\varphi_2(\theta)}\mathrm{d}\varphi\int_{r_1(\varphi,\theta)}^{r_2(\varphi,\theta)}f(r\sin\varphi\cos\theta,r\sin\varphi\sin\theta,r\cos\varphi)r^2\sin\varphi\mathrm{d}r\mathrm{d}\varphi\mathrm{d}\theta. \quad (5)$$

用球面坐标化三重积分为累次积分,通常的积分次序是先对 r、再对 φ、最后对 θ 积分.

如果积分区域 Ω 的边界是一个包含原点的闭曲面,其球面坐标方程为 $r=r(\varphi,\theta)$,则有

$$\iiint\limits_{\Omega}f(x,y,z)\mathrm{d}v = \iiint\limits_{\Omega}f(r\sin\varphi\cos\theta,r\sin\varphi\sin\theta,r\cos\varphi)r^2\sin\varphi\mathrm{d}r\mathrm{d}\varphi\mathrm{d}\theta$$

$$= \int_0^{2\pi} d\theta \int_0^\pi d\varphi \int_0^{r(\varphi,\theta)} f(r\sin\varphi\cos\theta, r\sin\varphi\sin\theta, r\cos\varphi) r^2 \sin\varphi dr. \tag{6}$$

特别地,当积分区域 Ω 为球体 $r \leqslant a$ 时,有

$$\iiint\limits_{\Omega} f(x,y,z) dv = \int_0^{2\pi} d\theta \int_0^\pi d\varphi \int_0^a f(r\sin\varphi\cos\theta, r\sin\varphi\sin\theta, r\cos\varphi) r^2 \sin\varphi dr.$$

若又有被积函数 $f(x,y,z) \equiv 1$,可得该球体的体积

$$V = \int_0^{2\pi} d\theta \int_0^\pi \sin\varphi d\varphi \int_0^a r^2 dr = \frac{4}{3}\pi a^3.$$

这就是我们熟悉的球体体积公式.

例 6　求由圆锥面 $z = \sqrt{x^2+y^2}\cot\beta$ 和球面 $x^2+y^2+(z-a)^2 = a^2$ 所围成的立体 Ω 的体积 V,其中 $\beta \in \left(0, \dfrac{\pi}{2}\right)$,$a$ 为正常数.

解　Ω 是半径为 a 的球面与半顶角为 β 的圆锥面所围成的立体,如图 10-35 所示. 由三重积分的几何意义得

$$V = \iiint\limits_{\Omega} dv.$$

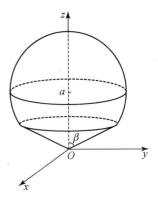

图 10-35

球面 $x^2+y^2+(z-a)^2 = a^2$ 的球面坐标方程为 $r = 2a\cos\varphi$,圆锥面 $z = \sqrt{x^2+y^2}\cot\beta$ 的球面坐标方程为 $\varphi = \beta$,于是 Ω 在球面坐标系下可表示为

$$\Omega = \{(r,\varphi,\theta) \mid 0 \leqslant r \leqslant 2a\cos\varphi, 0 \leqslant \varphi \leqslant \beta, 0 \leqslant \theta \leqslant 2\pi\}.$$

因此,所求的体积为

$$V = \iiint\limits_{\Omega} dv = \int_0^{2\pi} d\theta \int_0^\beta d\varphi \int_0^{2a\cos\varphi} r^2 \sin\varphi dr$$

$$= \int_0^{2\pi} d\theta \int_0^\beta \sin\varphi \cdot \left(\frac{1}{3}r^3\right)\Big|_0^{2a\cos\varphi} d\varphi = 2\pi \cdot \frac{8}{3}a^3 \int_0^\beta \cos^3\varphi\sin\varphi d\varphi$$

$$= \frac{16}{3}\pi a^3 \left(-\frac{1}{4}\cos^4\varphi\right)\Big|_0^\beta = \frac{4}{3}\pi a^3(1 - \cos^4\beta).$$

例 7　计算三重积分 $\iiint\limits_{\Omega}(x+z) dv$,其中 Ω 是由圆锥面 $z = \sqrt{x^2+y^2}$ 与球面 $z = \sqrt{1-x^2-y^2}$ 所围成的闭区域.

解　积分区域 Ω 如图 10-27(这里 $a=1$)所示,它可表示为

$$\Omega = \left\{(r,\varphi,\theta) \,\Big|\, 0 \leqslant r \leqslant 1, 0 \leqslant \varphi \leqslant \frac{\pi}{4}, 0 \leqslant \theta \leqslant 2\pi\right\},$$

因此有

$$\iiint\limits_{\Omega}(x+z) dv = \int_0^{2\pi} d\theta \int_0^{\pi/4} d\varphi \int_0^1 (r\sin\varphi\cos\theta + r\cos\varphi) r^2 \sin\varphi dr$$

$$= \int_0^{2\pi} d\theta \int_0^{\pi/4} (\sin^2\varphi\cos\theta + \sin\varphi\cos\varphi) \cdot \left(\frac{1}{4}r^4\right)\Big|_0^1 d\varphi$$

$$= \frac{1}{4}\int_0^{2\pi} d\theta \int_0^{\pi/4} (\sin^2\varphi\cos\theta + \sin\varphi\cos\varphi) d\varphi$$

$$= \frac{1}{4}\int_0^{2\pi} \cos\theta d\theta \int_0^{\pi/4} \sin^2\varphi d\varphi + \frac{1}{4}\int_0^{2\pi} d\theta \int_0^{\pi/4} \sin\varphi\cos\varphi d\varphi$$

$$= \frac{1}{4} \cdot 2\pi \cdot \left(\frac{1}{2}\sin^2\varphi\right)\Big|_0^{\pi/4} = \frac{1}{8}\pi.$$

例 8　计算三重积分 $\iiint\limits_{\Omega} z\,dv$,其中 Ω 是由不等式 $x^2 + y^2 + (z-a)^2 \leqslant a^2\,(a>0), x^2 + y^2 \leqslant z^2$ 所确定的闭区域.

　　解　积分区域 Ω 如图 10-35$\left(这里 \beta = \dfrac{\pi}{4}\right)$所示.利用球面坐标,$\Omega$ 可表示为

$$\Omega = \left\{(r,\varphi,\theta) \Big| 0 \leqslant r \leqslant 2a\cos\varphi, 0 \leqslant \varphi \leqslant \frac{\pi}{4}, 0 \leqslant \theta \leqslant 2\pi\right\},$$

因此有

$$\iiint\limits_{\Omega} z\,dv = \int_0^{2\pi} d\theta \int_0^{\pi/4} d\varphi \int_0^{2a\cos\varphi} r\cos\varphi \cdot r^2\sin\varphi\,dr = \int_0^{2\pi} d\theta \int_0^{\pi/4} \cos\varphi\sin\varphi \cdot \left(\frac{1}{4}r^4\right)\Big|_0^{2a\cos\varphi} d\varphi$$

$$= 4a^4 \int_0^{2\pi} d\theta \int_0^{\pi/4} \cos^5\varphi\sin\varphi d\varphi = 4a^4 \cdot 2\pi \cdot \left(-\frac{1}{6}\cos^6\varphi\right)\Big|_0^{\pi/4}$$

$$= \frac{4}{3}\pi a^4\left(1 - \frac{1}{8}\right) = \frac{7}{6}\pi a^4.$$

　　注 1　当采用球面坐标计算三重积分时,先要将积分区域的边界的表达式转化成球面坐标的形式,再确定 r,φ,θ 的变化范围.

　　注 2　当积分区域为球面与圆锥面所围成的闭区域,被积函数为 $f(x^2 + y^2 + z^2)$ 的形式时,一般可采用球面坐标来计算三重积分.

　　注 3　计算三重积分,一般应先判断是否适合用球面坐标,不适合用球面坐标时,再考虑能否用柱面坐标,最后才考虑用直角坐标.

　　例 9　计算三重积分 $\iiint\limits_{\Omega} (x^2 + my^2 + nz^2)dv$,其中 Ω 是球体 $x^2 + y^2 + z^2 \leqslant a^2\,(m,n,a$ 是常数且 $a>0)$.

　　解　由于积分区域 Ω 关于 x,y,z 具有轮换对称性,故

$$\iiint\limits_{\Omega} x^2\,dv = \iiint\limits_{\Omega} y^2\,dv = \iiint\limits_{\Omega} z^2\,dv.$$

因此

$$\iiint\limits_{\Omega} x^2\,dv = \frac{1}{3}\iiint\limits_{\Omega} (x^2 + y^2 + z^2)dv = \frac{1}{3}\int_0^{2\pi} d\theta \int_0^{\pi} d\varphi \int_0^a r^2 \cdot r^2\sin\varphi dr$$

$$= \frac{1}{3}\int_0^{2\pi}d\theta\int_0^{\pi}\sin\varphi \cdot \left(\frac{1}{5}r^5\right)\Big|_0^a d\varphi = \frac{1}{3} \cdot 2\pi \cdot \frac{1}{5}a^5\int_0^{\pi}\sin\varphi d\varphi$$

$$= \frac{2}{15}\pi a^5(1-\cos\pi) = \frac{4}{15}\pi a^5.$$

同理可得

$$\iiint\limits_{\Omega} my^2\,dv = \frac{4}{15}m\pi a^5, \quad \iiint\limits_{\Omega} nz^2\,dv = \frac{4}{15}n\pi a^5.$$

所以

$$\iiint\limits_{\Omega}(x^2+my^2+nz^2)\,dv = \frac{4}{15}\pi a^5(1+m+n).$$

注 1   当积分区域 Ω 是由曲面 $F(x,y,z)=0$ 所围成的闭区域时,若该曲面的方程具有 $F(x,y,z)=F(y,z,x)=F(z,x,y)=0$ 的性质,则我们称 Ω 关于 x,y,z 具有**轮换对称性**. 当 Ω 具有轮换对称性时,Ω 就可以表示为

$$\Omega = \{(x,y,z)\,|\,F(x,y,z)\leqslant 0\} = \{(x,y,z)\,|\,F(y,z,x)\leqslant 0\} = \{(x,y,z)\,|\,F(z,x,y)\leqslant 0\}.$$

注 2   由于三重积分与积分变量用什么字母表示无关,所以如下公式成立:

$$\iiint\limits_{F(x,y,z)\leqslant 0} f(x,y,z)\,dv = \iiint\limits_{F(y,z,x)\leqslant 0} f(y,z,x)\,dv = \iiint\limits_{F(z,x,y)\leqslant 0} f(z,x,y)\,dv.$$

例 10   计算三重积分 $\iiint\limits_{\Omega}(x+y+z)^2\,dv$,其中 Ω 是由曲面 $(x^2+y^2+z^2)^2 = a^3z\,(a>0)$ 所围成的闭区域.

解 Ω 的边界曲面方程为 $z = \frac{1}{a^3}(x^2+y^2+z^2)^2$,因此 Ω 位于 Oxy 面的上方,且关于 Oyz 面和 Ozx 面对称,并与 Oxy 面相切. 在球面坐标系下,Ω 可表示为

$$\Omega:\ 0\leqslant r\leqslant a\sqrt[3]{\cos\varphi},\ 0\leqslant \varphi\leqslant \frac{\pi}{2},\ 0\leqslant\theta\leqslant 2\pi.$$

被积函数为 $(x+y+z)^2 = (x^2+y^2+z^2+2xy+2xz+2yz)$,而 $2xy, 2xz, 2yz$ 关于 x 和 y 均是奇函数,于是由三重积分的对称性有

$$\iiint\limits_{\Omega}(x+y+z)^2\,dv = \iiint\limits_{\Omega}(x^2+y^2+z^2+2xy+2xz+2yz)\,dv$$

$$= \iiint\limits_{\Omega}(x^2+y^2+z^2)\,dv = \iiint\limits_{\Omega}r^4\sin\varphi\,dr\,d\varphi\,d\theta$$

$$= \int_0^{2\pi}d\theta\int_0^{\pi/2}\sin\varphi d\varphi\int_0^{a\sqrt[3]{\cos}}r^4\,dr$$

$$= 2\pi\int_0^{\pi/2}\frac{a^5}{5}\cos^{\frac{5}{3}}\varphi\sin\varphi d\varphi = \frac{3}{20}\pi a^5.$$

本例若不用三重积分的对称性将 $\iiint\limits_{\Omega} (x+y+z)^2 \mathrm{d}v$ 化简为 $\iiint\limits_{\Omega} (x^2+y^2+z^2) \mathrm{d}v$,而直接利用从直角坐标到球面坐标的变换将是非常复杂的.

习　题　10.3

1. 计算下列三重积分:

(1) $\iiint\limits_{\Omega} y\cos(x+z)\mathrm{d}x\mathrm{d}y\mathrm{d}z$,其中 Ω 是由曲面 $y=\sqrt{x}$ 与平面 $y=0, z=0, x+z=\dfrac{\pi}{2}$ 所围成的闭区域;

(2) $\iiint\limits_{\Omega} z\mathrm{d}x\mathrm{d}y\mathrm{d}z$,其中 Ω 是由旋转抛物面 $z=x^2+y^2$ 与平面 $z=1, z=2$ 所围成的闭区域;

(3) $\iiint\limits_{\Omega} (x^2+y^2)\mathrm{d}x\mathrm{d}y\mathrm{d}z$,其中 Ω 是由椭圆锥面 $4z^2=25(x^2+y^2)$ 与平面 $z=5$ 所围成的闭区域;

(4) $\iiint\limits_{\Omega} x^3yz\mathrm{d}x\mathrm{d}y\mathrm{d}z$,其中 Ω 是由球面 $x^2+y^2+z^2=1$ 与平面 $x=0, y=0, z=0$ 所围成的位于第一卦限的闭区域;

(5) $\iiint\limits_{\Omega} xy^2z^3\mathrm{d}x\mathrm{d}y\mathrm{d}z$,其中 Ω 是由曲面 $z=xy$ 与平面 $y=x, z=0, x=1$ 所围成的闭区域;

(6) $\iiint\limits_{\Omega} (x+y+z)\mathrm{d}x\mathrm{d}y\mathrm{d}z$,其中 $\Omega: x^2+y^2+z^2 \leqslant a^2 (a>0)$.

2. 利用柱面坐标计算下列三重积分:

(1) $\iiint\limits_{\Omega} y\mathrm{d}v$,其中 $\Omega=\{(x,y,z)|1 \leqslant z^2+y^2 \leqslant 4, 0 \leqslant x \leqslant z+2\}$;

(2) $\iiint\limits_{\Omega} z\mathrm{d}v$,其中 Ω 是由旋转抛物面 $z=x^2+y^2$ 与球面 $x^2+y^2+z^2=2$ 所围成的闭区域;

(3) $\iiint\limits_{\Omega} z\sqrt{x^2+y^2}\mathrm{d}v$,其中 Ω 是由柱面 $x^2+y^2=2x$ 与平面 $z=0, z=a(a>0), y=0$ 所围成的半圆柱体;

(4) $\iiint\limits_{\Omega} (x^2+y^2)\mathrm{d}v$,其中 Ω 是由 Oyz 面上的曲线 $y=\sqrt{2z}$ 绕 z 轴旋转而得到的曲面与平面 $z=2, z=8$ 所围成的闭区域.

3. 利用球面坐标计算下列三重积分:

(1) $\iiint\limits_{\Omega} z \, dv$,其中 Ω: $x^2 + y^2 + z^2 \leqslant 2z, z \geqslant \sqrt{x^2 + y^2}$;

(2) $\iiint\limits_{\Omega} \left(\sqrt{x^2 + y^2 + z^2}\right)^5 dv$,其中 Ω 是由球面 $x^2 + y^2 + z^2 = 2z$ 所围成的闭区域;

(3) $\iiint\limits_{\Omega} x \mathrm{e}^{(x^2+y^2+z^2)^2} dv$,其中 Ω 是第一卦限中球面 $x^2 + y^2 + z^2 = 1$ 与 $x^2 + y^2 + z^2 = 4$ 之间的部分.

4. 求下列立体 Ω 的体积:

(1) Ω 是由球面 $x^2 + y^2 + z^2 = r^2$,$x^2 + y^2 + z^2 = 2rz(r>0)$ 所围的立体;

(2) Ω 是由旋转抛物面 $z = x^2 + y^2$ 和 $z = 18 - x^2 - y^2$ 所围成的立体;

(3) Ω 是由坐标面与平面 $x = 2$,$y = 3$,$x + y + z = 4$ 所围成的立体.

5. 设有一个球心为原点,半径为 R 的球体,其上任一点处的密度与这一点到球心的距离成正比,求该球体的质量.

6. 设球体 $x^2 + y^2 + z^2 \leqslant 4z$ 被曲面 $z = 4 - x^2 - y^2$ 分成两部分,求这两部分的体积之比.

§10.4 重积分的换元法

对于定积分,根据上册 §5.3 中的公式(1),我们有换元公式

$$\int_a^b f(x) \mathrm{d}x = \int_\alpha^\beta f[\varphi(t)] |\varphi'(t)| \mathrm{d}t, \quad \alpha \leqslant \beta,$$

其中 $x = \varphi(t)$ 在区间 $[\alpha, \beta]$ 上单调,具有连续导数,且当 $t \in [\alpha, \beta]$ 时,$x \in [a, b]$. 记 $X = [a, b]$,$T = [\alpha, \beta]$,上述换元公式又可写成

$$\int_X f(x) \mathrm{d}x = \int_T f[\varphi(t)] |\varphi'(t)| \mathrm{d}t.$$

因此,以变换的观点来看,换元公式相当于是一种坐标变换,它将坐标 x 下的积分变换到坐标 t 下的积分,即通过变换 $x = \varphi(t)$,把原来的积分区间 X 变成新积分区间 T,被积函数 $f(x)$ 变成 $f[\varphi(t)]$,积分微元 $\mathrm{d}x$(也称为**长度微元**)变成积分微元 $|\varphi'(t)| \mathrm{d}t$,其中非负的变换因子 $|\varphi'(t)|$ 可看成两个长度微元的比例系数.

类比于定积分,二重积分是否也有类似的换元公式呢? 也就是说,通过满足一定条件的变换 $x = x(u, v)$,$y = y(u, v)$,是否可以同时把二重积分中的积分区域 D 变成 D',被积函数 $f(x, y)$ 变成 $f[x(u, v), y(u, v)]$,Oxy 面上的面积微元 $\mathrm{d}\sigma$ 变成 Ouv 面上的面积微元 $|J| \mathrm{d}u\mathrm{d}v$($|J|$ 是两个面积微元的比例系数)? 即是否有换元公式

$$\iint\limits_D f(x, y) \mathrm{d}x\mathrm{d}y = \iint\limits_{D'} f[x(u, v), y(u, v)] |J| \mathrm{d}u\mathrm{d}v$$

成立? 对此问题,我们有下面的定理.

定理 1　设函数 $f(x,y)$ 在有界闭区域 D 上可积,变换 $T: x=x(u,v), y=y(u,v)$ 将 Ouv 面上分段光滑闭曲线①所围成的闭区域 D' 一对一地映成 Oxy 面上的闭区域 D,函数 $x(u,v), y(u,v)$ 在 D' 内具有连续偏导数且它们的雅可比行列式满足

$$J(u,v)=\frac{\partial(x,y)}{\partial(u,v)}=\begin{vmatrix} \dfrac{\partial x}{\partial u} & \dfrac{\partial x}{\partial v} \\ \dfrac{\partial y}{\partial u} & \dfrac{\partial y}{\partial v} \end{vmatrix} \neq 0, \quad (u,v)\in D',$$

则

$$\iint\limits_{D} f(x,y)\mathrm{d}x\mathrm{d}y = \iint\limits_{D'} f[x(u,v),y(u,v)]|J(u,v)|\,\mathrm{d}u\mathrm{d}v. \tag{1}$$

定理证明从略.公式(1)称为**二重积分的换元公式**.

例 1　计算二重积分 $\iint\limits_{D} \mathrm{e}^{\frac{x-y}{x+y}}\mathrm{d}x\mathrm{d}y$,其中 D 是由直线 $x=0, y=0, x+y=1$ 所围成的闭区域.

解　为了简化被积函数,令 $u=x-y, v=x+y$.由此得到变换

$$T: x=\frac{1}{2}(u+v), \ y=\frac{1}{2}(v-u),$$

且有雅可比行列式

$$J(u,v)=\begin{vmatrix} 1/2 & 1/2 \\ -1/2 & 1/2 \end{vmatrix}=\frac{1}{2}>0.$$

积分区域 D 如图 10-36(a)所示.在变换 T 的作用下,D 的原像 D' 如图 10-36(b)所示.所以

$$\iint\limits_{D} \mathrm{e}^{\frac{x-y}{x+y}}\mathrm{d}x\mathrm{d}y = \iint\limits_{D'} \mathrm{e}^{\frac{u}{v}} \cdot \frac{1}{2}\mathrm{d}u\mathrm{d}v = \frac{1}{2}\int_0^1 \mathrm{d}v \int_{-v}^v \mathrm{e}^{\frac{u}{v}}\,\mathrm{d}u$$

$$= \frac{1}{2}\int_0^1 v(\mathrm{e}-\mathrm{e}^{-1})\mathrm{d}v = \frac{\mathrm{e}-\mathrm{e}^{-1}}{4}.$$

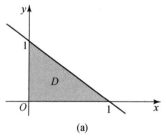

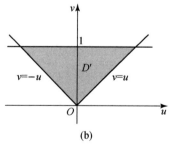

图　10-36

---

①　分段光滑曲线是指曲线可分成有限段光滑曲线.

例 2 求由抛物线 $y^2=mx,y^2=nx$ 与直线 $y=\alpha x,y=\beta x$ 所围成闭区域 D 的面积 $\mu(D)(0<m<n,0<\alpha<\beta)$.

解 D 的面积为 $\mu(D)=\iint\limits_{D}\mathrm{d}x\mathrm{d}y.$

为了简化积分区域 D,令 $u=\dfrac{y^2}{x},v=\dfrac{y}{x}$,则 $m\leqslant u\leqslant n,\alpha\leqslant v\leqslant\beta$,且得到变换

$$x=\frac{u}{v^2},\quad y=\frac{u}{v},$$

它使得 Oxy 面上的积分区域 D［见图 10-37(a)］与 Ouv 面上的矩形闭区域 $D'=[m,n]\times$ $[\alpha,\beta]$［见图 10-37(b)］一一对应. 由于

$$J(u,v)=\begin{vmatrix} \dfrac{1}{v^2} & -\dfrac{2u}{v^3} \\[2mm] \dfrac{1}{v} & -\dfrac{u}{v^2} \end{vmatrix}=\frac{u}{v^4}>0,\quad (u,v)\in D',$$

所以

$$\mu(D)=\iint\limits_{D}\mathrm{d}\sigma=\iint\limits_{D'}\frac{u}{v^4}\mathrm{d}u\mathrm{d}v=\int_{\alpha}^{\beta}\frac{1}{v^4}\mathrm{d}v\cdot\int_{m}^{n}u\,\mathrm{d}u$$

$$=\frac{(n^2-m^2)(\beta^3-\alpha^3)}{6\alpha^3\beta^3}.$$

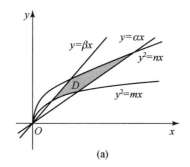

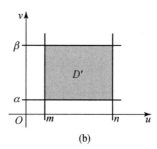

图 10-37

前面曾用极坐标来计算二重积分,这等价于采用变换

$$T:x=r\cos\theta,y=r\sin\theta,\quad 0\leqslant r<+\infty,0\leqslant\theta\leqslant 2\pi,$$

此时雅可比行列式为

$$J(r,\theta)=\begin{vmatrix} \cos\theta & -r\sin\theta \\ \sin\theta & r\cos\theta \end{vmatrix}=r,$$

于是由定理 1 可得

$$\iint_D f(x,y)\mathrm{d}\sigma = \iint_{D'} f(r\cos\theta, r\sin\theta)r\mathrm{d}r\mathrm{d}\theta,$$

这正是前面极坐标系下二重积分的计算公式.

例 3 求椭球体 $\dfrac{x^2}{a^2}+\dfrac{y^2}{b^2}+\dfrac{z^2}{c^2}\leqslant 1(a,b,c>0)$ 的体积.

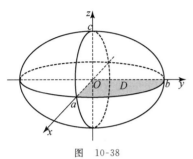

图 10-38

解 由对称性,该椭球体的体积 V 是它在第一卦限部分体积的 8 倍,这一部分是以曲面 $z=c\sqrt{1-\dfrac{x^2}{a^2}-\dfrac{y^2}{b^2}}$ 为顶,闭区域 $D=\left\{(x,y)\ \middle|\ 0\leqslant y\leqslant b\sqrt{1-\dfrac{x^2}{a^2}},\ 0\leqslant x\leqslant a\right\}$ 为底的曲顶柱体(见图 10-38),所以

$$V=8\iint_D c\sqrt{1-\dfrac{x^2}{a^2}-\dfrac{y^2}{b^2}}\,\mathrm{d}x\mathrm{d}y.$$

做变换 T: $x=ar\cos\theta, y=br\sin\theta$(称此变换为**广义极坐标变换**),并计算得到雅可比行列式

$$J(r,\theta)=\begin{vmatrix} a\cos\theta & -ar\sin\theta \\ b\sin\theta & br\cos\theta \end{vmatrix}=abr.$$

在变换 T 下,与积分区域 D 对应的闭区域为 D': $0\leqslant r\leqslant 1, 0\leqslant\theta\leqslant\dfrac{\pi}{2}$,被积函数变成

$$f(ar\cos\theta, br\sin\theta)=c\sqrt{1-r^2},$$

因此,由二重积分的换元公式(1)得

$$V=8\int_0^{\pi/2}\mathrm{d}\theta\int_0^1 c\sqrt{1-r^2}\,abr\mathrm{d}r=8abc\int_0^{\pi/2}\mathrm{d}\theta\int_0^1 r\sqrt{1-r^2}\,\mathrm{d}r=\dfrac{4\pi}{3}abc.$$

特别地,当 $a=b=c=R$ 时,得到球体的体积公式

$$V=\dfrac{4}{3}\pi R^3.$$

与二重积分类似,三重积分有相应的换元公式.

定理 2 设函数 $f(x,y,z)$ 在空间有界闭区域 Ω 上可积,变换 T: $x=x(u,v,w)$, $y=y(u,v,w)$, $z=z(u,v,w)$ 将 $Ouvw$ 空间中由分片光滑闭曲面①所围成的闭区域 Ω' 一对一地映成 $Oxyz$ 空间中的闭区域 Ω,函数 $x(u,v,w), y(u,v,w), z(u,v,w)$ 在 Ω' 内具有连续偏导数且它们的雅可比行列式满足

---

① 若曲面 Σ: $F(x,y,z)=0$ 满足 F_x, F_y, F_z 连续且不同时为零,则称 Σ 为光滑曲面. 而分片光滑曲面是指曲面可分成有限块光滑曲面.

$$J(u,v,w) = \frac{\partial(x,y,z)}{\partial(u,v,w)} = \begin{vmatrix} \dfrac{\partial x}{\partial u} & \dfrac{\partial x}{\partial v} & \dfrac{\partial x}{\partial w} \\ \dfrac{\partial y}{\partial u} & \dfrac{\partial y}{\partial v} & \dfrac{\partial y}{\partial w} \\ \dfrac{\partial z}{\partial u} & \dfrac{\partial z}{\partial v} & \dfrac{\partial z}{\partial w} \end{vmatrix} \neq 0, \quad (u,v,w) \in \Omega',$$

则

$$\iiint\limits_{\Omega} f(x,y,z)\mathrm{d}x\mathrm{d}y\mathrm{d}z = \iiint\limits_{\Omega'} f[x(u,v,w),y(u,v,w),z(u,v,w)]\,|J(u,v,w)|\,\mathrm{d}u\mathrm{d}v\mathrm{d}w. \quad (2)$$

定理证明从略. 公式(2)称为**三重积分的换元公式**.

前面讨论过的球面坐标与直角坐标的关系式

$$x = r\sin\varphi\cos\theta, \quad y = r\sin\varphi\sin\theta, \quad z = r\cos\varphi$$

就是一种变换,此时有雅可比行列式

$$J(r,\varphi,\theta) = \frac{\partial(x,y,z)}{\partial(r,\varphi,\theta)} = \begin{vmatrix} \sin\varphi\cos\theta & r\cos\varphi\cos\theta & -r\sin\varphi\sin\theta \\ \sin\varphi\sin\theta & r\cos\varphi\sin\theta & r\sin\varphi\cos\theta \\ \cos\varphi & -r\sin\varphi & 0 \end{vmatrix} = r^2\sin\varphi,$$

因而在这一变换下体积微元为

$$\mathrm{d}v = |J(r,\varphi,\theta)|\mathrm{d}r\mathrm{d}\varphi\mathrm{d}\theta = \left|\frac{\partial(x,y,z)}{\partial(r,\varphi,\theta)}\right|\mathrm{d}r\mathrm{d}\varphi\mathrm{d}\theta.$$

当积分区域为椭球体时,常用**广义球面坐标变换**

$$x = ar\sin\varphi\cos\theta, \quad y = br\sin\varphi\sin\theta, \quad z = cr\cos\varphi,$$

此时对应的雅可比行列式为

$$\frac{\partial(x,y,z)}{\partial(r,\varphi,\theta)} = abcr^2\sin\varphi,$$

体积微元为

$$\mathrm{d}v = abcr^2\sin\varphi\mathrm{d}r\mathrm{d}\varphi\mathrm{d}\theta.$$

例 4 计算三重积分 $\iiint\limits_{\Omega}\left(\dfrac{x^2}{a^2} + \dfrac{y^2}{b^2}\right)\mathrm{d}v$,其中 Ω: $\dfrac{x^2}{a^2} + \dfrac{y^2}{b^2} + \dfrac{z^2}{c^2} \leqslant 1(a,b,c > 0)$,$y \geqslant 0$,即 Ω 是右半椭球体.

解 在广义球面坐标变换下,积分区域 Ω 与如下闭区域相对应:

$$\Omega' = \{(r,\varphi,\theta) \mid 0 \leqslant r \leqslant 1, 0 \leqslant \varphi \leqslant \pi, 0 \leqslant \theta \leqslant \pi\},$$

所以

$$\iiint\limits_{\Omega}\left(\frac{x^2}{a^2} + \frac{y^2}{b^2}\right)\mathrm{d}v = \iiint\limits_{\Omega'} r^2\sin^2\varphi \cdot abcr^2\sin\varphi\mathrm{d}r\mathrm{d}\varphi\mathrm{d}\theta = abc\int_0^\pi\mathrm{d}\theta\int_0^\pi\mathrm{d}\varphi\int_0^1 r^4\sin^3\varphi\mathrm{d}r$$

$$= abc\int_0^\pi\mathrm{d}\theta\int_0^\pi\sin^3\varphi\left(\frac{1}{5}r^5\right)\bigg|_0^1\mathrm{d}\varphi$$

$$=-\frac{\pi}{5}abc\left(\cos\varphi-\frac{1}{3}\cos^3\varphi\right)\Big|_0^{\pi}=\frac{4}{15}\pi abc.$$

一般地说,所做的变换要根据积分区域和被积函数的特点设出.引入变换后,不仅要变换被积函数和积分微元,更关键的是要通过变换积分区域的边界曲线(或曲面)方程来变换积分区域.

习　题　10.4

1. 试通过适当的变换计算下列重积分:

(1) $\iint\limits_{D}(x+y)\sin(x-y)\mathrm{d}x\mathrm{d}y$,其中 $D=\{(x,y)|0\leqslant x+y\leqslant\pi,0\leqslant x-y\leqslant\pi\}$;

(2) $\iint\limits_{D}\mathrm{e}^{\frac{y}{x+y}}\mathrm{d}x\mathrm{d}y$,其中 $D=\{(x,y)|x+y\leqslant1,x\geqslant0,y\geqslant0\}$;

(3) $\iiint\limits_{\Omega}(x+y+z)\mathrm{d}v$,其中 Ω:$(x-a)^2+(y-b)^2+(z-c)^2\leqslant R^2(a,b,c>0)$;

(4) $\iint\limits_{D}\left(\frac{x^2}{a^2}+\frac{y^2}{b^2}\right)\mathrm{d}x\mathrm{d}y$,其中 D:$\frac{x^2}{a^2}+\frac{y^2}{b^2}\leqslant1(a,b>0)$;

(5) $\iiint\limits_{\Omega}y^2\mathrm{d}v$,其中 Ω:$0\leqslant z\leqslant\sqrt{1-\frac{x^2}{a^2}-\frac{y^2}{b^2}}(a,b>0)$.

2. 试做适当的变换,把下列二重积分化为累次积分:

(1) $\iint\limits_{D}f(\sqrt{x^2+y^2})\mathrm{d}x\mathrm{d}y$,其中 D:$x^2+y^2\leqslant1$;

(2) $\iint\limits_{D}f(x+y)\mathrm{d}x\mathrm{d}y$,其中 $D=\{(x,y)||x|+|y|\leqslant1\}$;

(3) $\iint\limits_{D}f\left(\frac{y}{x}\right)\mathrm{d}x\mathrm{d}y$,其中 $D=\{(x,y)|x\leqslant y\leqslant4x,1\leqslant xy\leqslant2\}$.

3. 试通过适当的变换求由直线 $x+y=a,x+y=b,y=\alpha x,y=\beta x$($b>a>0,\beta>\alpha$)所围成平面图形的面积.

§10.5　重积分的应用

在前面几节中,我们曾利用重积分计算平面图形的面积、物体的体积和质量.本节将进一步讨论重积分在几何学和物理学上的应用:计算曲面的面积、质心、转动惯量以及物体对质点的引力.

一、曲面的面积

设曲面 Σ 的方程为 $z=f(x,y)$,曲面 Σ 在 Oxy 面上的投影区域为 D,函数 $f(x,y)$ 在 D

上具有连续偏导数.现在我们来计算曲面 Σ 的面积 S.

把 D 任意分成 n 个小闭区域,考虑其中任一小闭区域 $\Delta\sigma$.以 $\Delta\sigma$ 的边界为准线作母线平行于 z 轴的柱面.这个柱面从曲面 Σ 中截出相应的一小块 ΔS.在 $\Delta\sigma$ 上任取一点 $P(x,y,0)$,则曲面 Σ 上对应点 $M(x,y,z)$ 处的切平面被此柱面截出一小块 ΔA(见图 10-39).这里我们用 $\Delta\sigma,\Delta S,\Delta A$ 同时表示其自身的面积.如图 10-39 所示,ΔS 和 ΔA 在 Oxy 面上的投影区域都是 $\Delta\sigma$,且有

$$\Delta\sigma = \Delta A \cos\gamma,$$

其中 γ 是曲面 Σ 在点 (x,y,z) 处的外法向量 $\boldsymbol{n}$ 与 z 轴正向的夹角.因为可以取 $\boldsymbol{n}=\{-f_x,-f_y,1\}$,而 z 轴正向的单位向量为 $\{0,0,1\}$,所以

$$\cos\gamma = \frac{1}{\sqrt{1+f_x^2(x,y)+f_y^2(x,y)}},$$

从而

$$\Delta A = \frac{\Delta\sigma}{\cos\gamma} = \sqrt{1+f_x^2(x,y)+f_y^2(x,y)}\,\Delta\sigma.$$

当 $\Delta\sigma$ 的直径 d 充分小时,$\Delta A \approx \Delta S$,于是曲面 Σ 的面积微元为

$$\mathrm{d}S = \sqrt{1+f_x^2(x,y)+f_y^2(x,y)}\,\mathrm{d}\sigma.$$

此形式与弧微分形式类似.将这些面积微元"累加"起来,就得到曲面 Σ 的面积

$$S = \iint\limits_{D}\mathrm{d}S = \iint\limits_{D}\sqrt{1+f_x^2(x,y)+f_y^2(x,y)}\,\mathrm{d}x\mathrm{d}y$$

或

$$S = \iint\limits_{D}\sqrt{1+\left(\frac{\partial z}{\partial x}\right)^2+\left(\frac{\partial z}{\partial y}\right)^2}\,\mathrm{d}x\mathrm{d}y. \tag{1}$$

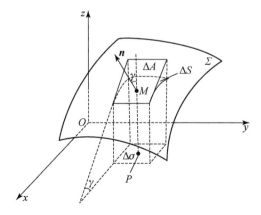

图　10-39

同理,如果曲面 Σ 由方程 $y=y(z,x)$ 确定,它在 Ozx 面上的投影区域为 D,则曲面 Σ 的面积为

$$S=\iint\limits_{D}\sqrt{1+\left(\frac{\partial y}{\partial z}\right)^2+\left(\frac{\partial y}{\partial x}\right)^2}\,\mathrm{d}z\mathrm{d}x.$$

如果曲面 Σ 由方程 $x=x(y,z)$ 确定,它在 Oyz 面上的投影区域为 D,则曲面 Σ 的面积为

$$S=\iint\limits_{D}\sqrt{1+\left(\frac{\partial x}{\partial y}\right)^2+\left(\frac{\partial x}{\partial z}\right)^2}\,\mathrm{d}y\mathrm{d}z.$$

例 1　求球面 $x^2+y^2+z^2=R^2(R>0)$ 包含在圆柱面 $x^2+y^2=Rx$ 内部的面积.

解　记这部分球面为 Σ. 由对称性知,只需计算 Σ 在第一卦限部分的面积 S_1,则所求的面积为 $S=4S_1$.

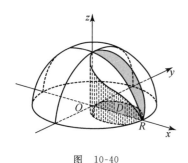

图　10-40

Σ 在第一卦限部分在 Oxy 面上的投影区域为半圆形闭区域 D(见图 10-40),利用极坐标可表示为

$$D:0\leqslant r\leqslant R\cos\theta,0\leqslant\theta\leqslant\frac{\pi}{2}.$$

又因为这时球面方程为 $z=\sqrt{R^2-x^2-y^2}$,从而

$$\frac{\partial z}{\partial x}=-\frac{x}{z},\quad \frac{\partial z}{\partial y}=-\frac{y}{z},$$

$$\sqrt{1+\left(\frac{\partial z}{\partial x}\right)^2+\left(\frac{\partial z}{\partial y}\right)^2}=\frac{R}{\sqrt{R^2-x^2-y^2}},$$

所以

$$S_1=\iint\limits_{D}\sqrt{1+\left(\frac{\partial z}{\partial x}\right)^2+\left(\frac{\partial z}{\partial y}\right)^2}\,\mathrm{d}x\mathrm{d}y=\int_0^{\pi/2}\mathrm{d}\theta\int_0^{R\cos\theta}\frac{R}{\sqrt{R^2-r^2}}r\mathrm{d}r=R^2\left(\frac{\pi}{2}-1\right).$$

于是

$$S=4R^2\left(\frac{\pi}{2}-1\right).$$

二、质心

先讨论平面薄片的质心,再推广到一般的物体.

设 Oxy 面上有 n 个质点,分别位于点 $(x_1,y_1),(x_2,y_2),\cdots,(x_n,y_n)$ 处,其质量依次为 $m_1,m_2,\cdots,m_n$. 由静力学知识知道,这 n 个质点所构成质点系的质心为点 $(\overline{x},\overline{y})$,其中

$$\overline{x}=\frac{M_y}{M}=\frac{\displaystyle\sum_{i=1}^{n}m_ix_i}{\displaystyle\sum_{i=1}^{n}m_i},\quad \overline{y}=\frac{M_x}{M}=\frac{\displaystyle\sum_{i=1}^{n}m_iy_i}{\displaystyle\sum_{i=1}^{n}m_i},$$

这里 $M = \sum\limits_{i=1}^{n} m_i$ 为该质点系的总质量,$M_y = \sum\limits_{i=1}^{n} m_i x_i$ 为该质点系对 y 轴的静力矩,$M_x = \sum\limits_{i=1}^{n} m_i y_i$ 为该质点系对 x 轴的静力矩.

设一块平面薄片占据 Oxy 面上的有界闭区域 D,它的面密度 $\mu(x,y)$ 在 D 上连续.我们来求该薄片的质心.任取 D 上的一个小闭区域 $\Delta\sigma$ 及 $\Delta\sigma$ 上的一点 (x,y),记 $\Delta\sigma$ 的面积为 $\mathrm{d}\sigma$.当 $\Delta\sigma$ 的直径充分小时,可近似认为其上的面密度都是 $\mu(x,y)$,于是得到该薄片的质量微元 $\mu(x,y)\mathrm{d}\sigma$,从而该薄片对 x 轴和 y 轴的静力矩微元分别为

$$\mathrm{d}M_x = y\mu(x,y)\mathrm{d}\sigma, \quad \mathrm{d}M_y = x\mu(x,y)\mathrm{d}\sigma.$$

所以,该薄片对 x 轴和 y 轴的静力矩分别为

$$M_x = \iint\limits_D y\mu(x,y)\mathrm{d}\sigma, \quad M_y = \iint\limits_D x\mu(x,y)\mathrm{d}\sigma.$$

而该薄片的质量为

$$M = \iint\limits_D \mu(x,y)\mathrm{d}\sigma,$$

因此,该薄片的质心为点 $(\overline{x},\overline{y})$,其中

$$\overline{x} = \frac{M_y}{M} = \frac{\iint\limits_D x\mu(x,y)\mathrm{d}\sigma}{\iint\limits_D \mu(x,y)\mathrm{d}\sigma}, \quad \overline{y} = \frac{M_x}{M} = \frac{\iint\limits_D y\mu(x,y)\mathrm{d}\sigma}{\iint\limits_D \mu(x,y)\mathrm{d}\sigma}. \tag{2}$$

类似地,如果一个物体占据空间有界闭区域 Ω,它的密度 $\rho(x,y,z)$ 在 Ω 上连续,则该物体的质心为点 $(\overline{x},\overline{y},\overline{z})$,其中

$$\overline{x} = \frac{1}{M}\iiint\limits_\Omega x\rho(x,y,z)\mathrm{d}v, \quad \overline{y} = \frac{1}{M}\iiint\limits_\Omega y\rho(x,y,z)\mathrm{d}v, \quad \overline{z} = \frac{1}{M}\iiint\limits_\Omega z\rho(x,y,z)\mathrm{d}v, \tag{3}$$

这里 $M = \iiint\limits_\Omega \rho(x,y,z)\mathrm{d}v$ 为该物体的质量.

例 2 求位于两个圆 $r=2\sin\theta$ 和 $r=4\sin\theta$ 之间的均匀平面薄片(面密度 $\mu(x,y)$ 为常数)的质心.

解 该薄片的形状如图 10-41 所示,其在 Oxy 面上所占据的闭区域记为 D.设所求的质心为点 $(\overline{x},\overline{y})$.由于该薄片关于 y 轴对称,故其质心一定在 y 上,即 $\overline{x}=0$.由公式(2)有

$$\overline{y} = \frac{M_x}{M} = \frac{\iint\limits_D y\mu(x,y)\mathrm{d}\sigma}{\iint\limits_D \mu(x,y)\mathrm{d}\sigma} = \frac{\iint\limits_D y\mathrm{d}\sigma}{\iint\limits_D \mathrm{d}\sigma} = \frac{1}{S}\iint\limits_D y\mathrm{d}\sigma,$$

其中 $S = \iint\limits_D \mathrm{d}\sigma$ 为该薄片的面积.这里易得

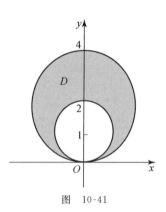

图 10-41

$$S = (\pi \cdot 2^2 - \pi \cdot 1^2) = 3\pi.$$

由于

$$\iint\limits_{D} y \, \mathrm{d}\sigma = \iint\limits_{D} r^2 \sin\theta \mathrm{d}r\mathrm{d}\theta = \int_0^\pi \sin\theta \mathrm{d}\theta \int_{2\sin\theta}^{4\sin\theta} r^2 \, \mathrm{d}r = \frac{56}{3}\int_0^\pi \sin^4\theta \mathrm{d}\theta = 7\pi,$$

从而 $\overline{y} = \dfrac{7}{3}$, 因此该薄片的质心为点 $\left(0, \dfrac{7}{3}\right)$.

例 3　求均匀半球体的质心.

解　取半球体的对称轴为 z 轴, 球心为原点, 并设球的半径为 a, 则该半球体所占据的空间闭区域为

$$\Omega = \{(x,y,z) \mid x^2 + y^2 + z^2 \leqslant a^2, z \geqslant 0\}.$$

设该半球体的质心为点 $(\overline{x}, \overline{y}, \overline{z})$, 则由对称性知 $\overline{x} = \overline{y} = 0$, 再由公式(3)有

$$\overline{z} = \frac{1}{M}\iiint\limits_{\Omega} z\rho(x,y,z)\mathrm{d}v = \frac{1}{V}\iiint\limits_{\Omega} z\,\mathrm{d}v,$$

其中 $V = \dfrac{2}{3}\pi a^3$ 为该半球体的体积. 利用球面坐标计算, 得

$$\iiint\limits_{\Omega} z\,\mathrm{d}v = \iiint\limits_{\Omega} r\cos\varphi \cdot r^2 \sin\varphi \mathrm{d}r\mathrm{d}\theta\mathrm{d}\varphi = \int_0^{2\pi}\mathrm{d}\theta\int_0^{\pi/2}\sin\varphi\cos\varphi\mathrm{d}\varphi\int_0^a r^3\,\mathrm{d}r = \frac{\pi}{4}a^4,$$

因此 $\overline{z} = \dfrac{3}{8}a$. 故该半球体的质心为点 $\left(0, 0, \dfrac{3}{8}a\right)$.

三、转动惯量

由静力学知识知道, 质量为 m 的质点对距离 r 处的轴的转动惯量为 $I = mr^2$.

设一块平面薄片占据 Oxy 面上的有界闭区域 D, 它的面密度 $\mu(x,y)$ 是 D 上的连续函数. 下面考虑此薄片对 x 轴和 y 轴的转动惯量. 任取 D 上的一个小闭区域 $\Delta\sigma$, 记其面积为 $\mathrm{d}\sigma$. 由类似于质心的讨论可知, 该薄片对 x 轴和 y 轴的转动惯量微元分别为

$$\mathrm{d}I_x = y^2\mu(x,y)\mathrm{d}\sigma, \quad \mathrm{d}I_y = x^2\mu(x,y)\mathrm{d}\sigma,$$

从而该薄片对 x 轴和 y 轴的转动惯量分别为

$$I_x = \iint\limits_{D} y^2\mu(x,y)\mathrm{d}\sigma, \quad I_y = \iint\limits_{D} x^2\mu(x,y)\mathrm{d}\sigma.$$

进一步, 可得到该薄片对通过原点且垂直于 Oxy 面的轴的转动惯量为

$$I_O = \iint\limits_{D} (x^2 + y^2)\mu(x,y)\mathrm{d}\sigma. \tag{4}$$

类似地, 如果一个物体占据空间有界闭区域 Ω, 它的密度 $\rho(x,y,z)$ 是 Ω 上的连续函数, 则该物体对 x 轴、y 轴、z 轴的转动惯量分别为

$$I_x = \iiint\limits_{\Omega} (y^2 + z^2)\rho(x,y,z)\mathrm{d}v,$$

$$I_y = \iiint\limits_{\Omega} (x^2 + z^2)\rho(x,y,z)\mathrm{d}v,$$

$$I_z = \iiint\limits_{\Omega} (x^2 + y^2)\rho(x,y,z)\mathrm{d}v.$$

例 4　求半径为 a 的均匀半圆形薄片对于其直径边的转动惯量.

解　取坐标系如图 10-42 所示,则该薄片所占据的平面闭区域为
$$D = \{(x,y) \mid x^2 + y^2 \leqslant a^2, y \geqslant 0\},$$
且所求的转动惯量就是该薄片对 x 轴的转动惯量. 设面密
度为常数 μ,于是该薄片对 x 轴的转动惯量为

$$\begin{aligned}
I_x &= \iint\limits_{D} y^2 \mu \mathrm{d}\sigma = \mu \iint\limits_{D} y^2 \mathrm{d}\sigma \\
&= \mu \int_0^\pi \mathrm{d}\theta \int_0^a r^2 \sin^2\theta \cdot r \mathrm{d}r \\
&= \mu \cdot \frac{1}{4} a^4 \int_0^\pi \sin^2\theta \mathrm{d}\theta \\
&= \frac{1}{4}\mu a^4 \cdot \frac{\pi}{2} = \frac{1}{8}\mu\pi a^4.
\end{aligned}$$

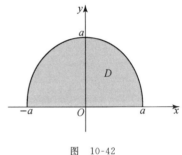

图　10-42

例 5　求密度为 ρ 的均匀球体对于通过球心的一条轴 l 的转动惯量.

解　取球心为原点,z 轴与 l 轴重合,又设球的半径为 a,则球体所占据的空间闭区域为
$$\Omega = \{(x,y,z) \mid x^2 + y^2 + z^2 \leqslant a^2\}.$$
于是,所求的转动惯量为该球体对 z 轴的转动惯量,即为

$$I_z = \iiint\limits_{\Omega} (x^2 + y^2)\rho \mathrm{d}v = \rho \iiint\limits_{\Omega} (x^2 + y^2) \mathrm{d}v = \rho \iiint\limits_{\Omega} r^2 \sin^2\varphi \cdot r^2 \sin\varphi \mathrm{d}r \mathrm{d}\varphi \mathrm{d}\theta$$

$$= \rho \int_0^{2\pi} \mathrm{d}\theta \int_0^\pi \sin^3\varphi \mathrm{d}\varphi \int_0^a r^4 \mathrm{d}r = \frac{8}{15}\pi a^5 \rho.$$

四、引力

设一个物体所占据的空间有界闭区域为 Ω,它的密度 $\rho(x,y,z)$ 在 Ω 上连续,又设 Ω 外有一个质量为 m 的质点 $A(a,b,c)$. 下面讨论如何计算该物体对质点 A 的引力 $\boldsymbol{F}$.

任取 Ω 上的一个小闭区域 Δv,记其体积为 $\mathrm{d}v$. 在 Δv 内任取一点 $M(x,y,z)$,当 Δv 的直径充分小时,可近似认为 Δv 上的密度都是 $\rho(x,y,z)$,于是该物体的质量微元为 $\rho(x,y,z)\mathrm{d}v$. 再由万有引力定律知,该物体对质点 A 的引力微元为

$$\mathrm{d}\boldsymbol{F} = \frac{km\rho(x,y,z)\mathrm{d}v}{r^2}\boldsymbol{e}_r, \tag{5}$$

其中 k 为万有引力常数,$\boldsymbol{e}_r$ 为向量 $\boldsymbol{r} = \overrightarrow{AM} = (x-a, y-b, z-c)$ 对应的单位向量,且 $r = |\boldsymbol{r}|$.

因为 d$\boldsymbol{F}$ 为向量,不能直接对它积分,只能对其在三个坐标轴方向的分量 dF_x,dF_y,dF_z 分别进行积分. 由 $\boldsymbol{e}_r = \left(\dfrac{x-a}{r}, \dfrac{y-b}{r}, \dfrac{z-c}{r}\right)$ 可得

$$\mathrm{d}F_x = \frac{km\rho(x,y,z)(x-a)}{r^3}\mathrm{d}v, \quad \mathrm{d}F_y = \frac{km\rho(x,y,z)(y-b)}{r^3}\mathrm{d}v,$$

$$\mathrm{d}F_z = \frac{km\rho(x,y,z)(z-c)}{r^3}\mathrm{d}v,$$

从而所求的引力 $\boldsymbol{F}$ 在 x 轴、y 轴、z 轴方向的分量分别为

$$\begin{aligned}
F_x &= km\iiint\limits_{\Omega} \frac{\rho(x,y,z)(x-a)}{r^3}\mathrm{d}v, \\
F_y &= km\iiint\limits_{\Omega} \frac{\rho(x,y,z)(y-b)}{r^3}\mathrm{d}v, \\
F_z &= km\iiint\limits_{\Omega} \frac{\rho(x,y,z)(z-c)}{r^3}\mathrm{d}v.
\end{aligned} \tag{6}$$

例 6　设一个均匀圆柱体形物体所占据的空间闭区域为 Ω：$x^2+y^2 \leqslant a^2 (a>0, 0 \leqslant z \leqslant h)$,其密度为常数 μ,求该物体对位于点 $A(0,0,b)(b>h)$ 处的单位质量质点的引力.

解　在 Ω 内任取一点 $M(x,y,z)$,则有向量 $\boldsymbol{r} = \overrightarrow{AM} = (x,y,z-b)$,其模为

$$r = |\boldsymbol{r}| = \sqrt{x^2+y^2+(z-b)^2}.$$

由公式(5)知该物体对单位质量质点的引力微元为 $\mathrm{d}\boldsymbol{F} = \dfrac{k\mu \mathrm{d}v}{r^2}\boldsymbol{e}_r$,于是 d$\boldsymbol{F}$ 在 x 轴、y 轴、z 轴方向的三个分量分别为

$$\mathrm{d}F_x = \frac{k\mu x}{[x^2+y^2+(z-b)^2]^{\frac{3}{2}}}\mathrm{d}v, \quad \mathrm{d}F_y = \frac{k\mu y}{[x^2+y^2+(z-b)^2]^{\frac{3}{2}}}\mathrm{d}v,$$

$$\mathrm{d}F_z = \frac{k\mu(z-b)}{[x^2+y^2+(z-b)^2]^{\frac{3}{2}}}\mathrm{d}v.$$

由公式(6),注意到 Ω 关于 Ozx 面及 Ozy 面对称,结合被积函数的奇偶性,可知所求的引力 $\boldsymbol{F}$ 分别在 x 轴和 y 轴方向的分量为

$$F_x = \iiint\limits_{\Omega} \frac{k\mu x}{[x^2+y^2+(z-b)^2]^{\frac{3}{2}}}\mathrm{d}v = 0, \quad F_y = \iiint\limits_{\Omega} \frac{k\mu y}{[x^2+y^2+(z-b)^2]^{\frac{3}{2}}}\mathrm{d}v = 0,$$

而在 z 轴方向的分量为

$$\begin{aligned}
F_z &= \iiint\limits_{\Omega} \frac{k\mu(z-b)}{[x^2+y^2+(z-b)^2]^{\frac{3}{2}}}\mathrm{d}v = k\mu \int_0^{2\pi}\mathrm{d}\theta \int_0^a r\mathrm{d}r \int_0^h \frac{(z-b)}{[r^2+(z-b)^2]^{\frac{3}{2}}}\mathrm{d}z \\
&= 2\pi k\mu[\sqrt{a^2+b^2} - \sqrt{a^2+(b-h)^2} - h].
\end{aligned}$$

习 题 10.5

1. 求下列曲面的面积：

(1) 平面 $\dfrac{x}{1}+\dfrac{y}{2}+\dfrac{z}{3}=1$ 被三个坐标面所截得的有限部分；

(2) 曲面 $az=xy(a>0)$ 包含在圆柱面 $x^2+y^2=a^2$ 内的部分；

(3) 球面 $x^2+y^2+z^2=3(z\geqslant0)$ 与旋转抛物面 $x^2+y^2=2z$ 所围成闭区域的边界；

(4) 圆锥面 $z=\sqrt{x^2+y^2}$ 被柱面 $z^2=2x$ 所截得的有限部分；

(5) 底圆的半径相等且对称轴垂直相交的两个圆柱体公共部分的边界.

2. 设均匀平面薄片所占据的闭区域如下，分别求平面薄片的质心：

(1) 半椭圆形闭区域 $\dfrac{x^2}{a^2}+\dfrac{y^2}{b^2}\leqslant1(a,b>0,y\geqslant0)$；

(2) 由曲线 $r=a(1+\cos\varphi)(0\leqslant\varphi\leqslant\pi,a>0)$ 所围成的闭区域；

(3) 由抛物线 $ay=x^2$ 与直线 $x+y=2a(a>0)$ 所围成的闭区域.

3. 设均匀物体所占据的空间闭区域如下，分别求物体的质心：

(1) 由旋转抛物面 $z=x^2+y^2$ 与平面 $z=1$ 所围成的闭区域；

(2) 由坐标面与平面 $x+2y-z=1$ 所围成的四面体；

(3) 半球壳 $a^2\leqslant x^2+y^2+z^2\leqslant b^2(a,b>0,z\geqslant0)$.

4. 对均匀物体所占据的下列平面或空间闭区域，求物体关于给定轴的转动惯量：

(1) 由抛物线 $y=x^2$ 与直线 $y=1$ 所围成的闭区域，直线 $y=-1$；

(2) 椭圆形闭区域 $\dfrac{x^2}{a^2}+\dfrac{y^2}{b^2}\leqslant1(a,b>0)$，$y$ 轴；

(3) 由曲线 $y^2=x^3$ 与直线 $y=x$ 所围成的闭区域，x 轴和 y 轴；

(4) 由双纽线 $r^2=a^2\cos2\theta(a>0)$ 所围成的闭区域，x 轴；

(5) 圆筒形闭区域 $a^2\leqslant x^2+y^2\leqslant b^2(a,b>0,-h\leqslant z\leqslant h)$，$x$ 轴和 z 轴.

5. 设一个均匀物体的密度为 μ，它所占据的空间闭区域 Ω 由曲面 $z=x^2+y^2$ 与平面 $|x|=a,|y|=a(a>0),z=0$ 所围成，求该物体的体积、质心及关于 z 轴的转动惯量.

6. 设一块半圆环形平面薄片所占据的闭区域为 D：$a^2\leqslant x^2+y^2\leqslant b^2(a,b>0,y\leqslant0)$，其在点 (x,y) 处的面密度为 $\rho(x,y)=y$，求该薄片对原点处质量为 m 的质点的引力 $\boldsymbol{F}$.

§10.6 综 合 例 题

一、重积分的计算

例1 计算二重积分 $\displaystyle\iint\limits_{D}y^2\mathrm{d}x\mathrm{d}y$，其中 D 是由 x 轴与摆线 $\begin{cases} x=a(t-\sin t), \\ y=a(1-\cos t) \end{cases}$ $(0\leqslant t\leqslant2\pi,$

$a > 0$）的第一拱所围成的闭区域.

解　积分区域为 D：$0 \leqslant y \leqslant y(x), 0 \leqslant x \leqslant 2\pi a$（见图 10-43），其中 $y(x)$ 由摆线方程确定，于是

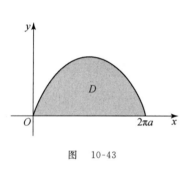

图　10-43

$$\iint\limits_{D} y^2 \mathrm{d}x\mathrm{d}y = \int_0^{2\pi a} \mathrm{d}x \int_0^{y(x)} y^2 \mathrm{d}y = \frac{1}{3} \int_0^{2\pi a} y^3(x) \mathrm{d}x$$

$$\xlongequal{\text{令 } x = a(t - \sin t)} \frac{1}{3} \int_0^{2\pi} a^3(1 - \cos t)^3 a(1 - \cos t) \mathrm{d}t$$

$$= \frac{16a^4}{3} \int_0^{2\pi} \sin^8 \frac{t}{2} \mathrm{d}t \xlongequal{\text{令 } t/2 = u} \frac{16a^4}{3} \int_0^{\pi} \sin^8 u \cdot 2 \mathrm{d}u$$

$$= \frac{32a^4}{3} \cdot 2 \int_0^{\pi/2} \sin^8 u \mathrm{d}u$$

$$= \frac{64a^4}{3} \cdot \frac{7}{8} \cdot \frac{5}{6} \cdot \frac{3}{4} \cdot \frac{1}{2} \cdot \frac{\pi}{2} = \frac{35}{12} \pi a^4.$$

以后会发现，还可以用格林公式来计算例 1 中的二重积分.

例 2　计算二重积分 $\iint\limits_{D} (x^2 - 2x + 3y + 2)\mathrm{d}x\mathrm{d}y$，其中 D：$x^2 + y^2 \leqslant a^2 (a > 0)$.

解　因积分区域 D 关于 x 轴和 y 轴均对称，故由二重积分的对称性有

$$\iint\limits_{D} (-2x + 3y)\mathrm{d}x\mathrm{d}y = 0.$$

再由 D 关于直线 $y = x$ 对称有 $\iint\limits_{D} x^2 \mathrm{d}x\mathrm{d}y = \iint\limits_{D} y^2 \mathrm{d}x\mathrm{d}y$，因此

$$\iint\limits_{D} x^2 \mathrm{d}x\mathrm{d}y = \frac{1}{2} \iint\limits_{D} (x^2 + y^2)\mathrm{d}x\mathrm{d}y = \frac{1}{2} \int_0^{2\pi} \mathrm{d}\theta \int_0^a r^3 \mathrm{d}r = \frac{\pi a^4}{4}.$$

于是

$$\iint\limits_{D} (x^2 - 2x + 3y + 2)\mathrm{d}x\mathrm{d}y = \iint\limits_{D} x^2 \mathrm{d}x\mathrm{d}y + 2\pi a^2 = \frac{\pi a^4}{4} + 2\pi a^2.$$

注　若积分区域 D 关于直线 $y = x$ 对称，则

$$\iint\limits_{D} f(x, y)\mathrm{d}x\mathrm{d}y = \iint\limits_{D} f(y, x)\mathrm{d}x\mathrm{d}y;$$

若在 D 上恒有 $f(y, x) = f(x, y)$，则

$$\iint\limits_{D} f(x, y)\mathrm{d}x\mathrm{d}y = 2\iint\limits_{D_1} f(y, x)\mathrm{d}x\mathrm{d}y,$$

其中 $D_1 = \{(x, y) | (x, y) \in D, y \leqslant x\}$；

若在 D 上恒有 $f(y, x) = -f(x, y)$，则

$$\iint\limits_{D} f(x, y)\mathrm{d}x\mathrm{d}y = 0.$$

例 3 设函数 $f(x)$ 连续，$F(t) = \iiint\limits_{\Omega} [z^2 + f(x^2 + y^2)] \mathrm{d}v$，其中

$$\Omega = \{(x, y, z) | x^2 + y^2 \leqslant t^2, 0 \leqslant z \leqslant H\},$$

试求 $\dfrac{\mathrm{d}F}{\mathrm{d}t}$ 和 $\lim\limits_{t \to 0} \dfrac{F(t)}{t^2}$。

解 积分区域 Ω 在 Oxy 面上的投影区域 D 为圆形闭区域 $x^2 + y^2 \leqslant t^2$，于是

$$F(t) = \iiint\limits_{\Omega} [z^2 + f(x^2 + y^2)] \mathrm{d}v = \iint\limits_{D} \mathrm{d}x\mathrm{d}y \int_0^H [z^2 + f(x^2 + y^2)] \mathrm{d}z$$

$$= \int_0^{2\pi} \mathrm{d}\theta \int_0^{|t|} \left[\frac{1}{3}H^3 + f(r^2)H \right] r\mathrm{d}r = \frac{\pi}{3}H^3 t^2 + 2\pi H \int_0^{|t|} f(r^2) r\mathrm{d}r.$$

当 $t > 0$ 时，有 $\dfrac{\mathrm{d}F}{\mathrm{d}t} = \dfrac{2}{3}\pi H^3 t + 2\pi H t f(t^2)$；

当 $t < 0$ 时，有 $\dfrac{\mathrm{d}F}{\mathrm{d}t} = \dfrac{2}{3}\pi H^3 t + 2\pi H t f(t^2)$。

当 $t = 0$ 时，有 $F'(0) = \lim\limits_{t \to 0} \dfrac{\mathrm{d}F}{\mathrm{d}t} = 0$。

所以

$$\frac{\mathrm{d}F}{\mathrm{d}t} = \frac{2}{3}\pi H^3 t + 2\pi H t f(t^2), \quad t \in \mathbf{R},$$

从而

$$\lim_{t \to 0} \frac{F(t)}{t^2} = \lim_{t \to 0} \frac{\dfrac{2}{3}\pi H^3 t + 2\pi H t f(t^2)}{2t} = \frac{\pi}{3}H^3 + \lim_{t \to 0}\pi H f(t^2)$$

$$= \frac{\pi}{3}H^3 + \pi H f(0).$$

二、重积分的证明

例 4 设函数 $f(x)$ 在区间 $[a, b]$ 上连续，且 $f(x) > 0$，证明：

$$I = \int_a^b f(x) \mathrm{d}x \int_a^b \frac{1}{f(x)} \mathrm{d}x \geqslant (b - a)^2.$$

证 设闭区域 $D = \{(x, y) | a \leqslant x \leqslant b, a \leqslant y \leqslant b\}$，显然 D 关于直线 $y = x$ 对称，所以

$$I = \int_a^b f(x) \mathrm{d}x \int_a^b \frac{1}{f(x)} \mathrm{d}x = \int_a^b f(x) \mathrm{d}x \int_a^b \frac{1}{f(y)} \mathrm{d}y$$

$$= \iint\limits_{D} \frac{f(x)}{f(y)} \mathrm{d}x\mathrm{d}y = \iint\limits_{D} \frac{f(y)}{f(x)} \mathrm{d}x\mathrm{d}y$$

$$= \frac{1}{2} \iint\limits_{D} \left[\frac{f(x)}{f(y)} + \frac{f(y)}{f(x)} \right] \mathrm{d}x\mathrm{d}y$$

$$= \frac{1}{2}\iint\limits_{D} \frac{f^2(x)+f^2(y)}{f(x)f(y)}\mathrm{d}x\mathrm{d}y$$

$$\geqslant \frac{1}{2}\iint\limits_{D} \frac{2f(x)f(y)}{f(x)f(y)}\mathrm{d}x\mathrm{d}y$$

$$= \iint\limits_{D}\mathrm{d}x\mathrm{d}y = (b-a)^2.$$

例 5　设 $f(x)$ 为连续函数,证明:

$$\int_a^b \mathrm{d}x \int_a^x f(y)\mathrm{d}y = \int_a^b f(y)(b-y)\mathrm{d}y.$$

证　左端 $= \int_a^b \mathrm{d}x \int_a^x f(y)\mathrm{d}y = \iint\limits_{D} f(y)\mathrm{d}x\mathrm{d}y$,其中 D:$\begin{cases} a \leqslant y \leqslant x, \\ a \leqslant x \leqslant b. \end{cases}$

因 D 可表示为 D:$\begin{cases} y \leqslant x \leqslant b, \\ a \leqslant y \leqslant b, \end{cases}$ 故交换积分次序得

$$左端 = \iint\limits_{D} f(y)\mathrm{d}x\mathrm{d}y = \int_a^b \mathrm{d}y \int_y^b f(y)\mathrm{d}x = \int_a^b f(y)(b-y)\mathrm{d}y = 右端.$$

注　例 5 还可以这样证明:

令 $F(t) = \int_a^t \mathrm{d}x \int_a^x f(y)\mathrm{d}y - \int_a^t f(x)(t-x)\mathrm{d}x$,证明 $F'(t)=0$,再由此推出 $F(t)=0$.

例 6　设 $f(x,y)$ 为连续函数,且满足 $f(x,y)=f(y,x)$,证明:

$$\int_0^1 \mathrm{d}x \int_0^x f(x,y)\mathrm{d}y = \int_0^1 \mathrm{d}x \int_0^x f(1-x,1-y)\mathrm{d}y.$$

证　令 $x=1-u,y=1-v$,则 $0 \leqslant v \leqslant 1, 0 \leqslant u \leqslant v$,且 u,v 的雅可比行列式满足 $|J(u,v)|=1$. 于是

$$右端 = \int_0^1 \mathrm{d}x \int_0^x f(1-x,1-y)\mathrm{d}y = \int_0^1 \mathrm{d}v \int_0^v f(u,v)\mathrm{d}u$$

$$= \int_0^1 \mathrm{d}v \int_0^v f(v,u)\mathrm{d}u = \int_0^1 \mathrm{d}x \int_0^x f(x,y)\mathrm{d}y = 左端.$$

三、重积分的应用

例 7　求曲面 $z=1+x^2+y^2$ 在点 $M_0(1,-1,3)$ 处的切平面与曲面 $z=x^2+y^2$ 所围成立体的体积 V.

解　该立体的底面是曲面 $z=x^2+y^2$ 上的一块,顶面是切平面上的一块.下面先确定该立体在 Oxy 面上投影区域 D.

在点 M_0 处,切平面的法向量是 $\boldsymbol{n}=(z_x,z_y,-1)\big|_{M_0}=(2,-2,-1)$,于是切平面的方程为

$$2(x-1)-2(y+1)-(z-3)=0, \quad 即 \quad z=2x-2y-1,$$

从而该切平面与曲面 $z=x^2+y^2$ 的交线是

$$\begin{cases} z=x^2+y^2, \\ z=2x-2y-1. \end{cases}$$

消去 z,可得此交线在 Oxy 面上的投影 $(x-1)^2+(y+1)^2=1$,而这条曲线所围成的闭区域就是 D.注意到在 D 上有 $2x-2y-1\geqslant x^2+y^2$,所以

$$V=\iint\limits_D [2x-2y-1-(x^2+y^2)]\mathrm{d}x\mathrm{d}y$$

$$=\iint\limits_D [1-(x-1)^2-(y+1)^2]\mathrm{d}x\mathrm{d}y$$

$$=\int_0^{2\pi}\mathrm{d}\theta\int_0^1(1-r^2)r\mathrm{d}r=\frac{\pi}{2}.$$

上式计算中做了极坐标变换 $x-1=r\cos\theta, y+1=r\sin\theta$.

例 8 设半径为 R 的球面 Σ 的球心在定球面 $x^2+y^2+z^2=a^2(a>0)$ 上,问:当 R 取何值时,球面 Σ 在该定球面内部的部分 Σ_1 的面积最大?

解 可设球面 Σ 的方程为 $x^2+y^2+(z-a)^2=R^2$,从而球面 Σ 与该球面的交线是

$$\begin{cases} x^2+y^2=\dfrac{R^2}{4a^2}(4a^2-R^2), \\ z=\dfrac{2a^2-R^2}{2a}, \end{cases}$$

于是 Σ_1 在 Oxy 面上的投影区域为 D: $x^2+y^2\leqslant\dfrac{R^2}{4a^2}(4a^2-R^2)$,它的方程为 $z=a-\sqrt{R^2-x^2-y^2}$,$(x,y)\in D$. 故 Σ_1 的面积为

$$S(R)=\iint\limits_D\sqrt{1+z_x^2+z_y^2}\mathrm{d}x\mathrm{d}y=\iint\limits_D\frac{R}{\sqrt{R^2-x^2-y^2}}\mathrm{d}x\mathrm{d}y$$

$$=\int_0^{2\pi}\mathrm{d}\theta\int_0^{\frac{R}{2a}\sqrt{4a^2-R^2}}\frac{R}{\sqrt{R^2-r^2}}r\mathrm{d}r=2\pi R^2-\frac{\pi R^3}{a}.$$

由 $S'(R)=4\pi R-\dfrac{3\pi}{a}R^2=0$ 得驻点 $R_1=0$(舍去),$R_2=\dfrac{4}{3}a$. 因为

$$S''(R)=4\pi-\frac{6\pi}{a}R, \quad S''\left(\frac{4}{3}a\right)=-4\pi<0,$$

所以当 $R=\dfrac{4}{3}a$ 时,Σ_1 的面积最大.

例 9 设有一个半径为 R 的球体,P_0 是此球体表面上的一个定点,该球体上任一点处的密度与这一点到点 P_0 的距离平方成正比(比例常数 $k>0$),求该球体的质心.

解 设该球体所占据的空间闭区域为 Ω.以球心为原点 O,射线 OP_0 为 x 轴正向建立直

角坐标系,则点 P_0 的坐标为$(R,0,0)$,球面方程为 $x^2+y^2+z^2=R^2$.

设该球体的质心为点$(\bar{x},\bar{y},\bar{z})$,由对称性得 $\bar{y}=0,\bar{z}=0$,而

$$\bar{x}=\frac{\iiint\limits_{\Omega}xk[(x-R)^2+y^2+z^2]\mathrm{d}v}{\iiint\limits_{\Omega}k[(x-R)^2+y^2+z^2]\mathrm{d}v}.$$

由于

$$\iiint\limits_{\Omega}[(x-R)^2+y^2+z^2]\mathrm{d}v=\iiint\limits_{\Omega}(x^2+y^2+z^2)\mathrm{d}v+\iiint\limits_{\Omega}R^2\mathrm{d}v$$

$$=8\int_0^{\pi/2}\mathrm{d}\theta\int_0^{\pi/2}\mathrm{d}\varphi\int_0^R r^2\cdot r^2\sin\varphi\mathrm{d}r+\frac{4}{3}\pi R^5=\frac{32}{15}\pi R^5,$$

$$\iiint\limits_{\Omega}x[(x-R)^2+y^2+z^2]\mathrm{d}v=-2R\iiint\limits_{\Omega}x^2\mathrm{d}v$$

$$=-\frac{2}{3}R\iiint\limits_{\Omega}(x^2+y^2+z^2)\mathrm{d}v=-\frac{8}{15}\pi R^6,$$

所以 $\bar{x}=-\dfrac{R}{4}$. 因此,该球体的质心为点$\left(-\dfrac{R}{4},0,0\right)$.

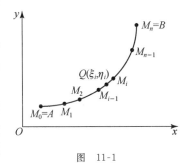

第十一章 曲线积分与曲面积分

第十章所讨论的二重积分与三重积分是定积分的推广,本章要讨论的曲线积分与曲面积分也是定积分的推广.在处理实际问题中,我们常常会遇到要计算不均匀的曲线形或曲面形构件的质量、变力对质点所做的功、流体通过某个曲面的流量等.为了解决这些问题,需要对定积分概念做进一步推广,引入曲线积分和曲面积分的概念.依据物理或几何问题的不同要求,曲线积分与曲面积分都分为两类,其中第一类曲线积分和曲面积分与方向无关,而第二类曲线积分和曲面积分与方向有关.两类曲线积分和曲面积分不仅具有明确的物理背景,而且在物理学和几何学中具有广泛的应用.

§11.1 第一类曲线积分

一、第一类曲线积分的概念与性质

引例(曲线形构件的质量) 设有一个曲线形构件,它在 Oxy 面上占据分段光滑曲线弧 $L=\overset{\frown}{AB}$,其线密度 $\rho(x,y)$ 在 L 上连续,求该曲线形构件的质量 m.

如图 11-1 所示,把曲线弧 L 任意分成 n 段小弧,分点记为 $M_0=A,M_1$,$M_2,\cdots,M_{i-1},M_i,\cdots,M_n=B$,第 i 段小弧 $\overset{\frown}{M_{i-1}M_i}$ $(i=1,2,\cdots,n)$ 的长度记为 Δs_i.相应地,该曲线形构件分为 n 小段.由于每段小弧都可以分割得足够短,因此其上的线密度可以近似看作常数.设 $Q(\xi_i,\eta_i)(i=1,2,\cdots,n)$ 为第 i 段小弧 $\overset{\frown}{M_{i-1}M_i}$ 上的任一点,该点处的线密度

图 11-1

为 $\rho_i = \rho(\xi_i, \eta_i)$, 则小弧 $\overset{\frown}{M_{i-1}M_i}$ 对应的小段构件的质量为

$$\Delta m_i \approx \rho(\xi_i, \eta_i) \Delta s_i.$$

于是,该曲线形构件的质量为

$$m = \sum_{i=1}^n \Delta m_i \approx \sum_{i=1}^n \rho(\xi_i, \eta_i) \Delta s_i.$$

显然,分点越多,各段小弧的长度越短时,和式 $\sum_{i=1}^n \rho(\xi_i, \eta_i) \Delta s_i$ 的值越接近于该曲线形构件的质量 m. 因此,当所有的 Δs_i 都趋于 0 时,上述和式的极限值就是所求的质量 m. 也就是说,若记 $\lambda = \max\{\Delta s_1, \Delta s_2, \cdots, \Delta s_n\}$, 则

$$m = \lim_{\lambda \to 0} \sum_{i=1}^n \rho(\xi_i, \eta_i) \Delta s_i.$$

我们把这个极限值称为函数 $\rho(x, y)$ 在曲线弧 L 上对弧长的曲线积分,也称为第一类曲线积分.

求曲线形构件的质量是第一类曲线积分的物理背景,抛去此物理背景,便可抽象出第一类曲线积分的数学概念.

定义　设 $L = \overset{\frown}{AB}$ 为分段光滑的平面曲线弧,$f(x, y)$ 是定义在 L 上的有界函数. 把 L 任意分成 n 段小弧 $\overset{\frown}{M_{i-1}M_i}$ $(i = 1, 2, \cdots, n, M_0 = A, M_n = B)$,其长度记为 Δs_i. 在每段小弧 $\overset{\frown}{M_{i-1}M_i}$ 上任取一点 $Q(\xi_i, \eta_i)$,作和式 $\sum_{i=1}^n f(\xi_i, \eta_i) \Delta s_i$. 记 $\lambda = \max\{\Delta s_1, \Delta s_2, \cdots, \Delta s_n\}$. 若当 $\lambda \to 0$ 时,极限

$$\lim_{\lambda \to 0} \sum_{i=1}^n f(\xi_i, \eta_i) \Delta s_i$$

存在,则称此极限值为 $f(x, y)$ 在 L 上**对弧长的曲线积分**,也称为**第一类曲线积分**,简称**曲线积分**,记作 $\int_L f(x, y) \mathrm{d}s$ 或 $\int_{\overset{\frown}{AB}} f(x, y) \mathrm{d}s$,即

$$\int_L f(x, y) \mathrm{d}s = \int_{\overset{\frown}{AB}} f(x, y) \mathrm{d}s = \lim_{\lambda \to 0} \sum_{i=1}^n f(\xi_i, \eta_i) \Delta s_i,$$

其中 L 称为**积分曲线**,$f(x, y)$ 称为**被积函数**,$f(x, y)\mathrm{d}s$ 称为**被积表达式**,$\mathrm{d}s$ 称为**弧长微元**或**弧微分**.

根据曲线积分的定义,引例中曲线形构件的质量为

$$m = \int_L \rho(x, y) \mathrm{d}s.$$

我们自然会问：函数 $f(x, y)$ 满足什么条件时第一类曲线积分 $\int_L f(x, y) \mathrm{d}s$ 才存在？这里我们不加证明地指出,只要函数 $f(x, y)$ 在分段光滑曲线弧 L 上连续,则 $f(x, y)$ 在 L 上的第一类曲线积分必存在. 在以后讨论中,我们总假定 $f(x, y)$ 在 L 上是连续的,而不再加以

说明.

第一类曲线积分具有明显的几何意义：以分段光滑曲线弧 L 为准线,母线平行于 z 轴,高为 $f(x,y)$ 的柱面 Σ(见图 11-2)的面积 S 等于 $f(x,y)$ 在 L 上的第一类曲线积分,即

$$S = \int_L f(x,y)\mathrm{d}s.$$

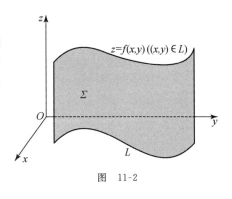

图 11-2

注 1 当被积函数 $f(x,y) \equiv 1$ 时,有

$$\int_L f(x,y)\mathrm{d}s = \text{积分曲线 } L \text{ 的长度}.$$

注 2 由第一类曲线积分的定义可知,若积分曲线 $L = \overset{\frown}{AB}$ 是有向曲线弧,当其方向改变时,第一类曲线积分的值不变,即

$$\int_{\overset{\frown}{AB}} f(x,y)\mathrm{d}s = \int_{\overset{\frown}{BA}} f(x,y)\mathrm{d}s.$$

注 3 若分段光滑曲线弧 L 为闭曲线,则函数 $f(x,y)$ 在 L 上的第一类曲线积分记为 $\oint_L f(x,y)\mathrm{d}s.$

类似地,我们可以定义函数 $f(x,y,z)$ 在空间分段光滑曲线弧 Γ 上的第一类曲线积分(或对弧长的曲线积分)为

$$\int_\Gamma f(x,y,z)\mathrm{d}s = \lim_{\lambda \to 0} \sum_{i=1}^n f(\xi_i,\eta_i,\zeta_i)\Delta s_i.$$

第一类曲线积分具有以下基本性质(假设所涉及的第一类曲线积分存在,α,β 为常数)：

性质 1 (线性性) $\int_L \left[\alpha f(x,y) + \beta g(x,y)\right]\mathrm{d}s = \alpha \int_L f(x,y)\mathrm{d}s + \beta \int_L g(x,y)\mathrm{d}s.$

性质 1 可推广到被积函数为有限个函数线性组合的情形.

性质 2 若在分段光滑曲线弧 L 上满足 $f(x,y) \leqslant g(x,y)$,则

$$\int_L f(x,y)\mathrm{d}s \leqslant \int_L g(x,y)\mathrm{d}s.$$

性质 3 (可加性) 若将分段光滑曲线弧 L 分为 k 段除端点外无重合点的曲线弧 L_1,$L_2,\cdots,L_k$(记为 $L = L_1 + L_2 + \cdots + L_k$),则

$$\int_L f(x,y)\mathrm{d}s = \int_{L_1} f(x,y)\mathrm{d}s + \int_{L_2} f(x,y)\mathrm{d}s + \cdots + \int_{L_k} f(x,y)\mathrm{d}s.$$

当积分曲线 L 具有对称性,且被积函数具有奇偶性时,第一类曲线积分与重积分有相类似的对称性.

性质 4 (1)若分段光滑曲线弧 $L = L_1 + L_2$,且曲线弧 L_1 与 L_2 关于 x 轴对称,则

$$\int_L f(x,y)\mathrm{d}s = \begin{cases} 0, & f(x,-y) = -f(x,y), \\ 2\int_{L_1} f(x,y)\mathrm{d}s, & f(x,-y) = f(x,y); \end{cases}$$

(2) 若分段光滑曲线弧 $L = L_1 + L_2$，且曲线弧 L_1 与 L_2 关于 y 轴对称，则

$$\int_L f(x,y)\mathrm{d}s = \begin{cases} 0, & f(-x,y) = -f(x,y), \\ 2\int_{L_1} f(x,y)\mathrm{d}s, & f(-x,y) = f(x,y). \end{cases}$$

对于空间分段光滑曲线弧 Γ 上的第一类曲线积分，也有相类似的结论，这里不再赘述.

二、第一类曲线积分的计算

设平面曲线弧 L 由参数方程给出：$x = \varphi(t)$，$y = \psi(t)$ $(\alpha \leqslant t \leqslant \beta)$，其中 $\varphi(t)$，$\psi(t)$ 在区间 $[\alpha, \beta]$ 上具有连续导数. 由第三章的弧微分公式，L 的弧微分为

$$\mathrm{d}s = \sqrt{[\varphi'(t)]^2 + [\psi'(t)]^2}\,\mathrm{d}t,$$

再由第一类曲线积分的定义可以推导出计算公式

$$\int_L f(x,y)\mathrm{d}s = \int_\alpha^\beta f[\varphi(t), \psi(t)]\sqrt{[\varphi'(t)]^2 + [\psi'(t)]^2}\,\mathrm{d}t.$$

(1) 若曲线弧 L 的方程为 $y = \varphi(x)$ $(a \leqslant x \leqslant b)$，取 x 为参数，则

$$\int_L f(x,y)\mathrm{d}s = \int_a^b f[x, \varphi(x)]\sqrt{1 + [\varphi'(x)]^2}\,\mathrm{d}x;$$

(2) 若曲线弧 L 的方程为 $x = \psi(y)$ $(c \leqslant y \leqslant d)$，取 y 为参数，则

$$\int_L f(x,y)\mathrm{d}s = \int_c^d f[\psi(y), y]\sqrt{1 + [\psi'(y)]^2}\,\mathrm{d}y;$$

(3) 若曲线弧 L 的方程为 $r = r(\theta)$ $(\alpha \leqslant \theta \leqslant \beta)$，取 θ 为参数，则

$$\int_L f(x,y)\mathrm{d}s = \int_\alpha^\beta f(r\cos\theta, r\sin\theta)\sqrt{r^2(\theta) + [r'(\theta)]^2}\,\mathrm{d}\theta.$$

类似地，若空间曲线弧 Γ 的方程为 $x = \varphi(t)$，$y = \psi(t)$，$z = \omega(t)$ $(\alpha \leqslant t \leqslant \beta)$，其中 $\varphi(t)$，$\psi(t)$，$\omega(t)$ 在区间 $[\alpha, \beta]$ 上具有连续导数，则

$$\int_\Gamma f(x,y,z)\mathrm{d}s = \int_\alpha^\beta f[\varphi(t), \psi(t), \omega(t)]\sqrt{[\varphi'(t)]^2 + [\psi'(t)]^2 + [\omega'(t)]^2}\,\mathrm{d}t.$$

注意，在上述的计算公式中，积分上、下限一定要满足"下限$\leqslant$上限". 这是因为，这里 Δs 表示小段弧的长度，因而永远为正的，只有"下限$\leqslant$上限"，才能保证 $\mathrm{d}s$ 的非负性.

例 1　设曲线弧 L 为上半圆 $x^2 + y^2 = a^2 (0 \leqslant y \leqslant a)$，计算曲线积分 $\int_L (x^2 + y^2)\mathrm{d}s$.

解　方法 1　积分曲线 L 的参数方程为

$$\begin{cases} x = a\cos t, \\ y = a\sin t \end{cases} \quad (0 \leqslant t \leqslant \pi).$$

(1) 计算弧微分：$\mathrm{d}s=\sqrt{(-a\sin t)^2+(a\cos t)^2}\mathrm{d}t=a\mathrm{d}t$；

(2) 变换被积函数：$x^2+y^2=(a\cos t)^2+(a\sin t)^2=a^2$；

(3) 确定积分上、下限，代入计算公式：

$$\int_L (x^2+y^2)\mathrm{d}s=\int_0^\pi a^2\sqrt{(-a\sin t)^2+(a\cos t)^2}\mathrm{d}t=a^3\int_0^\pi \mathrm{d}t=a^3\pi.$$

方法 2 取 x 为参数，则积分曲线 L 的参数方程为

$$\begin{cases} x=x, \\ y=\sqrt{a^2-x^2} \end{cases} \quad (-a\leqslant x\leqslant a).$$

于是

$$\int_L (x^2+y^2)\mathrm{d}s=\int_{-a}^a a^2\sqrt{1+\left(\frac{-x}{\sqrt{a^2-x^2}}\right)^2}\mathrm{d}x=2a^3\int_0^a \frac{\mathrm{d}x}{\sqrt{a^2-x^2}}=a^3\pi.$$

例 1 的方法 1 中列出了应用第一类曲线积分计算公式的三个基本步骤：(1) 计算弧微分；(2) 变换被积函数；(3) 确定积分上、下限，代入计算公式. 值得特别指出的是，由于被积函数中的变量 x,y 是积分曲线 L 上点的坐标，因此它们满足 L 的方程，从而可以用 L 的方程来化简被积函数. 这一点与重积分有很大的差别. 例如：

$$\iint_{x^2+y^2\leqslant a^2}(x^2+y^2)\mathrm{d}\sigma\neq a^2\iint_{x^2+y^2\leqslant a^2}\mathrm{d}\sigma, \quad \text{但} \quad \int_{x^2+y^2=a^2}(x^2+y^2)\mathrm{d}s=a^2\int_L \mathrm{d}s.$$

例 2 计算曲线积分 $I=\oint_L [(x+\sqrt{y})\sqrt{x^2+y^2}+x^2+y^2]\mathrm{d}s$，其中 L 是圆

$$x^2+(y-1)^2=1.$$

解 由于积分曲线 L 关于 y 轴对称，而被积函数中的 $x\sqrt{x^2+y^2}$ 关于 x 为奇函数，所以

$$\oint_L (x\sqrt{x^2+y^2})\mathrm{d}s=0,$$

从而

$$I=\oint_L (\sqrt{y}\cdot\sqrt{x^2+y^2}+x^2+y^2)\mathrm{d}s=\oint_L (\sqrt{y}\cdot\sqrt{2y}+2y)\mathrm{d}s=(2+\sqrt{2})\oint_L y\mathrm{d}s.$$

因为 L 的参数方程为 $\begin{cases} x=\cos t, \\ y=1+\sin t \end{cases}$ $(0\leqslant t\leqslant 2\pi)$，所以 $\mathrm{d}s=\mathrm{d}t$. 于是

$$I=(2+\sqrt{2})\oint_L y\mathrm{d}s=(2+\sqrt{2})\int_0^{2\pi}(1+\sin t)\mathrm{d}t=2\pi(2+\sqrt{2}).$$

例 3 计算曲线积分 $\int_\Gamma xyz\mathrm{d}s$，其中 Γ 为折线 $OABC$：$O(0,0,0)$，$A(0,2,0)$，$B(3,2,0)$，$C(3,2,4)$.

解 积分曲线 Γ 如图 11-3 所示. 由曲线积分的性质有

$$\int_\Gamma xyz\mathrm{d}s=\int_{OA} xyz\mathrm{d}s+\int_{AB} xyz\mathrm{d}s+\int_{BC} xyz\mathrm{d}s.$$

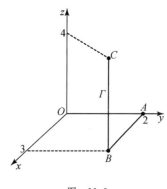

图 11-3

线段 OA 通过点 $O(0,0,0)$ 且在 y 轴上,它的参数方程为 $x=0,y=t,z=0\ (0\leqslant t\leqslant 2)$,故

$$\int_{OA} xyz\,\mathrm{d}s = 0;$$

线段 AB 通过点 $A(0,2,0)$ 且平行于 x 轴,它的参数方程为 $x=t,y=2,z=0\ (0\leqslant t\leqslant 3)$,故

$$\int_{AB} xyz\,\mathrm{d}s = 0;$$

线段 BC 通过点 $C(3,2,4)$ 且平行于 z 轴,它的参数方程为 $x=3,y=2,z=t\ (0\leqslant t\leqslant 4)$,故

$$\int_{BC} xyz\,\mathrm{d}s = \int_0^4 3\cdot 2t\sqrt{0^2+0^2+1^2}\,\mathrm{d}t = 48.$$

所以

$$\int_{\Gamma} xyz\,\mathrm{d}s = \int_{OA} xyz\,\mathrm{d}s + \int_{AB} xyz\,\mathrm{d}s + \int_{BC} xyz\,\mathrm{d}s = 0+0+48 = 48.$$

例 4 计算曲线积分 $\int_L (xy+yz+zx)\,\mathrm{d}s$,其中 L 是球面 $x^2+y^2+z^2=a^2\,(a>0)$ 与平面 $x+y+z=0$ 的交线.

解
$$\int_L (xy+yz+zx)\,\mathrm{d}s = \frac{1}{2}\int_L 2(xy+yz+zx)\,\mathrm{d}s$$

$$= \frac{1}{2}\int_L [(x+y+z)^2 - (x^2+y^2+z^2)]\,\mathrm{d}s$$

$$= -\frac{1}{2}\int_L (x^2+y^2+z^2)\,\mathrm{d}s$$

$$= -\frac{a^2}{2}\int_L \mathrm{d}s = -\pi a^3.$$

从上面几个例子知道,计算第一类曲线积分的关键是要将积分曲线用恰当的参数方程表示出来. 若有对称性可利用,则对计算将起到事半功倍的效果.

与重积分类似,第一类曲线积分可以用来计算某些物理量,如曲线形构件的质心、转动惯量等,相应的计算公式也类似. 例如,占据平面分段光滑曲线弧 L 的曲线形构件的质心 $(\overline{x},\overline{y})$ 的计算公式为

$$\overline{x} = \frac{\displaystyle\int_L x\rho(x,y)\,\mathrm{d}s}{\displaystyle\int_L \rho(x,y)\,\mathrm{d}s}, \quad \overline{y} = \frac{\displaystyle\int_L y\rho(x,y)\,\mathrm{d}s}{\displaystyle\int_L \rho(x,y)\,\mathrm{d}s},$$

其中 $\rho(x,y)$ 是该曲线形构件的线密度;占据空间分段光滑曲线弧 Γ 的曲线形构件对 z 轴的转动惯量的计算公式为

$$I_z = \int_\Gamma (x^2 + y^2)\rho(x,y,z)\mathrm{d}s,$$

其中 $\rho(x,y,z)$ 是该曲线形构件的线密度.

例 5 设某一弹簧一圈的方程为

$$L:\begin{cases} x = a\cos t, \\ y = a\sin t, \quad (0 \leqslant t \leqslant 2\pi, a, b > 0), \\ z = bt \end{cases}$$

其线密度为 $\rho(x,y,z) = x^2 + y^2 + z^2$,求它的质心及对 z 轴的转动惯量.

解 设所求的质心为点 $(\overline{x}, \overline{y}, \overline{z})$,则

$$\overline{x} = \frac{\int_L x\rho(x,y,z)\mathrm{d}s}{\int_L \rho(x,y,z)\mathrm{d}s}, \quad \overline{y} = \frac{\int_L y\rho(x,y,z)\mathrm{d}s}{\int_L \rho(x,y,z)\mathrm{d}s}, \quad \overline{z} = \frac{\int_L z\rho(x,y,z)\mathrm{d}s}{\int_L \rho(x,y,z)\mathrm{d}s}.$$

由于

$$\int_L \rho(x,y,z)\mathrm{d}s = \int_L (x^2 + y^2 + z^2)\mathrm{d}s = \int_0^{2\pi} (a^2 + b^2 t^2)\sqrt{a^2 + b^2}\,\mathrm{d}t$$

$$= \frac{2\pi\sqrt{a^2 + b^2}}{3}(3a^2 + 4\pi^2 b^2),$$

$$\int_L x\rho(x,y,z)\mathrm{d}s = \int_L x(x^2 + y^2 + z^2)\mathrm{d}s = \int_0^{2\pi} a\cos t(a^2 + b^2 t^2)\sqrt{a^2 + b^2}\,\mathrm{d}t$$

$$= 4\pi ab^2\sqrt{a^2 + b^2},$$

同理

$$\int_L y\rho(x,y,z)\mathrm{d}s = -4\pi^2 ab^2\sqrt{a^2 + b^2},$$

$$\int_L z\rho(x,y,z)\mathrm{d}s = 2\pi^2 b\sqrt{a^2 + b^2}(a^2 + 2\pi^2 b^2),$$

故该弹簧一圈的质心坐标分量为

$$\overline{x} = \frac{6ab^2}{3a^2 + 4\pi^2 b^2}, \quad \overline{y} = \frac{-6\pi ab^2}{3a^2 + 4\pi^2 b^2}, \quad \overline{z} = \frac{3\pi b(a^2 + 2\pi^2 b^2)}{3a^2 + 4\pi^2 b^2}.$$

该弹簧一圈对 z 轴的转动惯量为

$$I_z = \int_L (x^2 + y^2)\rho(x,y,z)\mathrm{d}s = \int_0^{2\pi} a^2(a^2 + b^2 t^2)\sqrt{a^2 + b^2}\,\mathrm{d}t$$

$$= 2\pi a^2\sqrt{a^2 + b^2}\left(a^2 + \frac{4\pi^2 b^2}{3}\right).$$

习 题 11.1

1. 设 OM 是从 $O(0,0)$ 到点 $M(1,1)$ 的线段,则与曲线积分 $I = \int_{OM} \mathrm{e}^{\sqrt{x^2 + y^2}}\mathrm{d}s$ 不相等的

定积分是(　　).

(A) $\int_0^1 \sqrt{2}\mathrm{e}^{\sqrt{2}x}\,\mathrm{d}x$ 　　　　　　(B) $\int_0^1 \sqrt{2}\mathrm{e}^{\sqrt{2}y}\,\mathrm{d}y$

(C) $\int_0^{\sqrt{2}} \mathrm{e}^t\,\mathrm{d}t$ 　　　　　　(D) $\int_0^1 \sqrt{2}\mathrm{e}^r\,\mathrm{d}r$

2. 设 L 是上半椭圆弧 $x^2+4y^2=1(y\geqslant 0)$，L_1 是四分之一椭圆弧 $x^2+4y^2=1(x,y\geqslant 0)$，则 (　　).

(A) $\int_L (x+y)\,\mathrm{d}s = 2\int_{L_1} (x+y)\,\mathrm{d}s$ 　　(B) $\int_L xy\,\mathrm{d}s = 2\int_{L_1} xy\,\mathrm{d}s$

(C) $\int_L x^2\,\mathrm{d}s = 2\int_{L_1} y^2\,\mathrm{d}s$ 　　　　(D) $\int_L (x+y)^2\,\mathrm{d}s = 2\int_{L_1} (x^2+y^2)\,\mathrm{d}s$

3. 设 L 是上半圆弧 $x^2+y^2=2x(y\geqslant 0)$，计算曲线积分 $\int_L x\,\mathrm{d}s$.

4. 计算曲线积分 $\oint_L \mathrm{e}^{\sqrt{x^2+y^2}}\,\mathrm{d}s$，其中 L 为圆 $x^2+y^2=a^2$ 与直线 $y=x$ 及 x 轴在第一象限内所围成扇形区域的整个边界.

5. 计算曲线积分 $\int_\Gamma x^2 yz\,\mathrm{d}s$，其中 Γ 为折线 $ABCD$，这里 A,B,C,D 依次为点 $(0,0,0)$，$(0,0,2)$，$(1,0,2)$，$(1,3,2)$.

6. 求空间曲线 Γ 的弧长，其中 Γ 的方程为

$$\begin{cases} x = \mathrm{e}^{-t}\cos t, \\ y = \mathrm{e}^{-t}\sin t, \quad (0\leqslant t < +\infty). \\ z = \mathrm{e}^{-t} \end{cases}$$

7. 求半径为 R 的半圆弧形均匀金属丝的质心.

8. 计算半径为 R，中心角为 2α 的圆弧 L 对于它的对称轴的转动惯量 I（设线密度为 $\rho=1$）.

9. 设椭圆柱面 $\dfrac{x^2}{5}+\dfrac{y^2}{9}=1$ 被平面 $z=0$ 和 $z=y$ 所截，求截得 $z\geqslant 0$ 且有限部分的侧面积.

§11.2　第二类曲线积分

第二类曲线积分的物理背景是变力沿曲线做功的问题.

一、第二类曲线积分的概念与性质

引例　假设一个质点受变力 $\boldsymbol{F}(x,y)=P(x,y)\boldsymbol{i}+Q(x,y)\boldsymbol{j}$ 的作用沿 Oxy 面内的一条有向分段光滑曲线弧 $L=\overparen{AB}$ 从起点 A 移动到终点 B，其中函数 $P(x,y)$，$Q(x,y)$ 在 L 上连续，求变力 $\boldsymbol{F}(x,y)$ 所做的功 W.

　　我们知道，在常力 $\boldsymbol{F}$ 的作用下质点沿直线从起点 A 移动到终点 B 时，常力 $\boldsymbol{F}$ 所做的功是 $W=\boldsymbol{F}\cdot\overrightarrow{AB}$. 而现在求的是变力沿曲线所做的功，当然不能直接按照常力做功的公式来计算. 但是，我们可采用建立定积分的思想方法，通过"分割—近似—求和—取极限"的步骤来处理这个问题.

　　如图 11-4 所示，对曲线弧 L 进行分割：用分点 $M_0=A,M_1,\cdots,M_{i-1},M_i,\cdots,M_n=B$ 将 L 分成 n 段有向小弧 $\overset{\frown}{M_{i-1}M_i}(i=1,2,\cdots,n)$. 由于有向小弧 $\overset{\frown}{M_{i-1}M_i}(i=1,2,\cdots,n)$ 光滑且很短，其上的变力可近似看成不变的，因此可用有向小弧 $\overset{\frown}{M_{i-1}M_i}$ 上任一点 (ξ_i,η_i) 处的力 $\boldsymbol{F}(\xi_i,\eta_i)=P(\xi_i,\eta_i)\boldsymbol{i}+Q(\xi_i,\eta_i)\boldsymbol{j}$ 来近似代替这段小弧上其他各点处的力，同时可用有向线段 $\overrightarrow{M_{i-1}M_i}$ 近似代替有向小弧 $\overset{\frown}{M_{i-1}M_i}$，而 $\overrightarrow{M_{i-1}M_i}$ 在 x 轴上的投影为 $\Delta x_i=x_i-x_{i-1}$，在 y 轴上投影为 $\Delta y_i=y_i-y_{i-1}$，即 $\overrightarrow{M_{i-1}M_i}$ 可表示为

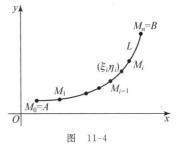

图　11-4

$$\overrightarrow{M_{i-1}M_i}=(x_i-x_{i-1})\boldsymbol{i}+(y_i-y_{i-1})\boldsymbol{j}=\Delta x_i\boldsymbol{i}+\Delta y_i\boldsymbol{j}.$$

这样，变力 $\boldsymbol{F}(x,y)$ 沿有向小弧 $\overset{\frown}{M_{i-1}M_i}(i=1,2,\cdots,n)$ 所做的功为

$$\Delta W_i\approx\boldsymbol{F}(\xi_i,\eta_i)\cdot\overrightarrow{M_{i-1}M_i}=P(\xi_i,\eta_i)\Delta x_i+Q(\xi_i,\eta_i)\Delta y_i,$$

于是　　　　　　　$$W=\sum_{i=1}^n\Delta W_i\approx\sum_{i=1}^n[P(\xi_i,\eta_i)\Delta x_i+Q(\xi_i,\eta_i)\Delta y_i].$$

当分点无限增多且各段小弧的长度 Δs_i 都趋于 0 时，上式约等号右端和式的极限值就自然地被认为是变力 $\boldsymbol{F}(x,y)$ 沿曲线弧 L 从起点 A 到终点 B 所做的功 W. 也就是说，若记 $\lambda=\max\{\Delta s_1,\Delta s_2,\cdots,\Delta s_n\}$，则

$$W=\lim_{\lambda\to 0}\sum_{i=1}^n[P(\xi_i,\eta_i)\Delta x_i+Q(\xi_i,\eta_i)\Delta y_i].$$

　　由此，我们引入第二类曲线积分的定义.

　　定义　设 L 是 Oxy 面上从点 A 到点 B 的有向分段光滑曲线弧，$P(x,y),Q(x,y)$ 是定义在 L 上的有界函数. 把 $L=\overset{\frown}{AB}$ 任意分成 n 段有向小弧 $\overset{\frown}{M_{i-1}M_i}(i=1,2,\cdots,n)$，第 i 段有向弧段 $\overset{\frown}{M_{i-1}M_i}$ 在 x 轴上的投影记作 Δx_i，在 y 轴上的投影记作 Δy_i，用 Δs_i 表示有向小弧 $\overset{\frown}{M_{i-1}M_i}$ 的长度. 在有向小弧 $\overset{\frown}{M_{i-1}M_i}(i=1,2,\cdots,n)$ 上任取一点 (ξ_i,η_i)，作和式

$$\sum_{i=1}^n[P(\xi_i,\eta_i)\Delta x_i+Q(\xi_i,\eta_i)\Delta y_i].$$

记 $\lambda=\max\{\Delta s_1,\Delta s_2,\cdots,\Delta s_n\}$. 当 $\lambda\to 0$ 时，若和式 $\sum\limits_{i=1}^nP(\xi_i,\eta_i)\Delta x_i$ 和 $\sum\limits_{i=1}^nQ(\xi_i,\eta_i)\Delta y_i$ 的极限都存在，则分别称这两个极限值为 $P(x,y)$ 在 L 上**对坐标 x 的曲线积分**和 $Q(x,y)$ 在 L

上对坐标 y 的曲线积分,记作 $\int_L P(x,y)\mathrm{d}x$ 和 $\int_L Q(x,y)\mathrm{d}y$,即

$$\int_L P(x,y)\mathrm{d}x = \lim_{\lambda \to 0}\sum_{i=1}^n P(\xi_i,\eta_i)\Delta x_i, \quad \int_L Q(x,y)\mathrm{d}y = \lim_{\lambda \to 0}\sum_{i=1}^n Q(\xi_i,\eta_i)\Delta y_i,$$

其中 $P(x,y),Q(x,y)$ 称为**被积函数**,L 称为**积分曲线**.

对坐标的曲线积分也称为**第二类曲线积分**. 在许多应用场合中需要求两个对坐标的曲线积分 $\int_L P(x,y)\mathrm{d}x, \int_L Q(x,y)\mathrm{d}y$ 之和,为了书写简便,常常采用如下简单记法:

$$\int_L P(x,y)\mathrm{d}x + \int_L Q(x,y)\mathrm{d}y = \int_L P(x,y)\mathrm{d}x + Q(x,y)\mathrm{d}y = \int_L \boldsymbol{F}(x,y) \cdot \mathrm{d}\boldsymbol{s},$$

其中 $\boldsymbol{F}(x,y) = P(x,y)\boldsymbol{i} + Q(x,y)\boldsymbol{j}$,$\mathrm{d}\boldsymbol{s} = \mathrm{d}x\boldsymbol{i} + \mathrm{d}y\boldsymbol{j}$.

可以证明:当函数 $P(x,y),Q(x,y)$ 都在有向分段光滑曲线弧 L 上连续时,它们在 L 上的第二曲线积分必存在. 今后,我们总假定 $P(x,y),Q(x,y)$ 在 L 上连续.

注 当积分曲线 L 为闭曲线时,常常记

$$\int_L P(x,y)\mathrm{d}x + Q(x,y)\mathrm{d}y = \oint_L P(x,y)\mathrm{d}x + Q(x,y)\mathrm{d}y.$$

另外,为了简便,有时记

$$\int_{L_1} P(x,y)\mathrm{d}x + Q(x,y)\mathrm{d}y + \int_{L_2} P(x,y)\mathrm{d}x + Q(x,y)\mathrm{d}y$$

$$= \left(\int_{L_1} + \int_{L_2}\right) P(x,y)\mathrm{d}x + Q(x,y)\mathrm{d}y.$$

根据第二类曲线积分的定义,前面引例中变力 $\boldsymbol{F}(x,y)$ 所做的功 W 可表示成

$$W = \int_L P(x,y)\mathrm{d}x + Q(x,y)\mathrm{d}y = \int_L \boldsymbol{F}(x,y) \cdot \mathrm{d}\boldsymbol{s}.$$

上述第二类曲线积分的概念可推广到积分曲线为空间有向分段光滑曲线弧 Γ 的情形,即 $\int_\Gamma P(x,y,z)\mathrm{d}x + Q(x,y,z)\mathrm{d}y + R(x,y,z)\mathrm{d}z$ 表示空间有向分段光滑曲线弧 Γ 上的第二类曲线积分.

由第二类曲线积分的定义可知,它具有类似于第一类曲线积分的性质,例如线性性和可加性. 但第一类曲线积分与积分曲线的方向无关,而第二类曲线积分与积分曲线的方向有关,两者之间存在着重要的差异. 具体性质如下(假定所涉及的第二类曲线积分存在,α,β 为常数):

性质 1(线性性) (1) $\int_L \alpha P(x,y)\mathrm{d}x + \beta Q(x,y)\mathrm{d}y = \alpha\int_L P(x,y)\mathrm{d}x + \beta\int_L Q(x,y)\mathrm{d}y$;

(2) $\int_L [P_1(x,y) + P_2(x,y)]\mathrm{d}x + [Q_1(x,y) + Q_2(x,y)]\mathrm{d}y$

$$= \int_L P_1(x,y)\mathrm{d}x + Q_1(x,y)\mathrm{d}y + \int_L P_2(x,y)\mathrm{d}x + Q_2(x,y)\mathrm{d}y.$$

性质 1(2) 可推广到被函数为有限个函数之和的情形.

性质 2（可加性）　若将有向分段光滑曲线弧 L 分成 k 段除端点外无重合点的有向曲线弧 $L_1,L_2,\cdots,L_k$（记为 $L=L_1+L_2+\cdots+L_k$），则

$$\int_L P(x,y)\mathrm{d}x + Q(x,y)\mathrm{d}y = \sum_{i=1}^{k}\int_{L_i} P(x,y)\mathrm{d}x + Q(x,y)\mathrm{d}y.$$

性质 3　记 $-L$ 是有向分段光滑曲线弧 L 的反向曲线弧,则

$$\int_{-L} P(x,y)\mathrm{d}x + Q(x,y)\mathrm{d}y = -\int_L P(x,y)\mathrm{d}x + Q(x,y)\mathrm{d}y.$$

性质 3 说明,当积分曲线方向改变时,积分值改变符号. 这是因为,当方向改变时,每段有向小弧的方向都改变,从而每段有向小弧的投影 Δx_i,Δy_i 也随之改变符号,因而积分值改变符号. 因此,对于第二类曲线积分,我们必须注意积分曲线的方向.

二、第二类曲线积分的计算

同第一类曲线积分的计算一样,第二类曲线积分最终需化为定积分来计算,其关键仍是将积分曲线 L 的方程转化为参数方程.

若平面积分曲线 $L=\overparen{AB}$ 的参数方程为 $\begin{cases} x=\varphi(t), \\ y=\psi(t) \end{cases}$（$t$ 在 α,β 之间,且 $t=\alpha$ 对应于起点 A,$t=\beta$ 对应于起点 B,即 t 从 α 到 β）,$\varphi'(t)$,$\psi'(t)$ 在以 α,β 为端点的闭区间上连续且不全为零（$\varphi'^2(t)+\psi'^2(t)\neq 0$）,则

$$\int_L P(x,y)\mathrm{d}x + Q(x,y)\mathrm{d}y = \int_{\alpha}^{\beta}\{P[\varphi(t),\psi(t)]\varphi'(t) + Q[\varphi(t),\psi(t)]\psi'(t)\}\mathrm{d}t.$$

应该注意的是:上式右端定积分的下限 α 是 L 的起点 A 对应的参数值,上限 β 是 L 的终点 B 对应的参数值,而与 α,β 的大小无关. 这与第一类曲线积分的计算有着本质的差异.

(1) 若积分曲线 L 的方程为 $y=\varphi(x)$,x 在 a,b 之间,且 $x=a$ 和 $x=b$ 分别对应于 L 的起点和终点（x 从 a 到 b）,此时 L 的参数方程可表示为 $\begin{cases} x=x, \\ y=\varphi(x) \end{cases}$（参数 x 从 a 到 b）,于是

$$\int_L P(x,y)\mathrm{d}x + Q(x,y)\mathrm{d}y = \int_{a}^{b}\{P[x,\varphi(x)] + Q[x,\varphi(x)]\varphi'(x)\}\mathrm{d}x;$$

(2) 若积分曲线 L 的方程为 $x=\psi(y)$,y 在 c,d 之间,且 $y=c$ 和 $y=d$ 分别对应于 L 的起点和终点（y 从 c 到 d）,则与(1)同理有

$$\int_L P(x,y)\mathrm{d}x + Q(x,y)\mathrm{d}y = \int_{c}^{d}\{P[\psi(y),y]\psi'(y) + Q[\psi(y),y]\}\mathrm{d}y.$$

类似地,设空间积分曲线 Γ 的方程为 $x=\varphi(t),y=\psi(t),z=\omega(t)$,$t$ 在 α,β 之间,且 $t=\alpha$ 和 $t=\beta$ 分别对应于 Γ 的起点和终点（t 从 α 到 β）,则有

$$\int_{\Gamma} P(x,y,z)\mathrm{d}x + Q(x,y,z)\mathrm{d}y + R(x,y,z)\mathrm{d}z$$

$$= \int_\alpha^\beta \{P[\varphi(t), \psi(t), \omega(t)]\varphi'(t) + Q[\varphi(t), \psi(t), \omega(t)]\psi'(t) + R[\varphi(t), \psi(t), \omega(t)]\omega'(t)\}dt.$$

注 当平面积分曲线 L(或空间积分曲线 Γ)的方程为一般形式或极坐标形式时,都要设法先将其化为参数方程,再用上面的公式来计算曲线积分.

例 1 计算曲线积分 $\int_L xy\,dx$,其中 L 为抛物线 $y^2 = x$ 上从点 $A(1, -1)$ 到点 $B(4, -2)$ 的有向曲线弧.

解 方法 1 由题设知,L 的方程为 $x = y^2$(y 从 -1 到 -2),故

$$\int_L xy\,dx = \int_{-1}^{-2} y^2 \cdot y \cdot 2y\,dy = 2\int_{-1}^{-2} y^4\,dy = \frac{2}{5}y^5 \Big|_{-1}^{-2} = -\frac{62}{5}.$$

方法 2 L 的方程可写为 $y = -\sqrt{x}$(x 从 1 到 4),故

$$\int_L xy\,dx = \int_1^4 x \cdot (-\sqrt{x})\,dx = -\int_1^4 x^{\frac{3}{2}}\,dx = -\frac{2}{5}x^{\frac{5}{2}} \Big|_1^4 = -\frac{62}{5}.$$

例 2 求曲线积分

$$\oint_\Gamma (z - y)dx + (x - z)dy + (x - y)dz,$$

其中 $\Gamma: \begin{cases} x^2 + y^2 = 1, \\ x - y + z = 2, \end{cases}$ 从 z 轴正向看去其方向为顺时针方向.

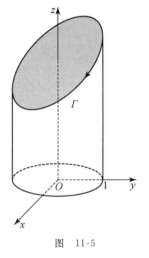

图 11-5

解 如图 11-5 所示,积分曲线 Γ 为柱面 $x^2 + y^2 = 1$ 与平面 $x - y + z = 2$ 的交线.Γ 的参数方程为

$$\begin{cases} x = \cos t, \\ y = \sin t, \\ z = 2 - \cos t + \sin t \end{cases} \quad (t \text{ 从 } 2\pi \text{ 到 } 0),$$

于是

$$\int_\Gamma (z - y)dx + (x - z)dy + (x - y)dz$$

$$= \int_{2\pi}^0 [(2 - \cos t)(-\sin t) + (-2 + 2\cos t - \sin t)\cos t$$

$$+ (\cos t - \sin t)(\cos t + \sin t)]dt$$

$$= \int_0^{2\pi} (1 - 4\cos^2 t)dt = -2\pi.$$

例 3 求曲线积分 $\int_\Gamma \frac{x}{r^3}dx + \frac{y}{r^3}dy + \frac{z}{r^3}dz$,其中 $r = \sqrt{x^2 + y^2 + z^2}$,$\Gamma$ 是从点 $A(2, 0, 1)$ 到点 $B(1, 1, 1)$ 的有向线段 $\overline{AB}$.

解 由空间解析几何知识知,有向线段 $\overline{AB}$ 的方程为 $\frac{x - 1}{1} = \frac{y - 1}{-1} = \frac{z - 1}{0}$($x$ 从 2 到 1),从而其参数方程为

$$\begin{cases} x = t+1, \\ y = -t+1, \quad (t \text{ 从 } 1 \text{ 到 } 0), \\ z = 1 \end{cases}$$

所以

$$\int_{\Gamma} \frac{x}{r^3} \mathrm{d}x + \frac{y}{r^3} \mathrm{d}y + \frac{z}{r^3} \mathrm{d}z = \int_1^0 \frac{1+t+(1-t) \cdot (-1)}{(2t^2+3)^{\frac{3}{2}}} \mathrm{d}t$$

$$= \int_1^0 \frac{2t}{(2t^2+3)^{\frac{3}{2}}} \mathrm{d}t = \frac{1}{\sqrt{5}} - \frac{1}{\sqrt{3}}.$$

下一节将进一步说明,例 3 中的曲线积分与路径无关,即只要都是从起点 A 出发到终点 B,不管沿什么路径积分,曲线积分的值总是不变的.

例 4　求在变力 $\boldsymbol{F}(x,y,z) = y\boldsymbol{i} - x\boldsymbol{j} + (x+y+z)\boldsymbol{k}$ 的作用下,质点沿下列各路径移动时变力 $\boldsymbol{F}(x,y,z)$ 所做的功:

(1) 由点 $A(a,0,0)$ 沿螺旋线 L_1 移动到点 $B(a,0,2\pi b)$,其中

$$L_1: x = a\cos t, y = a\sin t, z = bt \quad (0 \leqslant t \leqslant 2\pi);$$

(2) 由点 $A(a,0,0)$ 沿线段 L_2 移动到点 $B(a,0,2\pi b)$,其中

$$L_2: x = a, y = 0, z = t \quad (0 \leqslant t \leqslant 2\pi b).$$

解　在变力 $\boldsymbol{F}(x,y,z)$ 的作用下,质点沿有向分段光滑曲线弧 L 从它的起点移到终点时变力 $\boldsymbol{F}(x,y,z)$ 所做的功为

$$W = \int_L \boldsymbol{F}(x,y,z) \cdot \mathrm{d}\boldsymbol{s} = \int_L y\mathrm{d}x - x\mathrm{d}y + (x+y+z)\mathrm{d}z.$$

(1) 所求的功为

$$W = \int_{L_1} y\mathrm{d}x - x\mathrm{d}y + (x+y+z)\mathrm{d}z$$

$$= \int_0^{2\pi} [a\sin t(-a\sin t) - a\cos t \cdot a\cos t + (a\cos t + a\sin t + bt)b]\mathrm{d}t$$

$$= \int_0^{2\pi} [-a^2 + ab(\sin t + \cos t) + b^2 t]\mathrm{d}t = 2\pi(\pi b^2 - a^2).$$

(2) 所求的功为

$$W = \int_{L_2} y\mathrm{d}x - x\mathrm{d}y + (x+y+z)\mathrm{d}z$$

$$= \int_0^{2\pi b} [0 \cdot 0 - a \cdot 0 + (a+0+t)]\mathrm{d}t$$

$$= \int_0^{2\pi b} (a+t)\mathrm{d}t = 2\pi b(a+\pi b).$$

例 4 说明,在同一力场中,虽然质点都是从点 A 移动到点 B,但由于所沿路径不同,力所做的功也不同. 此即说明,曲线积分的值不仅与起点和终点有关,而且还与所沿的积分路径

有关.

三、两类曲线积分之间的关系

前面我们已学过两类曲线积分:第一类曲线积分和第二类曲线积分.两者都是转化为定积分来计算,那么两者之间有何关系呢? 这两类曲线积分具有不同的物理背景,有着不同的特性,但在一定的条件下,我们可建立它们之间的关系.

设平面有向积分曲线 L 的起点为 A,终点为 B,L 的方向确定了 L 上任一点处切向量的方向,即切向量的方向与 L 的方向一致.

若 L 的参数方程为 $x=\varphi(t)$,$y=\psi(t)$,$t\in[t_0,t_1]$,不妨设起点 A 对应于 t_0,终点 B 对应于 t_1,则 L 上任一点 (x,y) 处的切向量为 $(\varphi'(t),\psi'(t))$,其方向余弦为

$$(\cos\alpha,\cos\beta)=\left(\frac{\varphi'(t)}{\sqrt{\varphi'^2(t)+\psi'^2(t)}},\frac{\psi'(t)}{\sqrt{\varphi'^2(t)+\psi'^2(t)}}\right),$$

其中 α,β 分别为该切向量与 x 轴正向、y 轴正向之间的夹角,注意它们是 (x,y) 的函数.由于 $ds=\sqrt{\varphi'^2(t)+\psi'^2(t)}\,dt$,因此

$$\frac{dx}{ds}=\cos\alpha,\qquad \frac{dy}{ds}=\cos\beta.$$

于是

$$\int_L P(x,y)dx+Q(x,y)dy=\int_{t_0}^{t_1}\{P[\varphi(t),\psi(t)]\varphi'(t)+Q[\varphi(t),\psi(t)]\psi'(t)\}dt$$

$$=\int_L[P(x,y)\cos\alpha+Q(x,y)\cos\beta]ds,$$

类似地,可以证明空间有向积分曲线 Γ 上的两类曲线积分之间也有如下关系:

$$\int_\Gamma P(x,y,z)dx+Q(x,y,z)dy+R(x,y,z)dz$$

$$=\int_\Gamma[P(x,y,z)\cos\alpha+Q(x,y,z)\cos\beta+R(x,y,z)\cos\gamma]ds,$$

其中 $\cos\alpha,\cos\beta,\cos\gamma$ 是 Γ 上点 (x,y,z) 处切向量的方向余弦.

例 5 把第二类曲线积分 $\int_L P(x,y)dx+Q(x,y)dy$ 化成第一类曲线积分,其中 L 为从点 $(0,0)$ 沿圆 $x^2+y^2=2x$ 按顺时针方向到点 $(1,1)$ 的有向圆弧.

解 积分曲线 L 的参数方程为 $\begin{cases}x=x,\\y=\sqrt{2x-x^2}\end{cases}$($x$ 从 0 到 1).L 上点 (x,y) 处的切向量为

$$\boldsymbol{v}=(x',y')=\left(1,\frac{1-x}{\sqrt{2x-x^2}}\right),$$

其方向余弦为 $\cos\alpha=\sqrt{2x-x^2}$,$\cos\beta=1-x$,于是

$$\int_L P(x,y)\mathrm{d}x + Q(x,y)\mathrm{d}y = \int_L [P(x,y)\cos\alpha + Q(x,y)\cos\beta]\mathrm{d}s$$
$$= \int_L [\sqrt{2x-x^2}\,P(x,y) + (1-x)Q(x,y)]\mathrm{d}s.$$

在计算曲线积分或推理论证有关曲线积分的命题中，必要时可借助两类曲线积分之间的关系将两类曲线积分互相转换.

习　题　11.2

1. 计算曲线积分 $\displaystyle\int_L (x^2-2xy)\mathrm{d}x + (y-2x)\mathrm{d}y$，其中 L 是抛物线 $y=x^2$ 上从点 $(-1,1)$ 到点 $(1,1)$ 的有向曲线弧.

2. 计算曲线积分 $\displaystyle\int_L xy\mathrm{d}x$，其中 L 是圆 $(x-a)^2+y^2=a^2(a>0)$ 与 x 轴所围成的区域在第一象限部分的边界，取逆时针方向.

3. 计算曲线积分 $\displaystyle\oint_L \frac{\mathrm{d}x-\mathrm{d}y}{x+y}$，其中 L 是闭曲线 $|x|+|y|=1$，取逆时针方向.

4. 设一个质点在点 $M(x,y)$ 处受到力 $\boldsymbol{F}(x,y)$ 的作用，$\boldsymbol{F}(x,y)$ 的大小与点 M 到原点 O 的距离成正比，方向恒指向原点. 若此质点由点 $A(a,0)$ 沿椭圆 $\dfrac{x^2}{a^2}+\dfrac{y^2}{b^2}=1(a,b>0)$ 按逆时针方向移动到点 $B(0,b)$，求变力 $\boldsymbol{F}(x,y)$ 所做的功 W.

5. 计算曲线积分 $\displaystyle\int_\Gamma x^3\mathrm{d}x + 3zy^2\mathrm{d}y - x^2y\mathrm{d}z$，其中 Γ 是从点 $A(3,2,1)$ 到点 $B(0,0,0)$ 的有向线段 $\overline{AB}$.

6. 把第二类曲线积分 $\displaystyle\int_L P(x,y)\mathrm{d}x + Q(x,y)\mathrm{d}y$ 化为第一类曲线积分，其中 L 是曲线 $y=\sqrt{x}$ 上从点 $(0,0)$ 到点 $(1,1)$ 的有向曲线弧.

§11.3　格林公式　曲线积分与路径无关的条件

一元微积分学中最基本的公式——牛顿-莱布尼茨公式
$$\int_a^b F'(x)\mathrm{d}x = F(b) - F(a)$$
表明：函数 $F'(x)$ 在闭区间 $[a,b]$ 上的定积分可以由原函数 $F(x)$ 在这个区间的两个端点处的值来表示. 平面闭区域 D 上的二重积分是否也可以由 D 的边界 L 上的曲线积分来表示呢？答案是肯定的，这其实是本节中我们将要介绍的格林公式.

一、格林公式

在讨论格林公式之前,先介绍平面单连通区域的概念.

设 D 为平面区域,如果 D 内任一闭曲线所围的部分区域都属于 D,则称 D 为**单连通区域**;否则,称 D 为**复连通区域**. 例如,图 11-6 中的 D_1 是单连通区域,而 D_2 和 D_3 是复连通区域. 通俗地讲,单连通区域是不含"洞"(包括"点洞")的区域.

图 11-6

设曲线 L 是平面区域 D 的边界,规定 L 的**正向**为:当观察者沿着边界 L 朝正向行走时,D 的内部总在他的左边. 如图 11-7 所示,区域 D_1 的边界 L_1 的正向是逆时针方向;区域 D_2 的边界由 L_2 与 l 组成,其中 L_2 的正向是逆时针方向,l 的正向是顺时针方向.

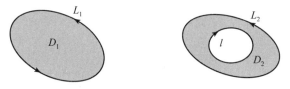

图 11-7

定理 1 设闭区域 D 由分段光滑闭曲线 L 所围成,函数 $P=P(x,y)$,$Q=Q(x,y)$ 在 D 上具有连续偏导数,则

$$\oint_L P\,\mathrm{d}x + Q\,\mathrm{d}y = \iint_D \left(\frac{\partial Q}{\partial x} - \frac{\partial P}{\partial y}\right)\mathrm{d}x\,\mathrm{d}y, \tag{1}$$

这里 L 是 D 的边界,并取正向.

公式(1)称为**格林①公式**.

证 按 D 的形状分三种情况来证明.

(1) 若 D 既是 X 型区域,又是 Y 型区域,如图 11-8 所示,则 D 既可表示为 $\varphi_1(x) \leqslant y \leqslant \varphi_2(x)$,$a \leqslant x \leqslant b$,又可表示为 $\psi_1(y) \leqslant x \leqslant \psi_2(y)$,$\alpha \leqslant y \leqslant \beta$. 于是

$$\iint_D \frac{\partial Q}{\partial x}\mathrm{d}x\mathrm{d}y = \int_\alpha^\beta \mathrm{d}y \int_{\psi_1(y)}^{\psi_2(y)} \frac{\partial Q}{\partial x}\mathrm{d}x = \int_\alpha^\beta \{Q[\psi_2(y),y] - Q[\psi_1(y),y]\}\mathrm{d}y.$$

---

① 格林(Green,1793—1841),英国数学家.

又

$$\oint_L Q\mathrm{d}y = \int_{\widehat{CBE}} Q\mathrm{d}y + \int_{\widehat{EAC}} Q\mathrm{d}y$$

$$= \int_\alpha^\beta Q[\psi_2(y),y]\mathrm{d}y + \int_\beta^\alpha Q[\psi_1(y),y]\mathrm{d}y$$

$$= \int_\alpha^\beta \{Q[\psi_2(y),y] - Q[\psi_1(y),y]\}\mathrm{d}y,$$

因此

$$\oint_L Q\mathrm{d}y = \iint_D \frac{\partial Q}{\partial x}\mathrm{d}x\mathrm{d}y.$$

同理可证

$$\iint_D \left(-\frac{\partial P}{\partial y}\right)\mathrm{d}x\mathrm{d}y = \oint_L P\mathrm{d}x.$$

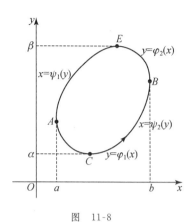

图 11-8

上面两式相加,即得

$$\oint_L P\mathrm{d}x + Q\mathrm{d}y = \iint_D \left(\frac{\partial Q}{\partial x} - \frac{\partial P}{\partial y}\right)\mathrm{d}x\mathrm{d}y.$$

(2) 若 D 由一条分段光滑的闭曲线所围成且不属于(1)的情形,可用光滑辅助线将它分成若干个既是 X 型又是 Y 型的闭子区域,然后逐个应用(1)中的结论得到各闭子区域上的格林公式,最后相加即可. 如图 11-9 所示的情况,此时应注意辅助线是两个闭子区域的公共边界,由于辅助线上相反两个方向的曲线积分的绝对值相等而符号相反,相加时正好抵消,则有

$$\iint_D \left(\frac{\partial Q}{\partial x} - \frac{\partial P}{\partial y}\right)\mathrm{d}x\mathrm{d}y = \iint_{D_1} \left(\frac{\partial Q}{\partial x} - \frac{\partial P}{\partial y}\right)\mathrm{d}x\mathrm{d}y + \iint_{D_2} \left(\frac{\partial Q}{\partial x} - \frac{\partial P}{\partial y}\right)\mathrm{d}x\mathrm{d}y + \iint_{D_3} \left(\frac{\partial Q}{\partial x} - \frac{\partial P}{\partial y}\right)\mathrm{d}x\mathrm{d}y$$

$$= \oint_{L_1} P\mathrm{d}x + Q\mathrm{d}y + \oint_{L_2} P\mathrm{d}x + Q\mathrm{d}y + \oint_{L_3} P\mathrm{d}x + Q\mathrm{d}y$$

$$= \oint_L P\mathrm{d}x + Q\mathrm{d}y.$$

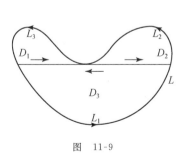

图 11-9

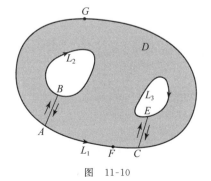

图 11-10

(3) 若 D 为由若干条分段光滑闭曲线所围成的多连通区域,可添加若干条辅助线把 D 转化为(2)的情形来处理. 如图 11-10 所示的情况,添加线段 AB,EC,则有

$$\iint_D \left(\frac{\partial Q}{\partial x} - \frac{\partial P}{\partial y}\right)\mathrm{d}x\mathrm{d}y = \left(\int_{\overline{AB}} + \int_{L_2} + \int_{\overline{BA}} + \int_{\overparen{AFC}} + \int_{\overline{CE}} + \int_{L_3} + \int_{\overline{EC}} + \int_{\overparen{CGA}}\right)(P\mathrm{d}x + Q\mathrm{d}y)$$

$$= \left(\int_{L_2} + \int_{L_3} + \int_{L_1}\right)(P\mathrm{d}x + Q\mathrm{d}y) = \int_L P\mathrm{d}x + Q\mathrm{d}y.$$

格林公式的便于记忆的形式如下:

$$\iint_D \begin{vmatrix} \dfrac{\partial}{\partial x} & \dfrac{\partial}{\partial y} \\ P & Q \end{vmatrix} \mathrm{d}x\mathrm{d}y = \int_L P\mathrm{d}x + Q\mathrm{d}y.$$

格林公式揭示了二重积分与其积分区域边界上的第二类曲线积分之间的关系,因此格林公式的应用十分广泛.

当取 $Q=x$, $P=-y$ 时,有

$$\frac{\partial Q}{\partial x} - \frac{\partial P}{\partial y} = 1 - (-1) = 2.$$

代入格林公式,得

$$\oint_L (-y)\mathrm{d}x + x\mathrm{d}y = 2\iint_D \mathrm{d}x\mathrm{d}y = 2S \quad (S \text{ 为 } D \text{ 的面积}),$$

于是

$$S = \frac{1}{2}\oint_L x\mathrm{d}y - y\mathrm{d}x. \tag{2}$$

例 1   计算曲线积分 $\int_{\overparen{AB}} x\mathrm{d}y$,其中 $\overparen{AB}$ 是圆 $x^2 + y^2 = r^2 (r > 0)$ 在第一象限的部分,取从点 $A(r,0)$ 到点 $B(0,r)$ 的方向.

解   为了能应用格林公式,引入辅助线 $\overline{OA}$ 和 $\overline{BO}$,使得 $L = \overline{OA} + \overparen{AB} + \overline{BO}$ 构成一条闭曲线,其所围成的闭区域为 $D = \{(x,y) \mid x^2 + y^2 \leqslant r^2, x, y \geqslant 0\}$.

由于 $P=0, Q=x, \dfrac{\partial Q}{\partial x} - \dfrac{\partial P}{\partial y} = 1$,所以由格林公式有

$$\int_{\overline{OA}} x\mathrm{d}y + \int_{\overparen{AB}} x\mathrm{d}y + \int_{\overline{BO}} x\mathrm{d}y = \oint_L x\mathrm{d}y = \iint_D \left(\frac{\partial Q}{\partial x} - \frac{\partial P}{\partial y}\right)\mathrm{d}x\mathrm{d}y = \iint_D \mathrm{d}x\mathrm{d}y = \frac{1}{4}\pi r^2.$$

而

$$\int_{\overline{OA}} x\mathrm{d}y = 0, \quad \int_{\overline{BO}} x\mathrm{d}y = 0,$$

故

$$\int_{\overparen{AB}} x\mathrm{d}y = \frac{1}{4}\pi r^2.$$

例 2　计算由曲线$(x+y)^2=ax(a>0)$与 x 轴所围成闭区域的面积.

解　设曲线$(x+y)^2=ax$ 与 x 轴所围成闭区域的边界为

L. 如图 11-11 所示,由面积的计算公式(2)知所求的面积为

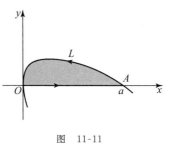

$$S=\frac{1}{2}\oint_L x\,\mathrm{d}y-y\,\mathrm{d}x=\frac{1}{2}\int_{\widehat{AO}}x\,\mathrm{d}y-y\,\mathrm{d}x+\frac{1}{2}\int_{\overline{OA}}x\,\mathrm{d}y-y\,\mathrm{d}x$$

$$=\frac{1}{2}\int_a^0\left[x\left(\frac{a}{2\sqrt{ax}}-1\right)-(\sqrt{ax}-x)\right]\mathrm{d}x=\frac{1}{6}a^2.$$

图　11-11

例 3　计算曲线积分$I=\oint_L\dfrac{x\,\mathrm{d}y-y\,\mathrm{d}x}{x^2+y^2}$,其中 L 为分段光

滑且不经过原点的有向闭曲线,其方向为逆时针方向.

解　记$P=-\dfrac{y}{x^2+y^2}$,$Q=\dfrac{x}{x^2+y^2}$. 不难验证,当 $x^2+y^2\neq0$ 时,有

$$\frac{\partial Q}{\partial x}=\frac{\partial P}{\partial y}=\frac{y^2-x^2}{(x^2+y^2)^2}.$$

(1) L 所围成的闭区域 D 不含原点,从而函数 P,Q 在 D 上具有连续偏导数,故由格林

公式得

$$I=\iint\limits_D\left(\frac{\partial Q}{\partial x}-\frac{\partial P}{\partial y}\right)\mathrm{d}x\,\mathrm{d}y=\iint\limits_D0\,\mathrm{d}x\,\mathrm{d}y=0.$$

(2) 当原点$(0,0)\in D$ 时,因函数 P,Q 在原点$(0,0)$处不连续,故不能直接利用格林公式. 选取充分小的 $r>0$,在 D 内部作圆 $l:x^2+y^2=r^2$. 记 L 与 l 之间的闭区域为 D_1,其边界为 $L_1=L+(-l)$(见图 11-12). 这时,D_1 内不含原点,函数 P,Q 在 D_1 上具有连续偏导数. 应用格林公式,

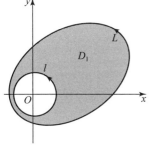

并注意到$\dfrac{\partial Q}{\partial x}-\dfrac{\partial P}{\partial y}=0$,得

$$\oint_{L_1}\frac{x\,\mathrm{d}y-y\,\mathrm{d}x}{x^2+y^2}=\oint_L\frac{x\,\mathrm{d}y-y\,\mathrm{d}x}{x^2+y^2}-\oint_l\frac{x\,\mathrm{d}y-y\,\mathrm{d}x}{x^2+y^2}$$

$$=\iint\limits_{D_1}0\,\mathrm{d}x\,\mathrm{d}y=0,$$

图　11-12

即

$$I=\oint_L\frac{x\,\mathrm{d}y-y\,\mathrm{d}x}{x^2+y^2}=\oint_l\frac{x\,\mathrm{d}y-y\,\mathrm{d}x}{x^2+y^2}.$$

而 l 的参数方程为$x=r\cos t,y=r\sin t(0\leqslant t\leqslant2\pi)$,于是

$$I=\int_0^{2\pi}\frac{r^2\cos^2 t+r^2\sin^2 t}{r^2}\mathrm{d}t=\int_0^{2\pi}\mathrm{d}t=2\pi.$$

二、曲线积分与路径无关的条件

从上一节的讨论我们看到,当积分曲线的起点、终点固定时,曲线积分的值一般与积分

路径有关,如上一节的例 4. 然而,存在着另一种特殊情况,即曲线积分 $\int_L P\mathrm{d}x + Q\mathrm{d}y$ 的值与积分路径无关,只与积分曲线 L 的起点 A 和终点 B 有关(称**曲线积分** $\int_L P\mathrm{d}x + Q\mathrm{d}y$ **与路径无关**),亦即对于任意两条以 A 为起点,B 为终点的分段光滑曲线弧 L_1 和 L_2,都有

$$\int_{L_1} P\mathrm{d}x + Q\mathrm{d}y = \int_{L_2} P\mathrm{d}x + Q\mathrm{d}y.$$

那么,在什么条件下,曲线积分才与路径无关呢?

定理 2　设 D 是单连通区域,函数 $P=P(x,y)$,$Q=Q(x,y)$ 在 D 内具有连续偏导数,则下列命题是等价的:

(1) $\dfrac{\partial Q}{\partial x} = \dfrac{\partial P}{\partial y}$ 在 D 内恒成立;

(2) $\oint_L P\mathrm{d}x + Q\mathrm{d}y = 0$ 对于 D 内任一有向分段光滑闭曲线 L 都成立;

(3) 在 D 内曲线积分 $\int_L P\mathrm{d}x + Q\mathrm{d}y$ 与路径无关;

(4) 存在可微函数 $u = u(x,y)$,使得 $\mathrm{d}u = P\mathrm{d}x + Q\mathrm{d}y$ 在 D 内恒成立.

证　先证 $(1)\Rightarrow(2)$. 已知 $\dfrac{\partial Q}{\partial x} = \dfrac{\partial P}{\partial y}$ 在 D 内恒成立. 对于 D 内任一分段光滑闭曲线 L,记其所包围的闭区域为 D_1,则由格林公式有

$$\oint_L P\mathrm{d}x + Q\mathrm{d}y = \iint_{D_1}\left(\frac{\partial Q}{\partial x} - \frac{\partial P}{\partial y}\right)\mathrm{d}x\mathrm{d}y = \iint_{D_1}0\,\mathrm{d}x\mathrm{d}y = 0.$$

再证 $(2)\Rightarrow(3)$. 已知对于 D 内任一有向分段光滑闭曲线 L,有 $\oint_L P\mathrm{d}x + Q\mathrm{d}y = 0$. 对于 D 内任意两点 A 和 B,设 L_1 和 L_2 是 D 内从点 A 到点 B 的任意两条有向分段光滑曲线弧(见图 11-13),则 $L^* = L_1 + (-L_2)$ 是 D 内一条有向分段光滑闭曲线,从而有

$$0 = \oint_{L^*} P\mathrm{d}x + Q\mathrm{d}y = \int_{L_1} P\mathrm{d}x + Q\mathrm{d}y + \int_{-L_2} P\mathrm{d}x + Q\mathrm{d}y.$$

于是

$$\int_{L_1} P\mathrm{d}x + Q\mathrm{d}y = -\int_{-L_2} P\mathrm{d}x + Q\mathrm{d}y = \int_{L_2} P\mathrm{d}x + Q\mathrm{d}y,$$

即在 D 内曲线积分 $\int_L P\mathrm{d}x + Q\mathrm{d}y$ 与路径无关.

然后,证 $(3)\Rightarrow(4)$. 设积分曲线 L 的起点为 $A(x_0,y_0)$,终点为 $B(x,y)$. 由在 D 内曲线积分 $\int_L P\mathrm{d}x + Q\mathrm{d}y$ 与路径无关知,可记此曲线积分为

$$\int_{(x_0,y_0)}^{(x,y)} P\mathrm{d}x + Q\mathrm{d}y.$$

当点 $A(x_0, y_0)$ 固定时,积分值仅取决于动点 $B(x, y)$,因此上式是 (x, y) 的函数,记为 $u(x, y)$,即

$$u(x, y) = \int_{(x_0, y_0)}^{(x, y)} P\mathrm{d}x + Q\mathrm{d}y.$$

下面证明 $u(x, y)$ 在 D 内可微,且 $\mathrm{d}u = P\mathrm{d}x + Q\mathrm{d}y$.

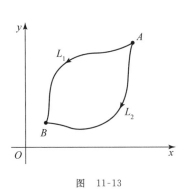

图 11-13

图 11-14

如图 11-14 所示,取 Δx 充分小,使得 $C(x + \Delta x, y) \in D$. 因在 D 内曲线积分 $\int_L P\mathrm{d}x + Q\mathrm{d}y$ 与路径无关,故 $u(x, y)$ 关于 x 的增量为

$$\Delta u = u(x + \Delta x, y) - u(x, y) = \int_{(x_0, y_0)}^{(x + \Delta x, y)} P\mathrm{d}x + Q\mathrm{d}y - \int_{(x_0, y_0)}^{(x, y)} P\mathrm{d}x + Q\mathrm{d}y$$

$$= \int_{\overset{\frown}{AB}} P\mathrm{d}x + Q\mathrm{d}y + \int_{\overline{BC}} P\mathrm{d}x + Q\mathrm{d}y - \int_{\overset{\frown}{AB}} P\mathrm{d}x + Q\mathrm{d}y$$

$$= \int_{\overline{BC}} P\mathrm{d}x + Q\mathrm{d}y.$$

而有向线段 $\overline{BC}$ 平行于 x 轴,由积分中值定理可得

$$\Delta u = u(x + \Delta x, y) - u(x, y)$$

$$= \int_{\overline{BC}} P\mathrm{d}x + Q\mathrm{d}y = \int_x^{x + \Delta x} P\mathrm{d}x$$

$$= P(x + \theta\Delta x, y)\Delta x,$$

其中 $0 < \theta < 1$. 由 $P(x, y)$ 在 D 上的连续性有

$$\frac{\partial u}{\partial x} = \lim_{\Delta x \to 0} \frac{\Delta u}{\Delta x} = \lim_{\Delta x \to 0} P(x + \theta\Delta x, y) = P(x, y).$$

同理可证

$$\frac{\partial u}{\partial y} = Q(x, y).$$

因此

$$\mathrm{d}u = P\mathrm{d}x + Q\mathrm{d}y.$$

最后,证(4)⇒(1).已知存在一个函数 $u=u(x,y)$,使得 $\mathrm{d}u=P\mathrm{d}x+Q\mathrm{d}y$,从而

$$\frac{\partial u}{\partial x}=P, \quad \frac{\partial u}{\partial y}=Q,$$

于是

$$\frac{\partial^2 u}{\partial x \partial y}=\frac{\partial P}{\partial y}, \quad \frac{\partial^2 u}{\partial y \partial x}=\frac{\partial Q}{\partial x}.$$

由于函数 P,Q 具有连续偏导数,所以混合偏导数 $\dfrac{\partial^2 u}{\partial x \partial y}$,$\dfrac{\partial^2 u}{\partial y \partial x}$ 连续,故

$$\frac{\partial^2 u}{\partial x \partial y}=\frac{\partial^2 u}{\partial y \partial x}, \quad 即 \quad \frac{\partial Q}{\partial x}=\frac{\partial P}{\partial y}.$$

　　由定理 2 可知,当曲线积分与路径无关时,计算曲线积分所用的积分路径可以任意选择.一般选取分别平行于 x 轴和 y 轴的线段连成的有向折线作为积分路径,这样计算较为简便.

　　例 4　求曲线积分 $\displaystyle\int_L (1+x\mathrm{e}^{2y})\mathrm{d}x+(x^2\mathrm{e}^{2y}-y)\mathrm{d}y$,其中 L 是上半圆弧 $(x-2)^2+y^2=4(y\geqslant 0)$,起点为 $O(0,0)$,终点为 $A(4,0)$.

　　解　这里 $P=1+x\mathrm{e}^{2y},Q=x^2\mathrm{e}^{2y}-y$.由于 $\dfrac{\partial P}{\partial y}=2x\mathrm{e}^{2y}=\dfrac{\partial Q}{\partial x}$,根据定理 2,该曲线积分与路径无关,因此可取 x 轴上从点 $O(0,0)$ 到点 $A(4,0)$ 的有向线段 $\overline{OA}$ 作为积分路径.在 $\overline{OA}$ 上,$y=0,0\leqslant x\leqslant 4$,于是

$$\int_L (1+x\mathrm{e}^{2y})\mathrm{d}x+(x^2\mathrm{e}^{2y}-y)\mathrm{d}y=\int_0^4 (1+x)\mathrm{d}x=12.$$

　　由定理 2 知,如果在区域 D 内满足 $\dfrac{\partial Q}{\partial x}=\dfrac{\partial P}{\partial y}$,那么存在函数 $u(x,y)$,使得其全微分为 $\mathrm{d}u=P\mathrm{d}x+Q\mathrm{d}y$.我们通常把函数 $u(x,y)$ 称为 $P\mathrm{d}x+Q\mathrm{d}y$ 的一个**原函数**.显然,$P\mathrm{d}x+Q\mathrm{d}y$ 的全体原函数为 $u(x,y)+C$(C 为任意常数).由定理 2 的证明可知

$$u(x,y)=\int_{(x_0,y_0)}^{(x,y)} P\mathrm{d}x+Q\mathrm{d}y.$$

选取如图 11-15 所示的有向折线作为积分路径,则有

$$u(x,y)=\int_{x_0}^x P(x,y_0)\mathrm{d}x+\int_{y_0}^y Q(x,y)\mathrm{d}y.$$

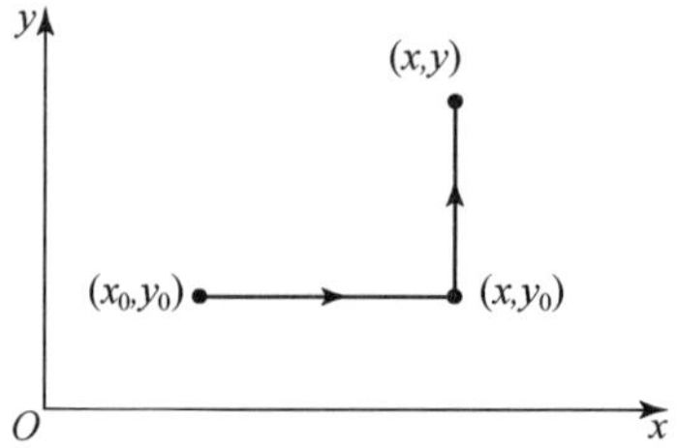

图　11-15

另外，设 $A(x_1,y_1),B(x_2,y_2) \in D,L$ 是从点 A 到点 B 的任一有向分段光滑曲线弧，再任取 D 内一条从点 (x_0,y_0) 到点 A 的有向分段光滑曲线弧 l，则

$$u(x_1,y_1) = \int_{(x_0,y_0)}^{(x_1,y_1)} P\mathrm{d}x + Q\mathrm{d}y = \int_l P\mathrm{d}x + Q\mathrm{d}y,$$

$$u(x_2,y_2) = \int_{(x_0,y_0)}^{(x_2,y_2)} P\mathrm{d}x + Q\mathrm{d}y = \int_{l+L} P\mathrm{d}x + Q\mathrm{d}y.$$

上两式相减，得

$$\int_L P\mathrm{d}x + Q\mathrm{d}y = u(x_2,y_2) - u(x_1,y_1) = u(x,y)\Big|_{(x_1,y_1)}^{(x_2,y_2)}.$$

这又得到一种在曲线积分与路径无关时计算曲线积分的方法．从形式上看，此式可看作微积分基本公式的推广．

例 5 求 $(2x+\sin y)\mathrm{d}x + x\cos y\mathrm{d}y$ 的原函数，并求曲线积分

$$\int_{(0,0)}^{(1,1)} (2x+\sin y)\mathrm{d}x + x\cos y\mathrm{d}y.$$

解 令 $P = 2x+\sin y, Q = x\cos y$，则 $\dfrac{\partial P}{\partial y} = \cos y, \dfrac{\partial Q}{\partial x} = \cos y$. 显然，$\dfrac{\partial P}{\partial y}, \dfrac{\partial Q}{\partial x}$ 在 $\mathbf{R}^2$ 上连续，且有 $\dfrac{\partial Q}{\partial x} = \dfrac{\partial P}{\partial y}$. 由定理 2 知，$(2x+\sin y)\mathrm{d}x + x\cos y\mathrm{d}y$ 为某个函数的全微分，且

$$u(x,y) = \int_{(0,0)}^{(x,y)} (2x+\sin y)\mathrm{d}x + x\cos y\mathrm{d}y$$

$$= \int_0^x 2x\mathrm{d}x + \int_0^y x\cos y\mathrm{d}y = x^2 + x\sin y$$

是它的一个原函数，从而所求的原函数为 $x^2 + x\sin y + C$（C 为任意常数）．于是

$$\int_{(0,0)}^{(1,1)} (2x+\sin y)\mathrm{d}x + x\cos y\mathrm{d}y = u(1,1) - u(0,0) = 1 + \sin 1.$$

我们也可以通过"凑全微分"的方法求出 $(2x+\sin y)\mathrm{d}x + x\cos y\mathrm{d}y$ 的一个原函数：

$$(2x+\sin y)\mathrm{d}x + x\cos y\mathrm{d}y = 2x\mathrm{d}x + (\sin y\mathrm{d}x + x\cos y\mathrm{d}y)$$

$$= \mathrm{d}(x^2) + \mathrm{d}(x\sin y) = \mathrm{d}(x^2 + x\sin y).$$

对于空间曲线弧 Γ 上的第二类曲线积分 $\int_\Gamma P\mathrm{d}x + Q\mathrm{d}y + R\mathrm{d}z$，我们也有类似于定理 2 的结论．

定理 3 设 Ω 是单连通区域，函数 $P = P(x,y,z), Q = Q(x,y,z), R = R(x,y,z)$ 在 Ω 内具有连续偏导数，则下列命题是等价的：

(1) $\dfrac{\partial P}{\partial y} = \dfrac{\partial Q}{\partial x}, \dfrac{\partial Q}{\partial z} = \dfrac{\partial R}{\partial y}, \dfrac{\partial R}{\partial x} = \dfrac{\partial P}{\partial z}$ 在 Ω 内恒成立；

(2) $\oint_\Gamma P\mathrm{d}x + Q\mathrm{d}y + R\mathrm{d}z = 0$ 对于 Ω 内任一有向分段光滑闭曲线 Γ 都成立；

(3) 在 Ω 内曲线积分 $\int_\Gamma P\mathrm{d}x + Q\mathrm{d}y + R\mathrm{d}z$ 与路径无关；

(4) 存在可微函数 $u = u(x, y, z)$，使得 $\mathrm{d}u = P\mathrm{d}x + Q\mathrm{d}y + R\mathrm{d}z$ 在 Ω 内恒成立.

例如，对于上一节例 3 中的曲线积分，令 $P = \dfrac{x}{r^3}, Q = \dfrac{y}{r^3}, R = \dfrac{z}{r^3}$，则可以验证，在不包含原点的单连通区域 Ω 内定理 3 中的命题(1)成立，从而在 Ω 内该曲线积分与路径无关.

例 6　验证曲线积分 $\displaystyle\int_{(x_1, y_1, z_1)}^{(x_2, y_2, z_2)} \dfrac{x\mathrm{d}x + y\mathrm{d}y + z\mathrm{d}z}{\sqrt{x^2 + y^2 + z^2}}$ 与路径无关，并计算其值，其中两点 (x_1, y_1, z_1) 和 (x_2, y_2, z_2) 在球面 $x^2 + y^2 + z^2 = a^2 (a > 0)$ 上.

解　任取包含 $(x_1, y_1, z_1), (x_2, y_2, z_2)$ 这两点的部分球面 Σ，再任取包含 Σ 的空间单连通区域 Ω，并且使原点不属于 Ω. 由于在 Ω 内恒有

$$\frac{x\mathrm{d}x + y\mathrm{d}y + z\mathrm{d}z}{\sqrt{x^2 + y^2 + z^2}} = \mathrm{d}(\sqrt{x^2 + y^2 + z^2}),$$

从而定理 3 中的命题(4)成立，故在 Ω 内曲线积分 $\displaystyle\int_\Gamma \dfrac{x\mathrm{d}x + y\mathrm{d}y + z\mathrm{d}z}{\sqrt{x^2 + y^2 + z^2}}$ 与路径无关. 于是，在 Ω 内曲线积分 $\displaystyle\int_{(x_1, y_1, z_1)}^{(x_2, y_2, z_2)} \dfrac{x\mathrm{d}x + y\mathrm{d}y + z\mathrm{d}z}{\sqrt{x^2 + y^2 + z^2}}$ 与路径无关，且有

$$\int_{(x_1, y_1, z_1)}^{(x_2, y_2, z_2)} \frac{x\mathrm{d}x + y\mathrm{d}y + z\mathrm{d}z}{\sqrt{x^2 + y^2 + z^2}} = \sqrt{x^2 + y^2 + z^2}\,\Big|_{(x_1, y_1, z_1)}^{(x_2, y_2, z_2)} = a - a = 0.$$

三、全微分方程

考虑如下形式的一阶微分方程：

$$P(x, y)\mathrm{d}x + Q(x, y)\mathrm{d}y = 0. \tag{3}$$

若微分方程(3)的左端恰好是某个二元函数 $u(x, y)$ 的全微分，则称此微分方程为**全微分方程**.

由上面的讨论可知，微分方程(3)为全微分方程的充要条件是 $\dfrac{\partial Q}{\partial x} = \dfrac{\partial P}{\partial y}$. 当微分方程(3)是全微分方程时，它就可写成

$$\mathrm{d}u(x, y) = 0,$$

其中 $u(x, y)$ 是 $P(x, y)\mathrm{d}x + Q(x, y)\mathrm{d}y$ 的一个原函数，从而微分方程(3)的通解为

$$u(x, y) = C \quad (C\text{ 为任意常数}).$$

因此，求解全微分方程的关键是求出原函数 $u(x, y)$.

例 7　判断 $(\mathrm{e}^x\cos y + 2xy^2)\mathrm{d}x + (2x^2 y - \mathrm{e}^x\sin y)\mathrm{d}y = 0$ 是否是全微分方程. 若是，求出其通解.

解　因为函数 $\mathrm{e}^x\cos y + 2xy^2, 2x^2 y - \mathrm{e}^x\sin y$ 在 $\mathbf{R}^2$ 上具有连续偏导数，且

$$\frac{\partial(e^x\cos y + 2xy^2)}{\partial y} = 4xy - e^x\sin y = \frac{\partial(2x^2 y - e^x\sin y)}{\partial x},$$

所以该微分方程是全微分方程. 为了求出该微分方程左端的一个原函数 $u(x,y)$, 取从点 $(0,0)$ 到点 $(x,0)$, 再到点 (x,y) 的折线作为积分曲线, 可得

$$u(x,y) = \int_0^x e^x dx + \int_0^y (2x^2 y - e^x\sin y)dy = x^2 y^2 + e^x\cos y - 1.$$

或者

$$(e^x\cos y + 2xy^2)dx + (2x^2 y - e^x\sin y)dy$$
$$= e^x\cos y dx - e^x\sin y dy + 2xy^2 dx + 2x^2 y dy$$
$$= d(e^x\cos y) + d(x^2 y^2) = d(e^x\cos y + x^2 y^2).$$

于是, 该微分方程的通解为

$$e^x\cos y + x^2 y^2 = C \quad (C \text{ 为任意常数}).$$

习 题 11.3

1. 设 L 是以三点 $A(-1,0)$, $B(-3,2)$, $C(3,0)$ 为顶点的三角形区域的边界, 沿 $A \to B \to C \to A$ 的方向, 则 $\oint_L (3x - y)dx + (x - 2y)dy$ 等于 (　　).

(A) -8 　　　　(B) 0 　　　　(C) 8 　　　　(D) 20

2. 利用格林公式计算下列曲线积分:

(1) $\oint_L y^2 x dy - x^2 y dx$, 其中 L 是圆 $x^2 + y^2 = a^2 (a > 0)$, 取顺时针方向;

(2) $\oint_L (x^2 y\cos x + 2xy\sin x - y^2 e^x)dx + (x^2\sin x - 2ye^x)dy$, 其中 L 为星形线 $x^{\frac{2}{3}} + y^{\frac{2}{3}} = a^{\frac{2}{3}} (a > 0)$, 取正向;

(3) $\int_L (12xy + e^y)dx - (\cos y - xe^y)dy$, 其中 L 是从点 $(-1,1)$ 沿抛物线 $y = x^2$ 到点 $(0,0)$, 再沿直线 $y = 0$ 到点 $(2,0)$ 的有向曲线弧.

3. 计算曲线积分 $\int_L \left(1 - \frac{y^2}{x^2}\cos\frac{y}{x}\right)dx + \left(\sin\frac{y}{x} + \frac{y}{x}\cos\frac{y}{x}\right)dy$, 其中 L 是任意与 y 轴不相交的从点 $(1,\pi)$ 到点 $(2,\pi)$ 的有向分段光滑曲线弧.

4. 计算星形线 $x = a\cos^3 t$, $y = a\sin^3 t$ $(0 \leqslant t \leqslant 2\pi)$ 所围成平面图形的面积.

5. 计算曲线积分 $\oint_L \frac{x dy - y dx}{x^2 + y^2}$, 其中 L 如下:

(1) 椭圆 $\frac{(x-2)^2}{2} + \frac{y^2}{3} = 1$, 取正向; 　　　(2) 椭圆 $\frac{x^2}{2} + \frac{y^2}{3} = 1$, 取正向.

6. 已知曲线积分 $\int_L xy^2 dx + yf(x)dy$ 与路径无关, 其中 $f(x)$ 具有连续导数, 且 $f(0) =$

0,求曲线积分 $\displaystyle\int_{(0,0)}^{(1,1)} xy^2\,\mathrm{d}x + yf(x)\,\mathrm{d}y$ 的值.

7. 验证在 $\mathbf{R}^2$ 内 $(x+2y)\mathrm{d}x+(2x+y)\mathrm{d}y$ 存在原函数,并求出其原函数.

8. 判断 $yx^{y-1}\mathrm{d}x+x^y\ln x\mathrm{d}y=0$ 是否为全微分方程,若是,求出其通解.

§11.4　第一类曲面积分

在前三节中,我们把定积分推广到曲线积分,并做了较详细的讨论.从本节起,我们进一步把曲线积分推广到曲面积分,并研究曲面积分的性质与计算方法.

一、第一类曲面积分的概念与性质

引例　设一个非均匀的曲面形构件占据分片光滑曲面 Σ,其面密度 $\rho(x,y,z)$ 是 Σ 上的连续函数,求该曲面形构件的质量 m.

我们仍用以前惯用的方法.先将 Σ 任意分成 n 块小曲面 $\Delta S_i(i=1,2,\cdots,n)$,$\Delta S_i$ 也表示第 i 块小曲面的面积.相应地,该曲面形构件分为 n 小块.在小曲面 $\Delta S_i(i=1,2,\cdots,n)$ 上任取一点 (ξ_i,η_i,ζ_i),此处的面密度为 $\rho(\xi_i,\eta_i,\zeta_i)$,则小曲面 ΔS_i 对应的小块构件的质量为

$$\Delta m_i \approx \rho(\xi_i,\eta_i,\zeta_i)\Delta S_i.$$

于是该曲面形构件的质量为

$$m = \sum_{i=1}^{n} \Delta m_i \approx \sum_{i=1}^{n} \rho(\xi_i,\eta_i,\zeta_i)\Delta S_i.$$

记 $\lambda=\max\{d_1,d_2,\cdots,d_n\}$,其中 d_i 为 $\Delta S_i(i=1,2,\cdots,n)$ 的直径,则

$$m = \lim_{\lambda\to 0} \sum_{i=1}^{n} \rho(\xi_i,\eta_i,\zeta_i)\Delta S_i.$$

抽去引例中所求量的具体物理背景,便得到下述第一类曲面积分的概念.

定义　设函数 $f(x,y,z)$ 是定义在分片光滑曲面 Σ 上的有界函数.把 Σ 任意分成 n 块小曲面 $\Delta S_i(i=1,2,\cdots,n)$,也用 ΔS_i 表示第 i 块小曲面的面积.在小曲面 $\Delta S_i(i=1,2,\cdots,n)$ 上任取一点 (ξ_i,η_i,ζ_i),作和式 $\displaystyle\sum_{i=1}^{n} f(\xi_i,\eta_i,\zeta_i)\Delta S_i$. 若当各块小曲面直径的最大值 $\lambda\to 0$ 时,极限

$$\lim_{\lambda\to 0} \sum_{i=1}^{n} f(\xi_i,\eta_i,\zeta_i)\Delta S_i$$

存在,则称此极限值为 $f(x,y,z)$ 在 Σ 上**对面积的曲面积分**,也称为**第一类曲面积分**,简称**曲面积分**,记作 $\displaystyle\iint_{\Sigma} f(x,y,z)\mathrm{d}S$,即

$$\iint\limits_{\Sigma} f(x,y,z)\mathrm{d}S = \lim\limits_{\lambda \to 0}\sum\limits_{i=1}^{n} f(\xi_i,\eta_i,\zeta_i)\Delta S_i,$$

其中 $f(x,y,z)$ 称为**被积函数**，Σ 称为**积分曲面**，$\mathrm{d}S$ 称为**曲面面积微元**.

可以证明：若函数 $f(x,y,z)$ 在分片光滑曲面 Σ 上连续，则 $f(x,y,z)$ 在 Σ 上的第一类曲面积分必存在. 今后我们总假定 $f(x,y,z)$ 在 Σ 上连续. 当被积函数 $f(x,y,z)\equiv 1$ 时，$\iint\limits_{\Sigma} f(x,y,z)\mathrm{d}S = \iint\limits_{\Sigma}\mathrm{d}S$，它表示曲面 Σ 的面积. 若 Σ 为闭曲面，通常用符号 $\oiint\limits_{\Sigma}$ 代替 $\iint\limits_{\Sigma}$.

由上述定义知，引例中曲面形构件的质量为

$$m = \iint\limits_{\Sigma}\rho(x,y,z)\mathrm{d}S.$$

与第一类曲线积分类似，第一类曲面积分具有关于被积函数的线性性与关于积分曲面的可加性，即

$$\iint\limits_{\Sigma}[af(x,y,z)+bg(x,y,z)]\mathrm{d}S = a\iint\limits_{\Sigma} f(x,y,z)\mathrm{d}S + b\iint\limits_{\Sigma} g(x,y,z)\mathrm{d}S,$$

$$\iint\limits_{\Sigma_1+\Sigma_2} f(x,y,z)\mathrm{d}S = \iint\limits_{\Sigma_1} f(x,y,z)\mathrm{d}S + \iint\limits_{\Sigma_2} f(x,y,z)\mathrm{d}S,$$

其中 a,b 为常数，$\Sigma=\Sigma_1+\Sigma_2$ 表示曲面 Σ 可分成除边界外无重合点的两部分 Σ_1 和 Σ_2. 当积分曲面对称于坐标面，且被积函数具有相应的奇偶性时，第一类曲面积分还具有与三重积分相类似的对称性. 例如，若积分曲面 Σ 关于 Oxy 面对称，则

$$\iint\limits_{\Sigma} f(x,y,z)\mathrm{d}S = \begin{cases} 0, & f(x,y,-z)=-f(x,y,z), \\ 2\iint\limits_{\Sigma_1} f(x,y,z)\mathrm{d}S, & f(x,y,-z)=f(x,y,z), \end{cases}$$

其中 Σ_1 是 Σ 在 Oxy 面上方部分 $(z\geqslant 0)$. 关于其他坐标面对称的情况，不再一一赘述.

二、第一类曲面积分的计算

若平行于 z 轴的直线与积分曲面 Σ 只交于一点，设 Σ 的方程为 $z=z(x,y)$，Σ 在 Oxy 面上的投影区域为 D_{xy}，$z=z(x,y)$ 在 D_{xy} 上具有连续偏导数且是单值函数. 由上一章知，曲面面积微元为 $\mathrm{d}S=\sqrt{1+z_x^2+z_y^2}\,\mathrm{d}x\mathrm{d}y$，于是可导出第一类曲面积分的计算公式

$$\iint\limits_{\Sigma} f(x,y,z)\mathrm{d}S = \iint\limits_{D_{xy}} f[x,y,z(x,y)]\sqrt{1+z_x^2+z_y^2}\,\mathrm{d}x\mathrm{d}y. \tag{1}$$

如果 $z=z(x,y)$ 不是单值的，则要将 Σ 分成若干块曲面，使每一块曲面上 $z=z(x,y)$ 都是单值的.

应用公式(1)计算第一类曲面积分可归纳为一句顺口溜"一投、二代、三计算"：

"一投"：将积分曲面 Σ 投影在 Oxy 面上，并确定 Σ 在此坐标面上的投影区域 D_{xy}；

"二代"：被积函数中的 x,y,z 是积分曲面 Σ 上点的坐标，可先将 Σ 的方程化为所投影坐标面上两个变量的显函数，如 $z=z(x,y)$，再代入被积函数中，得到 $f[x,y,z(x,y)]$，并将 $\mathrm{d}S$ 替换成 $\sqrt{1+z_x^2+z_y^2}\,\mathrm{d}x\mathrm{d}y$；

"三计算"：在投影区域 D_{xy} 上做二重积分计算.

若平行于 x 轴的直线与积分曲面 Σ 只交于一点，设 Σ 的方程为 $x=x(y,z)$，Σ 在 Oyz 面上的投影区域为 D_{yz}，则有第一类曲面积分的计算公式

$$\iint\limits_{\Sigma} f(x,y,z)\mathrm{d}S = \iint\limits_{D_{yz}} f[x(y,z),y,z]\sqrt{1+x_y^2+x_z^2}\,\mathrm{d}y\mathrm{d}z;$$

若平行于 y 轴的直线与积分曲面 Σ 只交于一点，设 Σ 的方程为 $y=y(z,x)$，Σ 在 Ozx 面上的投影区域为 D_{zx}，则有第一类曲面积分的计算公式

$$\iint\limits_{\Sigma} f(x,y,z)\mathrm{d}S = \iint\limits_{D_{zx}} f[x,y(z,x),z]\sqrt{1+y_z^2+y_x^2}\,\mathrm{d}z\mathrm{d}x.$$

例1 计算曲面积分 $I = \oiint\limits_{\Sigma}(x^2+y^2)\mathrm{d}S$，其中 Σ 是由曲面 $z=\sqrt{x^2+y^2}$ 与平面 $z=1$ 所围成的闭曲面.

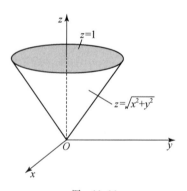

图 11-16

解 在积分曲面 Σ 中，记 Σ_1 为曲面 $z=\sqrt{x^2+y^2}$ 上的部分，Σ_2 为平面 $z=1$ 上的部分，则有 $\Sigma=\Sigma_1+\Sigma_2$（见图 11-16）. Σ_1,Σ_2 在 Oxy 面的投影区域均为

$$D_{xy} = \{(x,y)\,|\,x^2+y^2 \leqslant 1\}.$$

对于 Σ_1：$z=\sqrt{x^2+y^2}$，$(x,y)\in D_{xy}$，有

$$z_x = \frac{x}{\sqrt{x^2+y^2}}, \quad z_y = \frac{y}{\sqrt{x^2+y^2}},$$

$$\mathrm{d}S = \sqrt{1+z_x^2+z_y^2}\,\mathrm{d}x\mathrm{d}y = \sqrt{2}\,\mathrm{d}x\mathrm{d}y;$$

对于 Σ_2：$z=1$，$(x,y)\in D_{xy}$，有

$$z_x = z_y = 0,$$

$$\mathrm{d}S = \sqrt{1+z_x^2+z_y^2}\,\mathrm{d}x\mathrm{d}y = \mathrm{d}x\mathrm{d}y.$$

故

$$I = \oiint\limits_{\Sigma}(x^2+y^2)\mathrm{d}S = \iint\limits_{\Sigma_1}(x^2+y^2)\mathrm{d}S + \iint\limits_{\Sigma_2}(x^2+y^2)\mathrm{d}S$$

$$= \iint\limits_{D_{xy}}(x^2+y^2)\sqrt{1+z_x^2+z_y^2}\,\mathrm{d}x\mathrm{d}y + \iint\limits_{D_{xy}}(x^2+y^2)\sqrt{1+0^2+0^2}\,\mathrm{d}x\mathrm{d}y$$

$$= \sqrt{2}\iint\limits_{D_{xy}}(x^2+y^2)\mathrm{d}x\mathrm{d}y + \iint\limits_{D_{xy}}(x^2+y^2)\mathrm{d}x\mathrm{d}y$$

$$= (\sqrt{2}+1)\int_0^{2\pi}\mathrm{d}\theta\int_0^1 r^3\,\mathrm{d}r = \frac{\pi}{2}(\sqrt{2}+1).$$

例 2 计算曲面积分 $I = \iint\limits_{\Sigma}(xy+yz+zx)\mathrm{d}S$,其中 Σ 是圆锥面 $z=\sqrt{x^2+y^2}$ 被圆柱面 $x^2+y^2=2x$ 所截得的有限部分.

解 由于积分曲面 Σ 关于 Ozx 面对称,而 $(x+z)y$ 是 y 的奇函数,故 $\iint\limits_{\Sigma}(x+z)y\mathrm{d}S=0$,从而

$$I = \iint\limits_{\Sigma}(x+z)y\mathrm{d}S + \iint\limits_{\Sigma}zx\,\mathrm{d}S = 0 + \iint\limits_{\Sigma}zx\,\mathrm{d}S.$$

又知 Σ 在 Oxy 面上的投影区域为 $D_{xy}=\{(x,y)\mid x^2+y^2\leqslant 2x\}$,且 D_{xy} 关于 x 轴对称,于是

$$I = \iint\limits_{D_{xy}} x\sqrt{x^2+y^2}\cdot\sqrt{1+z_x^2+z_y^2}\,\mathrm{d}x\mathrm{d}y$$

$$= \iint\limits_{D_{xy}} x\sqrt{x^2+y^2}\cdot\sqrt{1+\frac{x^2+y^2}{x^2+y^2}}\,\mathrm{d}x\mathrm{d}y$$

$$= \sqrt{2}\iint\limits_{D_{xy}} x\sqrt{x^2+y^2}\,\mathrm{d}x\mathrm{d}y = \sqrt{2}\cdot 2\iint\limits_{D} x\sqrt{x^2+y^2}\,\mathrm{d}x\mathrm{d}y$$

$$= 2\sqrt{2}\int_0^{\pi/2}\mathrm{d}\theta\int_0^{2\cos\theta} r\cos\theta\cdot r\cdot r\mathrm{d}r$$

$$= 2\sqrt{2}\int_0^{\pi/2} 4\cos^5\theta\mathrm{d}\theta = \frac{64}{15}\sqrt{2},$$

其中 D 为 D_{xy} 在第一象限部分.

例 3 已知一个面密度为 $\rho=1$ 的均匀半球面形构件占据半球面 Σ: $x^2+y^2+z^2=a^2$ $(z\geqslant 0, a>0)$,求该半球面形构件的质心及对 z 轴的转动惯量.

解 设该半球面形构件的质心为点 $(\overline{x},\overline{y},\overline{z})$,则根据对称性可知 $\overline{x}=\overline{y}=0$,且由类似于平面薄片质心的讨论得

$$\overline{z} = \frac{M_{xy}}{S} = \frac{\iint\limits_{\Sigma}z\mathrm{d}S}{\iint\limits_{\Sigma}\mathrm{d}S},$$

其中 M_{xy} 是半球面 Σ 到 Oxy 面的静力矩,S 是半球面 Σ 的面积. 而

$$\iint\limits_{\Sigma}z\mathrm{d}S = \iint\limits_{x^2+y^2\leqslant a^2}\sqrt{a^2-x^2-y^2}\cdot\frac{a}{\sqrt{a^2-x^2-y^2}}\mathrm{d}x\mathrm{d}y = \pi a^3, \quad \iint\limits_{\Sigma}\mathrm{d}S = 2\pi a^2,$$

所以 $\overline{z}=\dfrac{M_{xy}}{S}=\dfrac{a}{2}$. 故 Σ 的质心为点 $\left(0,0,\dfrac{a}{2}\right)$.

由类似于平面薄片对坐标轴的转动惯量的讨论知,所求的转动惯量为

$$I_z = \iint\limits_{\Sigma} (x^2 + y^2) \mathrm{d}S = \iint\limits_{x^2 + y^2 \leqslant a^2} (x^2 + y^2) \frac{a}{\sqrt{a^2 - x^2 - y^2}} \mathrm{d}x\mathrm{d}y$$

$$= \int_0^{2\pi} \mathrm{d}\theta \int_0^a r^2 \frac{a}{\sqrt{a^2 - r^2}} \cdot r\mathrm{d}r = \frac{4}{3}\pi a^4.$$

例 4 计算曲面积分 $I = \iint\limits_{\Sigma} \frac{\mathrm{d}S}{x^2 + y^2 + z^2}$,其中 Σ 为圆柱面 $x^2 + y^2 = R^2 (R > 0)$ 介于平面 $z = 0$ 和 $z = h(h > 0)$ 之间的部分.

解 由于积分曲面 Σ 关于 Oyz 面对称,被积函数 $\frac{1}{x^2 + y^2 + z^2}$ 关于 x 是偶函数,由曲面积分的对称性有

$$I = \iint\limits_{\Sigma} \frac{\mathrm{d}S}{x^2 + y^2 + z^2} = 2\iint\limits_{\Sigma_1} \frac{\mathrm{d}S}{x^2 + y^2 + z^2},$$

其中 $\Sigma_1 : x = \sqrt{R^2 - y^2}$,它在 Oyz 面上的投影区域为

$$D_{yz} : |y| \leqslant R, 0 \leqslant z \leqslant h.$$

又有

$$x_y = \frac{-y}{\sqrt{R^2 - y^2}}, \quad x_z = 0, \quad \mathrm{d}S = \sqrt{1 + x_y^2 + x_z^2}\mathrm{d}y\mathrm{d}z = \frac{R}{\sqrt{R^2 - y^2}}\mathrm{d}y\mathrm{d}z,$$

于是

$$I = 2\iint\limits_{\Sigma_1} \frac{\mathrm{d}S}{x^2 + y^2 + z^2} = 2\iint\limits_{D_{yz}} \frac{1}{R^2 + z^2} \cdot \frac{R}{\sqrt{R^2 - y^2}}\mathrm{d}y\mathrm{d}z$$

$$= 2\int_0^h \frac{\mathrm{d}z}{R^2 + z^2} \int_{-R}^R \frac{R\mathrm{d}y}{\sqrt{R^2 - y^2}} = 2\pi\arctan\frac{h}{R}.$$

思考:例 4 中为什么不把积分曲面 Σ 投影到 Oxy 面上计算?

习 题 11.4

1. 计算曲面积分 $I = \iint\limits_{\Sigma} \left(2x + \frac{4}{3}y + z\right)\mathrm{d}S$,其中 Σ 是平面 $\frac{x}{2} + \frac{y}{3} + \frac{z}{4} = 1$ 在第一卦限部分.

2. 计算曲面积分 $\iint\limits_{\Sigma} z\mathrm{d}S$,其中 Σ 为圆锥面 $z = \sqrt{x^2 + y^2}$ 在圆柱面 $x^2 + y^2 = 2x$ 内部分.

3. 计算曲面积分 $\iint\limits_{\Sigma} \frac{\mathrm{d}S}{z}$,其中 Σ 是球面 $x^2 + y^2 + z^2 = a^2 (a > 0)$ 被平面 $z = h(0 < h < a)$ 截出的上半部分.

4. 计算曲面积分 $I = \oiint\limits_{\Sigma} x\,\mathrm{d}S$,其中 Σ 为柱面 $x^2 + y^2 = 1$ 与平面 $z = 0, z = x + 2$ 所围成空间立体的表面.

5. 已知一个旋转抛物面壳占据抛物面 Σ：$z = \dfrac{1}{2}(x^2 + y^2)(0 \leqslant z \leqslant 1)$,求该旋转抛物面壳的质量,假定该旋转抛物面壳的面密度为 $\mu(x, y, z) = z$.

6. 设一个面密度为 μ 的均匀圆柱面形构件占据圆柱面 Σ：$x^2 + y^2 = a^2(0 \leqslant z \leqslant b, a > 0)$,求该圆柱面形构件对 z 轴的转动惯量.

§11.5　第二类曲面积分

先引入曲面的侧的概念. 设 Σ 为光滑曲面,在 Σ 上任取一动点 P,点 P 处的法向量 $\boldsymbol{n}$ 有两个方向,可以根据需要选定一个作为 $\boldsymbol{n}$ 的正向. 当动点 P 在 Σ 上沿任一曲线连续变动时,$\boldsymbol{n}$ 也随之连续变动. 若动点 P 不越过曲面边界回到原来位置时,$\boldsymbol{n}$ 的方向仍然和原来的方向相同,则我们称 Σ 为**双侧曲面**；否则,称 Σ 为**单侧曲面**. 本节我们只讨论双侧曲面.

曲面 Σ 上任一点 P 处的法向量 $\boldsymbol{n}$ 有两个方向,若 Σ 的方程为 $z = z(x, y)$,则规定 $\boldsymbol{n}$ 与 z 轴正向的夹角为锐角的一侧为 Σ 的**上侧**,另一侧为 Σ 的**下侧**；若 Σ 的方程为 $x = x(y, z)$,则规定 $\boldsymbol{n}$ 与 x 轴正向的夹角为锐角的一侧为 Σ 的**前侧**,另一侧为 Σ 的**后侧**；若 Σ 的方程为 $y = y(z, x)$,则规定 $\boldsymbol{n}$ 与 y 轴正向的夹角为锐角的一侧为 Σ 的**右侧**,另一侧为 Σ 的**左侧**. 当 Σ 为闭曲面时,规定法向量朝内的一侧为 Σ 的**内侧**,另一侧为 Σ 的**外侧**. 指定了侧的曲面称为**有向曲面**.

设 Σ 为有向曲面,在 Σ 上取一块小曲面 ΔS(同时用 ΔS 表示其面积),注意 ΔS 也是有向曲面. 假定 ΔS 上任一点处的法向量与 z 轴正向的夹角或者都是锐角,或者都是钝角,则 ΔS 上各点处的法向量与 z 轴正向的夹角 γ 的余弦 $\cos\gamma$ 具有相同的符号. 将 ΔS 投影到 Oxy 面上,可得一个投影区域,记投影区域的面积为 $(\Delta\sigma)_{xy}$. 规定 ΔS 在 Oxy 面上的**投影**为

$$(\Delta S)_{xy} = \begin{cases} (\Delta\sigma)_{xy}, & \cos\gamma > 0, \\ -(\Delta\sigma)_{xy}, & \cos\gamma < 0, \\ 0, & \cos\gamma = 0, \end{cases}$$

其中 $(\Delta\sigma)_{xy}$ 总是正的,$(\Delta S)_{xy}$ 可正可负. 事实上,有

$$(\Delta S)_{xy} \approx \cos\gamma \cdot \Delta S.$$

类似地,可定义 ΔS 在 Oyz 面及 Ozx 面上的投影 $(\Delta S)_{yz}$ 及 $(\Delta S)_{zx}$.

一、第二类曲面积分的概念与性质

引例（流体流向曲面一侧的流量）　设 Σ 为有向分片光滑曲面,流体的流速为

$$v(x,y,z) = P(x,y,z)\boldsymbol{i} + Q(x,y,z)\boldsymbol{j} + R(x,y,z)\boldsymbol{k},$$

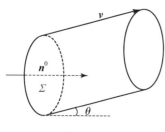

流体稳定流动(流速 $v(x,y,z)$ 与时间 t 无关),不可压缩(密度 $\rho(x,y,z)$ 为常数,不妨设 $\rho(x,y,z)=1$).计算流体通过 Σ 的流量 Φ(单位时间内通过 Σ 流向指定一侧的流体质量).

如果流体的流速是一个常向量 v,且 Σ 是一个面积为 S 的平面,其单位法向量为 $\boldsymbol{n}^0$,则所求的流量 Φ 是以平面 Σ 为底,以 $|v|$ 为斜高的斜柱体体积,即

图　11-17

$$\Phi = S|\boldsymbol{v}|\cos\theta = S(\boldsymbol{v} \cdot \boldsymbol{n}^0),$$

其中 θ 为 v 与 $\boldsymbol{n}^0$ 的夹角(见图 11-17).当 θ 为锐角时,Φ 为正的,即流体流向指定的一侧;当 θ 为钝角时,Φ 为负的,即流体流向指定一侧的相反侧.

现在 Σ 是曲面,流速 $v(x,y,z)$ 是 Σ 上点 (x,y,z) 的函数,当然就不能直接应用上述公式计算流量,但我们可用"分割—近似—求和—取极限"的方法来解决这一流量计算问题.

将 Σ 任意分成 n 块小曲面 $\Delta S_i(i=1,2,\cdots,n)$,第 i 块小曲面 ΔS_i 的面积也记作 ΔS_i,方向与 Σ 一致.在小曲面 $\Delta S_i(i=1,2,\cdots,n)$ 上任取一点 $P_i(\xi_i,\eta_i,\zeta_i)$,该点处的流速为 $v_i=v(\xi_i,\eta_i,\zeta_i)$.在点 P_i 处作 Σ 的单位法向量 $\boldsymbol{n}_i^0$.当 $\Delta S_i(i=1,2,\cdots,n)$ 的直径足够小时,可以视 ΔS_i 为平面,其上的流速为常向量 $v_i=v(\xi_i,\eta_i,\zeta_i)$,即可以用点 P_i 处的流速近似代替 ΔS_i 上各点处的流速.设 v_i 与 $\boldsymbol{n}_i^0$ 的夹角为 θ_i,则流体通过 $\Delta S_i(i=1,2,\cdots,n)$ 的流量为

$$\Phi_i \approx |v_i|\cos\theta_i\Delta S_i = (\boldsymbol{v}_i \cdot \boldsymbol{n}_i^0)\Delta S_i.$$

于是,流体通过 Σ 的流量为

$$\Phi = \sum_{i=1}^{n}\Phi_i \approx \sum_{i=1}^{n}(\boldsymbol{v}_i \cdot \boldsymbol{n}_i^0)\Delta S_i.$$

注意到 $\boldsymbol{n}_i^0=(\cos\alpha_i,\cos\beta_i,\cos\gamma_i)$,$v_i=(P(\xi_i,\eta_i,\zeta_i),Q(\xi_i,\eta_i,\zeta_i),R(\xi_i,\eta_i,\zeta_i))$,所以

$$\Phi \approx \sum_{i=1}^{n}\left[P(\xi_i,\eta_i,\zeta_i)\cos\alpha_i + Q(\xi_i,\eta_i,\zeta_i)\cos\beta_i + R(\xi_i,\eta_i,\zeta_i)\cos\gamma_i\right]\Delta S_i$$

$$= \sum_{i=1}^{n}\left[P(\xi_i,\eta_i,\zeta_i)(\Delta S_i)_{yz} + Q(\xi_i,\eta_i,\zeta_i)(\Delta S_i)_{zx} + R(\xi_i,\eta_i,\zeta_i)(\Delta S_i)_{xy}\right].$$

记 λ 为所有 ΔS_i 的直径的最大值,则当 $\lambda\to 0$ 时,上式等号右端和式的极限值就是所求流量 Φ 的精确值,即

$$\Phi = \lim_{\lambda \to 0}\sum_{i=1}^{n}\left[P(\xi_i,\eta_i,\zeta_i)(\Delta S_i)_{yz} + Q(\xi_i,\eta_i,\zeta_i)(\Delta S_i)_{zx} + R(\xi_i,\eta_i,\zeta_i)(\Delta S_i)_{xy}\right].$$

抽去引例的具体物理背景,便得到第二类曲面积分的概念.

定义　设 Σ 为有向分片光滑曲面,函数 $R(x,y,z)$ 在 Σ 上有界.将 Σ 任意分成 n 块小曲面 $\Delta S_i(i=1,2,\cdots,n)$,$\Delta S_i$ 同时也表示其面积.记小曲面 $\Delta S_i(i=1,2,\cdots,n)$ 在 Oxy 面的投影为 $(\Delta S_i)_{xy}$,在小曲面 ΔS_i 上任取一点 (ξ_i,η_i,ζ_i),作和式 $\sum_{i=1}^{n}R(\xi_i,\eta_i,\xi_i)(\Delta S_i)_{xy}$.若当所有

ΔS_i 的直径的最大值 $\lambda \to 0$ 时,极限

$$\lim_{\lambda \to 0} \sum_{i=1}^{n} R(\xi_i, \eta_i, \zeta_i)(\Delta S_i)_{xy}$$

存在,则称该极限值为 $R(x, y, z)$ 在 Σ 上对坐标 x, y 的曲面积分,记作 $\iint\limits_{\Sigma} R(x, y, z)\mathrm{d}x\mathrm{d}y$,即

$$\iint\limits_{\Sigma} R(x, y, z)\mathrm{d}x\mathrm{d}y = \lim_{\lambda \to 0} \sum_{i=1}^{n} R(\xi_i, \eta_i, \zeta_i)(\Delta S_i)_{xy},$$

其中 $R(x, y, z)$ 称为**被积函数**,Σ 称为**积分曲面**.

类似地,我们可定义函数 $P(x, y, z)$ 在有向分片光滑曲面 Σ 上**对坐标 y, z 的曲面积分**为

$$\iint\limits_{\Sigma} P(x, y, z)\mathrm{d}y\mathrm{d}z = \lim_{\lambda \to 0} \sum_{i=1}^{n} P(\xi_i, \eta_i, \zeta_i)(\Delta S_i)_{yz},$$

函数 $Q(x, y, z)$ 在有向分片光滑曲面 Σ 上**对坐标 z, x 的曲面积分**为

$$\iint\limits_{\Sigma} Q(x, y, z)\mathrm{d}z\mathrm{d}x = \lim_{\lambda \to 0} \sum_{i=1}^{n} Q(\xi_i, \eta_i, \zeta_i)(\Delta S_i)_{zx}.$$

可以证明:若函数 $P(x, y, z), Q(x, y, z), R(x, y, z)$ 在有向分片光滑曲面 Σ 上连续,则它们在 Σ 上对坐标的曲面积分必存在. 在今后的叙述中总假定 $P(x, y, z), Q(x, y, z), R(x, y, z)$ 在 Σ 上连续.

上述定义的三种对坐标的曲面积分统称为**第二类曲面积分**,简称**曲面积分**. 在实际问题中,常常需要考虑三种对坐标的曲面积分之和:$\iint\limits_{\Sigma} P(x, y, z)\mathrm{d}y\mathrm{d}z + \iint\limits_{\Sigma} Q(x, y, z)\mathrm{d}z\mathrm{d}x +$ $\iint\limits_{\Sigma} R(x, y, z)\mathrm{d}x\mathrm{d}y$. 为了书写简便起见,我们记

$$\iint\limits_{\Sigma} P(x, y, z)\mathrm{d}y\mathrm{d}z + \iint\limits_{\Sigma} Q(x, y, z)\mathrm{d}z\mathrm{d}x + \iint\limits_{\Sigma} R(x, y, z)\mathrm{d}x\mathrm{d}y$$

$$= \iint\limits_{\Sigma} P(x, y, z)\mathrm{d}y\mathrm{d}z + Q(x, y, z)\mathrm{d}z\mathrm{d}x + R(x, y, z)\mathrm{d}x\mathrm{d}y.$$

由此,引例中通过曲面 Σ 的流量可表示为

$$\Phi = \iint\limits_{\Sigma} P(x, y, z)\mathrm{d}y\mathrm{d}z + Q(x, y, z)\mathrm{d}z\mathrm{d}x + R(x, y, z)\mathrm{d}x\mathrm{d}y.$$

另外,类似于第二类曲线积分,有时也使用以下简记形式:

$$\iint\limits_{\Sigma_1} P(x, y, z)\mathrm{d}y\mathrm{d}z + Q(x, y, z)\mathrm{d}z\mathrm{d}x + R(x, y, z)\mathrm{d}x\mathrm{d}y$$

$$+ \iint\limits_{\Sigma_2} P(x, y, z)\mathrm{d}y\mathrm{d}z + Q(x, y, z)\mathrm{d}z\mathrm{d}x + R(x, y, z)\mathrm{d}x\mathrm{d}y$$

$$= \left(\iint\limits_{\Sigma_1} + \iint\limits_{\Sigma_2} \right) P(x,y,z)\mathrm{d}y\mathrm{d}z + Q(x,y,z)\mathrm{d}z\mathrm{d}x + R(x,y,z)\mathrm{d}x\mathrm{d}y.$$

第二类曲面积分具有方向性,这是因为积分曲面 Σ 选定的侧一旦改变,Σ 上的小曲面在坐标面上的投影的符号也随之改变. 若 Σ 取上侧(记为 Σ^+),则所有 ΔS_i 在 Oxy 面上的投影 $(\Delta S_i)_{xy}$ 为正的;若 Σ 取下侧(记为 Σ^-),则投影 $(\Delta S_i)_{xy}$ 为负的. 因此

$$\iint\limits_{\Sigma^-} R(x,y,z)\mathrm{d}x\mathrm{d}y =- \iint\limits_{\Sigma^+} R(x,y,z)\mathrm{d}x\mathrm{d}y,$$

类似地,若 Σ 的右侧记为 Σ^+,左侧记为 Σ^-,则

$$\iint\limits_{\Sigma^-} Q(x,y,z)\mathrm{d}z\mathrm{d}x =- \iint\limits_{\Sigma^+} Q(x,y,z)\mathrm{d}z\mathrm{d}x;$$

若 Σ 的前侧记为 Σ^+,后侧记为 Σ^-,则

$$\iint\limits_{\Sigma^-} P(x,y,z)\mathrm{d}y\mathrm{d}z =- \iint\limits_{\Sigma^+} P(x,y,z)\mathrm{d}y\mathrm{d}z.$$

第二类曲面积分还具有与第一类曲面积分类似的性质,这里不再一一赘述.

值得一提的是:曲面积分 $\iint\limits_{\Sigma} R(x,y,z)\mathrm{d}x\mathrm{d}y$ 中的 $\mathrm{d}x\mathrm{d}y$ 与二重积分 $\iint\limits_{D} f(x,y)\mathrm{d}x\mathrm{d}y$ 中的 $\mathrm{d}x\mathrm{d}y$ 是不同的,前者可正可负,它反映的是投影 $(\Delta S_i)_{xy}$;后者恒正,它反映的是面积 $\Delta\sigma_i$.

二、第二类曲面积分的计算

设曲面积分 $\iint\limits_{\Sigma} R(x,y,z)\mathrm{d}x\mathrm{d}y$ 的积分曲面 Σ 是由 $z = z(x,y)$ 所确定曲面的上侧,Σ 在 Oxy 面上的投影区域为 D_{xy},$z = z(x,y)$ 在 D_{xy} 上具有连续偏导数,被积函数 $R(x,y,z)$ 在 Σ 上连续. 由第二类曲面积分的定义知

$$\iint\limits_{\Sigma} R(x,y,z)\mathrm{d}x\mathrm{d}y = \lim_{\lambda \to 0} \sum_{i=1}^{n} R(\xi_i,\eta_i,\zeta_i)(\Delta S_i)_{xy},$$

又此处 Σ 取上侧,有 $\cos\gamma > 0$,因而 $(\Delta S_i)_{xy} = (\Delta\sigma_i)_{xy}$,所以

$$\iint\limits_{\Sigma} R(x,y,z)\mathrm{d}x\mathrm{d}y = \lim_{\lambda \to 0} \sum_{i=1}^{n} R[\xi_i,\eta_i,z(\xi_i,\eta_i)](\Delta\sigma_i)_{xy} = \iint\limits_{D_{xy}} R[x,y,z(x,y)]\mathrm{d}x\mathrm{d}y.$$

如果 Σ 取下侧,则有 $\cos\gamma < 0$,从而有 $(\Delta S_i)_{xy} = -(\Delta\sigma_i)_{xy}$. 故

$$\iint\limits_{\Sigma} R(x,y,z)\mathrm{d}x\mathrm{d}y =- \iint\limits_{D_{xy}} R[x,y,z(x,y)]\mathrm{d}x\mathrm{d}y,$$

若积分曲面 Σ 的方程为 $x = x(y,z)$,则在类似的条件下有

$$\iint\limits_{\Sigma} P(x,y,z)\mathrm{d}y\mathrm{d}z =\pm \iint\limits_{D_{yz}} P[x(y,z),y,z]\mathrm{d}y\mathrm{d}z,$$

其中 D_{yz} 为 Σ 在 Oyz 面上的投影区域,且当 Σ 取前侧时,右端取"$+$";当 Σ 取后侧时,右端取"$-$".

若积分曲面 Σ 的方程为 $y=y(z,x)$,则在类似的条件下有

$$\iint\limits_{\Sigma} Q(x,y,z)\mathrm{d}z\mathrm{d}x = \pm\iint\limits_{D_{zx}} Q[x,y(z,x),z]\mathrm{d}z\mathrm{d}x,$$

其中 D_{zx} 为 Σ 在 Ozx 面上的投影区域,且当 Σ 取右侧时,右端取"$+$";当 Σ 取左侧时,右端取"$-$".

例 1 计算曲面积分 $I = \iint\limits_{\Sigma} xz\mathrm{d}y\mathrm{d}z + yz\mathrm{d}z\mathrm{d}x + z^2\mathrm{d}x\mathrm{d}y$,其中 Σ 为半球面 $z = \sqrt{R^2 - x^2 - y^2}$ $(R > 0)$,取上侧.

解 需分别计算三个曲面积分:

$$I_1 = \iint\limits_{\Sigma} xz\,\mathrm{d}y\mathrm{d}z, \quad I_2 = \iint\limits_{\Sigma} yz\,\mathrm{d}z\mathrm{d}x, \quad I_3 = \iint\limits_{\Sigma} z^2\,\mathrm{d}x\mathrm{d}y.$$

注意到取 Σ 的上侧,所以单位法向量与 z 轴正向的夹角余弦 $\cos\gamma$ 为正的. 因此

$$I_3 = \iint\limits_{D} (R^2 - x^2 - y^2)\,\mathrm{d}x\mathrm{d}y = \int_0^{2\pi}\mathrm{d}\theta\int_0^R (R^2 - r^2)r\mathrm{d}r = \frac{1}{2}\pi R^4,$$

其中 $D = \{(x,y)\,|\,x^2 + y^2 \leqslant R^2\}$ 为 Σ 在 Oxy 面上的投影区域.

对于曲面积分 $I_1 = \iint\limits_{\Sigma} xz\mathrm{d}y\mathrm{d}z$,由于 Σ 的方程不能统一表示成

$$x = x(y,z), \quad (y,z)\in D_{yz}$$

的形式,所以需要将 Σ 分成前、后两部分:

$$S_1: x = \sqrt{R^2 - y^2 - z^2} \ (z \geqslant 0),\text{取前侧};$$
$$S_2: x = -\sqrt{R^2 - y^2 - z^2} \ (z \geqslant 0),\text{取后侧}.$$

S_1 与 S_2 在 Oyz 面上的投影区域均为 $D_{yz} = \{(y,z)\,|\,y^2 + z^2 \leqslant R^2, z \geqslant 0\}$,于是

$$I_1 = \iint\limits_{\Sigma_1} xz\,\mathrm{d}y\mathrm{d}z + \iint\limits_{\Sigma_2} xz\,\mathrm{d}y\mathrm{d}z = \iint\limits_{D_{yz}} z\sqrt{R^2 - y^2 - z^2}\,\mathrm{d}y\mathrm{d}z - \iint\limits_{D_{yz}} z(-\sqrt{R^2 - y^2 - z^2})\,\mathrm{d}y\mathrm{d}z$$

$$= 2\int_0^\pi \mathrm{d}\theta\int_0^R r\sin\theta\sqrt{R^2 - r^2}\,r\mathrm{d}r = 4\int_0^{\pi/2} R^4\sin^2 t\cos^2 t\,\mathrm{d}t = \frac{1}{4}\pi R^4.$$

同理可得

$$I_2 = \iint\limits_{\Sigma} yz\,\mathrm{d}z\mathrm{d}x = \frac{1}{4}\pi R^4.$$

所以,我们有

$$I = I_1 + I_2 + I_3 = \frac{1}{4}\pi R^4 + \frac{1}{4}\pi R^4 + \frac{1}{2}\pi R^4 = \pi R^4.$$

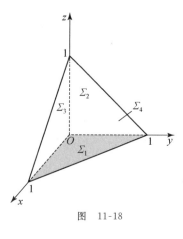

图　11-18

例 2　求曲面积分

$$I = \iint_{\Sigma} x^2 \mathrm{d}y\mathrm{d}z + y^2 \mathrm{d}z\mathrm{d}x + z^2 \mathrm{d}x\mathrm{d}y,$$

其中 Σ 是由平面 $x+y+z=1$ 与三个坐标面所围成四面体的表面,取外侧.

解　Σ 可分为 $\Sigma_1,\Sigma_2,\Sigma_3,\Sigma_4$ 四部分(见图 11-18),其中 Σ_1:$z=0,x+y\leqslant 1,0\leqslant x,y\leqslant 1$,取下侧;$\Sigma_2$:$x=0,y+z\leqslant 1$,$0\leqslant y,z\leqslant 1$,取后侧;$\Sigma_3$:$y=0,x+z\leqslant 1,0\leqslant x,z\leqslant 1$,取左侧;$\Sigma_4$:$x+y+z=1$,取上侧. 所以

$$I = \left(\iint_{\Sigma_1}+\iint_{\Sigma_2}+\iint_{\Sigma_3}+\iint_{\Sigma_4}\right) x^2 \mathrm{d}y\mathrm{d}z + y^2 \mathrm{d}z\mathrm{d}x + z^2 \mathrm{d}x\mathrm{d}y.$$

由于 Σ_1 在 Oyz 面和 Ozx 面上的投影区域均为线段,面积为零,所以

$$\iint_{\Sigma_1} x^2 \mathrm{d}y\mathrm{d}z + y^2 \mathrm{d}z\mathrm{d}x + z^2 \mathrm{d}x\mathrm{d}y = \iint_{\Sigma_1} z^2 \mathrm{d}x\mathrm{d}y = 0.$$

同理可得

$$\iint_{\Sigma_2} x^2 \mathrm{d}y\mathrm{d}z + y^2 \mathrm{d}z\mathrm{d}x + z^2 \mathrm{d}x\mathrm{d}y = 0,$$

$$\iint_{\Sigma_3} x^2 \mathrm{d}y\mathrm{d}z + y^2 \mathrm{d}z\mathrm{d}x + z^2 \mathrm{d}x\mathrm{d}y = 0.$$

于是

$$I = \iint_{\Sigma_4} x^2 \mathrm{d}y\mathrm{d}z + y^2 \mathrm{d}z\mathrm{d}x + z^2 \mathrm{d}x\mathrm{d}y = \iint_{\Sigma_4} x^2 \mathrm{d}y\mathrm{d}z + \iint_{\Sigma_4} y^2 \mathrm{d}z\mathrm{d}x + \iint_{\Sigma_4} z^2 \mathrm{d}x\mathrm{d}y$$

$$= \iint_{\substack{0\leqslant z\leqslant 1-y\\0\leqslant y\leqslant 1}} (1-y-z)^2 \mathrm{d}y\mathrm{d}z + \iint_{\substack{0\leqslant z\leqslant 1-x\\0\leqslant x\leqslant 1}} (1-z-x)^2 \mathrm{d}z\mathrm{d}x + \iint_{\substack{0\leqslant y\leqslant 1-x\\0\leqslant x\leqslant 1}} (1-y-x)^2 \mathrm{d}x\mathrm{d}y$$

$$= \int_0^1 \mathrm{d}y \int_0^{1-y} (1-y-z)^2 \mathrm{d}z + \int_0^1 \mathrm{d}z \int_0^{1-z} (1-x-z)^2 \mathrm{d}x + \int_0^1 \mathrm{d}x \int_0^{1-x} (1-y-x)^2 \mathrm{d}y$$

$$= \frac{1}{12} + \frac{1}{12} + \frac{1}{12} = \frac{1}{4}.$$

注　当积分曲面 Σ 在坐标面上的投影区域面积为零时,由第二类曲面积分的定义知,对应的第二类曲面积分必为零.例如,例 2 中 $\iint_{\Sigma_1} x^2 \mathrm{d}y\mathrm{d}z = 0$.这是因为,这时有 $(\Delta S)_{yz} = \cos\dfrac{\pi}{2}\cdot$ $\Delta S = 0$.这与第一类曲面积分的计算是截然不同的.

例 3　计算曲面积分 $I = \displaystyle\iint_{\Sigma} \dfrac{x\,\mathrm{d}y\mathrm{d}z + z^2 \mathrm{d}x\mathrm{d}y}{x^2+y^2+z^2}$,其中 Σ 是由圆柱面 $x^2+y^2=R^2$ 与平面

$z=R,z=-R\ (R>0)$ 所围成圆柱体的表面,取外侧.

解　Σ 可分为以下四部分:

Σ_1: $z=R$, $(x,y)\in D_1=\{(x,y)\,|\,x^2+y^2\leqslant R^2\}$, 取上侧;

Σ_2: $z=-R$, $(x,y)\in D_1$, 取下侧;

Σ_3: $x=\sqrt{R^2-y^2}$, $(y,z)\in D_2=\{(y,z)\,|\,-R\leqslant y\leqslant R,\,-R\leqslant z\leqslant R\}$, 取前侧;

Σ_4: $x=-\sqrt{R^2-y^2}$, $(y,z)\in D_2$, 取后侧.

所以

$$I=\iint\limits_{\Sigma}\frac{x\,\mathrm{d}y\mathrm{d}z+z^2\,\mathrm{d}x\mathrm{d}y}{x^2+y^2+z^2}=\left(\iint\limits_{\Sigma_1}+\iint\limits_{\Sigma_2}+\iint\limits_{\Sigma_3}+\iint\limits_{\Sigma_4}\right)\frac{x\,\mathrm{d}y\mathrm{d}z+z^2\,\mathrm{d}x\mathrm{d}y}{x^2+y^2+z^2}$$

$$=\iint\limits_{D_1}\frac{R^2\,\mathrm{d}x\mathrm{d}y}{x^2+y^2+R^2}-\iint\limits_{D_1}\frac{R^2\,\mathrm{d}x\mathrm{d}y}{x^2+y^2+R^2}+\iint\limits_{D_2}\frac{\sqrt{R^2-y^2}\,\mathrm{d}y\mathrm{d}z}{R^2+z^2}-\iint\limits_{D_2}\frac{-\sqrt{R^2-y^2}\,\mathrm{d}y\mathrm{d}z}{R^2+z^2}$$

$$=0+2\iint\limits_{D_2}\frac{\sqrt{R^2-y^2}\,\mathrm{d}y\mathrm{d}z}{R^2+z^2}=2\int_{-R}^{R}\sqrt{R^2-y^2}\,\mathrm{d}y\int_{-R}^{R}\frac{1}{R^2+z^2}\,\mathrm{d}z=\frac{1}{2}\pi^2 R,$$

其中
$$\iint\limits_{\Sigma_3}\frac{z^2\,\mathrm{d}x\mathrm{d}y}{x^2+y^2+z^2}=\iint\limits_{\Sigma_4}\frac{z^2\,\mathrm{d}x\mathrm{d}y}{x^2+y^2+z^2}=0.$$

三、两类曲面积分之间的关系

设 Σ 为有向分片光滑曲面,其方程为 $z=z(x,y)$,它在 Oxy 面上的投影区域为 D_{xy},函数 $z=z(x,y)$ 在 D_{xy} 上具有连续偏导数,函数 $R(x,y,z)$ 在 Σ 上连续.

若 Σ 取上侧,则

$$\iint\limits_{\Sigma}R(x,y,z)\,\mathrm{d}x\mathrm{d}y=\iint\limits_{D_{xy}}R[x,y,z(x,y)]\,\mathrm{d}x\mathrm{d}y.$$

Σ 上任一点 (x,y,z) 处法向量的方向余弦为

$$\cos\alpha=-\frac{z_x}{\sqrt{1+z_x^2+z_y^2}},\quad \cos\beta=-\frac{z_y}{\sqrt{1+z_x^2+z_y^2}},\quad \cos\gamma=\frac{1}{\sqrt{1+z_x^2+z_y^2}},$$

于是由第一类曲面积分的计算公式得

$$\iint\limits_{\Sigma}R(x,y,z)\cos\gamma\,\mathrm{d}S=\iint\limits_{D_{xy}}R[x,y,z(x,y)]\cos\gamma\cdot\sqrt{1+z_x^2+z_y^2}\,\mathrm{d}x\mathrm{d}y$$

$$=\iint\limits_{D_{xy}}R[x,y,z(x,y)]\,\mathrm{d}x\mathrm{d}y=\iint\limits_{\Sigma}R(x,y,z)\,\mathrm{d}x\mathrm{d}y,$$

即当 Σ 取上侧时,下式成立:

$$\iint\limits_{\Sigma}R(x,y,z)\,\mathrm{d}x\mathrm{d}y=\iint\limits_{\Sigma}R(x,y,z)\cos\gamma\,\mathrm{d}S.$$

若 Σ 取下侧,上式右端的 $\cos\gamma$ 也要改变符号,故此时上式仍然成立.因此,不管 Σ 取哪一侧,上式均成立.

同理,对于 Σ 上的连续函数 $P(x,y,z),Q(x,y,z)$,下列等式也成立:

$$\iint_{\Sigma}P(x,y,z)\mathrm{d}y\mathrm{d}z = \iint_{\Sigma}P(x,y,z)\cos\alpha\mathrm{d}S,$$

$$\iint_{\Sigma}Q(x,y,z)\mathrm{d}z\mathrm{d}x = \iint_{\Sigma}Q(x,y,z)\cos\beta\mathrm{d}S.$$

综上可得

$$\iint_{\Sigma}P(x,y,z)\mathrm{d}y\mathrm{d}z + Q(x,y,z)\mathrm{d}z\mathrm{d}x + R(x,y,z)\mathrm{d}x\mathrm{d}y$$

$$= \iint_{\Sigma}[P(x,y,z)\cos\alpha + Q(x,y,z)\cos\beta + R(x,y,z)\cos\gamma]\mathrm{d}S.$$

这就是两类曲面积分之间的关系,其中 $\cos\alpha,\cos\beta,\cos\gamma$ 为 Σ 上点 (x,y,z) 处指向 Σ 所取侧的法向量的方向余弦,显然这里的 α,β,γ 均是 (x,y,z) 的函数.

由上面的讨论,我们还可以得到如下重要关系式:

$$\mathrm{d}S = \frac{\mathrm{d}y\mathrm{d}z}{\cos\alpha} = \frac{\mathrm{d}z\mathrm{d}x}{\cos\beta} = \frac{\mathrm{d}x\mathrm{d}y}{\cos\gamma}.$$

利用此关系式,我们可以化组合型的曲面积分为单一型的曲面积分,即把需往各坐标面投影进行计算的曲面积分转化成只需往某个坐标面投影便可计算的曲面积分,也可以把第二类曲面积分转化为第一类曲面积分.

例 4 计算曲面积分 $\displaystyle\iint_{\Sigma}(2x+z)\mathrm{d}y\mathrm{d}z + z\mathrm{d}x\mathrm{d}y$,其中 Σ 为曲面 $z = x^2 + y^2 (0 \leqslant z \leqslant 1)$,其法向量与 z 轴正向的夹角为锐角.

解 利用 $\mathrm{d}S = \dfrac{\mathrm{d}y\mathrm{d}z}{\cos\alpha} = \dfrac{\mathrm{d}z\mathrm{d}x}{\cos\beta} = \dfrac{\mathrm{d}x\mathrm{d}y}{\cos\gamma}$ 化组合型的曲面积分为单一型的曲面积分:

$$\iint_{\Sigma}(2x+z)\mathrm{d}y\mathrm{d}z + z\mathrm{d}x\mathrm{d}y = \iint_{\Sigma}\left[(2x+z)\frac{\cos\alpha}{\cos\gamma} + z\right]\mathrm{d}x\mathrm{d}y,$$

因 Σ 的法向量与 z 轴正向的夹角为锐角,取 $\boldsymbol{n} = (-2x, -2y, 1)$,有 $\dfrac{\cos\alpha}{\cos\gamma} = -2x$,故

$$原式 = \iint_{\Sigma}[(2x+z)(-2x) + z]\mathrm{d}x\mathrm{d}y$$

$$= \iint_{x^2+y^2\leqslant 1}[-4x^2 - 2x(x^2 + y^2) + (x^2 + y^2)]\mathrm{d}x\mathrm{d}y.$$

因为 $\displaystyle\iint_{x^2+y^2\leqslant 1}[-2x(x^2 + y^2)]\mathrm{d}x\mathrm{d}y = 0$,所以

$$\text{原式} = \iint\limits_{x^2+y^2\leqslant 1}[-4x^2+(x^2+y^2)]\mathrm{d}x\mathrm{d}y$$

$$= \int_0^{2\pi}\mathrm{d}\theta\int_0^1(-4r^2\cos^2\theta+r^2)r\mathrm{d}r = -\frac{\pi}{2}.$$

例 5　将例 2 中的曲面积分转化为第一类曲面积分来计算.

解　显然,只需计算

$$I = \iint\limits_{\Sigma_4}x^2\mathrm{d}y\mathrm{d}z+y^2\mathrm{d}z\mathrm{d}x+z^2\mathrm{d}x\mathrm{d}y,$$

其中

$$\Sigma_4: z=1-x-y,\ (x,y)\in D=\{(x,y)\,|\,0\leqslant y\leqslant 1-x,0\leqslant x\leqslant 1\}.$$

因 $\cos\alpha=\cos\beta=\cos\gamma=\dfrac{1}{\sqrt{3}}$,且 $\mathrm{d}S=\sqrt{3}\mathrm{d}x\mathrm{d}y$,故

$$I = \frac{1}{\sqrt{3}}\iint\limits_{\Sigma_4}(x^2+y^2+z^2)\mathrm{d}S = \iint\limits_{D}(x^2+y^2+z^2)\mathrm{d}x\mathrm{d}y$$

$$= \int_0^1\mathrm{d}x\int_0^{1-x}[x^2+y^2+(1-x-y)^2]\mathrm{d}y = \frac{1}{4}.$$

习　题　11.5

1. 计算下列曲面积分:

(1) $\iint\limits_{\Sigma}y(x-z)\mathrm{d}y\mathrm{d}z+x^2\mathrm{d}z\mathrm{d}x+(y^2+xz)\mathrm{d}x\mathrm{d}y$,其中 Σ 为由 $x=0,y=0,z=0,x=a,y=a,z=a(a>0)$ 六个平面所围成正方体的表面,取外侧;

(2) $\iint\limits_{\Sigma}(x+y)\mathrm{d}y\mathrm{d}z+(y+z)\mathrm{d}z\mathrm{d}x+(z+x)\mathrm{d}x\mathrm{d}y$,其中 Σ 是以原点为中心,边长为 2 的正方体表面,取外侧;

(3) $\iint\limits_{\Sigma}xyz\mathrm{d}x\mathrm{d}y$,其中 Σ 是球面 $x^2+y^2+z^2=1$ 对应于 $x\geqslant 0,y\geqslant 0$ 的部分,取外侧;

(4) $\iint\limits_{\Sigma}yz\mathrm{d}z\mathrm{d}x$,其中 Σ 为椭球面 $\dfrac{x^2}{a^2}+\dfrac{y^2}{b^2}+\dfrac{z^2}{c^2}=1(a,b,c>0)$ 的上半部分,取上侧;

(5) $\iint\limits_{\Sigma}x(y-z)\mathrm{d}y\mathrm{d}z+(x-y)\mathrm{d}x\mathrm{d}y$,其中 Σ 为圆柱面 $x^2+y^2=1(0\leqslant z\leqslant 2)$,取外侧;

(6) $\iint\limits_{\Sigma}xy\mathrm{d}y\mathrm{d}z+yz\mathrm{d}z\mathrm{d}x+xz\mathrm{d}x\mathrm{d}y$,其中 Σ 是由平面 $x=0,y=0,z=0$ 和 $x+y+z=1$ 所围成四面体的表面,取外侧;

(7) $\iint\limits_{\Sigma}(y-z)\mathrm{d}y\mathrm{d}z+(z-x)\mathrm{d}z\mathrm{d}x+(x-y)\mathrm{d}x\mathrm{d}y$,其中 Σ 为圆锥面 $x^2+y^2=z^2(0\leqslant z<h)$,

取外侧;

(8) $\iint\limits_{\Sigma}(x+z^2)\mathrm{d}y\mathrm{d}z-z\mathrm{d}x\mathrm{d}y$,其中 Σ 是旋转抛物面 $z=\dfrac{1}{2}(x^2+y^2)$ 被平面 $z=2$ 所截出的下部分,取下侧.

2. 设某一流体的流速为 $v(x,y,z)=(k,y,0)$,其中 k 为常数,求从球面 $x^2+y^2+z^2=4$ 的内部通过球面流向外侧的流量.

§11.6 高斯公式与散度

一、高斯公式

格林公式建立了平面有界闭区域上的二重积分与其边界上的曲线积分之间的关系.我们自然会问:空间有界闭区域上的三重积分与其边界上的曲面积分之间是否有类似的关系?本节介绍的高斯[①]公式对这个问题给出了肯定的回答.高斯公式就是格林公式在空间上的推广.

定理(高斯公式) 设空间有界闭曲域 Ω 由有向分片光滑闭曲面 Σ 所围成,函数 $P=P(x,y,z),Q=Q(x,y,z),R=R(x,y,z)$ 在 Ω 上具有连续偏导数,则

$$\oiint\limits_{\Sigma}P\mathrm{d}y\mathrm{d}z+Q\mathrm{d}z\mathrm{d}x+R\mathrm{d}x\mathrm{d}y=\iiint\limits_{\Omega}\left(\frac{\partial P}{\partial x}+\frac{\partial Q}{\partial y}+\frac{\partial R}{\partial z}\right)\mathrm{d}v,$$

其中积分曲面 Σ 取外侧.

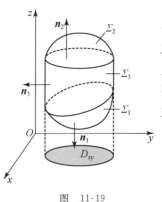

图 11-19

证 先假定穿过 Ω 内部且平行于 z 轴的直线与 Σ 至多有两个交点.如图 11-19 所示,这时 Σ 可分成三部分 $\Sigma_1,\Sigma_2,\Sigma_3$,其中 Σ_1:$z=z_1(x,y)$ 为下曲面,取下侧;Σ_2:$z=z_2(x,y)$ 为上曲面,取上侧;Σ_3 为侧面,它是以 Ω 在 Oxy 面上的投影区域 D_{xy} 的边界为准线而母线平行于 z 轴的柱面,取外侧.由曲面积分的计算公式有

$$\iint\limits_{\Sigma_2^+}R\mathrm{d}x\mathrm{d}y=\iint\limits_{D_{xy}}R[x,y,z_2(x,y)]\mathrm{d}x\mathrm{d}y,$$

$$\iint\limits_{\Sigma_1^-}R\mathrm{d}x\mathrm{d}y=-\iint\limits_{D_{xy}}R[x,y,z_1(x,y)]\mathrm{d}x\mathrm{d}y.$$

因为 Σ_3 在 Oxy 面上的投影区域面积为零,所以 $\iint\limits_{\Sigma_3^+}R\mathrm{d}x\mathrm{d}y=0$. 故

---

① 高斯(Gauss,1777—1855),德国数学家、物理学家、天文学家.

$$\oiint_{\Sigma} R\,dxdy = \iint_{\Sigma_3^+} R\,dxdy + \iint_{\Sigma_2^+} R\,dxdy + \iint_{\Sigma_1^-} R\,dxdy$$

$$= \iint_{D_{xy}} R[x,y,z_2(x,y)]\,dxdy - \iint_{D_{xy}} R[x,y,z_1(x,y)]\,dxdy$$

$$= \iint_{D_{xy}} \{R[x,y,z_2(x,y)] - R[x,y,z_1(x,y)]\}\,dxdy.$$

又根据三重积分的计算方法,有

$$\iiint_{\Omega} \frac{\partial R}{\partial z}\,dv = \iint_{D_{xy}} \left[\int_{z_1(x,y)}^{z_2(x,y)} \frac{\partial R}{\partial z}\,dz \right]dxdy = \iint_{D_{xy}} \{R[x,y,z_2(x,y)] - R[x,y,z_1(x,y)]\}\,dxdy,$$

从而
$$\oiint_{\Sigma} R\,dxdy = \iiint_{\Omega} \frac{\partial R}{\partial z}\,dv.$$

如果穿过 Ω 内部且平行于 x 轴的直线以及平行于 y 轴的直线与 Σ 的交点也至多有两个,那么类似地可证

$$\oiint_{\Sigma} P\,dydz = \iiint_{\Omega} \frac{\partial P}{\partial x}\,dv, \quad \oiint_{\Sigma} Q\,dzdx = \iiint_{\Omega} \frac{\partial Q}{\partial y}\,dv.$$

所以,当穿过 Ω 内部且平行于坐标轴的直线与 Σ 至多有两个交点时,把以上三式相加,即得高斯公式:

$$\oiint_{\Sigma} P\,dydz + Q\,dzdx + R\,dxdy = \iiint_{\Omega} \left(\frac{\partial P}{\partial x} + \frac{\partial Q}{\partial y} + \frac{\partial R}{\partial z} \right)dv.$$

上面要求 Ω 满足条件:穿过 Ω 内部且平行于坐标轴的直线与 Σ 的交点不多于两个. 如果 Ω 不满足这个条件,那么我们可用添加辅助面的方法把 Ω 分成若干个满足这个条件的闭子区域. 对每个闭子区域用高斯公式,然后将各式相加. 由于沿辅助面相反两侧上的两个曲面积分绝对值相等而符号相反,相加时正好抵消,因此对一般的 Ω 高斯公式也成立.

由两类曲面积分之间的关系,高斯公式也可以表示成如下形式:

$$\iiint_{\Omega} \left(\frac{\partial P}{\partial x} + \frac{\partial Q}{\partial y} + \frac{\partial R}{\partial z} \right)dv = \oiint_{\Sigma} (P\cos\alpha + Q\cos\beta + R\cos\gamma)\,dS,$$

其中 $\cos\alpha,\cos\beta,\cos\gamma$ 为 Σ 上点 (x,y,z) 处指定侧法向量的方向余弦.

例 1 计算曲面积分 $\oiint_{\Sigma} x\,dydz + y\,dzdx + z\,dxdy$,其中 Σ 为由平面 $x=0,y=0,z=0,x=a,y=a,z=a\ (a>0)$ 所围成正方体的表面,取外侧(见图 11-20).

解 这里 $P=x,Q=y,R=z$,且

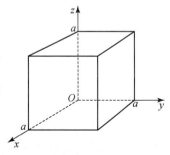

图 11-20

$$\frac{\partial P}{\partial x} = 1, \quad \frac{\partial Q}{\partial y} = 1, \quad \frac{\partial R}{\partial z} = 1.$$

设 Σ 所围成的正方体为 Ω,则由高斯公式得

$$原式 = \iiint\limits_{\Omega}(1+1+1)\mathrm{d}v = 3\iiint\limits_{\Omega}\mathrm{d}v = 3a^3.$$

例 2 计算曲面积分 $I = \iint\limits_{\Sigma}(x^2\cos\alpha + y^2\cos\beta + z^2\cos\gamma)\mathrm{d}S$,其中 Σ 是椭圆锥面 $\dfrac{x^2}{a^2} + \dfrac{y^2}{a^2} = \dfrac{z^2}{b^2}$ $(a,b>0)$ 介于平面 $z=0$ 与 $z=b$ 之间的部分,取外侧,$\cos\alpha,\cos\beta,\cos\gamma$ 为 Σ 上点 (x,y,z) 处外法向量的方向余弦.

解 由于 Σ 不是闭曲面,故不能直接利用高斯公式.所以,补充一个曲面 Σ_1:$z=b,x^2+y^2\leqslant a^2$,取上侧.这样,Σ 与 Σ_1 一起就构成一个闭曲面,设其所围成的闭区域为 Ω,Ω 在 Oxy 面上的投影区域为 D_{xy}.由图 11-21 可以观察到 Ω 关于 Ozx 面和 Oyz 面均对称.由两类曲面积分之间的关系及高斯公式得

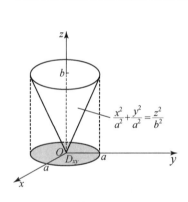

图 11-21

$$\begin{aligned}
I &= \iint\limits_{\Sigma}(x^2\cos\alpha + y^2\cos\beta + z^2\cos\gamma)\mathrm{d}S \\
&= \iint\limits_{\Sigma}x^2\mathrm{d}y\mathrm{d}z + y^2\mathrm{d}z\mathrm{d}x + z^2\mathrm{d}x\mathrm{d}y \\
&= \left(\oiint\limits_{\Sigma+\Sigma_1} - \iint\limits_{\Sigma_1}\right)x^2\mathrm{d}y\mathrm{d}z + y^2\mathrm{d}z\mathrm{d}x + z^2\mathrm{d}x\mathrm{d}y \\
&= \iiint\limits_{\Omega}(2x+2y+2z)\mathrm{d}v - \iint\limits_{\Sigma_1}b^2\mathrm{d}x\mathrm{d}y \\
&= 2\iiint\limits_{\Omega}(x+y+z)\mathrm{d}v - \iint\limits_{D_{xy}}b^2\mathrm{d}x\mathrm{d}y \\
&= 2\iiint\limits_{\Omega}x\mathrm{d}v + 2\iiint\limits_{\Omega}y\mathrm{d}v + 2\iiint\limits_{\Omega}z\mathrm{d}v - \iint\limits_{D_{xy}}b^2\mathrm{d}x\mathrm{d}y.
\end{aligned}$$

由于 Ω 关于 Ozx 面和 Oyz 面均对称,故

$$\iiint\limits_{\Omega}x\mathrm{d}v = \iiint\limits_{\Omega}y\mathrm{d}v = 0,$$

从而

$$I = 2\iiint\limits_{\Omega}z\mathrm{d}v - b^2\iint\limits_{D_{xy}}\mathrm{d}x\mathrm{d}y = 2\int_0^b z\pi\left(\frac{a}{b}z\right)^2\mathrm{d}z - b^2a^2\pi$$

$$= \frac{1}{2}a^2b^2\pi - a^2b^2\pi = -\frac{1}{2}a^2b^2\pi.$$

例 3 利用高斯公式进行如下曲面积分的计算是否正确?

$$\oiint_{\Sigma} x^3 \mathrm{d}y\mathrm{d}z + y^3 \mathrm{d}z\mathrm{d}x + z^3 \mathrm{d}x\mathrm{d}y = 3 \iiint_{\Omega} (x^2 + y^2 + z^2)\mathrm{d}v = 3R^2 \iiint_{\Omega} \mathrm{d}v = 4\pi R^5,$$

其中 Σ 为球面 $x^2 + y^2 + z^2 = R^2$ 的外侧.

解 这个解法不正确,错在三重积分的计算上. 这是因为,给出的是 Σ 上的曲面积分,Σ 上点 (x,y,z) 的坐标应满足方程 $x^2 + y^2 + z^2 = R^2$,但在用了高斯公式以后,曲面积分已转换成了三重积分,积分区域为 Ω:$x^2 + y^2 + z^2 \leqslant R^2$,即点 (x,y,z) 在 Ω 上变动,而对于 Ω 内部的点 (x,y,z),其坐标已不满足方程 $x^2 + y^2 + z^2 = R^2$ 了. 这里三重积分的正确计算过程应是:

$$3 \iiint_{\Omega} (x^2 + y^2 + z^2)\mathrm{d}v = 3 \int_0^{2\pi} \mathrm{d}\theta \int_0^{\pi} \mathrm{d}\varphi \int_0^R r^4 \sin\varphi \mathrm{d}r = \frac{12}{5}\pi R^5.$$

二、通量与散度

由物理学知识知道,如果在空间区域 Ω 上的每一点都对应着某个物理量的一个确定值,则称在 Ω 上确定了该物理量的一个场. 如果这个物理量是数量,则称这个场为**数量场**. 给定一个数量场,就相当于给定一个三元函数 $u = u(x,y,z)$. 如果这个物理量是向量,则称这个场为**向量场**. 给定一个向量场,就相当于给定一个向量值函数

$$\boldsymbol{A}(x,y,z) = P(x,y,z)\boldsymbol{i} + Q(x,y,z)\boldsymbol{j} + R(x,y,z)\boldsymbol{k}.$$

例如,温度场是数量场,重力场、速度场等是向量场. 如果场中的物理量不随时间变化,只是位置的函数,则称该场为**稳定场**.

在引例的流量计算中,给定了流速

$$\boldsymbol{v}(x,y,z) = P(x,y,z)\boldsymbol{i} + Q(x,y,z)\boldsymbol{j} + R(x,y,z)\boldsymbol{k},$$

就相当于给定了一个稳定的流速场,这时流体通过有向曲面 Σ 的流量为

$$\Phi = \iint_{\Sigma} P(x,y,z)\mathrm{d}y\mathrm{d}z + Q(x,y,z)\mathrm{d}z\mathrm{d}x + R(x,y,z)\mathrm{d}x\mathrm{d}y$$

$$= \iint_{\Sigma} [P(x,y,z)\cos\alpha + Q(x,y,z)\cos\beta + R(x,y,z)\cos\gamma]\mathrm{d}S$$

$$= \iint_{\Sigma} \boldsymbol{v}(x,y,z) \cdot \boldsymbol{n}^0 \mathrm{d}S = \iint_{\Sigma} v_n \mathrm{d}S,$$

其中 $v_n = \boldsymbol{v}(x,y,z) \cdot \boldsymbol{n}^0 = P(x,y,z)\cos\alpha + Q(x,y,z)\cos\beta + R(x,y,z)\cos\gamma$ 表示流速 $\boldsymbol{v}(x,y,z)$ 在 Σ 的法向量上的投影.

当 $\boldsymbol{v}(x,y,z)$ 与 $\boldsymbol{n}^0$ 成锐角时,流体经 Σ 流出,此时曲面积分为正的;当 $\boldsymbol{v}(x,y,z)$ 与 $\boldsymbol{n}^0$ 成钝角时,流体经 Σ 流入,此时曲面积分为负的. 如果 Σ 为闭曲面,当 $\Phi > 0$ 时,表明流出量大于流入量,这时称 Σ 内有"源";当 $\Phi < 0$ 时,表明流入量大于流出量,这时称 Σ 内有"汇".

由高斯公式有

$$\iiint_{\Omega} \left(\frac{\partial P}{\partial x} + \frac{\partial Q}{\partial y} + \frac{\partial R}{\partial z} \right) \mathrm{d}x\mathrm{d}y\mathrm{d}z = \oiint_{\Sigma} v_n \mathrm{d}S.$$

对上式左端的三重积分应用积分中值定理知,存在$(\xi,\eta,\zeta)\in\Omega$,使得

$$\left(\frac{\partial P}{\partial x}+\frac{\partial Q}{\partial y}+\frac{\partial R}{\partial z}\right)\Big|_{(\xi,\eta,\zeta)}=\frac{1}{V}\iiint\limits_{\Omega}\left(\frac{\partial P}{\partial x}+\frac{\partial Q}{\partial y}+\frac{\partial R}{\partial z}\right)\mathrm{d}v=\frac{1}{V}\oiint v_n\mathrm{d}S,$$

其中 V 表示 Ω 的体积.上式右端表示单位时间内单位体积所产生流体质量的平均值.令 Ω 缩成一点 $M(x,y,z)$,这时$(\xi,\eta,\zeta)\rightarrow(x,y,z)$,得

$$\frac{\partial P}{\partial x}+\frac{\partial Q}{\partial y}+\frac{\partial R}{\partial z}=\lim_{\Omega\rightarrow M}\frac{1}{V}\oiint\limits_{\Sigma}v_n\mathrm{d}S.$$

上式右端的极限值称为流速场 $v(x,y,z)$ 在点 $M(x,y,z)$ 处的**散度**,记作 $\mathrm{div}v$,即

$$\mathrm{div}v=\frac{\partial P}{\partial x}+\frac{\partial Q}{\partial y}+\frac{\partial R}{\partial z}.$$

流速场的散度表示流体在点 M 处的源头强度.

利用散度,高斯公式可写成

$$\iiint\limits_{\Omega}\mathrm{div}v\mathrm{d}x\mathrm{d}y\mathrm{d}z=\oiint\limits_{\Sigma}v_n\mathrm{d}S.$$

通常我们称 $\oiint\limits_{\Sigma}v_n\mathrm{d}S$ 为向量场 $v(x,y,z)$ 通过有向曲面 Σ 的**通量**.

例 4　求向量场 $A(x,y,z)=(x^2+yz)i+(y^2+xz)j+(z^2+xy)k$ 在点$(1,1,2)$处的散度.

解　由于

$$\mathrm{div}A=\frac{\partial(x^2+yz)}{\partial x}+\frac{\partial(y^2+xz)}{\partial y}+\frac{\partial(z^2+xy)}{\partial z}=2x+2y+2z,$$

因此向量场 $A(x,y,z)$在点$(1,1,2)$处的散度为

$$\mathrm{div}A\big|_{(1,1,2)}=2+2+4=8.$$

例 5　设带电量为 q 的电荷位于原点,形成的电场强度 $E=\dfrac{q}{r^3}r$ 为向量场(称为电场),其中 $r=xi+yj+zk$,$r=\sqrt{x^2+y^2+z^2}$,求这个向量场的散度.

解　已知 $E=\dfrac{q}{r^3}(xi+yj+zk)$,即这里 $P=\dfrac{qx}{r^3},Q=\dfrac{qy}{r^3},R=\dfrac{qz}{r^3}$,又知

$$\frac{\partial r}{\partial x}=\frac{x}{r},\quad\frac{\partial r}{\partial y}=\frac{y}{r},\quad\frac{\partial r}{\partial z}=\frac{z}{r},$$

于是

$$\frac{\partial P}{\partial x}=q\frac{r^2-3x^2}{r^5},\quad\frac{\partial Q}{\partial y}=q\frac{r^2-3y^2}{r^5},\quad\frac{\partial R}{\partial z}=q\frac{r^2-3z^2}{r^5}.$$

所以

$$\mathrm{div}E=\frac{\partial P}{\partial x}+\frac{\partial Q}{\partial y}+\frac{\partial R}{\partial z}=q\frac{3r^2-3(x^2+y^2+z^2)}{r^5}=0,$$

即除了电荷所在处,散度皆为零.

散度为零的向量场称为**无源场**.例 5 表明,电场为无源场.

习 题 11.6

1. 计算曲面积分 $I = \iint\limits_{\Sigma} x\,\mathrm{d}y\mathrm{d}z + y\mathrm{d}z\mathrm{d}x + z\mathrm{d}x\mathrm{d}y$,其中 Σ 为旋转抛物面 $z = x^2 + y^2$ 介于平面 $z = 0$ 与 $z = 1$ 之间的部分,取上侧.

2. 计算曲面积分 $I = \iint\limits_{\Sigma} x^2\,\mathrm{d}y\mathrm{d}z + y^2\mathrm{d}z\mathrm{d}x + z^2\mathrm{d}x\mathrm{d}y$,其中 Σ 为下列曲面的外侧:

(1) $\dfrac{x^2}{a^2} + \dfrac{y^2}{b^2} + \dfrac{z^2}{c^2} = 1$;   (2) $(x-1)^2 + (y-2)^2 + (z-3)^2 = 4$.

3. 计算曲面积分 $I = \oiint\limits_{\partial\Omega} x^2\,\mathrm{d}y\mathrm{d}z + y^2\mathrm{d}z\mathrm{d}x + z^2\mathrm{d}x\mathrm{d}y$,其中 $\partial\Omega$ 取外侧,而

$$\Omega = \{(x,y,z)\,|\,0 \leqslant z \leqslant \sqrt{4 - x^2 - y^2}, x^2 + y^2 \leqslant 1\}.$$

4. 计算曲面积分 $I = \iint\limits_{\Sigma} x(8y+1)\,\mathrm{d}y\mathrm{d}z + 2(1 - y^2)\mathrm{d}z\mathrm{d}x - 4yz\mathrm{d}x\mathrm{d}y$,其中 Σ 是由曲线

$\begin{cases} z = \sqrt{y-1} \ (1 \leqslant y \leqslant 3), \\ x = 0 \end{cases}$ 绕 y 轴旋转一周而成的旋转曲面,其法向量与 y 轴正向的夹角恒

大于 $\dfrac{\pi}{2}$.

5. 设空间闭区域 Ω 由曲面 $z = a^2 - x^2 - y^2$ 与平面 $z = 0$ 围成,其中 a 为正常数.记 Ω 表面的外侧为 Σ,Ω 的体积为 V,证明:

$$\oiint\limits_{\Sigma} x^2 yz^2\,\mathrm{d}y\mathrm{d}z - xy^2 z^2 \mathrm{d}z\mathrm{d}x + z(1 + xyz)\mathrm{d}x\mathrm{d}y = V.$$

6. 设 Σ 是球面 $x^2 + y^2 + z^2 = 2x$ 的外侧,求向量场 $\boldsymbol{F}(x,y,z) = (xz^2, yx^2, zy^2)$ 通过 Σ 的通量 Φ.

7. 设向量场 $\boldsymbol{F}(x,y,z) = \dfrac{1}{(x^2 + y^2 + z^2)^{\frac{3}{2}}}(x,y,z)$,求 $\mathrm{div}\boldsymbol{F}$.

8. 设函数 $f(x,y,z) = \ln(x^2 + y^2 + z^2)$,求 $\mathrm{div}[\mathbf{grad}f(x,y,z)]$.

*§ 11.7 斯托克斯公式与旋度

一、斯托克斯公式

高斯公式告诉了我们,空间有界闭区域上的三重积分与其边界上的第二类曲面积分之

间的关系. 当曲面 Σ 不是闭曲面时, Σ 的边界上的第二类曲线积分与曲面 Σ 上的第二类曲面积分之间是否也有类似于格林公式那样的关系呢? 下面介绍的斯托克斯[①]公式深刻地揭示了这种关系.

定理（斯托克斯公式）　设 Γ 为空间有向分段光滑闭曲线, Σ 是以 Γ 为边界的有向分片光滑曲面, Γ 的正向与 Σ 的侧符合右手规则, 函数 $P=P(x,y,z),Q=Q(x,y,z),R=R(x,y,z)$ 在曲面 Σ（连同边界 Γ）上连续, 且具有连续偏导数, 则

$$\iint\limits_{\Sigma}\left(\frac{\partial R}{\partial y}-\frac{\partial Q}{\partial z}\right)\mathrm{d}y\mathrm{d}z+\left(\frac{\partial P}{\partial z}-\frac{\partial R}{\partial x}\right)\mathrm{d}z\mathrm{d}x+\left(\frac{\partial Q}{\partial x}-\frac{\partial P}{\partial y}\right)\mathrm{d}x\mathrm{d}y=\oint_{L}P\mathrm{d}x+Q\mathrm{d}y+R\mathrm{d}z. \tag{1}$$

这里右手规则是指: 当右手的四指依 Γ 的正向转动时, 拇指的指向与 Σ 的指定侧一致. 由两类积分之间的关系, 为了便于记忆, 常常把斯托克斯公式写成如下行列式的形式:

$$\oint_{\Gamma}P\mathrm{d}x+Q\mathrm{d}y+R\mathrm{d}z=\iint\limits_{\Sigma}\begin{vmatrix}\mathrm{d}y\mathrm{d}z & \mathrm{d}z\mathrm{d}x & \mathrm{d}x\mathrm{d}y\\ \dfrac{\partial}{\partial x} & \dfrac{\partial}{\partial y} & \dfrac{\partial}{\partial z}\\ P & Q & R\end{vmatrix}=\iint\limits_{\Sigma}\begin{vmatrix}\cos\alpha & \cos\beta & \cos\gamma\\ \dfrac{\partial}{\partial x} & \dfrac{\partial}{\partial y} & \dfrac{\partial}{\partial z}\\ P & Q & R\end{vmatrix}\mathrm{d}S.$$

显然, 当曲面 Σ 是平面有界闭区域时, 斯托克斯公式便成为格林公式. 利用斯托克斯公式, 可把曲线积分转化为曲面积分来计算.

例 1　计算曲线积分 $I=\oint_{L}y^2\mathrm{d}x+z^2\mathrm{d}y+x^2\mathrm{d}z$, 其中 L 是平面 $\Sigma: x+y+z=a\ (a>0)$ 与三个坐标面的交线所组成的闭曲线, 从 z 轴正向看去其方向是逆时针方向.

解　**方法 1**　令 $F(x,y,z)=x+y+z-a=0$, 则平面 Σ 上任一点处法向量的方向余弦为

$$\cos\alpha=\cos\beta=\cos\gamma=\frac{1}{\sqrt{3}}.$$

如图 11-22 所示, 取 Σ 的上侧, 并设 Σ 在 Oxy 面上的投影区域为 D_{xy}, 则由斯托克斯公式得

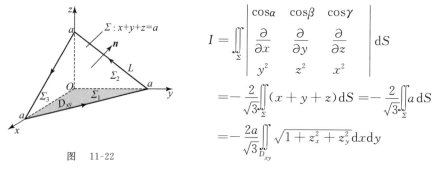

图　11-22

$$I=\iint\limits_{\Sigma}\begin{vmatrix}\cos\alpha & \cos\beta & \cos\gamma\\ \dfrac{\partial}{\partial x} & \dfrac{\partial}{\partial y} & \dfrac{\partial}{\partial z}\\ y^2 & z^2 & x^2\end{vmatrix}\mathrm{d}S$$

$$=-\frac{2}{\sqrt{3}}\iint\limits_{\Sigma}(x+y+z)\mathrm{d}S=-\frac{2}{\sqrt{3}}\iint\limits_{\Sigma}a\mathrm{d}S$$

$$=-\frac{2a}{\sqrt{3}}\iint\limits_{D_{xy}}\sqrt{1+z_x^2+z_y^2}\mathrm{d}x\mathrm{d}y$$

---

① 斯托克斯(Stokes, 1819—1903), 英国数学物理学家.

$$=-\frac{2a}{\sqrt{3}}\iint\limits_{D_{xy}}\sqrt{3}\mathrm{d}x\mathrm{d}y=-2a\iint\limits_{D_{xy}}\mathrm{d}x\mathrm{d}y$$

$$=-2a\cdot\frac{1}{2}a^2=-a^3.$$

方法 2 Σ 不是闭曲面,为了利用高斯公式,如图 11-22 所示,补充三个平面:Σ_1:$z=0$,$x+y\leqslant a$,$0\leqslant x$,$y\leqslant a$,取下侧;Σ_2:$x=0$,$y+z\leqslant a$,$0\leqslant y$,$z\leqslant a$,取后侧;Σ_3:$y=0$,$x+z\leqslant a$,$0\leqslant x$,$z\leqslant a$,取左侧.这三个平面与 Σ 一起构成一个闭曲面,记其所围成的有界闭区域为 Ω,则由斯托克斯公式和高斯公式得

$$I=-2\left[\oiint\limits_{\Sigma+\Sigma_1+\Sigma_2+\Sigma_3}-\iint\limits_{\Sigma_1}-\iint\limits_{\Sigma_2}-\iint\limits_{\Sigma_3}\right]z\mathrm{d}y\mathrm{d}z+x\mathrm{d}z\mathrm{d}x+y\mathrm{d}x\mathrm{d}y$$

$$=-2\iiint\limits_{\Omega}0\mathrm{d}v+2\iint\limits_{\Sigma_1}(0+0+y\mathrm{d}x\mathrm{d}y)+2\iint\limits_{\Sigma_2}(z\mathrm{d}y\mathrm{d}z+0+0)+2\iint\limits_{\Sigma_3}(0+x\mathrm{d}z\mathrm{d}x+0)$$

$$=3\iint\limits_{\Sigma_1}2y\mathrm{d}x\mathrm{d}y=-3\iint\limits_{D_{xy}}2y\mathrm{d}x\mathrm{d}y=-3\int_0^a\mathrm{d}x\int_0^{a-x}2y\mathrm{d}y=-a^3,$$

其中 $D_{xy}=\{(x,y)\,|\,x+y\leqslant a,x,y\geqslant0\}$ 是 Σ_1 在 Oxy 面上的投影区域.

例 2 计算曲线积分

$$I=\oint_L(y^2-z^2)\mathrm{d}x+(z^2-x^2)\mathrm{d}y+(x^2-y^2)\mathrm{d}z,$$

其中 L 为球面 $x^2+y^2+z^2=a^2(a>0)$ 在第一卦限部分的边界,从 z 轴正向看去其方向是逆时针方向.

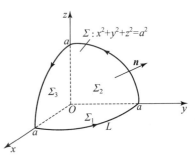

图 11-23

解 如图 11-23 所示,取曲面 Σ:$x^2+y^2+z^2=a^2$ 的上侧,并补充三个平面:Σ_1:$z=0$,$x^2+y^2\leqslant a^2$,$0\leqslant x$,$y\leqslant a$,取下侧;Σ_2:$x=0$,$y^2+z^2\leqslant a^2$,$0\leqslant y$,$z\leqslant a$,取后侧;Σ_3:$y=0$,$x^2+z^2\leqslant a^2$,$0\leqslant x$,$z\leqslant a$,取左侧.Σ_1,Σ_2,Σ_3 与 Σ 一起构成一个闭曲面,记其所围成的有界闭区域为 Ω,则由斯托克斯公式和高斯公式得

$$I=\iint\limits_{\Sigma}(-2y-2z)\mathrm{d}y\mathrm{d}z+(-2z-2x)\mathrm{d}z\mathrm{d}x+(-2x-2y)\mathrm{d}x\mathrm{d}y$$

$$=\left[\oiint\limits_{\Sigma+\Sigma_1+\Sigma_2+\Sigma_3}-\iint\limits_{\Sigma_1}-\iint\limits_{\Sigma_2}-\iint\limits_{\Sigma_3}\right](-2y-2z)\mathrm{d}y\mathrm{d}z+(-2z-2x)\mathrm{d}z\mathrm{d}x+(-2x-2y)\mathrm{d}x\mathrm{d}y$$

$$=\iiint\limits_{\Omega}0\mathrm{d}v+\iint\limits_{\Sigma_1}(2x+2y)\mathrm{d}x\mathrm{d}y+\iint\limits_{\Sigma_2}(2y+2z)\mathrm{d}y\mathrm{d}z+\iint\limits_{\Sigma_3}(2z+2x)\mathrm{d}z\mathrm{d}x$$

$$= 3\iint\limits_{\Sigma_1}(2x+2y)\mathrm{d}x\mathrm{d}y = -3\iint\limits_{D_{xy}}(2x+2y)\mathrm{d}x\mathrm{d}y = -6\int_0^{\pi/2}\mathrm{d}\theta\int_0^a r^2(\cos\theta+\sin\theta)\mathrm{d}r$$

$$= -4a^3,$$

其中 $D_{xy} = \{(x,y)\,|\,x^2+y^2\leqslant a^2, 0\leqslant x,y\leqslant a\}$ 为 Σ_1 在 Oxy 面上的投影区域.

二、环量与旋度

设向量场 $\boldsymbol{A}(x,y,z) = P(x,y,z)\boldsymbol{i} + Q(x,y,z)\boldsymbol{j} + R(x,y,z)\boldsymbol{k}$，$\Gamma$ 为该向量场中的有向分段光滑闭曲线，称曲线积分

$$\oint_\Gamma P(x,y,z)\mathrm{d}x + Q(x,y,z)\mathrm{d}y + R(x,y,z)\mathrm{d}z = \oint_\Gamma \boldsymbol{A}(x,y,z)\cdot\mathrm{d}\boldsymbol{r}$$

为 $\boldsymbol{A}(x,y,z)$ 沿 Γ 的**环量**，其中 $\mathrm{d}\boldsymbol{r} = \mathrm{d}x\boldsymbol{i} + \mathrm{d}y\boldsymbol{j} + \mathrm{d}z\boldsymbol{k}$，并称向量

$$\left(\frac{\partial R}{\partial y} - \frac{\partial Q}{\partial z}\right)\boldsymbol{i} + \left(\frac{\partial P}{\partial z} - \frac{\partial R}{\partial x}\right)\boldsymbol{j} + \left(\frac{\partial Q}{\partial x} - \frac{\partial P}{\partial y}\right)\boldsymbol{k}$$

为 $\boldsymbol{A}(x,y,z)$ 的**旋度**，记作 $\mathbf{rot}\boldsymbol{A}$，即

$$\mathbf{rot}\boldsymbol{A} = \left(\frac{\partial R}{\partial y} - \frac{\partial Q}{\partial z}\right)\boldsymbol{i} + \left(\frac{\partial P}{\partial z} - \frac{\partial R}{\partial x}\right)\boldsymbol{j} + \left(\frac{\partial Q}{\partial x} - \frac{\partial P}{\partial y}\right)\boldsymbol{k} = \begin{vmatrix} \boldsymbol{i} & \boldsymbol{j} & \boldsymbol{k} \\ \dfrac{\partial}{\partial x} & \dfrac{\partial}{\partial y} & \dfrac{\partial}{\partial z} \\ P & Q & R \end{vmatrix}.$$

斯托克斯公式(1)可用旋度表示成

$$\oint_\Gamma P\mathrm{d}x + Q\mathrm{d}y + R\mathrm{d}z = \oint_\Gamma \boldsymbol{A}\cdot\mathrm{d}\boldsymbol{r} = \iint\limits_\Sigma \mathbf{rot}\boldsymbol{A}\cdot\boldsymbol{n}^0\mathrm{d}S,$$

其中 $\boldsymbol{A} = (P,Q,R)$，$\boldsymbol{n}^0 = (\cos\alpha,\cos\beta,\cos\gamma)$ 是曲面 Σ 的单位法向量. 由积分中值定理知，存在点 $(\xi,\eta,\zeta)\in\Sigma$，使得

$$\frac{1}{S}\oint_\Gamma \boldsymbol{A}\cdot\mathrm{d}\boldsymbol{r} = \frac{1}{S}\iint\limits_\Sigma \mathbf{rot}\boldsymbol{A}\cdot\boldsymbol{n}^0\mathrm{d}S = (\mathbf{rot}\boldsymbol{A}\cdot\boldsymbol{n}^0)\Big|_{(\xi,\eta,\zeta)},$$

其中 S 表示 Σ 的面积. 令 Σ 收缩到点 $M(x,y,z)$，即 $(\xi,\eta,\zeta)\to(x,y,z)$，则

$$\lim_{\Sigma\to M}\frac{1}{S}\oint_\Gamma \boldsymbol{A}\cdot\mathrm{d}\boldsymbol{r} = (\mathbf{rot}\boldsymbol{A}\cdot\boldsymbol{n}^0)\Big|_{(x,y,z)}.$$

上式表明，环量对曲面面积的变化率等于旋度在曲面法向量上的投影. 由于 Γ 所围的曲面 Σ 可以有无穷多个，因而 $\boldsymbol{n}^0$ 也有无穷多个. 当向量 $\boldsymbol{n}^0$ 与 $\mathbf{rot}\boldsymbol{A}$ 的方向相同时，环量对曲面面积的变化率达到最大，其最大值为 $|\mathbf{rot}\boldsymbol{A}|$. 这就是向量场 $\boldsymbol{A}$ 的旋度的物理意义.

若 $\mathbf{rot}\boldsymbol{A}$ 恒为零，则沿闭曲线 Γ 积分的值为零，从而曲线积分与路径无关. 这正是 §11.3 中定理 3 已给出的结论.

例 3 求向量场 $\boldsymbol{A}(x,y,z) = (3x^2y+z)\boldsymbol{i} + (y^3-xz^2)\boldsymbol{j} + 2xyz\boldsymbol{k}$ 在点 $P(1,-1,1)$ 处的旋度 $\mathbf{rot}\boldsymbol{A}$.

解　因为

$$\mathbf{rot}\,\boldsymbol{A} = \begin{vmatrix} \boldsymbol{i} & \boldsymbol{j} & \boldsymbol{k} \\ \dfrac{\partial}{\partial x} & \dfrac{\partial}{\partial y} & \dfrac{\partial}{\partial z} \\ 3x^2y+z & y^3-xz^2 & 2xyz \end{vmatrix} = 4xz\boldsymbol{i} + (1-2yz)\boldsymbol{j} - (3x^2+z^2)\boldsymbol{k},$$

所以在点 $P(1,-1,1)$ 处有

$$\mathbf{rot}\,\boldsymbol{A}\big|_{(1,-1,1)} = \big[4xz\boldsymbol{i} + (1-2yz)\boldsymbol{j} - (3x^2+z^2)\boldsymbol{k}\big]\big|_{(1,-1,1)} = 4\boldsymbol{i} + 3\boldsymbol{j} - 4\boldsymbol{k}.$$

例 4　设 L 是有向曲线 $\begin{cases} x^2+y^2+z^2=2x, \\ x=\dfrac{3}{2}, \end{cases}$ 从 x 轴正向看去其方向为逆时针方向,求向

量场 $\boldsymbol{F}(x,y,z)=xz^2\boldsymbol{i}+yx^2\boldsymbol{j}+zy^2\boldsymbol{k}$ 沿曲线 L 的环量 Φ.

解　根据环量的概念,得

$$\Phi = \oint_L \boldsymbol{F}(x,y,z)\cdot \mathrm{d}\boldsymbol{r} = \oint_L xz^2\,\mathrm{d}x + yx^2\,\mathrm{d}y + zy^2\,\mathrm{d}z.$$

由于曲线 L 的参数方程为

$$\begin{cases} y = \dfrac{\sqrt{3}}{2}\cos\theta, \\[2mm] z = \dfrac{\sqrt{3}}{2}\sin\theta, \quad \theta\ \text{从}\ 0\ \text{到}\ 2\pi, \\[2mm] x = \dfrac{3}{2}, \end{cases}$$

所以

$$\begin{aligned} \Phi &= \oint_L xz^2\,\mathrm{d}x + yx^2\,\mathrm{d}y + zy^2\,\mathrm{d}z \\ &= \int_0^{2\pi} \left[\frac{9\sqrt{3}}{8}\cos\theta\cdot\left(-\frac{\sqrt{3}}{2}\sin\theta\right) + \frac{3\sqrt{3}}{8}\sin\theta\cos^2\theta\cdot\frac{\sqrt{3}}{2}\cos\theta\right]\mathrm{d}\theta \\ &= \frac{9}{16}\int_0^{2\pi}(\sin\theta\cos^3\theta - 3\cos\theta\sin\theta)\,\mathrm{d}\theta = 0. \end{aligned}$$

习　题　11.7

1. 计算曲线积分 $I = \oint_L y\,\mathrm{d}x + z\,\mathrm{d}y + x\,\mathrm{d}z$,其中 L 是球面 $x^2+y^2+z^2=4z$ 与平面 $x+z=2$ 的交线,从 z 轴正向看去其方向为逆时针方向.

2. 计算曲线积分 $I = \oint_L (y^2-z^2)\mathrm{d}x + (z^2-x^2)\mathrm{d}y + (x^2-y^2)\mathrm{d}z$,其中 L 是平面 $x+y+z=\dfrac{3}{2}a$ 截正方体 $\Omega = \{(x,y,z)\,|\,0\leqslant x,y,z\leqslant a\}$ 表面所得的截痕,从 x 轴正向看去其

方向为逆时针方向.

3. 计算曲线积分 $I=\oint_L(y^2-z^2)\mathrm{d}x+(2z^2-x^2)\mathrm{d}y+(3x^2-y^2)\mathrm{d}z$,其中 L 是平面 $x+y+z=2$ 与柱面 $|x|+|y|=1$ 的交线,从 z 轴正向看去其方向为逆时针方向.

4. 设向量场 $\boldsymbol{F}(x,y,z)=\dfrac{1}{(x^2+y^2+z^2)^{\frac{3}{2}}}(x,y,z)$,求 $\mathbf{rot}\boldsymbol{F}$.

5. 设函数 $f(x,y,z)=\ln(x^2+y^2+z^2)$,求 $\mathbf{rot}[\mathbf{grad}f(x,y,z)]$.

§11.8 综 合 例 题

一、关于第一类曲线积分的计算

例 1 计算曲线积分 $\oint_L(x^2+y^2+z)\mathrm{d}s$,其中 L 是平面 $x+y+z=0$ 与球面 $x^2+y^2+z^2=R^2(R>0)$ 的交线.

解 积分曲线 L 的方程为
$$\begin{cases} x+y+z=0, \\ x^2+y^2+z^2=R^2. \end{cases}$$

方法 1 直接化成定积分进行计算. L 在 Oxy 面上的投影是一个椭圆,其方程是
$$x^2+xy+y^2=\frac{R^2}{2}, \quad \text{即} \quad \left(\frac{\sqrt{3}}{2}x\right)^2+\left(\frac{x}{2}+y\right)^2=\frac{R^2}{2}.$$

令 $\dfrac{\sqrt{3}}{2}x=\dfrac{R}{\sqrt{2}}\cos t,\dfrac{x}{2}+y=\dfrac{R}{\sqrt{2}}\sin t\ (0\leqslant t\leqslant 2\pi)$,则 L 的参数方程为

$$\begin{cases} x=\sqrt{\dfrac{2}{3}}R\cos t, \\ y=\dfrac{R}{\sqrt{2}}\sin t-\dfrac{R}{\sqrt{6}}\cos t, \quad (0\leqslant t\leqslant 2\pi). \\ z=-\dfrac{R}{\sqrt{2}}\sin t-\dfrac{R}{\sqrt{6}}\cos t \end{cases}$$

所以
$$\mathrm{d}s=\sqrt{\left(-\sqrt{\dfrac{2}{3}}R\sin t\right)^2+\left(\dfrac{R}{\sqrt{2}}\cos t+\dfrac{R}{\sqrt{6}}\sin t\right)^2+\left(\dfrac{R}{\sqrt{6}}\sin t-\dfrac{R}{\sqrt{2}}\cos t\right)^2}\,\mathrm{d}t=R\mathrm{d}t,$$
从而
$$\oint_L x^2\mathrm{d}s=\int_0^{2\pi}\frac{2}{3}R^2\cos^2 t\cdot R\mathrm{d}t=\frac{2}{3}\pi R^3,$$

$$\oint_L y^2 \mathrm{d}s = \int_0^{2\pi} \left(\frac{R}{\sqrt{2}} \sin t - \frac{R}{\sqrt{6}} \cos t \right)^2 R \mathrm{d}t = \frac{2}{3} \pi R^3 ,$$

$$\oint_L z \mathrm{d}s = \int_0^{2\pi} \left(-\frac{R}{\sqrt{2}} \sin t - \frac{R}{\sqrt{6}} \cos t \right) R \mathrm{d}t = 0 .$$

因此 $\oint_L (x^2 + y^2 + z) \mathrm{d}s = \oint_L x^2 \mathrm{d}s + \oint_L y^2 \mathrm{d}s + \oint_L z \mathrm{d}s = \frac{2}{3} \pi R^3 + \frac{2}{3} \pi R^3 + 0 = \frac{4}{3} \pi R^3 .$

方法 2　由于 L 的方程关于变量 x,y,z 具有轮换对称性，所以

$$\oint_L x^2 \mathrm{d}s = \oint_L y^2 \mathrm{d}s = \oint_L z^2 \mathrm{d}s , \quad \oint_L x \mathrm{d}s = \oint_L y \mathrm{d}s = \oint_L z \mathrm{d}s .$$

因此

$$\oint_L (x^2 + y^2) \mathrm{d}s = \frac{2}{3} \oint_L (x^2 + y^2 + z^2) \mathrm{d}s = \frac{2}{3} R^2 \oint_L \mathrm{d}s = \frac{4}{3} \pi R^3 ,$$

$$\oint_L z \mathrm{d}s = \frac{1}{3} \oint_L (x + y + z) \mathrm{d}s = \frac{1}{3} \oint_L 0 \mathrm{d}s = 0 ,$$

从而

$$\oint_L (x^2 + y^2 + z) \mathrm{d}s = \oint_L (x^2 + y^2) \mathrm{d}s + \oint_L z \mathrm{d}s = \frac{4}{3} \pi R^3 .$$

二、关于曲线积分与路径无关的问题

例 2　设函数 $\varphi(y)$ 具有连续导数，对于围绕原点的任意有向分段光滑闭曲线 Γ，曲线积分 $\oint_\Gamma \dfrac{\varphi(y) \mathrm{d}x + 2xy \mathrm{d}y}{2x^2 + y^4}$ 的值恒为同一常数 c.

（1）证明：对于右半平面 $\{(x,y) \mid x > 0, y \in \mathbf{R}\}$ 内的任意有向分段光滑闭曲线 L，有

$$\oint_L \frac{\varphi(y) \mathrm{d}x + 2xy \mathrm{d}y}{2x^2 + y^4} = 0 ;$$

（2）求函数 $\varphi(y)$ 的表达式.

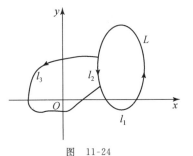

图　11-24

解　（1）如图 11-24 所示，将 L 分解为 l_1, l_2 两部分，即 $L = l_1 + l_2$，取逆时针方向，另作一条光滑曲线弧 l_3 围绕原点且与 L 相接于 l_2 的起点和终点，其方向与 L 的方向一致，则

$$\oint_L \frac{\varphi(y) \mathrm{d}x + 2xy \mathrm{d}y}{2x^2 + y^4} = \oint_{l_1 + l_3} \frac{\varphi(y) \mathrm{d}x + 2xy \mathrm{d}y}{2x^2 + y^4} - \oint_{-l_2 + l_3} \frac{\varphi(y) \mathrm{d}x + 2xy \mathrm{d}y}{2x^2 + y^4} = c - c = 0 .$$

（2）设 $P = \dfrac{\varphi(y)}{2x^2 + y^4}$，$Q = \dfrac{2xy}{2x^2 + y^4}$，则 P, Q 在单连通区域 $\{(x,y) \mid x > 0, y \in \mathbf{R}\}$ 内具有连续偏导数. 由（1）知，曲线积分 $\displaystyle\int_L \dfrac{\varphi(y) \mathrm{d}x + 2xy \mathrm{d}y}{2x^2 + y^4}$ 在该区域内与路径无关，故当 $x > 0$ 时，总

有 $\dfrac{\partial Q}{\partial x} = \dfrac{\partial P}{\partial y}$. 而

$$\frac{\partial Q}{\partial x} = \frac{2y(2x^2 + y^4) - 8x^2 y}{(2x^2 + y^4)^2} = \frac{-4x^2 y + 2y^5}{(2x^2 + y^4)^2}, \tag{1}$$

$$\frac{\partial P}{\partial y} = \frac{\varphi'(y)(2x^2 + y^4) - 4\varphi(y)y^3}{(2x^2 + y^4)^2} = \frac{2x^2 \varphi'(y) + \varphi'(y)y^4 - 4\varphi(y)y^3}{(2x^2 + y^4)^2}, \tag{2}$$

比较(1),(2)两式的右端,得

$$\begin{cases} \varphi'(y) = -2y, & \tag{3} \\ \varphi'(y)y^4 - 4\varphi(y)y^3 = 2y^5. & \tag{4} \end{cases}$$

由(3)式得 $\varphi(y) = -y^2 + C$. 将 $\varphi(y)$ 代入(4)式,得

$$2y^5 - 4Cy^3 = 2y^5,$$

所以 $C = 0$,从而

$$\varphi(y) = -y^2.$$

例3　设 L 是右半平面 $\{(x, y) \mid x > 0, y \in \mathbf{R}\}$ 内的有向分段光滑曲线弧,起点为 (a, b),终点为 (c, d),证明:曲线积分 $I = \displaystyle\int_L \frac{1}{x}[1 + x^2 \sin(xy)]\mathrm{d}y + \frac{y}{x^2}[x^2 \sin(xy) - 1]\mathrm{d}x$ 与路径无关;并求 I 的值.

解　**方法1**　因为

$$\frac{\partial}{\partial x}\left\{\frac{1}{x}[1 + x^2 \sin(xy)]\right\} = \sin(xy) - \frac{1}{x^2} + xy\cos(xy) = \frac{\partial}{\partial y}\left\{\frac{y}{x^2}[x^2 \sin(xy) - 1]\right\}$$

在右半平面内处处成立,所以曲线积分 I 在右半平面内与路径无关.

取 L 为从点 (a, b) 出发经过点 (c, b) 再到点 (c, d) 的折线,得

$$\begin{aligned}
I &= \int_L \frac{1}{x}[1 + x^2 \sin(xy)]\mathrm{d}y + \frac{y}{x^2}[x^2 \sin(xy) - 1]\mathrm{d}x \\
&= \int_a^c \frac{b}{x^2}[x^2 \sin(bx) - 1]\mathrm{d}x + \int_b^d \frac{1}{c}[1 + c^2 \sin(cy)]\mathrm{d}y \\
&= \left[\frac{b}{x} - \cos(bx)\right]\Big|_a^c + \left[\frac{y}{c} - \cos(cy)\right]\Big|_b^d \\
&= \frac{d}{c} - \frac{b}{a} + \cos(ab) - \cos(cd).
\end{aligned}$$

方法2　因为

$$\frac{1}{x}[1 + x^2 \sin(xy)]\mathrm{d}y + \frac{y}{x^2}[x^2 \sin(xy) - 1]\mathrm{d}x$$

$$= \sin(xy)(y\mathrm{d}x + x\mathrm{d}y) + \frac{x\mathrm{d}y - y\mathrm{d}x}{x^2}$$

$$= \sin(xy)\mathrm{d}(xy) + \mathrm{d}\left(\frac{y}{x}\right) = \mathrm{d}\left[\frac{y}{x} - \cos(xy)\right],$$

所以 $\dfrac{y}{x}-\cos(xy)$ 是 $\dfrac{1}{x}[1+x^2\sin(xy)]\mathrm{d}y+\dfrac{y}{x^2}[x^2\sin(xy)-1]\mathrm{d}x$ 在右半平面上的一个原函数,从而曲线积分 I 在右半平面内与路径无关,且

$$I=\int_L \frac{1}{x}[1+x^2\sin(xy)]\mathrm{d}y+\frac{y}{x^2}[x^2\sin(xy)-1]\mathrm{d}x$$

$$=\left[\frac{y}{x}-\cos(xy)\right]\Big|_{(a,b)}^{(c,d)}=\frac{d}{c}-\frac{b}{a}+\cos(ab)-\cos(cd).$$

三、关于曲面积分对称性的问题

例 4 设 Σ 是半球面 $x^2+y^2+z^2=R^2\,(y\geqslant 0,R>0)$ 的外侧. 有人说:"由对称性知 $\iint\limits_{\Sigma}z\mathrm{d}S=0$,故同样也有 $\iint\limits_{\Sigma}z\mathrm{d}x\mathrm{d}y=0.$" 这样的说法对不对?

解 这样的说法不对. 说法中的"$\iint\limits_{\Sigma}z\mathrm{d}S=0$"是对的. 因为积分曲面 Σ 对称于 Oxy 面,而在关于 Oxy 面的对称点上被积函数 z 的值相差一个符号(奇函数),所以 $\iint\limits_{\Sigma}z\mathrm{d}S=0$. 但说法中的"$\iint\limits_{\Sigma}z\mathrm{d}x\mathrm{d}y=0$"是不对的. 这是因为,$\Sigma$ 虽关于 Oxy 面对称,但在对称点上,Σ 的方向不同,因而投影 $\mathrm{d}x\mathrm{d}y$ 不相等,故对称性不能用. 计算 $\iint\limits_{\Sigma}z\mathrm{d}x\mathrm{d}y$ 可用如下两种方法:

(1) 将 Σ 分为在 Oxy 面上方、下方的两部分,分别记为 Σ_1 与 Σ_2,它们的方程依次是 $z=\sqrt{R^2-x^2-y^2}$ 与 $z=-\sqrt{R^2-x^2-y^2}$. Σ 的外侧相当于 Σ_1 的上侧和 Σ_2 的下侧,所以

$$\iint\limits_{\Sigma}z\mathrm{d}x\mathrm{d}y=\iint\limits_{\Sigma_1}z\mathrm{d}x\mathrm{d}y+\iint\limits_{\Sigma_2}z\mathrm{d}x\mathrm{d}y$$

$$=\iint\limits_{D}\sqrt{R^2-x^2-y^2}\,\mathrm{d}x\mathrm{d}y-\iint\limits_{D}(-\sqrt{R^2-x^2-y^2})\mathrm{d}x\mathrm{d}y$$

$$=2\iint\limits_{D}\sqrt{R^2-x^2-y^2}\,\mathrm{d}x\mathrm{d}y=2\int_0^{\pi}\mathrm{d}\theta\int_0^R\sqrt{R^2-r^2}\,r\mathrm{d}r=\frac{2}{3}\pi R^3,$$

其中 $D=\{(x,y)\,|\,x^2+y^2\leqslant R^2,y\geqslant 0\}$ 是 Σ_1 和 Σ_2 在 Oxy 面上的投影区域.

(2) 补充一个圆形平面 $D:y=0,x^2+z^2\leqslant R^2$,并取左侧,使得 $\Sigma+D$ 围成一个半球体 Ω. 由于 $\iint\limits_{D}z\mathrm{d}x\mathrm{d}y=0$,故由高斯公式有

$$\iint\limits_{\Sigma}z\mathrm{d}x\mathrm{d}y=\oiint\limits_{\Sigma+D}z\mathrm{d}x\mathrm{d}y=\iiint\limits_{\Omega}\mathrm{d}v=\frac{2}{3}\pi R^3.$$

注　我们知道,第一类曲面积分与积分曲面的侧无关,但第二类曲面积分与积分曲面的侧有关,所以在考虑它的对称性时,还要考虑积分曲面的侧,也即要顾及被积函数、积分曲面和积分曲面的侧,情形比较复杂.因此,在计算第二类曲面积分时,可先把它转化为二重积分,再化为定积分,且在转化过程中考虑利用二重积分或定积分的对称性,这是基本方法.利用对称性只是对具有这种特殊性质的曲面积分所用的解题技巧,并非每个曲面积分都具有这种特殊性质.

四、关于空间曲线积分的计算

例 5　计算曲线积分 $I = \oint_L x^2 y\,dx + y^2 z\,dy + z^2 x\,dz$,其中 L 为旋转抛物面 $z = x^2 + y^2$ 与球面 $x^2 + y^2 + z^2 = 6$ 的交线,从 z 轴正向看去其方向是逆时针方向.

解　求解 $\begin{cases} z = x^2 + y^2, \\ x^2 + y^2 + z^2 = 6, \\ z \geqslant 0 \end{cases}$ 得 $z = 2$,所以积分曲线 L 的方程为 $\begin{cases} z = 2, \\ x^2 + y^2 = 2. \end{cases}$

方法 1　L 的参数方程为

$$\begin{cases} x = \sqrt{2}\cos t, \\ y = \sqrt{2}\sin t, \quad (t \text{ 从 } 0 \text{ 到 } 2\pi), \\ z = 2 \end{cases}$$

因此

$$I = \oint_L x^2 y\,dx + y^2 z\,dy + z^2 x\,dz$$

$$= \int_0^{2\pi} \left[2\cos^2 t \cdot \sqrt{2}\sin t \cdot (-\sqrt{2}\sin t) + 4\sin^2 t \cdot \sqrt{2}\cos t + 0 \right] dt$$

$$= \int_0^{2\pi} \left[(-\sin^2(2t)) + 4\sqrt{2}\sin^2 t \cdot \cos t \right] dt = -\pi.$$

方法 2　取 $\Sigma: \begin{cases} z = 2, \\ x^2 + y^2 \leqslant 2, \end{cases}$ 并取上侧.根据斯托克斯公式,得

$$I = \oint_L x^2 y\,dx + y^2 z\,dy + z^2 x\,dz = \iint_\Sigma \begin{vmatrix} dy\,dz & dz\,dx & dx\,dy \\ \dfrac{\partial}{\partial x} & \dfrac{\partial}{\partial y} & \dfrac{\partial}{\partial z} \\ x^2 y & y^2 z & z^2 x \end{vmatrix}$$

$$= -\iint_\Sigma y^2\,dy\,dz + z^2\,dz\,dx + x^2\,dx\,dy = -\iint_{x^2+y^2 \leqslant 2} x^2\,dx\,dy$$

$$= -\frac{1}{2} \iint_{x^2+y^2 \leqslant 2} (x^2 + y^2)\,dx\,dy = -\frac{1}{2} \int_0^{2\pi} d\theta \int_0^{\sqrt{2}} r^2 \cdot r\,dr = -\pi.$$

例 6 设在变力 $\boldsymbol{F}(x,y,z)=(yz,zx,xy)$ 的作用下,一个质点由原点沿直线运动到椭球面 $\dfrac{x^2}{a^2}+\dfrac{y^2}{b^2}+\dfrac{z^2}{c^2}=1(a,b,c>0)$ 上第一卦限中的点 $P(u,v,w)$,问:当点 P 在何处时,变力 $\boldsymbol{F}(x,y,z)$ 做的功 W 最大? 求出功的最大值.

解 设从原点到点 P 的有向线段 L 的参数方程为 $\begin{cases} x=ut,\\ y=vt, \\ z=wt, \end{cases}$ 其中 t 从 0 到 1,则

$$W=\int_L yz\,\mathrm{d}x+zx\,\mathrm{d}y+xy\,\mathrm{d}z=\int_0^1(vwut^2+wuvt^2+uvwt^2)\mathrm{d}t=uvw.$$

考虑条件极值问题:

$$\begin{cases} \max\{uvw\},\\ \dfrac{u^2}{a^2}+\dfrac{v^2}{b^2}+\dfrac{w^2}{c^2}=1. \end{cases}$$

令 $L(u,v,w,\lambda)=uvw+\lambda\left(\dfrac{u^2}{a^2}+\dfrac{v^2}{b^2}+\dfrac{w^2}{c^2}-1\right)$. 求解方程组

$$\begin{cases} L_u=vw+2\lambda\dfrac{u}{a^2}=0,\\[2mm] L_v=uw+2\lambda\dfrac{v}{b^2}=0,\\[2mm] L_w=uv+2\lambda\dfrac{w}{c^2}=0,\\[2mm] L_\lambda=\dfrac{u^2}{a^2}+\dfrac{v^2}{b^2}+\dfrac{w^2}{c^2}-1=0, \end{cases}$$

得

$$u=\frac{a}{\sqrt{3}},\quad v=\frac{b}{\sqrt{3}},\quad w=\frac{c}{\sqrt{3}}.$$

根据实际情况可知,当点 P 在点 $\left(\dfrac{a}{\sqrt{3}},\dfrac{b}{\sqrt{3}},\dfrac{c}{\sqrt{3}}\right)$ 处时,变力 $\boldsymbol{F}(x,y,z)$ 对该质点所做的功 W 最大,功的最大值是 $\dfrac{abc}{3\sqrt{3}}$.

五、关于曲面积分的计算与证明

例 7 计算曲面积分 $I=\iint\limits_{\Sigma}\left[(z^n-y^n)\cos\alpha+(x^n-z^n)\cos\beta+(y^n-x^n)\cos\gamma\right]\mathrm{d}S$,其中 $\Sigma:\begin{cases} x^2+y^2+z^2=R^2,\\ z\geqslant0 \end{cases}(R>0)$,$\boldsymbol{n}=(\cos\alpha,\cos\beta,\cos\gamma)$ 是 Σ 在点 (x,y,z) 处向上的单位法向量.

解 方法 1 由于 $\boldsymbol{n}=\dfrac{1}{R}(x,y,z)$,所以

$$I = \iint\limits_{\Sigma} \left[(z^n - y^n)\frac{x}{R} + (x^n - z^n)\frac{y}{R} + (y^n - x^n)\frac{z}{R} \right] \mathrm{d}S.$$

根据曲面 Σ 关于坐标面的对称性,得

$$\iint\limits_{\Sigma} (z^n - y^n)\frac{x}{R}\mathrm{d}S = 0, \quad \iint\limits_{\Sigma} (x^n - z^n)\frac{y}{R}\mathrm{d}S = 0,$$

又由轮换对称性得

$$\iint\limits_{\Sigma} y^n z\,\mathrm{d}S = \iint\limits_{\Sigma} x^n z\,\mathrm{d}S,$$

因此 $I = 0$.

方法 2　记 $\Sigma_1: z = 0, x^2 + y^2 \leqslant R^2$,取下侧;$\Omega: \begin{cases} x^2 + y^2 + z^2 \leqslant R^2, \\ z \geqslant 0. \end{cases}$ 根据高斯公式,得

$$I = \iint\limits_{\Sigma} \left[(z^n - y^n)\cos\alpha + (x^n - z^n)\cos\beta + (y^n - x^n)\cos\gamma \right]\mathrm{d}S$$

$$= \iint\limits_{\Sigma + \Sigma_1} \left[(z^n - y^n)\cos\alpha + (x^n - z^n)\cos\beta + (y^n - x^n)\cos\gamma \right]\mathrm{d}S$$

$$- \iint\limits_{\Sigma_1} \left[(z^n - y^n)\cos\alpha + (x^n - z^n)\cos\beta + (y^n - x^n)\cos\gamma \right]\mathrm{d}S$$

$$= \iiint\limits_{\Omega} (0 + 0 + 0)\mathrm{d}v + \iint\limits_{x^2 + y^2 \leqslant R^2} (y^n - x^n)\mathrm{d}x\mathrm{d}y = 0.$$

例 8　设 $L(x,y,z)$ 表示原点到椭球面 $\Sigma: \dfrac{x^2}{a^2} + \dfrac{y^2}{b^2} + \dfrac{z^2}{c^2} = 1(a,b,c > 0)$ 上点 (x,y,z) 处的切平面的距离,求证:

$$\oiint\limits_{\Sigma} \frac{\mathrm{d}S}{L(x,y,z)} = \frac{4\pi}{3abc}(b^2 c^2 + c^2 a^2 + a^2 b^2).$$

证　椭球面 $\Sigma: \dfrac{x^2}{a^2} + \dfrac{y^2}{b^2} + \dfrac{z^2}{c^2} = 1$ 上点 (x,y,z) 处的切平面方程为

$$\frac{x}{a^2}(X - x) + \frac{y}{b^2}(Y - y) + \frac{z}{c^2}(Z - z) = 0,$$

其中 (X,Y,Z) 表示切平面上的任意点. 根据题意可知

$$L(x,y,z) = \frac{\left| \dfrac{x}{a^2}(0 - x) + \dfrac{y}{b^2}(0 - y) + \dfrac{z}{c^2}(0 - z) \right|}{\sqrt{\dfrac{x^2}{a^4} + \dfrac{y^2}{b^4} + \dfrac{z^2}{c^4}}} = \frac{1}{\sqrt{\dfrac{x^2}{a^4} + \dfrac{y^2}{b^4} + \dfrac{z^2}{c^4}}}.$$

记 $\Omega: \dfrac{x^2}{a^2} + \dfrac{y^2}{b^2} + \dfrac{z^2}{c^2} \leqslant 1$,则 $\boldsymbol{n}^0 = \dfrac{1}{\sqrt{\dfrac{x^2}{a^4} + \dfrac{y^2}{b^4} + \dfrac{z^2}{c^4}}} \left(\dfrac{x}{a^2}, \dfrac{y}{b^2}, \dfrac{z}{c^2} \right)$ 为 Σ 的外单位法向量. 利用两类曲

面积分之间的关系,得

$$\oiint\limits_{\Sigma}\frac{\mathrm{d}S}{L(x,y,z)}=\oiint\limits_{\Sigma}\sqrt{\frac{x^2}{a^4}+\frac{y^2}{b^4}+\frac{z^2}{c^4}}\,\mathrm{d}S=\oiint\limits_{\Sigma}\frac{\dfrac{x^2}{a^4}+\dfrac{y^2}{b^4}+\dfrac{z^2}{c^4}}{\sqrt{\dfrac{x^2}{a^4}+\dfrac{y^2}{b^4}+\dfrac{z^2}{c^4}}}\,\mathrm{d}S$$

$$=\oiint\limits_{\Sigma}\left(\frac{x}{a^2},\frac{y}{b^2},\frac{z}{c^2}\right)\cdot\frac{1}{\sqrt{\dfrac{x^2}{a^4}+\dfrac{y^2}{b^4}+\dfrac{z^2}{c^4}}}\left(\frac{x}{a^2},\frac{y}{b^2},\frac{z}{c^2}\right)\mathrm{d}S$$

$$=\oiint\limits_{\Sigma}\frac{x}{a^2}\mathrm{d}y\mathrm{d}z+\frac{y}{b^2}\mathrm{d}z\mathrm{d}x+\frac{z}{c^2}\mathrm{d}x\mathrm{d}y.$$

再根据高斯公式,得

$$\oiint\limits_{\Sigma}\frac{x}{a^2}\mathrm{d}y\mathrm{d}z+\frac{y}{b^2}\mathrm{d}z\mathrm{d}x+\frac{z}{c^2}\mathrm{d}x\mathrm{d}y=\iiint\limits_{\Omega}\left(\frac{1}{a^2}+\frac{1}{b^2}+\frac{1}{c^2}\right)\mathrm{d}v$$

$$=\frac{4\pi}{3}abc\left(\frac{1}{a^2}+\frac{1}{b^2}+\frac{1}{c^2}\right)=\frac{4\pi}{3abc}(b^2c^2+c^2a^2+a^2b^2).$$

所以

$$\oiint\limits_{\Sigma}\frac{\mathrm{d}S}{L(x,y,z)}=\frac{4\pi}{3abc}(b^2c^2+c^2a^2+a^2b^2).$$

例 9   计算曲面积分 $I=\iint\limits_{\Sigma}\dfrac{2\mathrm{d}y\mathrm{d}z}{x\cos^2 x}+\dfrac{\mathrm{d}z\mathrm{d}x}{\cos^2 y}-\dfrac{\mathrm{d}x\mathrm{d}y}{z\cos^2 z}$,其中 Σ 是球面 $x^2+y^2+z^2=1$,取外侧.

解   因为 Σ 的外单位法向量为 $\boldsymbol{n}^0=(x,y,z)$,所以根据两类曲面积分之间的关系得

$$I=\iint\limits_{\Sigma}\frac{2\mathrm{d}y\mathrm{d}z}{x\cos^2 x}+\frac{\mathrm{d}z\mathrm{d}x}{\cos^2 y}-\frac{\mathrm{d}x\mathrm{d}y}{z\cos^2 z}$$

$$=\iint\limits_{\Sigma}\left(\frac{2x}{x\cos^2 x}+\frac{y}{\cos^2 y}-\frac{z}{z\cos^2 z}\right)\mathrm{d}S.$$

由第一类曲面积分的对称性得

$$\iint\limits_{\Sigma}\frac{1}{\cos^2 x}\mathrm{d}S=\iint\limits_{\Sigma}\frac{1}{\cos^2 z}\mathrm{d}S,\qquad\iint\limits_{\Sigma}\frac{y}{\cos^2 y}\mathrm{d}S=\iint\limits_{\Sigma}\frac{z}{\cos^2 z}\mathrm{d}S,$$

于是

$$I=\iint\limits_{\Sigma}\left(\frac{1}{\cos^2 z}+\frac{z}{\cos^2 z}\right)\mathrm{d}S.$$

令 Σ_1 表示上半球面(取上侧),Σ_2 表示下半球面(取下侧),易知它们在 Oxy 面上的投影区域均为

$$D=\{(x,y)\,|\,x^2+y^2\leqslant 1\},$$

于是

$$I = \iint\limits_{\Sigma}\left(\frac{1}{\cos^2 z} + \frac{z}{\cos^2 z}\right)\mathrm{d}S = \iint\limits_{\Sigma_1}\left(\frac{1}{\cos^2 z} + \frac{z}{\cos^2 z}\right)\mathrm{d}S + \iint\limits_{\Sigma_2}\left(\frac{1}{\cos^2 z} + \frac{z}{\cos^2 z}\right)\mathrm{d}S$$

$$= \iint\limits_{D}\frac{1+\sqrt{1-x^2-y^2}}{\sqrt{1-x^2-y^2}\cos^2\sqrt{1-x^2-y^2}}\mathrm{d}x\mathrm{d}y + \iint\limits_{D}\frac{1-\sqrt{1-x^2-y^2}}{\sqrt{1-x^2-y^2}\cos^2\sqrt{1-x^2-y^2}}\mathrm{d}x\mathrm{d}y$$

$$= 2\iint\limits_{D}\frac{1}{\sqrt{1-x^2-y^2}\cos^2\sqrt{1-x^2-y^2}}\mathrm{d}x\mathrm{d}y = 2\int_0^{2\pi}\mathrm{d}\theta\int_0^1\frac{r\mathrm{d}r}{\sqrt{1-r^2}\cos^2\sqrt{1-r^2}}$$

$$\xlongequal{\diamondsuit\sqrt{1-r^2}=u} 4\pi\int_0^1\frac{\mathrm{d}u}{\cos^2 u} = 4\pi\tan 1.$$

无穷级数

> 历史上,无穷多个数求和的问题曾经困扰了几个世纪的数学家.我国春秋战国时期的哲学家庄子有这样一句名言:"一尺之棰,日取其半,万世不竭".这意味着如下无穷多个数相加有确定的和:
>
> $$\frac{1}{2}+\frac{1}{2^2}+\frac{1}{2^3}+\cdots+\frac{1}{2^n}+\cdots=1.$$
>
> 但有时无穷多个数相加却没有对应的和,如
>
> $$1+\frac{1}{2}+\frac{1}{3}+\cdots+\frac{1}{n}+\cdots=+\infty.$$
>
> 本章我们就讨论无穷多个数求和的问题,即无穷级数问题.
>
> 　　无穷级数的概念和理论是分析学的重要组成部分,有重要意义.无穷级数也是表示函数、研究函数性质以及进行数值计算的重要数学工具,有着十分广泛的应用.

§12.1　常数项级数的概念与性质

一、常数项级数的概念

我们先考虑用圆内接正多边形的面积来逼近圆面积的问题.为了计算半径为 R 的圆的面积,作圆的内接正六边形.设内接正六边形的面积为 a_1.以 a_1 作为圆的面积,这是圆面积的一个粗糙的近似值.为了得到较为精确的近似值,我们以这个正六边形的每条边为底分别作顶点在圆周上的等腰三角形(见图 12-1),计算出这 6 个等腰三角形的面积之和 a_2,于是 a_1+a_2(圆内接正十二边形的面积)就是圆面积的较为精确的近似值.同样,在这个正十二边形的每条边上分别作顶点在圆周上的等腰三角形,计算出这 12 个

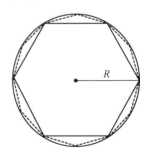

图　12-1

等腰三角形的面积 a_3,那么 $a_1+a_2+a_3$(圆内接正二十四边形的面积)是圆面积的一个更好的近似值. 如此继续下去,$a_1+a_2+\cdots+a_n$ 即为圆内接正 3×2^n 边形的面积. 当圆内接正多边形的边数无限增多,即 n 无限增大时,便得到无穷多个数相加的式子,显然这一无穷多个数相加的式子就是所求的圆面积 S,即

$$S = a_1 + a_2 + \cdots + a_n + \cdots.$$

一般地,为了研究无穷多个数相加(求和)的问题,我们引进无穷级数的概念.

定义 1 给定数列 $\{u_n\}$,则形式和 $u_1+u_2+\cdots+u_n+\cdots$ 称为**常数项无穷级数**(简称**常数项级数**、**无穷级数**或**级数**),简记为 $\displaystyle\sum_{n=1}^{\infty} u_n$,即

$$\sum_{n=1}^{\infty} u_n = u_1 + u_2 + \cdots + u_n + \cdots, \tag{1}$$

其中 $u_i(i=1,2,\cdots)$ 称为级数(1)的**第 i 项**,第 n 项 u_n 称为级数(1)的**一般项**.

例 1 设有数列 $\left\{\dfrac{1}{n}\right\}$,则 $1+\dfrac{1}{2}+\dfrac{1}{3}+\cdots+\dfrac{1}{n}+\cdots$ 为级数,记为 $\displaystyle\sum_{n=1}^{\infty}\dfrac{1}{n}$. 又

$$1 + \frac{1}{2} + \frac{1}{4} + \cdots + \frac{1}{2^{n-1}} + \cdots$$

是级数,其一般项为 $\dfrac{1}{2^{n-1}}$,故该级数可记为 $\displaystyle\sum_{n=1}^{\infty}\dfrac{1}{2^{n-1}}$.

称级数 $\displaystyle\sum_{n=1}^{\infty} u_n$ 的前 n 项之和 $\displaystyle\sum_{k=1}^{n} u_k$ 为该级数的**部分和**,记作 s_n,即

$$s_n = \sum_{k=1}^{n} u_k = u_1 + u_2 + \cdots + u_n \quad (n=1,2,\cdots). \tag{2}$$

显然,$\{s_n\}$ 是一个数列,称之为级数 $\displaystyle\sum_{n=1}^{\infty} u_n$ 的**部分和数列**.

根据数列 $\{s_n\}$ 是否存在极限,我们引进级数收敛与发散的概念.

定义 2 设 $\{s_n\}$ 为级数 $\displaystyle\sum_{n=1}^{\infty} u_n$ 的部分和数列. 若极限 $\lim\limits_{n\to\infty} s_n = s$($s$ 为常数),则称级数 $\displaystyle\sum_{n=1}^{\infty} u_n$ **收敛**,且称 s 为级数 $\displaystyle\sum_{n=1}^{\infty} u_n$ 的**和**,记作

$$\sum_{n=1}^{\infty} u_n = s.$$

这时也称级数 $\displaystyle\sum_{n=1}^{\infty} u_n$ 收敛于 s. 若极限 $\lim\limits_{n\to\infty} s_n$ 不存在,则称级数 $\displaystyle\sum_{n=1}^{\infty} u_n$ **发散**.

例 2 讨论**等比级数**(或称**几何级数**)

$$\sum_{n=1}^{\infty} aq^{n-1} = a + aq + aq^2 + \cdots + aq^{n-1} + \cdots \tag{3}$$

的敛散性,其中 $a \neq 0$,q 称为该等比级数的**公比**.

解　如果 $q=1$,则等比级数(3)的部分和为

$$s_n = a + a + \cdots + a = na.$$

由于 $\lim\limits_{n\to\infty} s_n = \lim\limits_{n\to\infty} na = \infty$,因此等比级数(3)发散.

如果 $q=-1$,则等比级数(3)的部分和为

$$s_n = a - a + a - a + \cdots + (-1)^{n-1}a = \begin{cases} 0, & n \text{ 为偶数,} \\ a, & n \text{ 为奇数.} \end{cases}$$

由于 $\lim\limits_{n\to\infty} s_{2n} = 0$,$\lim\limits_{n\to\infty} s_{2n+1} = a \neq 0$,即极限 $\lim\limits_{n\to\infty} s_n$ 不存在,从而等比级数(3)发散.

如果 $|q| \neq 1$,则等比级数(3)的部分和为

$$s_n = a + aq + aq^2 + \cdots + aq^{n-1} = \frac{a}{1-q} - \frac{aq^n}{1-q}.$$

当 $|q| < 1$ 时,由于 $\lim\limits_{n\to\infty} q^n = 0$,故 $\lim\limits_{n\to\infty} s_n = \dfrac{a}{1-q}$. 因此,等比级数(3)收敛,且其和为 $\dfrac{a}{1-q}$. 当 $|q| > 1$ 时,由于 $\lim\limits_{n\to\infty} q^n = \infty$,故 $\lim\limits_{n\to\infty} s_n = \infty$. 这时,级数(3)发散.

综上所述,当 $|q| < 1$ 时,等比级数(3)收敛;而当 $|q| \geqslant 1$ 时,等比级数(3)发散.

例 3　讨论级数 $\dfrac{1}{1\times 3} + \dfrac{1}{3\times 5} + \dfrac{1}{5\times 7} + \cdots + \dfrac{1}{(2n-1)(2n+1)} + \cdots$ 的敛散性.

解　因为 $\dfrac{1}{(2n-1)(2n+1)} = \dfrac{1}{2}\left(\dfrac{1}{2n-1} - \dfrac{1}{2n+1}\right)$,所以该级数的部分和为

$$s_n = \frac{1}{2}\left(1 - \frac{1}{3} + \frac{1}{3} - \frac{1}{5} + \frac{1}{5} - \frac{1}{7} + \cdots + \frac{1}{2n-1} - \frac{1}{2n+1}\right) = \frac{1}{2} - \frac{1}{2(2n+1)}.$$

由于

$$\lim\limits_{n\to\infty} s_n = \lim\limits_{n\to\infty}\left[\frac{1}{2} - \frac{1}{2(n+1)}\right] = \frac{1}{2},$$

因此该级数是收敛的,且其和为 $\dfrac{1}{2}$.

例 4　证明:**调和级数**

$$\sum_{n=1}^{\infty} \frac{1}{n} = 1 + \frac{1}{2} + \frac{1}{3} + \cdots + \frac{1}{n} + \cdots \tag{4}$$

是发散的.

证　因为对于任意的 $x > 0$,有 $x > \ln(x+1)$,所以调和级数(4)的部分和满足

$$s_n = 1 + \frac{1}{2} + \cdots + \frac{1}{n} > \ln(1+1) + \ln\left(1 + \frac{1}{2}\right) + \cdots + \ln\left(1 + \frac{1}{n}\right)$$

$$= \ln\left(2 \times \frac{3}{2} \times \frac{4}{3} \times \cdots \times \frac{n+1}{n}\right) = \ln(n+1),$$

从而 $\lim\limits_{n\to\infty} s_n = +\infty$. 故调和级数(4)发散.

二、常数项级数的性质

根据级数的和及敛散性的定义,我们可以得到如下级数的性质:

性质 1　如果级数 $\sum\limits_{n=1}^{\infty} u_n$,$\sum\limits_{n=1}^{\infty} v_n$ 分别收敛于 s,σ,则级数 $\sum\limits_{n=1}^{\infty}(u_n \pm v_n)$ 也收敛,且其和为 $s \pm \sigma$,即

$$\sum_{n=1}^{\infty}(u_n \pm v_n) = \sum_{n=1}^{\infty} u_n \pm \sum_{n=1}^{\infty} v_n. \tag{5}$$

证　记级数 $\sum\limits_{n=1}^{\infty} u_n$,$\sum\limits_{n=1}^{\infty} v_n$ 的部分和分别为 s_n,σ_n,则级数 $\sum\limits_{n=1}^{\infty}(u_n \pm v_n)$ 的部分和为

$$\begin{aligned}
\mu_n &= (u_1 \pm v_1) + (u_2 \pm v_2) + \cdots + (u_n \pm v_n) \\
&= (u_1 + u_2 + \cdots + u_n) \pm (v_1 + v_2 + \cdots + v_n) \\
&= s_n \pm \sigma_n.
\end{aligned}$$

因此
$$\lim_{n\to\infty} \mu_n = \lim_{n\to\infty} s_n \pm \lim_{n\to\infty} \sigma_n = s \pm \sigma.$$

这说明,级数 $\sum\limits_{n=1}^{\infty}(u_n \pm v_n)$ 收敛,且其和为 $s \pm \sigma$.

性质 1 表明,两个收敛级数可以逐项相加或逐项相减.

推论　如果级数 $\sum\limits_{n=1}^{\infty} u_n$ 收敛,而级数 $\sum\limits_{n=1}^{\infty} v_n$ 发散,则级数 $\sum\limits_{n=1}^{\infty}(u_n + v_n)$ 必发散.

事实上,如果级数 $\sum\limits_{n=1}^{\infty}(u_n + v_n)$ 收敛,则由 $v_n = (u_n + v_n) - u_n$ 可得级数 $\sum\limits_{n=1}^{\infty} v_n$ 收敛,矛盾.

性质 2　设级数 $\sum\limits_{n=1}^{\infty} u_n$ 收敛,其和为 s,则对于任意的常数 k,级数 $\sum\limits_{n=1}^{\infty} k u_n$ 也收敛,且其和为 ks.

证　记级数 $\sum\limits_{n=1}^{\infty} u_n$ 的部分和为 s_n,则级数 $\sum\limits_{n=1}^{\infty} k u_n$ 的部分和为

$$\sigma_n = k u_1 + k u_2 + \cdots + k u_n = k(u_1 + u_2 + \cdots + u_n) = k s_n.$$

因此
$$\lim_{n\to\infty} \sigma_n = \lim_{n\to\infty} k s_n = ks.$$

这表明,级数 $\sum\limits_{n=1}^{\infty} k u_n$ 收敛,且其和为 ks.

注　不难得到,如果级数 $\sum\limits_{n=1}^{\infty} u_n$ 发散,且 $k \neq 0$,则级数 $\sum\limits_{n=1}^{\infty} k u_n$ 也发散.于是,当 $k \neq 0$ 时,级数 $\sum\limits_{n=1}^{\infty} u_n$ 与 $\sum\limits_{n=1}^{\infty} k u_n$ 有相同的敛散性.

性质 3　对于任意的正整数 k,级数 $\sum\limits_{n=1}^{\infty} u_n$ 与 $\sum\limits_{n=k+1}^{\infty} u_n$ 或者同时收敛,或者同时发散.

证 设级数 $\sum\limits_{n=1}^{\infty} u_n$ 的部分和为 s_n，则级数 $\sum\limits_{n=k+1}^{\infty} u_n$ 的部分和为

$$\sigma_n = u_{k+1} + u_{k+2} + \cdots + u_{k+n} = s_{k+n} - s_k,$$

其中 s_{n+k} 是级数 $\sum\limits_{n=1}^{\infty} u_n$ 的前 $n+k$ 项之和. 因为 s_k 是一个常数，所以当 $n \to \infty$ 时，σ_n 与 s_{k+n} 或者同时有极限，或者同时没有极限. 因此，级数 $\sum\limits_{n=1}^{\infty} u_n$ 与 $\sum\limits_{n=k+1}^{\infty} u_n$ 或者同时收敛，或者同时发散.

由性质 3，我们还可以得到如下推论：

推论 在级数中去掉、加上或改变有限项，不会改变级数的敛散性.

性质 4 如果级数 $\sum\limits_{n=1}^{\infty} u_n$ 收敛，则对该级数的项任意加括号后所得的级数

$$(u_1 + \cdots + u_{k_1}) + (u_{k_1+1} + \cdots + u_{k_2}) + \cdots + (u_{k_{n-1}+1} + \cdots + u_{k_n}) + \cdots \qquad (6)$$

仍收敛，且其和不变.

证 设级数 $\sum\limits_{n=1}^{\infty} u_n$ 的部分和为 s_n，则加上括号后所得级数(6)的部分和数列 $\{\sigma_n\}$ 如下：

$$\sigma_1 = u_1 + \cdots + u_{k_1} = s_{k_1},$$

$$\sigma_2 = (u_1 + \cdots + u_{k_1}) + (u_{k_1+1} + \cdots + u_{k_2}) = s_{k_2},$$

$$\cdots\cdots$$

$$\sigma_n = (u_1 + \cdots + u_{k_1}) + (u_{k_1+1} + \cdots + u_{k_2}) + \cdots + (u_{k_{n-1}+1} + \cdots + u_{k_n}) = s_{k_n},$$

$$\cdots\cdots$$

容易看出，级数(6)的部分和数列 $\{\sigma_n\}$ 是数列 $\{s_n\}$ 的一个子数列. 由数列 $\{s_n\}$ 的收敛性以及收敛数列与其子数列的关系可知，子数列 $\{\sigma_n\}$ 一定收敛，且有

$$\lim_{n\to\infty} \sigma_n = \lim_{n\to\infty} s_n,$$

即加括号后所得的级数(6)收敛，且其和不变.

注 如果加上括号后所得的级数收敛，则原级数未必收敛. 例如，级数

$$(1-1) + (1-1) + \cdots$$

收敛于 0，但级数

$$1 - 1 + 1 - 1 + \cdots + (-1)^{n-1} + \cdots$$

却是发散的.

推论 如果加上括号后所得的级数发散，则原级数也发散.

证 用反证法. 如果原级数收敛，则由性质 4 可知加上括号后所得的级数收敛，导致矛盾. 故结论成立.

性质 5 (级数收敛的必要条件)　如果级数 $\sum\limits_{n=1}^{\infty} u_n$ 收敛,则 $\lim\limits_{n\to\infty} u_n = 0$.

证　设级数 $\sum\limits_{n=1}^{\infty} u_n$ 的部分和为 s_n. 由于级数 $\sum\limits_{n=1}^{\infty} u_n$ 收敛,故 $\lim\limits_{n\to\infty} s_n$ 存在,并设为 s,即 $\lim\limits_{n\to\infty} s_n = s$. 于是

$$\lim_{n\to\infty} u_n = \lim_{n\to\infty}(s_n - s_{n-1}) = \lim_{n\to\infty} s_n - \lim_{n\to\infty} s_{n-1} = s - s = 0.$$

注　如果 $\lim\limits_{n\to\infty} u_n = 0$,级数 $\sum\limits_{n=1}^{\infty} u_n$ 不一定收敛. 例如,对于调和级数 $\sum\limits_{n=1}^{\infty} \dfrac{1}{n}$,虽然其一般项 $\dfrac{1}{n}$ 趋于 0,但仍然是发散的. 这说明,$\lim\limits_{n\to\infty} u_n = 0$ 是级数 $\sum\limits_{n=1}^{\infty} u_n$ 收敛的必要条件,但不是充分条件. 若 $\lim\limits_{n\to\infty} u_n \neq 0$,则级数 $\sum\limits_{n=1}^{\infty} u_n$ 必定发散. 例如,$\sum\limits_{n=1}^{\infty} \dfrac{1}{\sqrt[n]{3}}$ 和 $\sum\limits_{n=1}^{\infty} \sin^2 n$ 都是发散的级数.

习　题　12.1

1. 求下列级数的部分和:

(1) $\dfrac{1}{\sqrt{3}} - \dfrac{1}{3} + \dfrac{1}{3\sqrt{3}} - \dfrac{1}{3^2} + \cdots + (-1)^{n-1}\left(\dfrac{1}{\sqrt{3}}\right)^n + \cdots;$

(2) $\dfrac{1}{2\times 4} + \dfrac{1}{4\times 6} + \dfrac{1}{6\times 8} + \cdots + \dfrac{1}{2n(2n+2)} + \cdots;$

(3) $\cos\dfrac{\pi}{6} + \cos\dfrac{2\pi}{6} + \cos\dfrac{3\pi}{6} + \cdots + \cos\dfrac{n\pi}{6} + \cdots;$

2. 利用定义判别下列级数的敛散性:

(1) $\sum\limits_{n=1}^{\infty} \dfrac{1}{\sqrt{n+1}+\sqrt{n}};$　　　(2) $\sum\limits_{n=1}^{\infty} \ln\left(1+\dfrac{1}{n}\right);$

(3) $\sum\limits_{n=1}^{\infty} \dfrac{1}{a^{2n-1}}\ (a>0);$　　　(4) $1 + \dfrac{1}{1+2} + \dfrac{1}{1+2+3} + \cdots + \dfrac{1}{1+2+3+\cdots+n} + \cdots.$

3. 利用级数的性质和级数收敛的必要条件判别下列级数的敛散性:

(1) $\sum\limits_{n=1}^{\infty} \dfrac{n-2}{n^2+n};$　　　　　(2) $\sum\limits_{n=1}^{\infty} \dfrac{\mathrm{e}^n}{n^2};$

(3) $\left(\dfrac{1}{2} - \dfrac{1}{3}\right) + \left(\dfrac{1}{2^2} - \dfrac{1}{3^2}\right) + \cdots + \left(\dfrac{1}{2^n} - \dfrac{1}{3^n}\right) + \cdots;$

(4) $\dfrac{1}{2} + \dfrac{1}{4} + \dfrac{1}{6} + \cdots + \dfrac{1}{2n} + \cdots.$

4. 求下列级数的和:

(1) $\sum\limits_{n=1}^{\infty} \left(\sqrt{n+2} - 2\sqrt{n+1} + \sqrt{n}\right);$　　　(2) $\sum\limits_{n=1}^{\infty} \ln\left[1 - \dfrac{1}{(n+1)^2}\right];$　　　(3) $\sum\limits_{n=1}^{\infty} \dfrac{2^n+3^n}{6^n}.$

$$\S 12.2 \quad 常数项级数敛散性的判别法$$

一、正项级数敛散性的判别法

如果级数 $\sum\limits_{n=1}^{\infty} u_n$ 的所有项非负,即 $u_n \geqslant 0$ $(n=1,2,\cdots)$,则称级数 $\sum\limits_{n=1}^{\infty} u_n$ 为**正项级数**.

若 $\sum\limits_{n=1}^{\infty} u_n$ 为正项级数,则其部分和数列 $\{s_n\}$ 满足

$$s_{n+1} = s_n + u_{n+1} \geqslant s_n \quad (n=1,2,\cdots),$$

即部分和数列 $\{s_n\}$ 是单调增加数列.

根据单调有界数列必有极限的准则,如果部分和数列 $\{s_n\}$ 有界,则极限 $\lim\limits_{n\to\infty} s_n$ 存在,从而级数 $\sum\limits_{n=1}^{\infty} u_n$ 收敛. 反之,如果级数 $\sum\limits_{n=1}^{\infty} u_n$ 收敛,则极限 $\lim\limits_{n\to\infty} s_n$ 存在. 再由数列极限的性质知,部分和数列 $\{s_n\}$ 有界. 因此,有下面的定理.

定理 1 正项级数 $\sum\limits_{n=1}^{\infty} u_n$ 收敛的充要条件是其部分和数列 $\{s_n\}$ 有界.

例 1 讨论 p **级数** $\sum\limits_{n=1}^{\infty} \dfrac{1}{n^p}$ 的敛散性,其中常数 $p>0$.

证 当 $0<p\leqslant 1$ 时,p 级数 $\sum\limits_{n=1}^{\infty} \dfrac{1}{n^p}$ 的部分和为

$$s_n = 1 + \frac{1}{2^p} + \frac{1}{3^p} + \cdots + \frac{1}{n^p} \geqslant 1 + \frac{1}{2} + \frac{1}{3} + \cdots + \frac{1}{n} \xlongequal{\text{记为}} \sigma_n,$$

其中 σ_n 为调和级数的部分和. 由上一节的例 4 知 $\lim\limits_{n\to\infty} \sigma_n = +\infty$. 因此,级数 $\sum\limits_{n=1}^{\infty} \dfrac{1}{n^p}$ 的部分和数列无界. 于是,当 $0<p\leqslant 1$ 时,级数 $\sum\limits_{n=1}^{\infty} \dfrac{1}{n^p}$ 发散.

下面考虑 $p>1$ 时的情形. 对于 $k=2,3,\cdots$,当 $k-1\leqslant x\leqslant k$ 时,有 $\dfrac{1}{k^p} \leqslant \dfrac{1}{x^p}$,从而

$$\frac{1}{k^p} = \int_{k-1}^{k} \frac{1}{k^p} \mathrm{d}x \leqslant \int_{k-1}^{k} \frac{1}{x^p} \mathrm{d}x \quad (k=2,3,\cdots).$$

于是,级数 $\sum\limits_{n=1}^{\infty} \dfrac{1}{n^p}$ 的部分和 s_n 满足

$$s_n = 1 + \sum_{k=2}^{n} \frac{1}{k^p} \leqslant 1 + \sum_{k=2}^{n} \int_{k-1}^{k} \frac{1}{x^p} \mathrm{d}x = 1 + \int_{1}^{n} \frac{1}{x^p} \mathrm{d}x$$

$$= 1 + \frac{1}{p-1}\left(1 - \frac{1}{n^{p-1}}\right) \leqslant 1 + \frac{1}{p-1} \quad (n=2,3,\cdots),$$

即级数 $\displaystyle\sum_{n=1}^{\infty}\frac{1}{n^{p}}$ 的部分和数列有界. 由定理 1 知, 级数 $\displaystyle\sum_{n=1}^{\infty}\frac{1}{n^{p}}$ 收敛.

综上所述, p 级数 $\displaystyle\sum_{n=1}^{\infty}\frac{1}{n^{p}}$ 当 $0<p\leqslant1$ 时发散, 当 $p>1$ 时收敛.

定理 2 (比较判别法)　设 $\displaystyle\sum_{n=1}^{\infty}u_{n},\sum_{n=1}^{\infty}v_{n}$ 均为正项级数.

(1) 若 $u_{n}\leqslant v_{n}(n=1,2,\cdots)$, 且级数 $\displaystyle\sum_{n=1}^{\infty}v_{n}$ 收敛, 则级数 $\displaystyle\sum_{n=1}^{\infty}u_{n}$ 收敛;

(2) 若 $u_{n}\geqslant v_{n}(n=1,2,\cdots)$, 且级数 $\displaystyle\sum_{n=1}^{\infty}v_{n}$ 发散, 则级数 $\displaystyle\sum_{n=1}^{\infty}u_{n}$ 发散.

证　(1) 设级数 $\displaystyle\sum_{n=1}^{\infty}u_{n},\sum_{n=1}^{\infty}v_{n}$ 的部分和分别为 s_{n},σ_{n}. 因为

$$u_{n}\leqslant v_{n}\quad(n=1,2,\cdots),$$

所以级数 $\displaystyle\sum_{n=1}^{\infty}u_{n}$ 的部分和 s_{n} 满足

$$s_{n}=u_{1}+u_{2}+\cdots+u_{n}\leqslant v_{1}+v_{2}+\cdots+v_{n}=\sigma_{n}.$$

若级数 $\displaystyle\sum_{n=1}^{\infty}v_{n}$ 收敛, 则其部分和数列 $\{\sigma_{n}\}$ 有界, 从而级数 $\displaystyle\sum_{n=1}^{\infty}u_{n}$ 的部分和数列 $\{s_{n}\}$ 也有界. 由定理 1 知, 级数 $\displaystyle\sum_{n=1}^{\infty}u_{n}$ 收敛.

(2) 用反证法. 如果级数 $\displaystyle\sum_{n=1}^{\infty}u_{n}$ 收敛, 则由 $u_{n}\geqslant v_{n}(n=1,2,\cdots)$ 及结论(1), 可以推出级数 $\displaystyle\sum_{n=1}^{\infty}v_{n}$ 收敛, 与假设级数 $\displaystyle\sum_{n=1}^{\infty}v_{n}$ 发散矛盾. 因此, 结论(2)成立.

由定理 2 及 §12.1 的性质 3, 我们容易得到下列应用范围较广泛的判别法.

推论　设 $\displaystyle\sum_{n=1}^{\infty}u_{n},\sum_{n=1}^{\infty}v_{n}$ 都是正项级数, k 是正常数, N 是正整数.

(1) 若 $u_{n}\leqslant kv_{n}(n>N)$, 且级数 $\displaystyle\sum_{n=1}^{\infty}v_{n}$ 收敛, 则级数 $\displaystyle\sum_{n=1}^{\infty}u_{n}$ 收敛;

(2) 若 $u_{n}\geqslant kv_{n}(n>N)$, 且级数 $\displaystyle\sum_{n=1}^{\infty}v_{n}$ 发散, 则级数 $\displaystyle\sum_{n=1}^{\infty}u_{n}$ 发散.

例 2　判别下列级数的敛散性:

(1) $\displaystyle\sum_{n=1}^{\infty}\frac{1}{n^{2}+1}$;　　　　(2) $\displaystyle\sum_{n=2}^{\infty}\frac{1}{\sqrt{n^{2}-1}}$;

(3) $\displaystyle\sum_{n=1}^{\infty}\frac{n!}{n^{n}}$;　　　　(4) $\displaystyle\sum_{n=1}^{\infty}\frac{1}{n}(\sqrt{n+1}-\sqrt{n})$.

解　(1) 该级数是正项级数. 由于 $\dfrac{1}{n^2+1}<\dfrac{1}{n^2}(n=1,2,\cdots)$, 而级数 $\displaystyle\sum_{n=1}^{\infty}\dfrac{1}{n^2}$ 收敛, 因此由定理 2 可知级数 $\displaystyle\sum_{n=1}^{\infty}\dfrac{1}{n^2+1}$ 收敛.

(2) 该级数是正项级数. 因为 $\dfrac{1}{\sqrt{n^2-1}}>\dfrac{1}{\sqrt{n^2}}=\dfrac{1}{n}(n=2,3,\cdots)$, 而级数 $\displaystyle\sum_{n=2}^{\infty}\dfrac{1}{n}$ 发散, 所以由定理 2 可知级数 $\displaystyle\sum_{n=2}^{\infty}\dfrac{1}{\sqrt{n^2-1}}$ 发散.

(3) 该级数是正项级数. 当 $n>2$ 时, 有

$$\frac{n!}{n^n}=\frac{n}{n}\cdot\frac{n-1}{n}\cdot\frac{n-2}{n}\cdot\cdots\cdot\frac{2}{n}\cdot\frac{1}{n}<\frac{2}{n^2},$$

而级数 $\displaystyle\sum_{n=1}^{\infty}\dfrac{2}{n^2}$ 收敛, 故由定理 2 的推论可知级数 $\displaystyle\sum_{n=1}^{\infty}\dfrac{n!}{n^n}$ 收敛.

(4) 该级数是正项级数. 因为

$$\frac{1}{n}\left(\sqrt{n+1}-\sqrt{n}\right)=\frac{1}{n\left(\sqrt{n+1}+\sqrt{n}\right)}\leqslant\frac{1}{n^{\frac{3}{2}}}\quad(n=1,2,\cdots),$$

而级数 $\displaystyle\sum_{n=1}^{\infty}\dfrac{1}{n^{\frac{3}{2}}}$ 收敛, 所以由定理 2 可知级数 $\displaystyle\sum_{n=1}^{\infty}\dfrac{1}{n}\left(\sqrt{n+1}-\sqrt{n}\right)$ 收敛.

比较判别法需要寻求一个形式简单、敛散性明确的级数来做比较, 但当一般项 u_n 的表达式较复杂时, 这一步一般较难做到. 在实际中, 采用下面的比较判别法的极限形式往往更为方便.

定理 3 (比较判别法的极限形式)　设 $\displaystyle\sum_{n=1}^{\infty}u_n,\sum_{n=1}^{\infty}v_n$ 都是正项级数.

(1) 如果极限 $\displaystyle\lim_{n\to\infty}\dfrac{u_n}{v_n}=l\ (0<l<+\infty)$, 则级数 $\displaystyle\sum_{n=1}^{\infty}u_n$ 与 $\displaystyle\sum_{n=1}^{\infty}v_n$ 同时收敛或发散;

(2) 如果极限 $\displaystyle\lim_{n\to\infty}\dfrac{u_n}{v_n}=0$, 则由级数 $\displaystyle\sum_{n=1}^{\infty}v_n$ 收敛可得到级数 $\displaystyle\sum_{n=1}^{\infty}u_n$ 收敛;

(3) 如果极限 $\displaystyle\lim_{n\to\infty}\dfrac{u_n}{v_n}=+\infty$, 则由级数 $\displaystyle\sum_{n=1}^{\infty}v_n$ 发散可得到级数 $\displaystyle\sum_{n=1}^{\infty}u_n$ 发散.

证　(1) 因为 $\displaystyle\lim_{n\to\infty}\dfrac{u_n}{v_n}=l$, 所以由极限的定义知, 对于 $\varepsilon=\dfrac{l}{2}>0$, 存在正整数 N, 使得当 $n>N$ 时, 有 $\left|\dfrac{u_n}{v_n}-l\right|<\varepsilon=\dfrac{l}{2}$, 即当 $n>N$ 时, 有

$$\frac{l}{2}v_n<u_n<\frac{3l}{2}v_n.$$

由定理 2 的推论即得结论成立.

（2）由 $\lim\limits_{n\to\infty}\dfrac{u_n}{v_n}=0$ 知，存在正整数 N，使得当 $n>N$ 时，有 $u_n<v_n$. 再由定理 2 的推论知，如果级数 $\sum\limits_{n=1}^{\infty}v_n$ 收敛，则级数 $\sum\limits_{n=1}^{\infty}u_n$ 也收敛.

（3）由 $\lim\limits_{n\to\infty}\dfrac{u_n}{v_n}=+\infty$ 知，存在正整数 N，使得当 $n>N$ 时，有 $u_n>v_n$. 再由定理 2 的推论知，如果级数 $\sum\limits_{n=1}^{\infty}v_n$ 发散，则级数 $\sum\limits_{n=1}^{\infty}u_n$ 也发散.

例 3　判别下列级数的敛散性：

(1) $\sum\limits_{n=1}^{\infty}\dfrac{1}{n^2-n+1}$；　　　(2) $\sum\limits_{n=1}^{\infty}\sin\dfrac{1}{\sqrt{n}}$；　　　(3) $\sum\limits_{n=1}^{\infty}\sin\dfrac{\pi}{3^n}$.

证　（1）这是正项级数. 因

$$\lim_{n\to\infty}\frac{\dfrac{1}{n^2-n+1}}{\dfrac{1}{n^2}}=\lim_{n\to\infty}\frac{n^2}{n^2-n+1}=1,$$

而级数 $\sum\limits_{n=1}^{\infty}\dfrac{1}{n^2}$ 是收敛的，故由定理 3 可知级数 $\sum\limits_{n=1}^{\infty}\dfrac{1}{n^2-n+1}$ 收敛.

（2）这是正项级数. 因 $\lim\limits_{n\to\infty}\dfrac{\sin\dfrac{1}{\sqrt{n}}}{\dfrac{1}{\sqrt{n}}}=1$，而级数 $\sum\limits_{n=1}^{\infty}\dfrac{1}{\sqrt{n}}$ 发散，故由定理 3 可知级数 $\sum\limits_{n=1}^{\infty}\sin\dfrac{1}{\sqrt{n}}$ 发散.

（3）这是正项级数. 因 $\lim\limits_{n\to\infty}\dfrac{\sin\dfrac{\pi}{3^n}}{\dfrac{1}{3^n}}=\pi$，而级数 $\sum\limits_{n=1}^{\infty}\dfrac{1}{3^n}$ 收敛，故由定理 3 可知级数 $\sum\limits_{n=1}^{\infty}\sin\dfrac{\pi}{3^n}$ 收敛.

在定理 3 中，若取 $v_n=\dfrac{1}{n^p}$，则有 $\lim\limits_{n\to\infty}\dfrac{u_n}{\dfrac{1}{n^p}}=\lim\limits_{n\to\infty}n^p u_n$. 那么，根据 p 级数 $\sum\limits_{n=1}^{\infty}\dfrac{1}{n^p}$ 的敛散性，可以得到如下推论：

推论　设 $\sum\limits_{n=1}^{\infty}u_n$ 为正项级数，极限 $\lim\limits_{n\to\infty}n^p u_n=l\ (0\leqslant l\leqslant+\infty)$，则

(1) 当 $p>1$，且 $0\leqslant l<+\infty$ 时，级数 $\sum\limits_{n=1}^{\infty}u_n$ 收敛；

(2) 当 $p\leqslant1$，且 $0<l\leqslant+\infty$ 时，级数 $\sum\limits_{n=1}^{\infty}u_n$ 发散.

例4 判别级数 $\sum\limits_{n=1}^{\infty}\dfrac{\ln n}{n^2}$ 的敛散性.

解 该级数为正项级数.因为

$$\lim_{n\to\infty}n^{\frac{3}{2}}\cdot\frac{\ln n}{n^2}=\lim_{n\to\infty}\frac{\ln n}{n^{\frac{1}{2}}}=0,$$

且这里 $p=\dfrac{3}{2}>1$,所以由定理3的推论可得级数 $\sum\limits_{n=1}^{\infty}\dfrac{\ln n}{n^2}$ 收敛.

例5 设 $\sum\limits_{n=1}^{\infty}u_n$ 为收敛的正项级数,证明:级数 $\sum\limits_{n=1}^{\infty}u_n^2$ 也收敛.

证 因为级数 $\sum\limits_{n=1}^{\infty}u_n$ 收敛,所以 $\lim\limits_{n\to\infty}u_n=0$.而

$$\lim_{n\to\infty}\frac{u_n^2}{u_n}=\lim_{n\to\infty}u_n=0,$$

故由定理3可知级数 $\sum\limits_{n=1}^{\infty}u_n^2$ 也收敛.

我们知道,当公比 $|q|<1$ 时,等比级数收敛;当公比 $|q|\geqslant1$ 时,等比级数发散.由此,我们大胆猜想:尽管对于大部分的正项级数有 $\dfrac{u_{n+1}}{u_n}=q(n)\neq$ 常数,但若有 $\lim\limits_{n\to\infty}\dfrac{u_{n+1}}{u_n}=l<1$,则正项级数也收敛.这个猜想是正确的.

定理4(比值判别法或达朗贝尔[①]判别法) 对于正项级数 $\sum\limits_{n=1}^{\infty}u_n$,若极限 $\lim\limits_{n\to\infty}\dfrac{u_{n+1}}{u_n}=\rho$,则

(1) 当 $\rho<1$ 时,级数 $\sum\limits_{n=1}^{\infty}u_n$ 收敛;

(2) 当 $\rho>1$ 或 $\rho=+\infty$ 时,级数 $\sum\limits_{n=1}^{\infty}u_n$ 发散;

(3) 当 $\rho=1$ 时,级数 $\sum\limits_{n=1}^{\infty}u_n$ 可能收敛,也可能发散.

证 (1) 当 $\rho<1$ 时,取 $0<\varepsilon<1-\rho,r=\rho+\varepsilon$,则 $r<1$.

由 $\lim\limits_{n\to\infty}\dfrac{u_{n+1}}{u_n}=\rho$ 知,存在正整数 N,使得当 $n\geqslant N$ 时,有 $\left|\dfrac{u_{n+1}}{u_n}-\rho\right|<\varepsilon$,因此

$$u_{N+1}<ru_N,\quad u_{N+2}<ru_{N+1}<r^2u_N,\quad\cdots,\quad u_{N+k}<r^ku_N.$$

由于 $r<1$,故级数 $\sum\limits_{k=1}^{\infty}r^ku_N$ 收敛.根据定理2的推论知,级数 $\sum\limits_{n=1}^{\infty}u_n$ 收敛.

(2) 当 $\rho>1$ 时,取 $0<\varepsilon<\rho-1,r=\rho-\varepsilon$,则 $r>1$.

---

① 达朗贝尔(d'Alembert,1717—1783),法国数学家.

由 $\lim\limits_{n\to\infty}\dfrac{u_{n+1}}{u_n}=\rho$ 知,存在正整数 N,使得当 $n\geqslant N$ 时,有 $\dfrac{u_{n+1}}{u_n}>\rho-\varepsilon>1$,即

$$u_{n+1}>u_n,\quad n=N,N+1,N+2,\cdots,$$

从而 $\lim\limits_{n\to\infty}u_n\neq 0$.根据级数收敛的必要条件知,级数 $\sum\limits_{n=1}^{\infty}u_n$ 发散.

类似地,可以证明当 $\lim\limits_{n\to\infty}\dfrac{u_{n+1}}{u_n}=+\infty$ 时,级数 $\sum\limits_{n=1}^{\infty}u_n$ 发散.

(3) 当 $\rho=1$ 时,级数 $\sum\limits_{n=1}^{\infty}u_n$ 的敛散性不定,可能收敛,也可能发散.例如,若 $u_n=\dfrac{1}{n^p}$,显然

对于任意的 $p>0$,都有 $\lim\limits_{n\to\infty}\dfrac{u_{n+1}}{u_n}=\lim\limits_{n\to\infty}\dfrac{n^p}{(n+1)^p}=1$,而级数 $\sum\limits_{n=1}^{\infty}\dfrac{1}{n^p}$ 当 $p>1$ 时收敛,当 $p\leqslant 1$ 时

发散.因此,只根据 $\rho=1$ 不能判别级数 $\sum\limits_{n=1}^{\infty}u_n$ 的敛散性.

例 6　判别下列级数的敛散性:

(1) $\sum\limits_{n=1}^{\infty}\dfrac{n!}{n^n}$;　　　　(2) $\sum\limits_{n=1}^{\infty}\left(\dfrac{3}{4}\right)^n n$;　　　　(3) $\sum\limits_{n=1}^{\infty}\dfrac{2^n}{(n+1)^2}$.

证　(1) 这是正项级数,这里 $u_n=\dfrac{n!}{n^n}$.由于

$$\lim_{n\to\infty}\frac{u_{n+1}}{u_n}=\lim_{n\to\infty}\frac{(n+1)!}{(n+1)^{n+1}}\cdot\frac{n^n}{n!}=\lim_{n\to\infty}\frac{1}{\left(1+\dfrac{1}{n}\right)^n}=\frac{1}{\mathrm{e}}<1,$$

故级数 $\sum\limits_{n=1}^{\infty}\dfrac{n!}{n^n}$ 收敛.

(2) 这是正项级数,这里 $u_n=\left(\dfrac{3}{4}\right)^n n$.由于

$$\lim_{n\to\infty}\frac{u_{n+1}}{u_n}=\lim_{n\to\infty}\frac{n+1}{n}\cdot\frac{3}{4}=\frac{3}{4}<1,$$

故级数 $\sum\limits_{n=1}^{\infty}\left(\dfrac{3}{4}\right)^n n$ 收敛.

(3) 这是正项级数,这里 $u_n=\dfrac{2^n}{(n+1)^2}$.由于

$$\lim_{n\to\infty}\frac{u_{n+1}}{u_n}=\lim_{n\to\infty}\frac{2(n+1)^2}{(n+2)^2}=2>1,$$

故级数 $\sum\limits_{n=1}^{\infty}\dfrac{2^n}{(n+1)^2}$ 发散.

定理 5（根值判别法或柯西判别法）　设 $\sum\limits_{n=1}^{\infty}u_n$ 为正项级数,且极限 $\lim\limits_{n\to\infty}\sqrt[n]{u_n}=\rho$,则

(1) 当 $\rho<1$ 时,级数 $\displaystyle\sum_{n=1}^{\infty}u_n$ 收敛;

(2) 当 $\rho>1$ 或 $\rho=+\infty$ 时,级数 $\displaystyle\sum_{n=1}^{\infty}u_n$ 发散;

(3) 当 $\rho=1$ 时,级数 $\displaystyle\sum_{n=1}^{\infty}u_n$ 可能收敛,也可能发散.

定理 5 的证明与定理 4 相仿,这里从略,请读者自行完成.

例 7　判别下列级数的敛散性:

(1) $\displaystyle\sum_{n=1}^{\infty}\left(\frac{n}{2n+1}\right)^n$;　　　　(2) $\displaystyle\sum_{n=1}^{\infty}\left(\frac{2}{e}\right)^n n$;　　　　(3) $\displaystyle\sum_{n=1}^{\infty}\frac{(1+1/n)^{n^2}}{2^n}$.

解　(1) 这是正项级数,这里 $u_n=\left(\dfrac{n}{2n+1}\right)^n$. 因为

$$\lim_{n\to\infty}\sqrt[n]{u_n}=\lim_{n\to\infty}\frac{n}{2n+1}=\frac{1}{2}<1,$$

所以级数 $\displaystyle\sum_{n=1}^{\infty}\left(\frac{n}{2n+1}\right)^n$ 收敛.

(2) 这是正项级数,这里 $u_n=\left(\dfrac{2}{e}\right)^n n$. 因为

$$\lim_{n\to\infty}\sqrt[n]{u_n}=\lim_{n\to\infty}\frac{2}{e}\sqrt[n]{n}=\frac{2}{e}<1,$$

故级数 $\displaystyle\sum_{n=1}^{\infty}\left(\frac{2}{e}\right)^n n$ 收敛.

(3) 这是正项级数,这里 $u_n=\dfrac{(1+1/n)^{n^2}}{2^n}$. 因为

$$\lim_{n\to\infty}\sqrt[n]{u_n}=\lim_{n\to\infty}\frac{(1+1/n)^n}{2}=\frac{e}{2}>1,$$

所以级数 $\displaystyle\sum_{n=1}^{\infty}\frac{(1+1/n)^{n^2}}{2^n}$ 发散.

定理 6(积分判别法)　设函数 $f(x)$ 在区间 $[k,+\infty)$ 上连续、单调减少且非负,其中 k 为正整数,则反常积分 $\displaystyle\int_k^{+\infty}f(x)\mathrm{d}x$ 与级数 $\displaystyle\sum_{n=k}^{\infty}f(n)$ 有相同的敛散性.

定理证明从略.

例 8　判别级数 $\displaystyle\sum_{n=1}^{\infty}\frac{\ln n}{n}$ 的敛散性.

解　取 $f(x)=\dfrac{\ln x}{x}$,显然 $x>1$ 时 $f(x)$ 非负且连续,又

$$f'(x)=\frac{1-\ln x}{x^2}<0\quad(x>e),$$

第十二章 无穷级数

即 $x > e$ 时 $f(x)$ 单调减少,再注意到 $\int_{e}^{+\infty} \frac{\ln x}{x} \mathrm{d}x = \frac{\ln^2 x}{2} \Big|_{e}^{+\infty} = +\infty$,即反常积分 $\int_{e}^{+\infty} \frac{\ln x}{x} \mathrm{d}x$ 发散,所以由积分判别法可知级数 $\sum_{n=3}^{\infty} \frac{\ln n}{n}$ 发散,从而级数 $\sum_{n=1}^{\infty} \frac{\ln n}{n}$ 也发散.

二、交错级数

定义 1 如果 $u_n > 0$ $(n=1,2,\cdots)$,则称级数 $\sum_{n=1}^{\infty} (-1)^{n-1} u_n$ 或 $\sum_{n=1}^{\infty} (-1)^n u_n$ 为**交错级数**.

例如,$\sum_{n=1}^{\infty} (-1)^{n-1} \frac{1}{n} = 1 - \frac{1}{2} + \frac{1}{3} + \cdots + (-1)^{n-1} \frac{1}{n} + \cdots$ 就是一个交错级数. 交错级数的特点是:级数中的项一正一负交替出现. 显然,交错级数 $\sum_{n=1}^{\infty} (-1)^{n-1} u_n$ 与 $\sum_{n=1}^{\infty} (-1)^n u_n$ 的敛散性是相同的.

定理 7(莱布尼茨判别法) 若交错级数 $\sum_{n=1}^{\infty} (-1)^{n-1} u_n$ 满足:

(1) $u_n \geqslant u_{n+1}$ $(n=1,2,\cdots)$;

(2) $\lim\limits_{n \to \infty} u_n = 0$,

则该交错级数收敛,且其和 $s \leqslant u_1$,而 $r_n = s - \sum_{k=1}^{n} (-1)^{k-1} u_k$(称为**余项**)满足

$$|r_n| = \left| s - \sum_{k=1}^{n} (-1)^{k-1} u_k \right| = \left| \sum_{k=n+1}^{\infty} (-1)^{k-1} u_k \right| \leqslant u_{n+1}.$$

证 考虑级数 $\sum_{n=1}^{\infty} (-1)^{n-1} u_n$ 的前 $2n$ 项之和

$$s_{2n} = (u_1 - u_2) + (u_3 - u_4) + \cdots + (u_{2n-1} - u_{2n}).$$

由条件(1)可得 $u_n - u_{n+1} \geqslant 0$,从而数列 $\{s_{2n}\}$ 单调增加,且

$$s_{2n} = u_1 - (u_2 - u_3) - \cdots - (u_{2n-2} - u_{2n-1}) - u_{2n} < u_1, \tag{1}$$

即数列 $\{s_{2n}\}$ 单调增加且有上界,因此极限 $\lim\limits_{n \to \infty} s_{2n}$ 存在. 设 $\lim\limits_{n \to \infty} s_{2n} = s$. 由(1)式可得 $s \leqslant u_1$. 又由 $\lim\limits_{n \to \infty} u_n = 0$ 可得

$$\lim_{n \to \infty} s_{2n+1} = \lim_{n \to \infty} (s_{2n} + u_{2n+1}) = \lim_{n \to \infty} s_{2n} + \lim_{n \to \infty} u_{2n+1} = s.$$

所以,级数 $\sum_{n=1}^{\infty} (-1)^{n-1} u_n$ 的部分和数列 $\{s_n\}$ 收敛于 s,并且 $s \leqslant u_1$.

由余项 r_n 的定义可得

$$|r_n| = u_{n+1} - (u_{n+2} - u_{n+3}) - (u_{n+4} - u_{n+5}) - \cdots,$$

再由条件(1)可知 $|r_n| \leqslant u_{n+1}$.

例 9 判别下列级数的敛散性:

(1) $\displaystyle\sum_{n=2}^{\infty}(-1)^n\frac{1}{n\ln n}$；　　　　　　(2) $\displaystyle\sum_{n=2}^{\infty}(-1)^n\frac{\sqrt{n}}{n-1}$；

(3) $\displaystyle\sum_{n=1}^{\infty}(-1)^n\frac{2+(-1)^n}{n}$；　　　　　(4) $\displaystyle\sum_{n=1}^{\infty}(-1)^n\frac{2+(-1)^n}{n^2}$．

解　(1) 由于 $u_n=\dfrac{1}{n\ln n}$ 关于 n 单调减少，且 $\lim\limits_{n\to\infty}u_n=\lim\limits_{n\to\infty}\dfrac{1}{n\ln n}=0$，故由莱布尼茨判别法可知交错级数 $\displaystyle\sum_{n=2}^{\infty}(-1)^n\frac{1}{n\ln n}$ 收敛．

(2) 设函数 $f(x)=\dfrac{\sqrt{x}}{x-1}$．由于

$$f'(x)=-\frac{1+x}{2\sqrt{x}(x-1)^2}<0\quad(x\geqslant 2),$$

所以 $x\geqslant 2$ 时 $f(x)=\dfrac{\sqrt{x}}{x-1}$ 单调减少．因此，$u_n=\dfrac{\sqrt{n}}{n-1}$ 关于 n 单调减少．又

$$\lim_{n\to\infty}u_n=\lim_{n\to\infty}\frac{\sqrt{n}}{n-1}=\lim_{n\to\infty}\frac{1}{\sqrt{n}-\dfrac{1}{\sqrt{n}}}=0,$$

故由莱布尼茨判别法可知交错级数 $\displaystyle\sum_{n=2}^{\infty}(-1)^n\frac{\sqrt{n}}{n-1}$ 收敛．

(3) 由莱布尼茨判别法可知级数 $\displaystyle\sum_{n=1}^{\infty}(-1)^n\frac{2}{n}$ 收敛，而级数 $\displaystyle\sum_{n=1}^{\infty}\frac{1}{n}$ 发散，故由§12.1性质1的推论可知级数 $\displaystyle\sum_{n=1}^{\infty}(-1)^n\frac{2+(-1)^n}{n}$ 发散．

(4) 由莱布尼茨判别法可知级数 $\displaystyle\sum_{n=1}^{\infty}(-1)^n\frac{2}{n^2}$ 收敛，而级数 $\displaystyle\sum_{n=1}^{\infty}\frac{1}{n^2}$ 收敛，故由§12.1的性质1可知级数 $\displaystyle\sum_{n=1}^{\infty}(-1)^n\frac{2+(-1)^n}{n^2}$ 收敛．

注意，由于莱布尼茨判别法的条件只是充分条件，并非必要条件，故当交错级数不满足莱布尼茨判别法的条件时，不能由此断定交错级数是发散的．

三、任意项级数

级数 $\displaystyle\sum_{n=1}^{\infty}u_n$ 当它的项 $u_n(n=1,2,\cdots)$ 可取任意实数时称之为**任意项级数**，而 $\displaystyle\sum_{n=1}^{\infty}|u_n|$ 称为该任意项级数的**绝对值级数**．

定理8　若级数 $\displaystyle\sum_{n=1}^{\infty}|u_n|$ 收敛，则级数 $\displaystyle\sum_{n=1}^{\infty}u_n$ 也收敛．

证 记 $v_n = \dfrac{1}{2}(u_n + |u_n|)$. 由于 $0 \leqslant v_n \leqslant |u_n|$ $(n=1,2,\cdots)$,由正项级数的比较判别法知,级数 $\displaystyle\sum_{n=1}^{\infty} v_n$ 收敛. 又因为 $u_n = 2v_n - |u_n|$,所以由 §12.1 的性质 1 可知级数 $\displaystyle\sum_{n=1}^{\infty} u_n$ 收敛.

定理 8 的作用在于:把任意项级数的敛散性判别问题转化为正项级数敛散性的判别问题,从而解决了某些任意项级数的敛散性判别问题. 但值得注意的是,如果级数 $\displaystyle\sum_{n=1}^{\infty} |u_n|$ 发散,级数 $\displaystyle\sum_{n=1}^{\infty} u_n$ 未必也发散. 例如,对于 $u_n = (-1)^{n-1}\dfrac{1}{n}$,级数 $\displaystyle\sum_{n=1}^{\infty} |u_n|$ 发散,而级数 $\displaystyle\sum_{n=1}^{\infty} u_n$ 收敛.

定义 2 若级数 $\displaystyle\sum_{n=1}^{\infty} |u_n|$ 收敛,则称级数 $\displaystyle\sum_{n=1}^{\infty} u_n$ **绝对收敛**;若级数 $\displaystyle\sum_{n=1}^{\infty} |u_n|$ 发散,而级数 $\displaystyle\sum_{n=1}^{\infty} u_n$ 收敛,则称级数 $\displaystyle\sum_{n=1}^{\infty} u_n$ **条件收敛**.

例 10 判别下列级数的敛散性:

(1) $\displaystyle\sum_{n=1}^{\infty} (-1)^n \sin\dfrac{\pi}{2^n}$;

(2) $\displaystyle\sum_{n=1}^{\infty} \dfrac{\sin n\alpha}{n^2}$;

(3) $\displaystyle\sum_{n=1}^{\infty} \sin\sqrt{n^2+1}\,\pi$;

(4) $\displaystyle\sum_{n=1}^{\infty} (-1)^n \ln\left(1+\dfrac{1}{n}\right)$.

解 (1) 这里 $u_n = (-1)^n \sin\dfrac{\pi}{2^n}$. 由于 $|u_n| = \left| \sin\dfrac{\pi}{2^n} \right| \leqslant \dfrac{\pi}{2^n}$,而级数 $\displaystyle\sum_{n=1}^{\infty} \dfrac{\pi}{2^n}$ 收敛,于是由比较判别法可知级数 $\displaystyle\sum_{n=1}^{\infty} |u_n|$ 收敛,从而级数 $\displaystyle\sum_{n=1}^{\infty} (-1)^n \sin\dfrac{\pi}{2^n}$ 绝对收敛.

(2) 这里 $u_n = \dfrac{\sin n\alpha}{n^2}$. 由于 $|u_n| = \left| \dfrac{\sin n\alpha}{n^2} \right| \leqslant \dfrac{1}{n^2}$,而级数 $\displaystyle\sum_{n=1}^{\infty} \dfrac{1}{n^2}$ 收敛,于是由比较判别法可知级数 $\displaystyle\sum_{n=1}^{\infty} |u_n|$ 收敛,从而级数 $\displaystyle\sum_{n=1}^{\infty} \dfrac{\sin n\alpha}{n^2}$ 绝对收敛.

(3) 这里 $u_n = \sin\sqrt{n^2+1}\,\pi = (-1)^n \sin\left(-n\pi + \sqrt{n^2+1}\,\pi\right) = (-1)^n \sin\dfrac{\pi}{n+\sqrt{n^2+1}}$. 由于

$$\lim_{n\to\infty} \frac{|u_n|}{\dfrac{1}{n}} = \lim_{n\to\infty} \frac{\dfrac{\pi}{n+\sqrt{n^2+1}}}{\dfrac{1}{n}} = \frac{\pi}{2},$$

而级数 $\displaystyle\sum_{n=1}^{\infty} \dfrac{1}{n}$ 发散,于是由比较判别法的极限形式可知级数 $\displaystyle\sum_{n=1}^{\infty} |u_n|$ 发散. 因此,级数 $\displaystyle\sum_{n=1}^{\infty} \sin\sqrt{n^2+1}\,\pi$ 不是绝对收敛的.

但由于 $\sin\dfrac{\pi}{n+\sqrt{n^2+1}}$ 关于 n 单调减少,且 $\lim\limits_{n\to\infty}\sin\dfrac{\pi}{n+\sqrt{n^2+1}}=0$,于是由莱布尼茨判别

法可知交错级数 $\sum\limits_{n=1}^{\infty}(-1)^n\sin\dfrac{\pi}{n+\sqrt{n^2+1}}$ 收敛,也即级数 $\sum\limits_{n=1}^{\infty}\sin\sqrt{n^2+1}\,\pi$ 收敛,且是条件收

敛的.

(4) 这里 $u_n=(-1)^n\ln\left(1+\dfrac{1}{n}\right)$. 由于 $|u_n|=\ln\left(1+\dfrac{1}{n}\right)$,且

$$\lim_{n\to\infty}\frac{|u_n|}{\dfrac{1}{n}}=\lim_{n\to\infty}\frac{\ln\left(1+\dfrac{1}{n}\right)}{\dfrac{1}{n}}=1\neq0,$$

而级数 $\sum\limits_{n=1}^{\infty}\dfrac{1}{n}$ 发散,故由比较判别法的极限形式可知级数 $\sum\limits_{n=1}^{\infty}|u_n|$ 发散.

级数 $\sum\limits_{n=1}^{\infty}(-1)^n\ln\left(1+\dfrac{1}{n}\right)$ 为交错级数,又 $\ln\left(1+\dfrac{1}{n}\right)$ 关于 n 单调减少,且 $\lim\limits_{n\to\infty}\ln\left(1+\dfrac{1}{n}\right)=$

0,于是由莱布尼茨判别法可知该级数收敛.因此,级数 $\sum\limits_{n=1}^{\infty}(-1)^n\ln\left(1+\dfrac{1}{n}\right)$ 条件收敛.

值得注意的是,如果级数 $\sum\limits_{n=1}^{\infty}u_n$ 满足 $\lim\limits_{n\to\infty}\dfrac{|u_{n+1}|}{|u_n|}>1$ $\left(\text{包括 }\lim\limits_{n\to\infty}\dfrac{|u_{n+1}|}{|u_n|}=+\infty\right)$ 或

$\lim\limits_{n\to\infty}\sqrt[n]{|u_n|}>1$(包括 $\lim\limits_{n\to\infty}\sqrt[n]{|u_n|}=+\infty$),则该级数必发散.(思考:为什么?)

习 题 12.2

1. 用比较判别法或比较判别法的极限形式判别下列级数的敛散性:

(1) $\sum\limits_{n=1}^{\infty}\dfrac{1}{n+\sqrt{n}}$;
　　　　(2) $\sum\limits_{n=1}^{\infty}\sin\dfrac{\pi}{n^2}$;

(3) $\sum\limits_{n=1}^{\infty}\arctan\dfrac{1}{n\sqrt{n}}$;
　　　　(4) $\sum\limits_{n=1}^{\infty}\ln\left(1+\dfrac{1}{n^2}\right)$;

(5) $\sum\limits_{n=1}^{\infty}\dfrac{1}{1+a^n}$ $(a>0)$;
　　　　(6) $\sum\limits_{n=1}^{\infty}\dfrac{1}{\displaystyle\int_0^n\sqrt{1+x^2}\,\mathrm{d}x}$;

(7) $\sum\limits_{n=2}^{\infty}\dfrac{1}{\ln^k n}$ $(k>0)$;
　　　　(8) $\sum\limits_{n=1}^{\infty}\dfrac{n}{3^n+(-1)^n}$.

2. 用比值判别法判别下列级数的敛散性:

(1) $\sum\limits_{n=1}^{\infty}\dfrac{n^k}{(n+1)!}$ $(k>0)$;
　　　　(2) $\sum\limits_{n=1}^{\infty}\dfrac{n^n}{n!}$;

(3) $\sum_{n=1}^{\infty} \frac{2^n n!}{n^n}$；

(4) $\sum_{n=1}^{\infty} \frac{\arctan n}{(\ln 3)^n}$；

(5) $\sum_{n=1}^{\infty} n^2 q^n$ （q 为常数）.

3. 利用积分判别法判别下列级数的敛散性：

(1) $\sum_{n=2}^{\infty} \frac{\ln n}{n^2}$；

(2) $\sum_{n=1}^{\infty} \frac{2^{\frac{1}{n}}}{n^2}$.

4. 用根值判别法判别下列级数的敛散性：

(1) $\sum_{n=1}^{\infty} \left(\frac{n}{3n+1}\right)^{2n-1}$；

(2) $\sum_{n=1}^{\infty} \frac{\left(1+\frac{1}{n}\right)^{2n^2}}{7^n}$；

(3) $\sum_{n=1}^{\infty} \left(\frac{2n+1}{3n-1}\right)^n$；

(4) $\sum_{n=1}^{\infty} \frac{\sin^n x}{n}$ （$0 < x < \pi$）.

5. 判别下列级数的敛散性：

(1) $\sum_{n=1}^{\infty} \frac{1}{n} \ln\left(1+\frac{1}{n}\right)$；

(2) $\sum_{n=2}^{\infty} \frac{a^n}{\ln n!}$ （$a > 0$）；

(3) $\sum_{n=1}^{\infty} \frac{1}{\sqrt{4n^4+n^3-2n+1}}$；

(4) $\sum_{n=1}^{\infty} \frac{2n-1}{(\sqrt{2})^n}$；

(5) $\sum_{n=1}^{\infty} 2^n \sin \frac{\pi}{3^n}$；

(6) $\sum_{n=1}^{\infty} \frac{\ln(n+2)}{\left(a+\frac{1}{n}\right)^n}$ （$a > 0$）.

6. 若正项级数 $\sum_{n=1}^{\infty} a_n$ 收敛，证明：级数 $\sum_{n=1}^{\infty} a_n^2$ 与 $\sum_{n=1}^{\infty} \frac{a_n}{n}$ 都收敛.

7. 判别下列级数是否收敛，如果收敛，判断是条件收敛还是绝对收敛：

(1) $\sum_{n=1}^{\infty} (-1)^n \left(1-\cos\frac{1}{n}\right)$；

(2) $\sum_{n=2}^{\infty} \frac{n\cos n\pi}{\sqrt{n^3-2n+1}}$；

(3) $\sum_{n=1}^{\infty} (-1)^n \frac{\ln n}{n}$；

(4) $\sum_{n=1}^{\infty} (-1)^{n-1} \frac{n}{3^n}$；

(5) $\sum_{n=1}^{\infty} \frac{(-1)^n \sqrt{n}}{n-1}$；

(6) $\sum_{n=1}^{\infty} (-1)^n \frac{1}{\sqrt[n]{n}}$.

8. 证明：若级数 $\sum_{n=1}^{\infty} a_n^2$ 和 $\sum_{n=1}^{\infty} b_n^2$ 都收敛，则级数 $\sum_{n=1}^{\infty} a_n b_n$ 绝对收敛.

§12.3 幂 级 数

一、函数项级数的基本概念

设 $\{u_n(x)\}$ 为定义在区间 I 上的函数列,称表达式

$$u_1(x) + u_2(x) + \cdots + u_n(x) + \cdots$$

为定义在 I 上的**函数项无穷级数**(简称**函数项级数**或**级数**),简记为 $\sum\limits_{n=1}^{\infty} u_n(x)$.

对于函数项级数,我们将讨论如下两个问题:

(1) 对于区间 I 上哪些 x 的值,级数 $\sum\limits_{n=1}^{\infty} u_n(x)$ 收敛?

(2) 如果函数项级数 $\sum\limits_{n=1}^{\infty} u_n(x)$ 收敛,那么其和是什么?

定义 1 对每一点 $x_0 \in I$, $\sum\limits_{n=1}^{\infty} u_n(x_0)$ 为常数项级数. 若级数 $\sum\limits_{n=1}^{\infty} u_n(x_0)$ 收敛,则称 x_0 为函数项级数 $\sum\limits_{n=1}^{\infty} u_n(x)$ 的**收敛点**;若级数 $\sum\limits_{n=1}^{\infty} u_n(x_0)$ 发散,则称 x_0 为函数项级数 $\sum\limits_{n=1}^{\infty} u_n(x)$ 的**发散点**. 函数项级数 $\sum\limits_{n=1}^{\infty} u_n(x)$ 的收敛点的全体称为该函数项级数的**收敛域**,发散点的全体称为该函数项级数的**发散域**.

定义 2 对于函数项级数 $\sum\limits_{n=1}^{\infty} u_n(x)$ 的收敛域内的每一点 x,常数项级数 $\sum\limits_{n=1}^{\infty} u_n(x)$ 都收敛,即常数项级数 $\sum\limits_{n=1}^{\infty} u_n(x)$ 都有一个和 s 与 x 对应,这样函数项级数 $\sum\limits_{n=1}^{\infty} u_n(x)$ 在收敛域内定义了一个函数,称之为函数项级数 $\sum\limits_{n=1}^{\infty} u_n(x)$ 的**和函数**,记为 $s(x)$.

记函数项级数 $\sum\limits_{n=1}^{\infty} u_n(x)$ 的前 n 项之和为 $s_n(x)$(称为**部分和**),即

$$s_n(x) = u_1(x) + u_2(x) + \cdots + u_n(x), \tag{1}$$

则在收敛域内有

$$s(x) = \lim_{n \to \infty} s_n(x).$$

记 $r_n(x) = s(x) - s_n(x)$,称 $r_n(x)$ 为函数项级数 $\sum\limits_{n=1}^{\infty} u_n(x)$ 的**余项**(只有 x 在收敛域内, $r_n(x)$ 才有意义). 显然,在收敛域内有 $\lim\limits_{n \to \infty} r_n(x) = 0$.

例 1　x 取何值时,函数项级数 $\sum\limits_{n=0}^{\infty} x^n$ 收敛?试求出其和函数.

解　当 $|x| < 1$ 时,由(1)式有

$$s_n(x) = 1 + x + x^2 + \cdots + x^{n-1} = \frac{1-x^n}{1-x},$$

此时函数项级数 $\sum\limits_{n=0}^{\infty} x^n$ 收敛,且其和函数为

$$s(x) = \lim_{n \to \infty} s_n(x) = \lim_{n \to \infty} \frac{1-x^n}{1-x} = \frac{1}{1-x}.$$

当 $|x| \geqslant 1$ 时,由于 $\lim\limits_{n \to \infty} u_n(x) = \lim\limits_{n \to \infty} x^n \neq 0$,因此函数项级数 $\sum\limits_{n=0}^{\infty} x^n$ 发散.

二、幂级数及其收敛域

最简单且最常见的一类函数项级数就是幂级数.

定义 3　形如 $\sum\limits_{n=0}^{\infty} a_n(x-x_0)^n$ 的函数项级数称为 $x - x_0$ 的**幂级数**,其中常数 $a_n(n = 0, 1, 2, \cdots)$ 称为该幂级数的**系数**. 当 $x_0 = 0$ 时,得到幂级数 $\sum\limits_{n=0}^{\infty} a_n x^n$,称之为 x 的幂级数.

对于幂级数 $\sum\limits_{n=0}^{\infty} a_n(x-x_0)^n$,令 $x - x_0 = t$,则它可化为 $\sum\limits_{n=0}^{\infty} a_n t^n$. 故下面主要针对幂级数 $\sum\limits_{n=0}^{\infty} a_n x^n$ 进行讨论.

由例 1 可知,幂级数 $\sum\limits_{n=0}^{\infty} x^n$ 的收敛域是以 $x_0 = 0$ 为中心的对称区间. 对于一般的幂级数 $\sum\limits_{n=0}^{\infty} a_n x^n$,其收敛域是否有类似的特点呢?对此,我们有如下定理:

定理 1（阿贝尔[①]定理）　若幂级数 $\sum\limits_{n=0}^{\infty} a_n x^n$ 在点 $x_0 \neq 0$ 处收敛,则对于满足不等式 $|x| < |x_0|$ 的一切 x,幂级数 $\sum\limits_{n=0}^{\infty} a_n x^n$ 都绝对收敛;反之,若 $\sum\limits_{n=0}^{\infty} a_n x^n$ 在点 x_1 处发散,则对于满足不等式 $|x| > |x_1|$ 的一切 x,幂级数 $\sum\limits_{n=0}^{\infty} a_n x^n$ 都发散.

证　如果幂级数 $\sum\limits_{n=0}^{\infty} a_n x^n$ 在点 $x_0 \neq 0$ 处收敛,即级数 $\sum\limits_{n=0}^{\infty} a_n x_0^n$ 收敛,则 $\lim\limits_{n \to \infty} a_n x_0^n = 0$,从而

---

① 阿贝尔(Abel,1802—1829),挪威数学家.

存在一个正数 M,使得

$$|a_n x_0^n| \leqslant M \quad (n=0,1,2,\cdots).$$

对于满足 $|x|<|x_0|$ 的一切 x,幂级数 $\sum\limits_{n=0}^{\infty} |a_n x^n|$ 的一般项满足

$$|a_n x^n| = |a_n x_0^n| \cdot \left|\frac{x}{x_0}\right|^n \leqslant M \left|\frac{x}{x_0}\right|^n.$$

由于 $\left|\dfrac{x}{x_0}\right|<1$,因此等比级数 $\sum\limits_{n=0}^{\infty} M \left|\dfrac{x}{x_0}\right|^n$ 收敛.由比较判别法知,级数 $\sum\limits_{n=0}^{\infty} |a_n x^n|$ 收敛,也就是级数 $\sum\limits_{n=0}^{\infty} a_n x^n$ 绝对收敛.

定理的第二部分用反证法证明.设 $\sum\limits_{n=0}^{\infty} a_n x^n$ 在点 x_1 处发散.如果存在满足 $|x|>|x_1|$ 的某个点 x_2,使得级数 $\sum\limits_{n=0}^{\infty} a_n x_2^n$ 收敛,那么由 $|x_1|<|x_2|$ 及定理第一部分的结论知,级数 $\sum\limits_{n=0}^{\infty} a_n x_1^n$ 应绝对收敛,与假设矛盾.定理得证.

阿贝尔定理指出:若幂级数 $\sum\limits_{n=0}^{\infty} a_n x^n$ 有非零收敛点,也有发散点,则必存在一个正数 R,使得当 $|x|<R$ 时,该幂级数绝对收敛;当 $|x|>R$ 时,该幂级数发散;当 $|x|=R$ 时,该幂级数可能收敛,也可能发散.这样的正数 R 称为幂级数 $\sum\limits_{n=0}^{\infty} a_n x^n$ 的**收敛半径**,而开区间 $(-R,R)$ 称为该幂级数的**收敛区间**.若幂级数 $\sum\limits_{n=0}^{\infty} a_n x^n$ 的收敛域为 D,则 $(-R,R) \subseteq D \subseteq [-R,R]$.因此,幂级数 $\sum\limits_{n=0}^{\infty} a_n x^n$ 的收敛域 D 是收敛区间 $(-R,R)$ 与收敛端点的并集.

若幂级数 $\sum\limits_{n=0}^{\infty} a_n x^n$ 仅在点 $x=0$ 处收敛,则规定其收敛半径为 $R=0$;若幂级数 $\sum\limits_{n=0}^{\infty} a_n x^n$ 对于所有实数都收敛,则规定其收敛半径为 $R=+\infty$.

定理 2 对于幂级数 $\sum\limits_{n=0}^{\infty} a_n x^n = a_0 + a_1 x + a_2 x^2 + \cdots + a_n x^n + \cdots$,若有极限

$$\lim_{n \to \infty} \left|\frac{a_{n+1}}{a_n}\right| = \rho,$$

则

(1) 当 $0<\rho<+\infty$ 时,收敛半径为 $R=\dfrac{1}{\rho}$;

(2) 当 $\rho=0$ 时,收敛半径为 $R=+\infty$;

(3) 当 $\rho=+\infty$ 时,收敛半径为 $R=0$.

证　考查幂级数 $\sum\limits_{n=0}^{\infty} a_n x^n$ 的绝对值级数

$$|a_0| + |a_1 x| + |a_2 x^2| + \cdots + |a_n x^n| + \cdots. \tag{2}$$

(1) 如果 $\lim\limits_{n\to\infty}\left|\dfrac{a_{n+1}}{a_n}\right| = \rho\,(0 < \rho < +\infty)$，则

$$\lim_{n\to\infty}\left|\frac{a_{n+1} x^{n+1}}{a_n x^n}\right| = \rho|x|.$$

当 $\rho|x| < 1$，即 $|x| < \dfrac{1}{\rho}$ 时，由比值判别法可知级数(2)收敛，从而幂级数 $\sum\limits_{n=0}^{\infty} a_n x^n$ 绝对收敛.

当 $\rho|x| > 1$，即 $|x| > \dfrac{1}{\rho}$ 时，由于 $\lim\limits_{n\to\infty}\left|\dfrac{a_{n+1} x^{n+1}}{a_n x^n}\right| = \rho|x| > 1$，因此存在正整数 N，使得当 $n > N$ 时，有

$$\left|\frac{a_{n+1} x^{n+1}}{a_n x^n}\right| > 1, \quad 即 \quad |a_{n+1} x^{n+1}| > |a_n x^n|.$$

所以 $\lim\limits_{n\to\infty}|a_n x^n| \neq 0$，从而 $\lim\limits_{n\to\infty} a_n x^n \neq 0$. 于是，幂级数 $\sum\limits_{n=0}^{\infty} a_n x^n$ 发散.

综上可知，当 $0 < \rho < +\infty$ 时，幂级数 $\sum\limits_{n=0}^{\infty} a_n x^n$ 的收敛半径为 $R = \dfrac{1}{\rho}$.

(2) 如果 $\lim\limits_{n\to\infty}\left|\dfrac{a_{n+1}}{a_n}\right| = \rho = 0$，那么

$$\lim_{n\to\infty}\left|\frac{a_{n+1} x^{n+1}}{a_n x^n}\right| = \rho|x| = 0 < 1.$$

由比值判别法知，对于任何实数 x，级数(2)均收敛，从而幂级数 $\sum\limits_{n=0}^{\infty} a_n x^n$ 绝对收敛. 因此，幂级数 $\sum\limits_{n=0}^{\infty} a_n x^n$ 的收敛半径为 $R = +\infty$.

(3) 如果 $\lim\limits_{n\to\infty}\left|\dfrac{a_{n+1}}{a_n}\right| = +\infty$，则当 $x \neq 0$ 时，有

$$\lim_{n\to\infty}\left|\frac{a_{n+1} x^{n+1}}{a_n x^n}\right| = \lim_{n\to\infty}\left|\frac{a_{n+1}}{a_n}\right||x| = +\infty.$$

因此，对于任意的 $x \neq 0$，幂级数 $\sum\limits_{n=0}^{\infty} a_n x^n$ 发散，即幂级数 $\sum\limits_{n=0}^{\infty} a_n x^n$ 只在点 $x = 0$ 处收敛. 故幂级数 $\sum\limits_{n=0}^{\infty} a_n x^n$ 的收敛半径为 $R = 0$.

注　根据幂级数 $\sum\limits_{n=0}^{n} a_n x^n$ 中 a_n 的具体形式，有时我们可用根值判别法来求该幂级数的

收敛半径. 此时,有 $\lim\limits_{n \to \infty} \sqrt[n]{|a_n|} = \rho$.

例 2 求幂级数 $\sum\limits_{n=1}^{\infty} \dfrac{(-1)^{n-1}x^n}{2^n n}$ 的收敛半径和收敛域.

解 这里 $a_n = \dfrac{(-1)^{n-1}}{2^n n}$. 因

$$\lim_{n \to \infty} \left| \frac{a_{n+1}}{a_n} \right| = \lim_{n \to \infty} \frac{\dfrac{1}{2^{n+1}(n+1)}}{\dfrac{1}{2^n n}} = \lim_{n \to \infty} \frac{2^n n}{2^{n+1}(n+1)} = \lim_{n \to \infty} \frac{n}{2(n+1)} = \frac{1}{2},$$

故幂级数 $\sum\limits_{n=1}^{\infty} \dfrac{(-1)^{n-1}x^n}{2^n n}$ 的收敛半径为 $R = 2$.

在端点 $x = 2$ 处,该幂级数成为交错级数

$$\sum_{n=1}^{\infty} \frac{(-1)^{n-1}}{n} = 1 - \frac{1}{2} + \frac{1}{3} - \cdots + (-1)^{n-1}\frac{1}{n} + \cdots,$$

此级数收敛.

在端点 $x = -2$ 处,该幂级数成为

$$\sum_{n=1}^{\infty} \frac{-1}{n} = -1 - \frac{1}{2} - \frac{1}{3} - \cdots - \frac{1}{n} - \cdots,$$

此级数发散.

因此,幂级数 $\sum\limits_{n=1}^{\infty} \dfrac{(-1)^{n-1}x^n}{2^n n}$ 的收敛域为 $(-2, 2]$.

例 3 求幂级数 $\sum\limits_{n=0}^{\infty} \dfrac{x^n}{n!}$ 的收敛半径和收敛域.

解 这里 $a_n = \dfrac{1}{n!}$. 由于

$$\lim_{n \to \infty} \left| \frac{a_{n+1}}{a_n} \right| = \lim_{n \to \infty} \frac{n!}{(n+1)!} = \lim_{n \to \infty} \frac{1}{n+1} = 0,$$

故幂级数 $\sum\limits_{n=0}^{\infty} \dfrac{x^n}{n!}$ 的收敛半径为 $R = +\infty$,收敛域为 $(-\infty, +\infty)$.

例 4 求幂级数 $\sum\limits_{n=0}^{\infty} 2^{n^2} x^n$ 的收敛半径和收敛域.

解 这里 $a_n = 2^{n^2}$. 由于

$$\lim_{n \to \infty} \left| \frac{a_{n+1}}{a_n} \right| = \lim_{n \to \infty} 2^{(n+1)^2 - n^2} = \lim_{n \to \infty} 2^{2n+1} = +\infty,$$

故幂级数 $\sum\limits_{n=0}^{\infty} 2^{n^2} x^n$ 的收敛半径为 0. 该幂级数仅在点 $x = 0$ 处收敛,所以其收敛域为 $\{0\}$.

例 5 求幂级数 $\displaystyle\sum_{n=1}^{\infty}\frac{x^{2n-1}}{4^{n}n}$ 的收敛半径和收敛域.

解 由于该幂级数缺少偶次幂的项,因此不能直接应用定理 2. 我们利用比值判别法来求收敛半径.

幂级数 $\displaystyle\sum_{n=1}^{\infty}\frac{x^{2n-1}}{4^{n}n}$ 的一般项为 $u_n(x)=\dfrac{x^{2n-1}}{4^{n}n}$. 由于

$$\lim_{n\to\infty}\left|\frac{u_{n+1}(x)}{u_n(x)}\right|=\lim_{n\to\infty}\frac{4^{n}n}{4^{n+1}(n+1)}x^2=\frac{1}{4}x^2,$$

所以当 $\dfrac{1}{4}x^2<1$,即 $|x|<2$ 时,幂级数 $\displaystyle\sum_{n=1}^{\infty}\frac{x^{2n-1}}{4^{n}n}$ 绝对收敛;当 $\dfrac{1}{4}x^2>1$,即 $|x|>2$ 时,幂级数 $\displaystyle\sum_{n=1}^{\infty}\frac{x^{2n-1}}{4^{n}n}$ 发散. 因此,幂级数 $\displaystyle\sum_{n=1}^{\infty}\frac{x^{2n-1}}{4^{n}n}$ 的收敛半径为 2.

对于端点 $x=2$,有 $x^{2n-1}=\dfrac{4^{n}}{2}$,此时幂级数 $\displaystyle\sum_{n=1}^{\infty}\frac{x^{2n-1}}{4^{n}n}$ 成为

$$\frac{1}{2}\sum_{n=1}^{\infty}\frac{1}{n}=\frac{1}{2}\left(1+\frac{1}{2}+\frac{1}{3}+\cdots+\frac{1}{n}+\cdots\right),$$

此级数发散.

类似可知,在端点 $x=-2$ 处,幂级数 $\displaystyle\sum_{n=1}^{\infty}\frac{x^{2n-1}}{4^{n}n}$ 也发散.

因此,幂级数 $\displaystyle\sum_{n=1}^{\infty}\frac{x^{2n-1}}{4^{n}n}$ 的收敛域为 $(-2,2)$.

例 6 求幂级数 $\displaystyle\sum_{n=1}^{\infty}\frac{(2x+1)^{n}}{n(n+1)}$ 的收敛半径与收敛域.

解 令 $t=2x+1$,则原幂级数可化为 $\displaystyle\sum_{n=1}^{\infty}\frac{t^{n}}{n(n+1)}$,此时 $a_n=\dfrac{1}{n(n+1)}$. 由于

$$\lim_{n\to\infty}\left|\frac{a_{n+1}}{a_n}\right|=\lim_{n\to\infty}\frac{1}{(n+1)(n+2)}\cdot n(n+1)=\lim_{n\to\infty}\frac{n}{n+2}=1,$$

故幂级数 $\displaystyle\sum_{n=1}^{\infty}\frac{t^{n}}{n(n+1)}$ 的收敛半径为 1.

在端点 $t=\pm1$ 处,$\displaystyle\sum_{n=1}^{\infty}\left|\frac{t^{n}}{n(n+1)}\right|=\sum_{n=1}^{\infty}\frac{1}{n(n+1)}$ 是收敛级数.

故幂级数 $\displaystyle\sum_{n=1}^{\infty}\frac{t^{n}}{n(n+1)}$ 的收敛域为 $[-1,1]$. 再由 $t=2x+1$ 知,幂级数 $\displaystyle\sum_{n=1}^{\infty}\frac{(2x+1)^{n}}{n(n+1)}$ 的收敛域为 $[-1,0]$,收敛半径为 $\dfrac{1}{2}$.

类似地,我们也可以利用根值判别法来求幂级数的收敛半径.

例 7 求幂级数 $\displaystyle\sum_{n=1}^{\infty} \frac{2n-1}{2^n}(-x^2)^{n-1}$ 的收敛半径.

解 这里 $u_n(x)=(-1)^{n-1}\dfrac{2n-1}{2^n}x^{2(n-1)}$,且有

$$\lim_{n\to\infty}\sqrt[n]{|u_n(x)|}=\lim_{n\to\infty}\sqrt[n]{\frac{2n-1}{2^n}x^{2(n-1)}}=\frac{x^2}{2}.$$

所以,当 $\dfrac{x^2}{2}<1$,即 $|x|<\sqrt{2}$ 时,幂级数 $\displaystyle\sum_{n=1}^{\infty}\frac{2n-1}{2^n}(-x^2)^{n-1}$ 绝对收敛;而当 $\dfrac{x^2}{2}>1$,即 $|x|>\sqrt{2}$ 时,存在正整数 N,使得当 $n>N$ 时,$\sqrt[n]{|u_n(x)|}>1$,于是 $\displaystyle\lim_{n\to\infty}u_n(x)\neq 0$,从而幂级数 $\displaystyle\sum_{n=1}^{\infty}\frac{2n-1}{2^n}(-x^2)^{n-1}$ 发散.故幂级数 $\displaystyle\sum_{n=1}^{\infty}\frac{2n-1}{2^n}(-x^2)^{n-1}$ 的收敛半径为 $\sqrt{2}$.

三、幂级数的运算与性质

1. 幂级数的运算

设幂级数

$$\sum_{n=0}^{\infty}a_n x^n = a_0 + a_1 x + a_2 x^2 + \cdots + a_n x^n + \cdots$$

和

$$\sum_{n=0}^{\infty}b_n x^n = b_0 + b_1 x + b_2 x^2 + \cdots + b_n x^n + \cdots$$

的收敛区间分别是 $(-R_1,R_1)$ 和 $(-R_2,R_2)$,记 $R=\min\{R_1,R_2\}$.

对于这两个幂级数,可以进行下列四则运算:

(1) 加法运算:

$$\sum_{n=0}^{\infty}a_n x^n + \sum_{n=0}^{\infty}b_n x^n = \sum_{n=0}^{\infty}(a_n+b_n)x^n. \tag{3}$$

(2) 减法运算:

$$\sum_{n=0}^{\infty}a_n x^n - \sum_{n=0}^{\infty}b_n x^n = \sum_{n=0}^{\infty}(a_n-b_n)x^n. \tag{4}$$

根据收敛级数的性质,(3)式和(4)式在 $(-R,R)$ 内成立.

(3) 乘法运算:

$$\sum_{n=0}^{\infty}a_n x^n \cdot \sum_{n=0}^{\infty}b_n x^n = \sum_{n=0}^{\infty}c_n x^n, \tag{5}$$

其中 $c_n=a_0 b_n+a_1 b_{n-1}+\cdots+a_{n-1}b_1+a_n b_0$. 这称为两个幂级数 $\displaystyle\sum_{n=0}^{\infty}a_n x^n$ 和 $\displaystyle\sum_{n=0}^{\infty}b_n x^n$ 的**柯西乘积**.可以证明,(5)式在 $(-R,R)$ 内成立.

2. 幂级数的性质

幂级数具有如下性质:

性质 1　设幂级数 $\sum\limits_{n=0}^{\infty} a_n x^n$ 的收敛半径 $R>0$,则该幂级数的和函数 $s(x)$ 在收敛域上连续.

性质 2　设幂级数 $\sum\limits_{n=0}^{\infty} a_n x^n$ 的收敛半径 $R>0$,则该幂级数的和函数 $s(x)$ 在收敛区间 $(-R,R)$ 内可积且有**逐项积分公式**

$$\int_0^x s(x)\,\mathrm{d}x = \int_0^x \left(\sum_{n=0}^{\infty} a_n x^n \right) \mathrm{d}x = \sum_{n=0}^{\infty} \int_0^x a_n x^n \,\mathrm{d}x = \sum_{n=0}^{\infty} \frac{a_n}{n+1} x^{n+1},$$

其中逐项积分后所得的幂级数与原幂级数有相同的收敛半径.

性质 3　设幂级数 $\sum\limits_{n=0}^{\infty} a_n x^n$ 的收敛半径 $R>0$,则该幂级数的和函数 $s(x)$ 在收敛区间 $(-R,R)$ 内可导且有**逐项求导公式**

$$s'(x) = \left(\sum_{n=0}^{\infty} a_n x^n \right)' = \sum_{n=0}^{\infty} (a_n x^n)' = \sum_{n=1}^{\infty} n a_n x^{n-1},$$

其中逐项求导后所得的幂级数和原幂级数有相同的收敛半径.

反复应用性质 3 可得,幂级数 $\sum\limits_{n=0}^{\infty} a_n x^n$ 的和函数 $s(x)$ 在收敛区间 $(-R,R)$ 内具有任意阶导数.

利用以上的性质,可以求出幂级数的收敛区间与和函数.

例 8　求幂级数 $\sum\limits_{n=1}^{\infty} n x^n$ 的收敛域与和函数.

解　这里 $a_n = n$. 因为

$$\rho = \lim_{n \to \infty} \left| \frac{a_{n+1}}{a_n} \right| = \lim_{n \to \infty} \frac{n+1}{n} = 1,$$

所以收敛半径为 $R = \dfrac{1}{\rho} = 1$. 又当 $x = \pm 1$ 时,该幂级数发散,因此收敛域为 $(-1,1)$.

注意到 $\sum\limits_{n=1}^{\infty} n x^n = x \sum\limits_{n=1}^{\infty} n x^{n-1}$,设 $s(x) = \sum\limits_{n=1}^{\infty} n x^{n-1}$. 由性质 2 有

$$\int_0^x s(x)\,\mathrm{d}x = \int_0^x \left(\sum_{n=1}^{\infty} n x^{n-1} \right) \mathrm{d}x = \sum_{n=1}^{\infty} \int_0^x n x^{n-1} \,\mathrm{d}x = \sum_{n=1}^{\infty} x^n = \frac{x}{1-x}, \quad x \in (-1,1),$$

再两边求导数得

$$s(x) = \left(\frac{x}{1-x} \right)' = \frac{1}{(1-x)^2}, \quad x \in (-1,1).$$

因此,幂级数 $\sum\limits_{n=1}^{\infty} nx^n$ 的和函数为

$$xs(x) = \frac{x}{(1-x)^2}, \quad x \in (-1, 1).$$

例 9　求幂级数 $\sum\limits_{n=0}^{\infty} \frac{x^n}{n+1}$ 的和函数.

解　先求收敛域. 这里 $a_n = \frac{1}{n+1}$. 因为

$$\rho = \lim_{n \to \infty} \left| \frac{a_{n+1}}{a_n} \right| = \lim_{n \to \infty} \frac{n+1}{n+2} = 1,$$

所以该幂级数的收敛半径为 1.

在端点 $x = -1$ 处,该幂级数成为 $\sum\limits_{n=0}^{\infty} \frac{(-1)^n}{n+1}$,这是一个收敛的交错级数;而点在 $x = 1$ 处,该幂级数成为调和级数,因此是发散的.

所以,该幂级数的收敛域为 $[-1, 1)$.

设该幂级数的和函数为 $s(x)$,即 $s(x) = \sum\limits_{n=0}^{\infty} \frac{x^n}{n+1}$,则

$$xs(x) = \sum_{n=0}^{\infty} \frac{x^{n+1}}{n+1}.$$

上式两端求导数,并注意到

$$\frac{1}{1-x} = 1 + x + x^2 + \cdots + x^n + \cdots, \quad x \in (-1, 1),$$

可得

$$[xs(x)]' = \sum_{n=0}^{\infty} \left(\frac{x^{n+1}}{n+1} \right)' = \sum_{n=0}^{\infty} x^n = \frac{1}{1-x}, \quad x \in (-1, 1).$$

上式两端从 0 到 x 积分,得

$$xs(x) = \int_0^x \frac{1}{1-x} \mathrm{d}x = -\ln(1-x), \quad x \in (-1, 1). \tag{6}$$

当 $x = -1$ 时,该幂级数成为 $\sum\limits_{n=0}^{\infty} \frac{(-1)^n}{n+1}$,这是收敛级数,故由和函数的连续性知,(6)式在 $x = -1$ 时仍成立. 所以,当 $x \in [-1, 1)$ 且 $x \neq 0$ 时,有

$$\sum_{n=0}^{\infty} \frac{x^n}{n+1} = -\frac{1}{x} \ln(1-x).$$

当 $x = 0$ 时,$s(0) = 1$.

因此,所求的和函数为

$$s(x) = \begin{cases} -\dfrac{1}{x} \ln(1-x), & x \in [-1, 0) \bigcup (0, 1), \\ 1, & x = 0. \end{cases}$$

例 10 求幂级数 $\sum_{n=0}^{\infty}(-1)^n\dfrac{x^{2n+1}}{2n+1}$ 的和函数,并求级数 $\sum_{n=0}^{\infty}(-1)^n\dfrac{1}{2n+1}$ 的和.

解 这里 $u_n(x)=(-1)^n\dfrac{x^{2n+1}}{2n+1}$. 由于

$$\lim_{n\to\infty}\left|\frac{u_{n+1}(x)}{u_n(x)}\right|=\lim_{n\to\infty}\frac{2n+1}{2n+3}x^2=x^2,$$

因此当 $x^2<1$,即 $|x|<1$ 时,该幂级数绝对收敛;当 $x^2>1$,即 $|x|>1$ 时,$\lim_{n\to\infty}u_n(x)\neq0$,从而该幂级数发散. 所以,该幂级数的收敛半径为 1.

当 $|x|<1$ 时,记 $s(x)=\sum_{n=0}^{\infty}(-1)^n\dfrac{x^{2n+1}}{2n+1}$,则

$$s'(x)=\sum_{n=0}^{\infty}(-1)^n\left(\frac{x^{2n+1}}{2n+1}\right)'=\sum_{n=0}^{\infty}(-x^2)^n=\frac{1}{1+x^2},\quad x\in(-1,1).$$

上式从 0 到 x 积分,得

$$s(x)-s(0)=\int_0^x\frac{1}{1+x^2}\mathrm{d}x=\arctan x.$$

由于 $s(0)=0$,故

$$s(x)=\arctan x,\quad x\in(-1,1).$$

当 $x=1$ 时,该幂级数成为交错级数 $\sum_{n=0}^{\infty}(-1)^n\dfrac{1}{2n+1}$,它是收敛的;当 $x=-1$ 时,该幂级数成为交错级数 $\sum_{n=0}^{\infty}(-1)^{n+1}\dfrac{1}{2n+1}$,它也是收敛的. 由性质 1 得

$$s(1)=\lim_{x\to1^-}s(x)=\lim_{x\to1^-}\arctan x=\frac{\pi}{4},$$

$$s(-1)=\lim_{x\to-1^+}s(x)=\lim_{x\to-1^+}\arctan x=-\frac{\pi}{4},$$

故

$$s(x)=\arctan x,\quad x\in[-1,1].$$

由此可得

$$\sum_{n=0}^{\infty}(-1)^n\frac{1}{2n+1}=s(1)=\arctan 1=\frac{\pi}{4}.$$

习 题 12.3

1. 求下列幂级数的收敛半径和收敛域:

(1) $1+\sum_{n=1}^{\infty}(-1)^n\dfrac{x^{2n}}{n^2}$;

(2) $\sum_{n=1}^{\infty}\dfrac{x^n}{1\times3\times5\times\cdots\times(2n-1)}$;

(3) $\displaystyle\sum_{n=0}^{\infty} \frac{\ln(n+1)}{n} x^{n-1}$;　　　(4) $\displaystyle\sum_{n=0}^{\infty} \frac{2^n}{n^2+1} x^n$;　　　(5) $\displaystyle\sum_{n=0}^{\infty} \left(1+\frac{1}{n}\right)^n x^n$;

(6) $\displaystyle\sum_{n=0}^{\infty} \frac{2^n (x+1)^n}{\sqrt{2n+1}}$;　　　(7) $\displaystyle\sum_{n=0}^{\infty} \frac{(x-4)^n}{3^n+5^n}$;　　　(8) $\displaystyle\sum_{n=0}^{\infty} (-1)^n \frac{x^{2n+1}}{2n+1}$.

2. 求下列幂级数的和函数：

(1) $\displaystyle\sum_{n=1}^{\infty} \frac{n+1}{n} x^n$;　　　(2) $\displaystyle\sum_{n=0}^{\infty} n(n+1) x^n$;　　　(3) $\displaystyle\sum_{n=1}^{\infty} \frac{x^n}{n^2}$;

(4) $\displaystyle\sum_{n=0}^{\infty} \frac{2n+1}{n!} x^{2n}$;　　　(5) $\displaystyle\sum_{n=0}^{\infty} \left(n+\frac{1}{2^n}\right) x^n$;　　　(6) $\displaystyle\sum_{n=1}^{\infty} \frac{x^{4n+1}}{4n+1}$.

3. 求下列级数的和：

(1) $\displaystyle\sum_{n=0}^{\infty} \frac{2n+1}{n!}$;　　　　　　(2) $\displaystyle\sum_{n=0}^{\infty} \frac{n(n+1)}{2^n}$.

§12.4 函数的幂级数展开

从上一节的例 10 中我们看到

$$\arctan x = \sum_{n=0}^{\infty} (-1)^n \frac{x^{2n+1}}{2n+1}, \quad x \in [-1,1].$$

这个式子也可以看成函数 $\arctan x$ 的幂级数表达式. 那么, 对于一个给定的函数 $f(x)$, 如果可以找到一个幂级数, 使其在收敛域(或收敛域的某个子区间)上以 $f(x)$ 为和函数, 我们就可以把 $f(x)$ 转化为幂级数来研究. 这样, 利用幂级数可逐项求导和逐项积分的性质, 可以方便地对 $f(x)$ 进行求导和积分运算; 还可以利用幂级数的展开式对函数值进行近似计算. 由此, 自然会问: 如何将 $f(x)$ 表示成幂级数呢? $f(x)$ 应具备什么样的条件? 本节将研究这两个问题.

一、泰勒级数

由泰勒公式知, 如果函数 $f(x)$ 在点 x_0 的某个邻域内具有 $n+1$ 阶导数, 则对于该邻域内的任意点 x, 有

$$f(x) = f(x_0) + f'(x_0) + \frac{f''(x_0)}{2!}(x-x_0)^2 + \cdots + \frac{f^{(n)}(x_0)}{n!}(x-x_0)^n + r_n(x),$$

其中

$$r_n(x) = \frac{f^{(n+1)}(\xi)}{(n+1)!}(x-x_0)^{n+1} \quad (\xi \text{ 介于 } x_0 \text{ 与 } x \text{ 之间}). \tag{1}$$

如果函数 $f(x)$ 存在任意阶导数, 幂级数 $\displaystyle\sum_{n=0}^{\infty} \frac{f^{(n)}(x_0)}{n!}(x-x_0)^n$ (这里规定 $f^{(0)}(x_0) =$

$f(x_0)$)是否收敛？若此幂级数收敛，在收敛域内它是否收敛到 $f(x)$？即此幂级数的和函数是否就是 $f(x)$？下面的定理回答了这两个问题.

定理　设函数 $f(x)$ 在区间(x_0-R,x_0+R)内具有任意阶导数，且幂级数

$$\sum_{n=0}^{\infty} \frac{f^{(n)}(x_0)}{n!}(x-x_0)^n$$

的收敛区间为(x_0-R,x_0+R)，则在(x_0-R,x_0+R)内，等式

$$f(x) = \sum_{n=0}^{\infty} \frac{f^{(n)}(x_0)}{n!}(x-x_0)^n \tag{2}$$

成立的充要条件是 $f(x)$ 的泰勒公式中余项 $r_n(x)$ 满足

$$\lim_{n\to\infty} r_n(x) = \lim_{n\to\infty} \frac{f^{(n+1)}(\xi)}{(n+1)!}(x-x_0)^{n+1} = 0, \quad x\in(x_0-R,x_0+R).$$

证　由泰勒公式知

$$r_n(x) = f(x) - \sum_{k=0}^{n} \frac{f^{(k)}(x_0)}{k!}(x-x_0)^k.$$

因为在区间(x_0-R,x_0+R)内有

$$\lim_{n\to\infty} \sum_{k=0}^{n} \frac{f^{(k)}(x_0)}{k!}(x-x_0)^k = \sum_{n=0}^{\infty} \frac{f^{(n)}(x_0)}{n!}(x-x_0)^n = f(x),$$

所以当 $x\in(x_0-R,x_0+R)$时，有 $\lim\limits_{n\to\infty} r_n(x)=0$. 反之亦然.

(2)式右端的级数称为函数 $f(x)$ 在点 $x=x_0$ 处的**泰勒级数**. 此时，我们也称函数 $f(x)$ 在区间(x_0-R,x_0+R)内可以展开成 $x-x_0$ 的幂级数.

特别地，当 $x_0=0$ 时，泰勒级数化为

$$f(0) + f'(0)x + \frac{f''(0)}{2!}x^2 + \cdots + \frac{f^{(n)}(0)}{n!}x^n + \cdots, \tag{3}$$

称之为**麦克劳林①级数**.

假设函数 $f(x)$ 在区间(x_0-R,x_0+R)内能展开成幂级数，即有

$$f(x) = a_0 + a_1(x-x_0) + a_2(x-x_0)^2 + \cdots + a_n(x-x_0)^n + \cdots, \tag{4}$$

那么根据幂级数和函数的可导性，$f(x)$ 在区间(x_0-R,x_0+R)内应具有任意阶导数，从而有

$$f'(x) = a_1 + 2a_2(x-x_0) + 3a_3(x-x_0)^2 + \cdots + na_n(x-x_0)^{n-1} + \cdots,$$

$$f''(x) = 2a_2 + 3\cdot 2a_3(x-x_0) + \cdots + n(n-1)a_n(x-x_0)^{n-2} + \cdots,$$

$$\cdots\cdots$$

$$f^{(n)}(x) = n!a_n + (n+1)n(n-1)\cdot\cdots\cdot 3\cdot 2a_{n+1}(x-x_0) + \cdots,$$

$$\cdots\cdots$$

---

① 麦克劳林(Maclaurin,1698—1746)，英国数学家.

将 $x=x_0$ 代入上面各式,可得

$$a_n = \frac{f^{(n)}(x_0)}{n!} \quad (n=0,1,2,\cdots).\tag{5}$$

由此可见,如果函数 $f(x)$ 在点 x_0 处能展开成幂级数,即(4)式成立,那么幂级数的系数 $a_n(n=0,1,2,\cdots)$ 由公式(5)唯一确定. 也就是说,函数的幂级数展开式是唯一的.

同理,若函数 $f(x)$ 能展开成 x 的幂级数,则该幂级数一定是麦克劳林级数.

二、函数展开为幂级数

根据上面关于函数展开成泰勒级数的讨论,将函数 $f(x)$ 展开成 $x-x_0$ 的幂级数(泰勒级数)的方法,大致可以分为直接展开法和间接展开法.

1. 直接展开法

直接展开法,是指直接利用函数 $f(x)$ 的各阶导数求出幂级数的系数,从而得到 $f(x)$ 的幂级数展开式的方法. 具体步骤如下:

第一步,求出 $f(x)$ 的各阶导数 $f'(x),f''(x),\cdots,f^{(n)}(x),\cdots$,并求出 $f(x)$ 及其各阶导数在点 $x=x_0$ 处的值 $f(x_0),f'(x_0),f''(x_0),\cdots,f^{(n)}(x_0),\cdots$.

第二步,写出泰勒级数 $\displaystyle\sum_{n=0}^{\infty}\frac{f^{(n)}(x_0)}{n!}(x-x_0)^n$,并求出其收敛区间.

第三步,在收敛区间内考虑余项

$$r_n(x) = \frac{1}{(n+1)!}f^{(n+1)}(\xi)(x-x_0)^{n+1} \quad (\xi 介于 x_0 与 x 之间)$$

当 $n\to\infty$ 时的极限是否为 0. 如果这个极限为 0,则在收敛区间内有

$$f(x) = \sum_{n=0}^{\infty}\frac{f^{(n)}(x_0)}{n!}(x-x_0)^n.$$

例 1 将函数 $f(x)=e^x$ 展开成 x 的幂级数.

解 这里 $x_0=0$,而 $f(x)=e^x,f^{(n)}(x)=e^x \ (n=1,2,\cdots)$,故

$$f(0) = f^{(n)}(0) = 1 \quad (n=1,2,\cdots).$$

于是,$f(x)=e^x$ 的麦克劳林级数为

$$1 + x + \frac{x^2}{2!} + \cdots + \frac{x^n}{n!} + \cdots.$$

该级数的收敛半径为 $R=+\infty$.

对于任何有限数 x 与 ξ(ξ 介于 0 与 x 之间),余项 $r_n(x)$ 满足

$$0 \leqslant |r_n(x)| = \left|\frac{e^\xi}{(n+1)!}x^{n+1}\right| < \frac{e^{|x|}}{(n+1)!}|x|^{n+1}.$$

注意到 $e^{|x|}$ 是有界的,而 $\dfrac{|x|^{n+1}}{(n+1)!}$ 是收敛级数 $\displaystyle\sum_{n=0}^{\infty}\frac{|x|^{n+1}}{(n+1)!}$ 的一般项,于是当 $n\to\infty$ 时,有

$$0 \leqslant \lim_{n \to \infty} |r_n(x)| \leqslant \lim_{n \to \infty} e^{|x|} \frac{|x|^{n+1}}{(n+1)!} = 0,$$

即当 $n \to \infty$ 时,有 $r_n(x) \to 0$. 因此,我们得到展开式

$$e^x = \sum_{n=0}^{\infty} \frac{1}{n!} x^n = 1 + x + \frac{x^2}{2!} + \cdots + \frac{x^n}{n!} + \cdots \quad (-\infty < x < +\infty). \tag{6}$$

例 2 将函数 $f(x) = \sin x$ 展开成 x 的幂级数.

解 $f(x) = \sin x$ 的各阶导数为

$$f^{(n)}(x) = \sin\left(x + n \cdot \frac{\pi}{2}\right) \quad (n = 1, 2, \cdots),$$

于是可求得

$$f^{(n)}(0) = \begin{cases} 0, & n = 2k, \\ (-1)^k, & n = 2k+1 \end{cases} \quad (k = 0, 1, 2, \cdots).$$

因此,我们得到 $f(x) = \sin x$ 的麦克劳林级数

$$\sum_{n=0}^{\infty} (-1)^n \frac{x^{2n+1}}{(2n+1)!} = x - \frac{x^3}{3!} + \frac{x^5}{5!} - \frac{x^7}{7!} + \cdots + (-1)^n \frac{x^{2n+1}}{(2n+1)!} + \cdots.$$

该级数的收敛半径为 $R = +\infty$.

对于任何有限数 x 和 ξ (ξ 介于 0 与 x 之间),余项 $r_n(x)$ 满足

$$|r_n(x)| = \left| \frac{\sin\left(\xi + \frac{n+1}{2}\pi\right)}{(n+1)!} x^{n+1} \right| \leqslant \frac{|x|^{n+1}}{(n+1)!} \to 0 \quad (n \to \infty),$$

于是得到展开式

$$\sin x = x - \frac{x^3}{3!} + \frac{x^5}{5!} - \frac{x^7}{7!} + \cdots + (-1)^n \frac{x^{2n+1}}{(2n+1)!} + \cdots \quad (-\infty < x < +\infty). \tag{7}$$

从上面两个例子可以看到,用直接展开法将函数展开成幂级数,总是要验证余项 $r_n(x)$ 的极限是否为 0. 这种直接展开法的计算量大,而且其中对余项极限的讨论也不是一件容易的事. 因此,除了几种基本初等函数外,通常采用间接展开法对函数进行幂级数展开.

2. 间接展开法

利用已知的函数幂级数展开式及幂级数的运算及性质,通过变量代换及恒等变换等方法,将所给函数展开为幂级数,这种方法称为**间接展开法**.

例如,由(7)式两边求导数可得

$$\cos x = 1 - \frac{x^2}{2!} + \frac{x^4}{4!} - \frac{x^6}{6!} + \cdots + (-1)^n \frac{x^{2n}}{(2n)!} + \cdots \quad (-\infty < x < +\infty), \tag{8}$$

而由

$$\frac{1}{1+x} = 1 - x + x^2 - x^3 + \cdots + (-1)^n x^n + \cdots \quad (-1 < x < 1) \tag{9}$$

两边从 0 到 x 积分可得

$$\ln(1+x) = x - \frac{x^2}{2} + \frac{x^3}{3} - \frac{x^4}{4} + \cdots + (-1)^{n-1}\frac{x^n}{n} + \cdots \quad (-1 < x < 1), \quad (10)$$

因为 $x=1$ 时上式右端的级数收敛,故 $x=1$ 时上式也成立. 在(9)式中将 x 换成 x^2,可得

$$\frac{1}{1+x^2} = 1 - x^2 + x^4 - x^6 + \cdots + (-1)^n x^{2n} + \cdots \quad (-1 < x < 1). \quad (11)$$

对(11)式两边从 0 到 x 积分,得

$$\arctan x = x - \frac{x^3}{3} + \frac{x^5}{5} - \frac{x^7}{7} + \cdots + (-1)^n \frac{x^{2n+1}}{2n+1} + \cdots \quad (-1 < x < 1), \quad (12)$$

由于上式右端的级数在点 $x = \pm 1$ 处收敛,故上式对 $x = \pm 1$ 也成立.

下面再举几个用间接展开法将函数展开成幂级数的例子.

例 3 将函数 $\dfrac{1}{x^2-x-2}$ 展开成 x 的幂级数.

解 因为

$$\frac{1}{x^2-x-2} = \frac{1}{3}\left(\frac{1}{x-2} - \frac{1}{x+1}\right) = -\frac{1}{6} \cdot \frac{1}{1-\frac{x}{2}} - \frac{1}{3} \cdot \frac{1}{1+x},$$

又利用(9)式有

$$\frac{1}{1+x} = 1 - x + x^2 - x^3 + \cdots + (-1)^n x^n + \cdots \quad (-1 < x < 1),$$

$$\frac{1}{1-\frac{x}{2}} = 1 + \frac{x}{2} + \left(\frac{x}{2}\right)^2 + \cdots + \left(\frac{x}{2}\right)^n + \cdots \quad \left(-1 < \frac{x}{2} < 1\right),$$

所以当 $-1 < x < 1$ 时,有

$$\frac{1}{x^2-x-2} = -\frac{1}{6}\sum_{n=0}^{\infty}\frac{x^n}{2^n} - \frac{1}{3}\sum_{n=0}^{\infty}(-1)^n x^n = -\frac{1}{6}\sum_{n=0}^{\infty}\left[\frac{1}{2^n} + 2(-1)^n\right]x^n.$$

例 4 将函数 $(1+x)\ln(1+x)$ 展开成 x 的幂级数.

解 由(10)式有

$$(1+x)\ln(1+x) = \ln(1+x) + x\ln(1+x)$$

$$= \sum_{n=1}^{\infty}(-1)^{n-1}\frac{x^n}{n} + \sum_{n=1}^{\infty}(-1)^{n-1}\frac{x^{n+1}}{n}$$

$$= \sum_{n=1}^{\infty}(-1)^{n-1}\frac{x^n}{n} + \sum_{n=2}^{\infty}(-1)^n\frac{x^n}{n-1}$$

$$= x + \sum_{n=2}^{\infty}(-1)^n\left(\frac{1}{n-1} - \frac{1}{n}\right)x^n.$$

$$= x + \sum_{n=2}^{\infty}\frac{(-1)^n}{n^2-n}x^n \quad (-1 < x \leqslant 1).$$

例 5　将函数 $\cos x$ 展开成 $x-\dfrac{\pi}{4}$ 的幂级数.

解　我们有

$$\cos x = \cos\left(\frac{\pi}{4}+x-\frac{\pi}{4}\right) = \cos\frac{\pi}{4}\cos\left(x-\frac{\pi}{4}\right) - \sin\frac{\pi}{4}\sin\left(x-\frac{\pi}{4}\right)$$

$$= \frac{1}{\sqrt{2}}\left[\cos\left(x-\frac{\pi}{4}\right) - \sin\left(x-\frac{\pi}{4}\right)\right].$$

由(7)式和(8)式分别得

$$\cos\left(x-\frac{\pi}{4}\right) = 1 - \frac{1}{2!}\left(x-\frac{\pi}{4}\right)^2 + \frac{1}{4!}\left(x-\frac{\pi}{4}\right)^4 - \cdots \quad (-\infty < x < +\infty),$$

$$\sin\left(x-\frac{\pi}{4}\right) = \left(x-\frac{\pi}{4}\right) - \frac{1}{3!}\left(x-\frac{\pi}{4}\right)^3 + \frac{1}{5!}\left(x-\frac{\pi}{4}\right)^5 - \cdots \quad (-\infty < x < +\infty),$$

所以

$$\cos x = \frac{1}{\sqrt{2}}\left[1 - \left(x-\frac{\pi}{4}\right) - \frac{1}{2!}\left(x-\frac{\pi}{4}\right)^2 + \frac{1}{3!}\left(x-\frac{\pi}{4}\right)^3 + \cdots\right] \quad (-\infty < x < +\infty).$$

例 6　将函数 $f(x)=(1+x)^\alpha$ 展开成 x 的幂级数,其中 α 为任意实数.

解　先求 $f(x)=(1+x)^\alpha$ 的各阶导数:

$$f'(x) = \alpha(1+x)^{\alpha-1},$$

$$f''(x) = \alpha(\alpha-1)(1+x)^{\alpha-1},$$

$$\cdots\cdots$$

$$f^{(n)}(x) = \alpha(\alpha-1)\cdots(\alpha-n+1)(1+x)^{\alpha-2},$$

$$\cdots\cdots$$

于是

$$f(0) = 1, \quad f'(0) = \alpha, \quad f''(0) = \alpha(\alpha-1), \quad \cdots,$$

$$f^{(n)}(0) = \alpha(\alpha-1)\cdots(\alpha-n+1), \quad \cdots.$$

因此,$f(x)=(1+x)^\alpha$ 的麦克劳林级数为

$$1 + \alpha x + \frac{\alpha(\alpha-1)}{2!}x^2 + \cdots + \frac{\alpha(\alpha-1)\cdots(\alpha-n+1)}{n!}x^n + \cdots. \tag{13}$$

记 $a_n = \dfrac{\alpha(\alpha-1)\cdots(\alpha-n+1)}{n!}$. 由于

$$\lim_{n\to\infty}\left|\frac{a_{n+1}}{a_n}\right| = \lim_{n\to\infty}\left|\frac{\alpha-n}{n+1}\right| = 1,$$

故幂级数(13)的收敛半径为1.因此,幂级数(13)在区间$(-1,1)$内收敛.

下面证明幂级数(13)在区间$(-1,1)$内收敛到$(1+x)^\alpha$.假设幂级数(13)的和函数为 $s(x)$,即

$$s(x) = 1 + \alpha x + \frac{\alpha(\alpha - 1)}{2!}x^2 + \cdots + \frac{\alpha(\alpha - 1)\cdots(\alpha - n + 1)}{n!}x^n + \cdots \quad (-1 < x < 1).$$

上式逐项求导可得

$$s'(x) = \alpha\left[1 + \frac{\alpha - 1}{1!}x + \cdots + \frac{(\alpha - 1)\cdots(\alpha - n + 1)}{(n - 1)!}x^{n-1} + \cdots\right] \quad (-1 < x < 1), \quad (14)$$

再两边乘以 x 可得

$$xs'(x) = \alpha\left[x + \frac{\alpha - 1}{1!}x^2 + \cdots + \frac{(\alpha - 1)\cdots(\alpha - n + 1)}{(n - 1)!}x^n + \cdots\right] \quad (-1 < x < 1). \quad (15)$$

将(14)式和(15)式相加,我们有

$$(1 + x)s'(x) = \alpha\left(1 + \alpha x + \sum_{n=2}^{\infty} b_n x^n\right) \quad (-1 < x < 1),$$

其中

$$\begin{aligned}
b_n &= \frac{(\alpha - 1)\cdots(\alpha - n)}{n!} + \frac{(\alpha - 1)\cdots(\alpha - n + 1)}{(n - 1)!} \\
&= \frac{(\alpha - 1)\cdots(\alpha - n + 1)}{n!}(\alpha - n + n) \\
&= \frac{\alpha(\alpha - 1)\cdots(\alpha - n + 1)}{n!}.
\end{aligned}$$

因此

$$(1 + x)s'(x) = \alpha\left[1 + \alpha x + \sum_{n=2}^{\infty} \frac{\alpha(\alpha - 1)\cdots(\alpha - n + 1)}{n!}x^n\right] = \alpha s(x) \quad (-1 < x < 1).$$

记 $F(x) = \dfrac{s(x)}{(1 + x)^\alpha}$ $(-1 < x < 1)$,则有

$$F'(x) = -\frac{\alpha s(x)}{(1 + x)^{\alpha+1}} + \frac{s'(x)}{(1 + x)^\alpha} = \frac{(1 + x)s'(x) - \alpha s(x)}{(1 + x)^{\alpha+1}} = 0.$$

因此 $F(x) \equiv C$(C 为常数). 故

$$s(x) = C(1 + x)^\alpha \quad (-1 < x < 1).$$

又 $s(0) = 1$,可求得 $C = 1$,所以

$$(1 + x)^\alpha = 1 + \alpha x + \frac{\alpha(\alpha - 1)}{2!}x^2 + \cdots + \frac{\alpha(\alpha - 1)\cdots(\alpha - n + 1)}{n!}x^n + \cdots \quad (-1 < x < 1). \quad (16)$$

(16)式右端的级数称为**二项式级数**,(16)式称为**二项展开式**. 在端点 $x = \pm 1$ 处,二项展开式(16)是否仍成立要视 α 的取值而定.

如果 $\alpha = m$ 为正整数,注意到 $n > m$ 时 x^n 的系数为 0,于是可以得到代数学中的二项式定理,即

$$(1 + x)^m = 1 + mx + \frac{m(m - 1)}{2!}x^2 + \cdots + mx^{m-1} + x^m.$$

如果 $\alpha=\dfrac{1}{2}$，当 $x\in[-1,1]$ 时，有

$$\sqrt{1+x}=1+\frac{1}{2}x-\frac{1}{2\times4}x^2+\cdots+(-1)^{n-1}\frac{(2n-3)!!}{(2n)!!}x^n+\cdots;\qquad(17)$$

如果 $\alpha=-\dfrac{1}{2}$，当 $x\in(-1,1]$ 时，有

$$\frac{1}{\sqrt{1+x}}=1-\frac{1}{2}x+\frac{1\times3}{2\times4}x^2+\cdots+(-1)^n\frac{(2n-1)!!}{(2n)!!}x^n+\cdots,\qquad(18)$$

其中

$$(2n-3)!!=(2n-3)(2n-5)\times\cdots\times3\times1,$$
$$(2n-1)!!=(2n-1)(2n-3)\times\cdots\times3\times1,$$
$$(2n)!!=2n(2n-2)(2n-4)\times\cdots\times4\times2,$$

它们均称为**二进阶乘**.

三、函数幂级数展开式的应用

由于幂级数具有良好的代数性质和分析性质，所以函数幂级数展开式的应用十分广泛. 这里只介绍它在近似计算中的应用.

例7　计算 e 的近似值，使其误差不超过 10^{-5}.

解　利用

$$e^x=1+x+\frac{x^2}{2!}+\cdots+\frac{x^n}{n!}+\cdots\quad(-\infty<x<+\infty),$$

令 $x=1$，并取前 $n+1$ 项之和作为 e 的近似值，则有

$$e\approx1+1+\frac{1}{2!}+\cdots+\frac{1}{n!},$$

这时误差为

$$\begin{aligned}|r_{n+1}|&=\frac{1}{(n+1)!}+\frac{1}{(n+2)!}+\cdots\\&=\frac{1}{(n+1)!}\Big[1+\frac{1}{n+2}+\frac{1}{(n+2)(n+3)}+\cdots\Big]\\&<\frac{1}{(n+1)!}\Big[1+\frac{1}{n+1}+\frac{1}{(n+1)^2}+\cdots\Big]=\frac{1}{n\cdot n!}.\end{aligned}$$

取 $n=8$，则可以保证 $\dfrac{1}{n\cdot n!}<10^{-5}$，即 $|r_{n+1}|<10^{-5}$. 于是

$$e\approx1+1+\frac{1}{2!}+\cdots+\frac{1}{8!}\approx2.718\,28.$$

例8　计算 $\sqrt[5]{240}$ 的近似值，精确到 10^{-4}.

解 由二项展开式(16)有

$$\sqrt[5]{240} = \sqrt[5]{243-3} = 3 \times \left(1 - \frac{1}{3^4}\right)^{\frac{1}{5}}$$

$$= 3 \times \left[1 - \frac{1}{5} \times \frac{1}{3^4} - \frac{1 \times 4}{5^2 \times 2!} \times \left(\frac{1}{3^4}\right)^2 - \frac{1 \times 4 \times 9}{5^3 \times 3!} \times \left(\frac{1}{3^4}\right)^3 - \cdots\right].$$

上式右端的级数收敛很快,取前两项的和作为 $\sqrt[5]{240}$ 的近似值,则其误差

$$|r_2| = \sqrt[5]{240} - 3 \times \left(1 - \frac{1}{5} \times \frac{1}{3^4}\right)$$

满足

$$|r_2| = 3 \times \left(\frac{1 \times 4}{2! \times 5^2} \times \frac{1}{3^8} + \frac{1 \times 4 \times 9}{3! \times 5^3} \times \frac{1}{3^{12}} + \frac{1 \times 4 \times 9 \times 14}{4! \times 5^4} \times \frac{1}{3^{16}} + \cdots\right)$$

$$< 3 \times \frac{1 \times 4}{5^2 \times 2!} \times \frac{1}{3^8} \times \left[1 + \frac{1}{81} + \left(\frac{1}{81}\right)^2 + \cdots\right]$$

$$= \frac{6}{25} \times \frac{1}{3^8} \times \frac{1}{1 - \frac{1}{81}} < 10^{-4}.$$

因此

$$\sqrt[5]{240} \approx 3 \times \left(1 - \frac{1}{5} \times \frac{1}{3^4}\right) \approx 2.9926.$$

利用函数的幂级数展开式,我们也可以近似计算被积函数的原函数不能用初等函数表示的定积分.

例 9 计算定积分 $\int_0^1 \frac{\sin x}{x} dx$ 的近似值,要求误差不超过 10^{-4}.

解 由于 $\lim\limits_{x \to 0} \frac{\sin x}{x} = 1$,因此所给的定积分不是反常积分. 如果定义被积函数 $\frac{\sin x}{x}$ 在点 $x = 0$ 处的值为 1,则它在积分区间 $[0,1]$ 上连续.

展开被积函数,有

$$\frac{\sin x}{x} = 1 - \frac{x^2}{3!} + \frac{x^4}{5!} - \frac{x^6}{7!} + \cdots \quad (-\infty < x < +\infty).$$

在区间 $[0,1]$ 上逐项积分,得

$$\int_0^1 \frac{\sin x}{x} dx = 1 - \frac{1}{3 \times 3!} + \frac{1}{5 \times 5!} - \frac{1}{7 \times 7!} + \cdots.$$

上式右端是一个收敛的交错级数. 因为 $\frac{1}{7 \times 7!} < \frac{1}{30\ 000} < 10^{-4}$,所以

$$\int_0^1 \frac{\sin x}{x} dx \approx 1 - \frac{1}{3 \times 3!} + \frac{1}{5 \times 5!} \approx 0.9461.$$

习 题 12.4

1. 利用直接展开法将下列函数展开成麦克劳林级数,并验证它们在区间 $(-\infty, +\infty)$

内收敛于相应的函数.

 (1) $\cos x$;   (2) 2^x.

 2. 将下列函数展开成 x 的幂级数,并求展开式成立的区间:

 (1) $\mathrm{ch}x=\dfrac{\mathrm{e}^x+\mathrm{e}^{-x}}{2}$;   (2) $\dfrac{1}{\sqrt{1+x^2}}$;   (3) $\cos^2 x$;

 (4) $\ln(3+x)$;   (5) $\ln\left(x+\sqrt{1+x^2}\right)$; (6) $\arcsin x$.

 3. 将下列函数在指定点处展开成泰勒级数,并指出其收敛域:

 (1) $f(x)=\dfrac{1}{2x+3}$,在点 $x_0=1$ 处; (2) $f(x)=\ln x$,在点 $x_0=2$ 处;

 (3) $f(x)=\cos x$,在点 $x_0=\dfrac{\pi}{4}$ 处; (4) $f(x)=\dfrac{1}{x^2-2x-3}$,在点 $x_0=1$ 处.

 4. 将函数 $f(x)=\dfrac{1}{1+x+x^2}$ 展开成麦克劳林级数,并由此求 $f^{(100)}(0)$.

 5. 利用 $\cos x\approx 1-\dfrac{x^2}{2!}+\dfrac{x^4}{4!}$ 求 $\cos 1°$ 的近似值,并估计误差.

 6. 计算 $\sqrt[9]{522}$ 的近似值,精确到 10^{-5}.

 7. 利用被积函数的幂级数展开式求下列定积分的近似值:

 (1) $\displaystyle\int_0^{0.5}\dfrac{1}{1+x^4}\mathrm{d}x$ (误差不超过 10^{-4}); (2) $\displaystyle\int_0^{0.5}\dfrac{\arctan x}{x}\mathrm{d}x$ (误差不超过 10^{-3}).

§12.5　傅里叶级数

一、三角级数与三角函数系的正交性

 在科学试验与工程技术领域中,经常会遇到周期性现象,如交流电电流和电压的变化、发动机中活塞的运动、热传导、电磁波传播等都呈现出周期性. 为了描述周期性现象,数学上就要用到周期函数. 正弦函数和余弦函数是最常见、最简单的周期函数. 例如,交流电电流和电压的变化都可用形如 $y=A\sin(\omega t+\phi)$ 的正弦函数来描述,其中 A 为振幅,$\dfrac{2\pi}{\omega}$ 为周期,ω 为角频率,ϕ 为初相位. 这种变化(或运动)也常常称为**简谐振动**. 从物理上讲,很多复杂的周期性现象都是若干个甚至无穷多个简谐振动的叠加,即

$$A_0+\sum_{n=1}^{\infty}A_n\sin(n\omega t+\phi_n)$$

描述了更为一般的周期性现象. 例如,电工学中常用到的周期为 2π 的矩形波 $y(t)$(或称脉冲波,见图 12-2)描述了一种周期性现象,它在一个周期 $[0,2\pi]$ 内的表达式为

$$y(t) = \begin{cases} 1, & 0 \leqslant t < \pi, \\ -1, & \pi \leqslant t < 2\pi. \end{cases}$$

我们可以用一系列不同频率的简谐振动的叠加来近似描述它. 图 12-3(a), (b)表示了矩形波的拟合过程, 从中可以看出, 随着叠加次数的不断增加, 拟合的效果会越来越好.

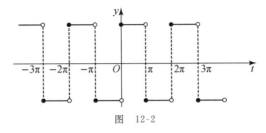

图 12-2

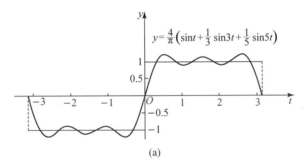

(a)

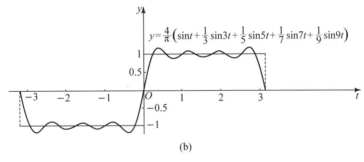

(b)

图 12-3

为了进行更一般化的讨论, 由三角公式

$$A_n \sin(n\omega t + \phi_n) = A_n \cos n\omega t \sin\phi_n + A_n \sin n\omega t \cos\phi_n,$$

令 $A_0 = \dfrac{a_0}{2}, A_n \sin\phi_n = a_n, A_n \cos\phi_n = b_n, \omega t = x$, 则有

$$A_0 + \sum_{n=1}^{\infty} A_n \sin(n\omega t + \phi_n) = \frac{a_0}{2} + \sum_{n=1}^{\infty} (a_n \cos nx + b_n \sin nx).$$

上式右端的级数

$$\frac{a_0}{2} + \sum_{n=1}^{\infty} (a_n \cos nx + b_n \sin nx) \tag{1}$$

叫作**三角级数**,其中 $a_0, a_n, b_n (n=1,2,\cdots)$ 都是常数,称为三角级数的**系数**.下面我们研究如何把一个以 2π 为周期的周期函数 $f(x)$ 展开成三角级数.

如同幂级数一样,我们需要讨论三角级数(1)的敛散性,以及如何将周期为 2π 的周期函数 $f(x)$ 展开成形如(1)式的三角级数.为此,我们首先介绍三角函数系的正交性.

我们称函数列

$$1, \cos x, \sin x, \cos 2x, \sin 2x, \cdots, \cos nx, \sin nx, \cdots \tag{2}$$

为**三角函数系**.

三角函数系(2)具有如下性质:

(1) 三角函数系(2)中所有函数具有共同的周期 2π.

(2) 三角函数系(2)在区间 $[-\pi, \pi]$ 上**正交**,即三角函数系中任何两个不同函数的乘积在 $[-\pi, \pi]$ 上的积分等于零,亦即

$$\int_{-\pi}^{\pi} \sin nx \, dx = \int_{-\pi}^{\pi} \cos nx \, dx = 0 \quad (n = 1, 2, \cdots),$$

$$\int_{-\pi}^{\pi} \sin kx \cos nx \, dx = 0 \quad (k, n = 1, 2, \cdots),$$

$$\int_{-\pi}^{\pi} \sin kx \sin nx \, dx = 0 \quad (k, n = 1, 2, \cdots; k \neq n),$$

$$\int_{-\pi}^{\pi} \cos kx \cos nx \, dx = 0 \quad (k, n = 1, 2, \cdots; k \neq n);$$

同时,三角函数系(2)中任何两个相同函数的乘积在区间 $[-\pi, \pi]$ 上的积分不等于零:

$$\int_{-\pi}^{\pi} 1^2 \, dx = 2\pi, \quad \int_{-\pi}^{\pi} \sin^2 nx \, dx = \int_{-\pi}^{\pi} \cos^2 nx \, dx = \pi \quad (n = 1, 2, \cdots).$$

二、函数展开为傅里叶级数

要将周期函数 $f(x)$ 展开成三角级数,我们面临着两个问题:

(1) 如何计算三角级数的系数 $a_0, a_n, b_n (n=1,2,\cdots)$?

(2) 用(1)中得到的系数构造的三角级数 $\frac{a_0}{2} + \sum_{n=1}^{\infty} (a_n \cos nx + b_n \sin nx)$ 是否收敛? 如果收敛,它的和函数与函数 $f(x)$ 是否相等?

设 $f(x)$ 是以 2π 为周期的周期函数,且能展开成三角级数,即

$$f(x) = \frac{a_0}{2} + \sum_{n=1}^{\infty} (a_n \cos nx + b_n \sin nx). \tag{3}$$

利用三角函数系(2)的正交性,且假设(3)式右端的三角级数可逐项积分,我们可以导出系数

$a_0, a_n, b_n (n=1,2,\cdots)$ 的计算公式. 具体做法如下:

(1) 求 a_0. 对(3)式两端从 $-\pi$ 到 π 积分, 得

$$\int_{-\pi}^{\pi} f(x)\mathrm{d}x = \int_{-\pi}^{\pi} \frac{a_0}{2}\mathrm{d}x + \sum_{n=1}^{\infty} \left(a_n \int_{-\pi}^{\pi} \cos nx\, \mathrm{d}x + b_n \int_{-\pi}^{\pi} \sin nx\, \mathrm{d}x \right) = \frac{a_0}{2} \cdot 2\pi = \pi a_0,$$

于是
$$a_0 = \frac{1}{\pi} \int_{-\pi}^{\pi} f(x)\mathrm{d}x.$$

(2) 求 $a_n (n=1,2,\cdots)$. 用 $\cos nx$ 乘以(3)式两端, 然后从 $-\pi$ 到 π 积分, 得

$$\int_{-\pi}^{\pi} f(x)\cos nx\, \mathrm{d}x = \int_{-\pi}^{\pi} \frac{a_0}{2}\cos nx\, \mathrm{d}x + \sum_{k=1}^{\infty} \left(a_k \int_{-\pi}^{\pi} \cos nx \cos kx\, \mathrm{d}x + b_k \int_{-\pi}^{\pi} \cos nx \sin kx\, \mathrm{d}x \right)$$

$$= a_n \int_{-\pi}^{\pi} \cos^2 nx\, \mathrm{d}x = a_n \pi \quad (n=1,2,\cdots),$$

于是
$$a_n = \frac{1}{\pi} \int_{-\pi}^{\pi} f(x)\cos nx\, \mathrm{d}x \quad (n=1,2,\cdots),$$

(3) 求 $b_n (n=1,2,\cdots)$. 用 $\sin nx$ 乘以(3)式两端, 然后从 $-\pi$ 到 π 积分, 得

$$\int_{-\pi}^{\pi} f(x)\sin nx\, \mathrm{d}x = \int_{-\pi}^{\pi} \frac{a_0}{2}\sin nx\, \mathrm{d}x + \sum_{k=1}^{\infty} \left(a_k \int_{-\pi}^{\pi} \sin nx \cos kx\, \mathrm{d}x + b_k \int_{-\pi}^{\pi} \sin nx \sin kx\, \mathrm{d}x \right)$$

$$= b_n \int_{-\pi}^{\pi} \sin^2 nx\, \mathrm{d}x = b_n \pi \quad (n=1,2,\cdots),$$

于是
$$b_n = \frac{1}{\pi} \int_{-\pi}^{\pi} f(x)\sin nx\, \mathrm{d}x \quad (n=1,2,\cdots).$$

一般来说, 若 $f(x)$ 是以 2π 为周期且在区间 $[-\pi, \pi]$ 上可积的周期函数, 则可按照公式

$$a_n = \frac{1}{\pi} \int_{-\pi}^{\pi} f(x)\cos nx\, \mathrm{d}x \quad (n=0,1,2,\cdots),$$

$$b_n = \frac{1}{\pi} \int_{-\pi}^{\pi} f(x)\sin nx\, \mathrm{d}x \quad (n=1,2,\cdots)$$

计算出 $a_0, a_n, b_n (n=1,2,\cdots)$, 它们称为 $f(x)$ 的**傅里叶**[①]**系数**. 以 $f(x)$ 的傅里叶系数为系数的三角级数

$$\frac{a_0}{2} + \sum_{n=1}^{\infty} (a_n \cos nx + b_n \sin nx) \tag{4}$$

称为 $f(x)$ 的**傅里叶级数**.

对于任意以 2π 周期的周期函数 $f(x)$, 如果它在一个周期上可积, 那么它的傅里叶级数就可以得到. 和幂级数一样, 我们自然要讨论上面提到的第二个问题. 如果傅里叶级数(4)收敛于 $f(x)$, 则称 $f(x)$ 可以展开成傅里叶级数.

下面不加证明地给出以 2π 为周期的周期函数 $f(x)$ 可以展开成傅里叶级数的充分

---

① 傅里叶(Fourier, 1768—1830), 法国数学家.

条件.

定理（狄利克雷[①]收敛定理）　设函数 $f(x)$ 是以 2π 为周期的周期函数且在一个周期内满足条件：连续或只有有限个第一类间断点，并且至多只有有限个极值点（称这一条件为**狄利克雷收敛性条件**），则 $f(x)$ 的傅里叶级数收敛，且

(1) 当 x 是 $f(x)$ 的连续点时，傅里叶级数收敛于 $f(x)$；

(2) 当 x 是 $f(x)$ 的间断点时，傅里叶级数收敛于 $\dfrac{f(x^-)+f(x^+)}{2}$.

由此定理可见，周期函数展开成傅里叶级数的条件比展开成幂级数的条件宽松得多，从而傅里叶级数的适用范围也更为广泛.

例 1　设 $f(x)$ 是周期为 2π 的周期函数，它在区间 $(-\pi,\pi]$ 上的表达式为

$$f(x)=\begin{cases} x, & 0\leqslant x\leqslant \pi, \\ 0, & -\pi<x<0, \end{cases}$$

将 $f(x)$ 展开成傅里叶级数.

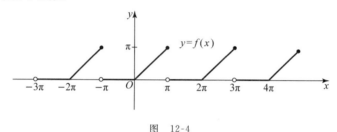

图　12-4

解　函数 $f(x)$ 的图像如图 12-4 所示. 显然，$f(x)$ 满足狄利克雷收敛性条件，故它可以展开成傅里叶级数. 由于 $f(x)$ 的傅里叶系数为

$$a_0=\frac{1}{\pi}\int_{-\pi}^{\pi}f(x)\mathrm{d}x=\frac{1}{\pi}\int_{0}^{\pi}x\mathrm{d}x=\frac{\pi}{2},$$

$$a_n=\frac{1}{\pi}\int_{-\pi}^{\pi}f(x)\cos nx\,\mathrm{d}x=\frac{1}{\pi}\int_{0}^{\pi}x\cos nx\,\mathrm{d}x$$

$$=\frac{1}{n\pi}x\sin nx\,\Big|_{0}^{\pi}-\frac{1}{n\pi}\int_{0}^{\pi}\sin nx\,\mathrm{d}x=\frac{1}{n^2\pi}\cos nx\,\Big|_{0}^{\pi}$$

$$=\frac{1}{n^2\pi}(\cos n\pi-1)=\begin{cases} -\dfrac{2}{n^2\pi}, & n\text{ 为奇数}, \\ 0, & n\text{ 为偶数} \end{cases}\quad(n=1,2,\cdots),$$

$$b_n=\frac{1}{\pi}\int_{-\pi}^{\pi}f(x)\sin nx\,\mathrm{d}x=\frac{1}{\pi}\int_{0}^{\pi}x\sin nx\,\mathrm{d}x$$

---

① 　狄利克雷(Dirichlet,1805—1859)，德国数学家.

$$= -\frac{1}{n\pi}x\cos nx\Big|_0^\pi + \frac{1}{n\pi}\int_0^\pi \cos nx\,\mathrm{d}x$$

$$= \frac{(-1)^{n+1}}{n} + \frac{1}{n^2\pi}\sin nx\Big|_0^\pi = \frac{(-1)^{n+1}}{n} \quad (n = 1,2,\cdots),$$

且除点 $x = \pm\pi, \pm3\pi, \cdots$ 外 $f(x)$ 均连续,所以

$$f(x) = \frac{\pi}{4} - \left(\frac{2}{\pi}\cos x - \sin x\right) - \frac{1}{2}\sin 2x - \left(\frac{2}{9\pi}\cos 3x - \frac{1}{3}\sin 3x\right) - \cdots \quad (x \neq \pm\pi, \pm3\pi, \cdots).$$

当 $x = \pm\pi, \pm3\pi, \cdots$ 时,上式右端的傅里叶级数收敛于

$$\frac{f(\pi^-) + f(\pi^+)}{2} = \frac{\pi + 0}{2} = \frac{\pi}{2}.$$

于是,$f(x)$ 的傅里叶级数和函数 $s(x)$ 的图像如图 12-5 所示(注意它与图 12-4 的差别).

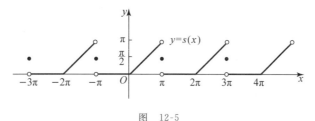

图 12-5

如果函数 $f(x)$ 只在区间 $[-\pi, \pi)$ 上有定义,并且满足狄利克雷收敛性条件,那么 $f(x)$ 也可以展开成傅里叶级数.事实上,我们可以在 $[-\pi, \pi)$ 以外补充 $f(x)$ 的定义,使 $f(x)$ 延拓成以 2π 为周期的周期函数 $F(x)$.这个过程称为**周期延拓**.将 $F(x)$ 展开成傅里叶级数,而当 $x \in [-\pi, \pi)$ 时,$f(x) = F(x)$,从而得到 $f(x)$ 在 $[-\pi, \pi)$ 上的傅里叶级数展开式.

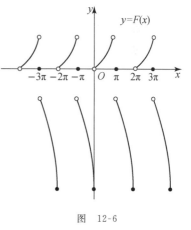

例 2 把如下函数展开成傅里叶级数:

$$f(x) = \begin{cases} x^2, & 0 < x < \pi, \\ 0, & x = -\pi, \\ -(x+2\pi)^2, & -\pi < x \leqslant 0. \end{cases}$$

解 将函数 $f(x)$ 延拓成以 2π 为周期的周期函数 $F(x)$(见图 12-6),它在 $[-\pi, \pi)$ 上的表达式与 $f(x)$ 相同.显然,$F(x)$ 满足狄利克雷收敛性条件,因此它可以展开成傅里叶级数.$F(x)$ 的傅里叶系数为

图 12-6

$$a_0 = \frac{1}{\pi}\int_{-\pi}^\pi F(x)\,\mathrm{d}x = \frac{1}{\pi}\int_0^\pi x^2\,\mathrm{d}x - \frac{1}{\pi}\int_{-\pi}^0 (2\pi + x)^2\,\mathrm{d}x$$

$$= \frac{\pi^2}{3} - \frac{7\pi^2}{3} = -2\pi^2,$$

$$a_n = \frac{1}{\pi}\int_{-\pi}^{\pi} F(x)\cos nx\,\mathrm{d}x = \frac{1}{\pi}\int_0^{\pi} x^2\cos nx\,\mathrm{d}x - \frac{1}{\pi}\int_{-\pi}^0 (x+2\pi)^2\cos nx\,\mathrm{d}x$$

$$= \frac{1}{\pi}\left[\left(\frac{x^2}{n}-\frac{2}{n^3}\right)\sin nx + \frac{2x}{n^2}\cos nx\right]\Big|_0^{\pi}$$

$$\quad - \frac{1}{\pi}\left[\left(\frac{(x+2\pi)^2}{n}-\frac{2}{n^3}\right)\sin nx + \frac{2(x+2\pi)}{n^2}\cos nx\right]\Big|_{-\pi}^0$$

$$= \frac{4}{n^2}\left[(-1)^n-1\right] \quad (n=1,2,\cdots),$$

$$b_n = \frac{1}{\pi}\int_{-\pi}^{\pi} F(x)\sin nx\,\mathrm{d}x = \frac{1}{\pi}\int_0^{\pi} x^2\sin nx\,\mathrm{d}x - \frac{1}{\pi}\int_{-\pi}^0 (x+2\pi)^2\sin nx\,\mathrm{d}x$$

$$= \frac{1}{\pi}\left[\left(-\frac{x^2}{n}+\frac{2}{n^3}\right)\cos nx + \frac{2x}{n^2}\sin nx\right]\Big|_0^{\pi}$$

$$\quad - \frac{1}{\pi}\left[\left(-\frac{(x+2\pi)^2}{n}+\frac{2}{n^3}\right)\cos nx + \frac{2(x+2\pi)}{n^2}\sin nx\right]\Big|_{-\pi}^0$$

$$= \frac{2}{\pi}\left\{\frac{\pi^2}{n}+\left(\frac{\pi^2}{n}-\frac{2}{n^3}\right)\left[1-(-1)^n\right]\right\} \quad (n=1,2,\cdots),$$

所以当 $x\in(-\pi,0)\bigcup(0,\pi)$ 时,有

$$f(x)=F(x)=-\pi^2+\sum_{n=1}^{\infty}\left\{\frac{4}{n^2}\left[(-1)^n-1\right]\cos nx + \frac{2}{\pi}\left\{\frac{\pi^2}{n}+\left(\frac{\pi^2}{n}-\frac{2}{n^3}\right)\left[1-(-1)^n\right]\right\}\sin nx\right\}$$

$$=-\pi^2-8\left(\cos x+\frac{1}{3^2}\cos 3x+\frac{1}{5^2}\cos 5x+\cdots\right)$$

$$\quad + \frac{2}{\pi}\left[(3\pi^2-4)\sin x+\frac{\pi^2}{2}\sin 2x+\left(\frac{3\pi^2}{3}-\frac{4}{3^3}\right)\sin 3x+\frac{\pi^2}{4}\sin 4x+\cdots\right].$$

当 $x=\pi$ 时,由于 $\dfrac{f(\pi^-)+f(\pi^+)}{2}=0$,因此

$$0=-\pi^2+8\left(\frac{1}{1^2}+\frac{1}{3^2}+\frac{1}{5^2}+\cdots\right). \tag{5}$$

当 $x=0$ 时,由于

$$\frac{1}{2}\left[f(0^-)+f(0^+)\right]=\frac{1}{2}(-4\pi^2+0)=-2\pi^2,$$

因此

$$-2\pi^2=-\pi^2-8\left(\frac{1}{1^2}+\frac{1}{3^2}+\frac{1}{5^2}+\cdots\right). \tag{6}$$

由(5)式或(6)式都可推得

$$\frac{1}{1^2}+\frac{1}{3^2}+\frac{1}{5^2}+\cdots=\frac{\pi^2}{8}.$$

三、正弦级数与余弦级数

一般来说,一个函数的傅里叶级数既含有正弦函数项,又含有余弦函数项.但如果函数 $f(x)$ 是奇函数或偶函数,那么该函数的傅里叶级数就只含有正弦函数项或余弦函数项.

事实上,当 $f(x)$ 是偶函数时, $f(x)\sin nx$ 就是奇函数,于是

$$b_n = \frac{1}{\pi}\int_{-\pi}^{\pi} f(x)\sin nx\, dx = 0 \quad (n=1,2,\cdots),$$

从而 $f(x)$ 的傅里叶级数就只含有余弦函数项.这时的傅里叶级数称为**余弦级数**.而当 $f(x)$ 是奇函数时, $f(x)\cos nx$ 为奇函数,因此

$$a_n = \frac{1}{\pi}\int_{-\pi}^{\pi} f(x)\cos nx\, dx = 0 \quad (n=0,1,2,\cdots),$$

从而 $f(x)$ 的傅里叶级数就只含有正弦函数项.我们将这样的傅里叶级数称为**正弦级数**.

例 3 设 $f(x)$ 是以 2π 为周期的周期函数,它在区间 $[-\pi,\pi)$ 上的表达式为 $f(x)=x$,将 $f(x)$ 展开成傅里叶级数.

解 因为在区间 $(-\pi,\pi)$ 上 $f(x)=x$ 是奇函数,所以

$$a_n = 0 \quad (n=0,1,2,\cdots),$$
$$b_n = \frac{2}{\pi}\int_0^{\pi} x\sin nx\, dx = \frac{2\times(-1)^{n+1}}{n} \quad (n=1,2,\cdots).$$

由于 $f(x)$ 满足狄利克雷收敛性条件,而 $x=\pm(2k+1)\pi(k=0,1,2,\cdots)$ 为它的不连续点,故在这些点处 $f(x)$ 的傅里叶级数收敛于

$$\frac{f(\pi^-)+f(\pi^+)}{2} = \frac{\pi+(-\pi)}{2} = 0;$$

当 $x\neq\pm(2k+1)\pi$ 时, $f(x)$ 的傅里叶级数收敛于 $f(x)$.因此

$$f(x) = 2\sum_{n=1}^{\infty}\frac{(-1)^{n+1}}{n}\sin nx \quad (x\neq\pm\pi,\pm3\pi,\cdots).$$

例 4 将函数 $f(x)=\pi^2-x^2(-\pi<x\leqslant\pi)$ 展开成傅里叶级数,并求级数 $\sum_{n=1}^{\infty}\frac{1}{n^2}$ 的和.

解 $f(x)$ 为偶函数,将 $f(x)$ 以 2π 为周期进行延拓,则延拓后的函数是处处连续的偶函数,且 $f(x)$ 的傅里叶系数为

$$b_n = 0 \quad (n=1,2,\cdots),$$
$$a_0 = \frac{2}{\pi}\int_0^{\pi} f(x)\, dx = \frac{2}{\pi}\int_0^{\pi}(\pi^2-x^2)\, dx = \frac{4}{3}\pi^2,$$
$$a_n = \frac{2}{\pi}\int_0^{\pi} f(x)\cos nx\, dx = \frac{2}{\pi}\int_0^{\pi}(\pi^2-x^2)\cos nx\, dx$$
$$= \left[\frac{2}{\pi}(\pi^2-x^2)\frac{\sin nx}{n}\right]\Big|_0^{\pi} + \frac{4}{n\pi}\int_0^{\pi} x\sin nx\, dx$$

$$= \left[\frac{4}{n\pi} x \, \frac{(-\cos nx)}{n} \right]\Big|_0^\pi + \frac{4}{n^2\pi} \int_0^\pi \cos nx \, \mathrm{d}x$$

$$= \frac{4(-1)^{n+1}}{n^2} \quad (n=1,2,\cdots).$$

故

$$f(x) = \frac{2}{3}\pi^2 + 4\sum_{n=1}^\infty \frac{(-1)^{n+1}}{n^2}\cos nx \quad (-\pi < x \leqslant \pi).$$

取 $x=\pi$ 代入上式,得

$$0 = \frac{2}{3}\pi^2 + 4\sum_{n=1}^\infty \frac{(-1)^{n+1}}{n^2}\cos n\pi = \frac{2}{3}\pi^2 + 4\sum_{n=1}^\infty \frac{(-1)^{n+1}(-1)^n}{n^2},$$

即

$$\sum_{n=1}^\infty \frac{1}{n^2} = \frac{1}{4} \cdot \frac{2}{3}\pi^2 = \frac{\pi^2}{6}.$$

对于定义在区间 $[0,\pi]$ 上的函数 $f(x)$,如果它满足狄利克雷收敛性条件,我们可以通过补充它的定义,得到一个定义在 $(-\pi,\pi]$ 上的函数,然后将所得到的函数延拓成以 2π 为周期的周期函数 $F(x)$,即

$$F(x) = \begin{cases} f(x), & x \in [0,\pi], \\ g(x), & x \in (-\pi,0), \end{cases}$$

且 $F(x+2\pi)=F(x)$.这里,我们可以适当地选取 $g(x)$,使得 $F(x)$ 为奇函数或偶函数,这时称对应的延拓为**奇延拓**或**偶延拓**.

取 $g(x)=-f(-x)$,此时延拓后的函数 $F(x)$ 为奇函数(若 $f(0)\neq 0$,规定 $F(0)=0$),于是我们有如下形式的正弦级数展开式:

$$f(x) \equiv F(x) = \sum_{n=1}^\infty b_n \sin nx \quad (0 < x < \pi), \tag{7}$$

取 $g(x)=f(-x)$,此时延拓后的函数 $F(x)$ 为偶函数,于是我们有如下形式的余弦级数展开式:

$$f(x) \equiv F(x) = \frac{a_0}{2} + \sum_{n=1}^\infty a_n \cos nx \quad (0 < x < \pi). \tag{8}$$

(7)式和(8)式在端点 $x=0,\pi$ 处是否成立,要看延拓后的函数 $F(x)$ 在端点 $x=0,\pi$ 处是否连续,若连续,则成立.

例 5　设函数 $f(x)=2x^2,x\in(0,\pi)$.

(1) 求 $f(x)$ 的正弦级数展开式;

(2) 求 $f(x)$ 的余弦级数展开式;

(3) 借助函数 $F(x) = \begin{cases} 0, & -\pi < x < 0, \\ 2x^2, & 0 \leqslant x \leqslant \pi, \end{cases}$ 求 $f(x)$ 的傅里叶级数展开式.

解　(1) 将 $f(x)$ 进行奇延拓,则 $f(x)$ 的傅里叶系数为

$$a_n = 0 \quad (n = 0,1,2,\cdots),$$

$$b_n = \frac{2}{\pi}\int_0^\pi 2x^2\sin nx\,\mathrm{d}x = \left(\frac{-x^2\cos nx}{n} + \frac{2x\sin nx}{n^2} + \frac{2\cos nx}{n^3}\right)\Big|_0^\pi$$

$$= \frac{4\pi}{n}(-1)^{n+1} - \frac{8}{n^3\pi}[1-(-1)^n] \quad (n=1,2,\cdots).$$

故

$$f(x) = \frac{4}{\pi}\sum_{n=1}^{\infty}\left\{\frac{\pi^2}{n}(-1)^{n+1} - \frac{2}{n^3}[1-(-1)^n]\right\}\sin nx \quad (0 < x < \pi).$$

（2）将 $f(x)$ 进行偶延拓,则 $f(x)$ 的傅里叶系数为

$$b_n = 0 \quad (n=1,2,\cdots),$$

$$a_0 = \frac{2}{\pi}\int_0^\pi 2x^2\,\mathrm{d}x = \frac{4}{3}\pi^2,$$

$$a_n = \frac{2}{\pi}\int_0^\pi 2x^2\cos nx\,\mathrm{d}x = \frac{4}{\pi}\left(\frac{x^2\sin nx}{n} + \frac{2x\cos nx}{n^2} - \frac{2}{n^3}\sin nx\right)\Big|_0^\pi$$

$$= \frac{8}{n^2}(-1)^n \quad (n=1,2,\cdots).$$

故

$$f(x) = \frac{2}{3}\pi^2 + 8\sum_{n=1}^{\infty}\frac{1}{n^2}(-1)^n\cos nx \quad (0 < x < \pi).$$

（3）将 $F(x)$ 以 2π 为周期进行周期延拓. 由于

$$a_0 = \frac{1}{\pi}\int_{-\pi}^{\pi}F(x)\,\mathrm{d}x = \frac{1}{\pi}\int_0^\pi 2x^2\,\mathrm{d}x = \frac{2}{3}\pi^2,$$

$$a_n = \frac{1}{\pi}\int_{-\pi}^{\pi}F(x)\cos nx\,\mathrm{d}x = \frac{1}{\pi}\int_0^\pi 2x^2\cos nx\,\mathrm{d}x = \frac{4}{n^2}(-1)^n \quad (n=1,2,\cdots),$$

$$b_n = \frac{1}{\pi}\int_{-\pi}^{\pi}F(x)\sin nx\,\mathrm{d}x = \frac{1}{\pi}\int_0^\pi 2x^2\sin nx\,\mathrm{d}x$$

$$= \frac{2\pi}{n}(-1)^{n+1} - \frac{4}{n^3\pi}[1-(-1)^n] \quad (n=1,2,\cdots),$$

又在 $(0,\pi)$ 上有 $f(x)\equiv F(x)$,所以

$$f(x) = \frac{\pi^2}{3} + \sum_{n=1}^{\infty}\left\{\frac{4}{n^2}(-1)^n\cos nx + \left\{\frac{2\pi}{n}(-1)^{n+1} - \frac{4}{n^3\pi}[1-(-1)^n]\right\}\sin nx\right\} \quad (0 < x < \pi).$$

习　题　12.5

1. 将下列以 2π 为周期的周期函数 $f(x)$ 展开成傅里叶级数:

（1）$f(x) = 3x - \pi,\ x \in (-\pi,\pi]$; 　　　　（2）$f(x) = \mathrm{e}^{2x},\ x \in (-\pi,\pi)$;

（3）$f(x) = \begin{cases} -1, & x \in (-\pi,0], \\ 1+x^2, & x \in (0,\pi]; \end{cases}$ 　　（4）$f(x) = \begin{cases} ax, & x \in (-\pi,0], \\ bx, & x \in (0,\pi] \end{cases}$ $(a > b > 0)$.

2. 设函数 $f(x) = x^3\ (-\pi \leqslant x \leqslant \pi)$,把 $f(x)$ 以 2π 为周期进行周期延拓,再展开为傅里

叶级数. 记该傅里叶级数的和函数为 $s(x)$, 试写出 $s\left(\dfrac{5\pi}{2}\right)$, $s(5\pi)$ 的值.

3. 将下列定义在区间 $[-\pi,\pi]$ 上的函数 $f(x)$ 展开成傅里叶级数:

(1) $f(x)=\cos\dfrac{x}{2}$, $x\in[-\pi,\pi]$;　　　　(2) $f(x)=|x|$, $x\in[-\pi,\pi]$;

(3) $f(x)=\begin{cases}(x+2\pi)^2, & x\in[-\pi,0),\\ x^2, & x\in[0,\pi];\end{cases}$　　　(4) $f(x)=\begin{cases}-x, & |x|\leqslant\dfrac{\pi}{2},\\ x, & \dfrac{\pi}{2}<|x|\leqslant\pi.\end{cases}$

4. 将下列定义在区间 $[0,\pi]$ 上的函数 $f(x)$ 展开成正弦级数和余弦级数:

(1) $f(x)=x+1$, $0\leqslant x\leqslant\pi$;　　　　(2) $f(x)=2x^2$, $0\leqslant x\leqslant\pi$.

5. 设函数 $f(x)$ 在区间 $[-\pi,\pi]$ 上可积, 且以 2π 为周期, 其傅里叶系数为 $a_0,a_n,b_n(n=1,2,\cdots)$, 求 $f(x+a)$ 的傅里叶系数 $\tilde{a}_0,\tilde{a}_n,\tilde{b}_n(n=1,2,\cdots)$, 其中 a 为正常数.

§12.6　一般周期函数的傅里叶级数

一、周期为 $2l$ 的周期函数的傅里叶级数

设 $f(x)$ 是以 $2l$ 为周期的周期函数, 并在区间 $[-l,l]$ 上满足狄利克雷收敛性条件. 做变量代换 $x=\dfrac{lt}{\pi}$, 则 $F(t)=f\left(\dfrac{lt}{\pi}\right)$ 是以 2π 为周期的周期函数.

函数 $F(t)$ 的傅里叶系数为

$$a_n=\frac{1}{\pi}\int_{-\pi}^{\pi}F(t)\cos nt\,\mathrm{d}t\quad(n=0,1,2,\cdots),$$

$$b_n=\frac{1}{\pi}\int_{-\pi}^{\pi}F(t)\sin nt\,\mathrm{d}t\quad(n=1,2,\cdots),$$

于是 $F(t)$ 的傅里叶级数为

$$\frac{a_0}{2}+\sum_{n=1}^{\infty}(a_n\cos nt+b_n\sin nt).$$

将 t 还原为自变量 x, 注意到 $F(t)=f\left(\dfrac{lt}{\pi}\right)=f(x)$, $t=\dfrac{\pi x}{l}$, 就可以得到 $f(x)$ 的傅里叶级数

$$\frac{a_0}{2}+\sum_{n=1}^{\infty}\left(a_n\cos\frac{n\pi x}{l}+b_n\sin\frac{n\pi x}{l}\right),\tag{1}$$

其中

$$a_n=\frac{1}{\pi}\int_{-\pi}^{\pi}F(t)\cos nt\,\mathrm{d}t=\frac{1}{l}\int_{-l}^{l}f(x)\cos\frac{n\pi x}{l}\mathrm{d}x\quad(n=0,1,2,\cdots),\tag{2}$$

$$b_n = \frac{1}{\pi}\int_{-\pi}^{\pi} F(t)\sin nt\,\mathrm{d}t = \frac{1}{l}\int_{-l}^{l} f(x)\sin\frac{n\pi x}{l}\mathrm{d}x \quad (n=1,2,\cdots) \tag{3}$$

就是 $f(x)$ 的傅里叶系数.

对于以 $2l$ 为周期的周期函数 $f(x)$,有如下类似于狄利克雷收敛定理的结论:

定理　设 $f(x)$ 是以 $2l$ 为周期的周期函数.如果 $f(x)$ 在一个周期内满足狄利克雷收敛性条件:连续或只有有限个第一类间断点,并且至多有有限个极值点,则 $f(x)$ 的傅里叶级数

$$\frac{a_0}{2} + \sum_{n=1}^{\infty}\left(a_n\cos\frac{n\pi x}{l} + b_n\sin\frac{n\pi x}{l}\right)$$

在区间 $(-\infty,+\infty)$ 内收敛,其中傅里叶系数由(2)式和(3)式给出,并且

(1) 当 x 是 $f(x)$ 的连续点时,傅里叶级数收敛于 $f(x)$;

(2) 当 x 是 $f(x)$ 的间断点时,傅里叶级数收敛于 $\dfrac{f(x^-)+f(x^+)}{2}$.

例1　设 $f(x)$ 是周期为 4 的周期函数,它在区间 $[-2,2)$ 上的表达式为

$$f(x) = \begin{cases} 0, & -2\leqslant x<0, \\ c, & 0\leqslant x<2 \end{cases} \quad (\text{常数}\ c\neq 0),$$

将其展开成傅里叶级数.

解　$f(x)$ 的傅里叶系数为

$$a_0 = \frac{1}{2}\int_{-2}^{2} f(x)\,\mathrm{d}x = \frac{1}{2}\int_0^2 c\,\mathrm{d}x = c,$$

$$a_n = \frac{1}{2}\int_{-2}^{2} f(x)\cos\frac{n\pi x}{2}\mathrm{d}x = \frac{1}{2}\int_0^2 c\cos\frac{n\pi x}{2}\mathrm{d}x = 0 \quad (n=1,2,\cdots),$$

$$b_n = \frac{1}{2}\int_{-2}^{2} f(x)\sin\frac{n\pi x}{2}\mathrm{d}x = \frac{1}{2}\int_0^2 c\sin\frac{n\pi x}{2}\mathrm{d}x = \frac{c}{n\pi}(1-\cos n\pi)$$

$$= \begin{cases} \dfrac{2c}{n\pi}, & n=2k-1, \\ 0, & n=2k \end{cases} \quad (k=1,2,\cdots).$$

由于 $f(x)$ 满足狄利克雷收敛性条件,因此

$$f(x) = \frac{c}{2} + \frac{2c}{\pi}\sum_{n=1}^{\infty}\frac{1}{2n-1}\sin\frac{(2n-1)\pi x}{2} \quad (x\neq 0,\pm 2,\pm 4,\cdots).$$

若 $f(x)$ 为偶函数,则

$$a_n = \frac{1}{l}\int_{-l}^{l} f(x)\cos\frac{n\pi x}{l}\mathrm{d}x = \frac{2}{l}\int_0^l f(x)\cos\frac{n\pi x}{l}\mathrm{d}x \quad (n=0,1,2,\cdots),$$

$$b_n = \frac{1}{l}\int_{-l}^{l} f(x)\sin\frac{n\pi x}{l}\mathrm{d}x = 0 \quad (n=1,2,\cdots).$$

于是,$f(x)$ 的傅里叶级数为余弦级数

$$\frac{a_0}{2} + \sum_{n=1}^{\infty} a_n\cos\frac{n\pi x}{l}.$$

若 $f(x)$ 是奇函数,则

$$a_n = \frac{1}{l}\int_{-l}^{l} f(x)\cos\frac{n\pi x}{l}\mathrm{d}x = 0 \quad (n = 0,1,2,\cdots),$$

$$b_n = \frac{2}{l}\int_0^l f(x)\sin\frac{n\pi x}{l}\mathrm{d}x \quad (n = 1,2,\cdots).$$

于是,$f(x)$ 的傅里叶级数为正弦级数

$$\sum_{n=1}^{\infty} b_n \sin\frac{n\pi x}{l}.$$

对于定义在区间 $[0,l]$ 上且满足狄利克雷收敛性条件的函数 $f(x)$,可以分别进行奇延拓或偶延拓,然后展开成正弦级数或余弦级数.

例 2　将函数 $f(x) = x^2 (0 \leqslant x \leqslant 2)$ 展开成正弦级数和余弦级数.

解　$f(x)$ 满足狄利克雷收敛性条件. 做奇延拓后,$f(x)$ 的傅里叶系数为

$$a_n = 0 \quad (n = 0,1,2,\cdots),$$

$$b_n = \frac{2}{2}\int_0^2 f(x)\sin\frac{n\pi x}{2}\mathrm{d}x = \int_0^2 x^2\sin\frac{n\pi x}{2}\mathrm{d}x$$

$$= \left\{\left[-\frac{2x^2}{n\pi} + \frac{16}{(n\pi)^3}\right]\cos\frac{n\pi x}{2} + \frac{8x}{(n\pi)^2}\sin\frac{n\pi x}{2}\right\}\Big|_0^2$$

$$= -\frac{8}{n\pi}\cos n\pi + \frac{16}{(n\pi)^3}(\cos n\pi - 1)$$

$$= \frac{8}{n\pi}(-1)^{n+1} + \frac{16}{(n\pi)^3}\left[(-1)^n - 1\right] \quad (n = 1,2,\cdots).$$

因此,所求的正弦级数展开式为

$$f(x) = \frac{8}{\pi}\sum_{n=1}^{\infty}\left\{\frac{(-1)^{n+1}}{n} + \frac{2}{n^3\pi^2}\left[(-1)^n - 1\right]\right\}\sin\frac{n\pi x}{2}, \quad x \in [0,2).$$

做偶延拓后,$f(x)$ 的傅里叶系数为

$$b_n = 0 \quad (n = 1,2,\cdots),$$

$$a_0 = \frac{2}{2}\int_0^2 f(x)\mathrm{d}x = \int_0^2 x^2\mathrm{d}x = \frac{8}{3},$$

$$a_n = \frac{2}{2}\int_0^2 f(x)\cos\frac{n\pi x}{2}\mathrm{d}x = \int_0^2 x^2\cos\frac{n\pi x}{2}\mathrm{d}x$$

$$= \left\{\left[\frac{2x^2}{n\pi} - \frac{16}{(n\pi)^3}\right]\sin\frac{n\pi x}{2} + \frac{8x}{(n\pi)^2}\cos\frac{n\pi x}{2}\right\}\Big|_0^2$$

$$= \frac{16}{(n\pi)^2}\cos n\pi = (-1)^n\frac{16}{(n\pi)^2} \quad (n = 1,2,\cdots).$$

因此,所求的余弦级数展开式为

$$f(x) = \frac{4}{3} + \frac{16}{\pi^2}\sum_{n=1}^{\infty}\frac{(-1)^n}{n^2}\cos\frac{n\pi x}{2}, \quad x \in [0,2].$$

习　题　12.6

1. 将周期为 1 的周期函数 $f(x)$ 展开成傅里叶级数,其中 $f(x)$ 在一个周期内的表达式为 $f(x)=1-x^2\left(-\dfrac{1}{2}\leqslant x<\dfrac{1}{2}\right)$.

2. 将函数 $f(x)=\begin{cases}x, & -1\leqslant x\leqslant 0,\\ x+1, & 0\leqslant x\leqslant 1\end{cases}$ 展开成傅里叶级数.

3. 将函数 $f(x)=\begin{cases}2x+1, & -3\leqslant x<0,\\ 1, & 0\leqslant x<3\end{cases}$ 展开成傅里叶级数.

4. 将函数 $f(x)=\begin{cases}\sin\dfrac{\pi x}{2}, & 0\leqslant x\leqslant 1,\\ 0, & 1\leqslant x\leqslant 2\end{cases}$ 展开成正弦级数和余弦级数.

5. 将函数 $f(x)=\begin{cases}\dfrac{ax}{2}, & 0\leqslant x<\dfrac{l}{2},\\ \dfrac{a(l-x)}{2}, & \dfrac{l}{2}\leqslant x\leqslant l\end{cases}$ （a 为非零常数）展开成正弦级数和余弦级数.

§12.7　综　合　例　题

一、常数项级数的收敛性

例 1　求极限 $\lim\limits_{n\to\infty}\dfrac{1}{\sqrt{n}}\sum\limits_{k=1}^{n}\dfrac{1}{3^k}\left(1+\dfrac{1}{k}\right)^{k^2}$.

解　$\sum\limits_{k=1}^{n}\dfrac{1}{3^k}\left(1+\dfrac{1}{k}\right)^{k^2}$ 是正项级数 $\sum\limits_{n=1}^{\infty}\dfrac{1}{3^n}\left(1+\dfrac{1}{n}\right)^{n^2}$ 的前 n 项之和.

记 $u_n=\dfrac{1}{3^n}\left(1+\dfrac{1}{n}\right)^{n^2}$. 由于

$$\lim_{n\to\infty}\sqrt[n]{u_n}=\lim_{n\to\infty}\dfrac{1}{3}\left(1+\dfrac{1}{n}\right)^n=\dfrac{\mathrm{e}}{3}<1,$$

所以可推出正项级数 $\sum\limits_{n=1}^{\infty}\dfrac{1}{3^n}\left(1+\dfrac{1}{n}\right)^{n^2}$ 是收敛的. 假设该级数的和为 s, 即 $\sum\limits_{n=1}^{\infty}\dfrac{1}{3^n}\left(1+\dfrac{1}{n}\right)^{n^2}=s$, 则

$$\lim_{n\to\infty}\dfrac{1}{\sqrt{n}}\sum_{k=1}^{n}\dfrac{1}{3^k}\left(1+\dfrac{1}{k}\right)^{k^2}=\lim_{n\to\infty}\dfrac{1}{\sqrt{n}}\cdot\lim_{n\to\infty}\sum_{k=1}^{n}\dfrac{1}{3^k}\left(1+\dfrac{1}{k}\right)^{k^2}=0\cdot s=0.$$

例 2　证明:极限 $\lim\limits_{n\to\infty}\dfrac{n!}{n^n}=0.$

证　考虑正项级数 $\sum\limits_{n=1}^{\infty}\dfrac{n!}{n^n}$. 记 $u_n=\dfrac{n!}{n^n}$. 由于

$$\lim_{n\to\infty}\frac{u_{n+1}}{u_n}=\lim_{n\to\infty}\frac{(n+1)!}{(n+1)^{n+1}}\cdot\frac{n^n}{n!}=\lim_{n\to\infty}\frac{1}{\left(1+\dfrac{1}{n}\right)^n}=\frac{1}{\mathrm{e}}<1,$$

故由比值判别法可知级数 $\sum\limits_{n=1}^{\infty}\dfrac{n!}{n^n}$ 收敛. 因此,由级数收敛的必要条件可得

$$\lim_{n\to\infty}\frac{n!}{n^n}=0.$$

注　$\lim\limits_{n\to\infty}u_n=0$ 是级数 $\sum\limits_{n=1}^{\infty}u_n$ 收敛的必要条件,利用这一结论可以证明一些数列的极限为 0.

例 3　若正项级数 $\sum\limits_{n=1}^{\infty}a_n$ 收敛,证明:

(1) 级数 $\sum\limits_{n=1}^{\infty}a_n^2$ 收敛;　　(2) 级数 $\sum\limits_{n=1}^{\infty}\dfrac{\sqrt{a_n}}{n}$ 收敛;　　(3) 级数 $\sum\limits_{n=1}^{\infty}\dfrac{a_n}{1+a_n}$ 收敛.

证　(1) 因为 $\lim\limits_{n\to\infty}\dfrac{a_n^2}{a_n}=\lim\limits_{n\to\infty}a_n=0$,而级数 $\sum\limits_{n=1}^{\infty}a_n$ 收敛,所以由比较判别法的极限形式可知级数 $\sum\limits_{n=1}^{\infty}a_n^2$ 收敛;

(2) 由于 $\dfrac{\sqrt{a_n}}{n}\leqslant\dfrac{1}{2}\left(a_n+\dfrac{1}{n^2}\right)(n=1,2,\cdots)$,而级数 $\sum\limits_{n=1}^{\infty}a_n$ 和 $\sum\limits_{n=1}^{\infty}\dfrac{1}{n^2}$ 都收敛,因此级数 $\sum\limits_{n=1}^{\infty}\dfrac{\sqrt{a_n}}{n}$ 收敛;

(3) 因为 $a_n\geqslant 0$,所以 $\dfrac{a_n}{1+a_n}\leqslant a_n(n=1,2,\cdots)$. 由于级数 $\sum\limits_{n=1}^{\infty}a_n$ 收敛,因此由比较判别法可知级数 $\sum\limits_{n=1}^{\infty}\dfrac{a_n}{1+a_n}$ 收敛.

例 4　设级数 $\sum\limits_{n=1}^{\infty}a_n$ 和 $\sum\limits_{n=1}^{\infty}b_n$ 都收敛,且 $a_n\leqslant c_n\leqslant b_n(n=1,2,\cdots)$,证明:级数 $\sum\limits_{n=1}^{\infty}c_n$ 也收敛.

证　因为级数 $\sum\limits_{n=1}^{\infty}a_n$ 和 $\sum\limits_{n=1}^{\infty}b_n$ 都收敛,所以级数 $\sum\limits_{n=1}^{\infty}(b_n-a_n)$ 收敛. 又由 $a_n\leqslant c_n\leqslant b_n(n=1,2,\cdots)$ 可得 $0\leqslant c_n-a_n\leqslant b_n-a_n$,所以由比较判别法可知级数 $\sum\limits_{n=1}^{\infty}(c_n-a_n)$ 收敛.

而 $c_n = (c_n - a_n) + a_n$，由级数 $\sum\limits_{n=1}^{\infty} a_n$ 和 $\sum\limits_{n=1}^{\infty}(c_n - a_n)$ 收敛，可以推出级数 $\sum\limits_{n=1}^{\infty} c_n$ 也收敛.

二、求常数项级数的和

1. 利用级数和的定义

例 5 求级数 $\sum\limits_{n=1}^{\infty}(2n-1)q^{n-1}$ $(|q|<1)$ 的和.

解 级数 $\sum\limits_{n=1}^{\infty}(2n-1)q^{n-1}$ 的部分和为

$$s_n = 1 + 3q + 5q^2 + \cdots + (2n-1)q^{n-1}. \tag{1}$$

上式两端乘以 q，得

$$qs_n = q + 3q^2 + 5q^3 + \cdots + (2n-1)q^n. \tag{2}$$

将(1)式和(2)式相减，得

$$(1-q)s_n = 1 + 2q + 2q^2 + \cdots + 2q^{n-1} - (2n-1)q^n,$$

于是

$$s_n = -\frac{1}{1-q} + \frac{2(1+q+q^2+\cdots+q^{n-1})}{1-q} - (2n-1)\frac{q^n}{1-q}$$

$$= -\frac{1}{1-q} + \frac{2(1-q^n)}{(1-q)^2} - (2n-1)\frac{q^n}{1-q}.$$

因为 $|q|<1$，所以该级数的和为

$$s = \lim_{n\to\infty} s_n = -\frac{1}{1-q} + \frac{2}{(1-q)^2} = \frac{1+q}{(1-q)^2}.$$

例 6 求级数 $\sum\limits_{n=1}^{\infty}\dfrac{1}{\sqrt{n(n+1)}\,(\sqrt{n}+\sqrt{n+1})}$ 的和.

解 因为该级数的一般项为

$$u_n = \frac{1}{\sqrt{n}\cdot\sqrt{n+1}} \cdot \frac{\sqrt{n+1}-\sqrt{n}}{(\sqrt{n+1}+\sqrt{n})(\sqrt{n+1}-\sqrt{n})}$$

$$= \frac{\sqrt{n+1}-\sqrt{n}}{\sqrt{n}\cdot\sqrt{n+1}} = \frac{1}{\sqrt{n}} - \frac{1}{\sqrt{n+1}},$$

所以该级数的部分和为

$$s_n = \left(1-\frac{1}{\sqrt{2}}\right) + \left(\frac{1}{\sqrt{2}}-\frac{1}{\sqrt{3}}\right) + \cdots + \left(\frac{1}{\sqrt{n}}-\frac{1}{\sqrt{n+1}}\right) = 1 - \frac{1}{\sqrt{n+1}}.$$

于是，该级数的和为

$$s = \lim_{n\to\infty} s_n = \lim_{n\to\infty}\left(1-\frac{1}{\sqrt{n+1}}\right) = 1.$$

注　通过拆项相消,我们可以化简级数的部分和,从而求出级数的和.

2. 借助于和已知的级数,利用收敛级数的运算性质

例 7　求级数 $\displaystyle\sum_{n=1}^{\infty}\frac{2n+1}{n!}$ 的和.

解　因为该级数的一般项为 $u_n=\dfrac{2n+1}{n!}=\dfrac{2}{(n-1)!}+\dfrac{1}{n!}$,所以利用 $\mathrm{e}=\displaystyle\sum_{n=0}^{\infty}\frac{1}{n!}$,得

$$\sum_{n=1}^{\infty}\frac{2n+1}{n!}=2\sum_{n=1}^{\infty}\frac{1}{(n-1)!}+\sum_{n=1}^{\infty}\frac{1}{n!}=2\mathrm{e}+\mathrm{e}-1=3\mathrm{e}-1.$$

3. 阿贝尔法(构造幂级数法)

例 8　求级数 $\displaystyle\sum_{n=1}^{\infty}\frac{(-1)^n n}{(2n+1)!}$ 的和.

解　令 $s(x)=\displaystyle\sum_{n=1}^{\infty}\frac{(-1)^n n}{(2n+1)!}x^{2n-1}$,其一般项为 $u_n(x)=\dfrac{(-1)^n n}{(2n+1)!}x^{2n-1}$. 由于

$$\lim_{n\to\infty}\left|\frac{u_{n+1}(x)}{u_n(x)}\right|=\lim_{n\to\infty}\frac{n+1}{n(2n+3)(2n+2)}x^2=0,$$

因此幂级数 $\displaystyle\sum_{n=1}^{\infty}\frac{(-1)^n n}{(2n+1)!}x^{2n-1}$ 的收敛域为 $(-\infty,+\infty)$.

如果 $x\neq 0$,则有

$$s(x)=\frac{1}{2}\sum_{n=1}^{\infty}\left[\frac{(-1)^n x^{2n}}{(2n+1)!}\right]'=\frac{1}{2}\left[\sum_{n=1}^{\infty}(-1)^n\frac{x^{2n}}{(2n+1)!}\right]'$$

$$=\frac{1}{2}\left[\frac{1}{x}\sum_{n=1}^{\infty}(-1)^n\frac{x^{2n+1}}{(2n+1)!}\right]'=\frac{1}{2}\left[\frac{1}{x}(\sin x-x)\right]'$$

$$=\frac{x\cos x-\sin x}{2x^2}.$$

取 $x=1$,得

$$\sum_{n=1}^{\infty}\frac{(-1)^n n}{(2n+1)!}=s(1)=\frac{1}{2}(\cos 1-\sin 1).$$

4. 利用某一函数的傅里叶级数在指定点处的值

例 9　利用函数 $f(x)=x^2$ 在区间 $[-\pi,\pi]$ 上的傅里叶级数,求下列级数的和:

(1) $\displaystyle\sum_{n=1}^{\infty}(-1)^{n-1}\frac{1}{n^2}$;　　　　(2) $\displaystyle\sum_{n=1}^{\infty}\frac{1}{n^2}$;

(3) $\displaystyle\sum_{n=1}^{\infty}\frac{1}{(2n-1)^2}$;　　　　(4) $\displaystyle\sum_{n=1}^{\infty}\frac{1}{(2n)^2}$.

解　因为 $f(x)=x^2$ 在 $[-\pi,\pi]$ 上为偶函数,所以其傅里叶系数为

$$b_n = 0 \quad (n=1,2,\cdots),$$

$$a_0 = \frac{2}{\pi} \int_0^\pi x^2 \, \mathrm{d}x = \frac{2}{3}\pi^2,$$

$$a_n = \frac{2}{\pi} \int_0^\pi x^2 \cos nx \, \mathrm{d}x = (-1)^n \frac{4}{n^2} \quad (n=1,2,\cdots).$$

因此
$$f(x) = \frac{1}{3}\pi^2 - 4 \sum_{n=1}^\infty (-1)^{n-1} \frac{1}{n^2} \cos nx, \quad x \in [-\pi, \pi].$$

分别令 $x=0, \pi$，则有

$$\sum_{n=1}^\infty (-1)^{n-1} \frac{1}{n^2} = \frac{1}{12}\pi^2, \tag{3}$$

$$\sum_{n=1}^\infty \frac{1}{n^2} = \frac{1}{6}\pi^2. \tag{4}$$

又有
$$\sum_{n=1}^\infty (-1)^{n-1} \frac{1}{n^2} = \sum_{n=1}^\infty \frac{1}{(2n-1)^2} - \sum_{n=1}^\infty \frac{1}{(2n)^2} = \sum_{n=1}^\infty \frac{1}{(2n-1)^2} - \frac{1}{4} \sum_{n=1}^\infty \frac{1}{n^2}.$$

利用(3)式和(4)式,可得

$$\sum_{n=1}^\infty \frac{1}{(2n-1)^2} = \frac{\pi^2}{8}, \quad \sum_{n=1}^\infty \frac{1}{(2n)^2} = \frac{1}{4} \sum_{n=1}^\infty \frac{1}{n^2} = \frac{1}{24}\pi^2.$$

三、幂级数的收敛域

例 10 设幂级数 $\sum\limits_{n=0}^\infty a_n(x-1)^n$ 在点 $x=-1$ 处收敛,该幂级数在点 $x=2$ 处是否收敛? 若幂级数 $\sum\limits_{n=0}^\infty a_n(x-1)^n$ 在点 $x=-1$ 处收敛,在点 $x=3$ 处发散,该幂级数在点 $x=-2, \dfrac{1}{2}$ 处的敛散性如何? 若幂级数 $\sum\limits_{n=0}^\infty a_n(x+1)^n$ 在点 $x=\dfrac{5}{2}$ 处条件收敛,该幂级数的收敛半径为多少?

解 因为幂级数 $\sum\limits_{n=0}^\infty a_n(x-1)^n$ 在点 $x=-1$ 处收敛,所以该幂级数当 $|x-1| < |-1-1| = 2$ 时收敛,即该幂级数当 $-1 < x < 3$ 时是收敛的. 因此,该幂级数在点 $x=2$ 处收敛.

如果幂级数 $\sum\limits_{n=0}^\infty a_n(x-1)^n$ 同时又在点 $x=3$ 处发散,那么可以确定该幂级数的收敛区间为 $(-1,3)$. 因此,该幂级数在点 $x=-2$ 处发散,而在点 $x=\dfrac{1}{2}$ 处收敛.

若幂级数 $\sum\limits_{n=0}^{\infty} a_n(x+1)^n$ 在点 $x = \dfrac{5}{2}$ 处条件收敛,根据阿贝尔定理,该幂级数当 $|x+1| < \dfrac{5}{2} + 1 = \dfrac{7}{2}$ 时绝对收敛.由于绝对值级数 $\sum\limits_{n=0}^{\infty}|a_n||x+1|^n$ 在点 $x = \dfrac{5}{2}$ 处发散,因此当 $|x+1| > \dfrac{5}{2} + 1 = \dfrac{7}{2}$ 时,幂级数 $\sum\limits_{n=0}^{\infty} a_n(x+1)^n$ 必发散.故幂级数 $\sum\limits_{n=0}^{\infty} a_n(x+1)^n$ 的收敛半径为 $\dfrac{7}{2}$.

注　若幂级数 $\sum\limits_{n=0}^{\infty} a_n(x-x_0)^n$ 在点 $x = x_1$ 处条件收敛,则该幂级数的收敛半径为 $|x_1 - x_0|$.

例 11　求幂级数 $\sum\limits_{n=1}^{\infty} \dfrac{[3+(-1)^n]^n}{n} x^n$ 的收敛半径.

解　分别考虑由奇次幂和偶次幂组成的两个幂级数:

$$\sum_{n=1}^{\infty} v_n(x) = \sum_{n=1}^{\infty} \frac{2^{2n-1}}{2n-1} x^{2n-1}, \qquad \sum_{n=1}^{\infty} w_n(x) = \sum_{n=1}^{\infty} \frac{4^{2n}}{2n} x^{2n}.$$

由于

$$\lim_{n \to \infty} \left| \frac{v_{n+1}(x)}{v_n(x)} \right| = \lim_{n \to \infty} \frac{2^{2n+1}}{2n+1} \cdot \frac{2n-1}{2^{2n-1}} x^2 = 4x^2,$$

因此当 $4x^2 < 1$,即 $|x| < \dfrac{1}{2}$ 时,级数 $\sum\limits_{n=1}^{\infty} v_n(x)$ 绝对收敛;当 $4x^2 > 1$,即 $|x| > \dfrac{1}{2}$ 时,有 $\lim\limits_{n \to \infty} v_n(x) \neq 0$,从而幂级数 $\sum\limits_{n=1}^{\infty} v_n(x)$ 发散.故幂级数 $\sum\limits_{n=1}^{\infty} v_n(x)$ 的收敛半径为 $R_1 = \dfrac{1}{2}$.

由于

$$\lim_{n \to \infty} \left| \frac{w_{n+1}(x)}{w_n(x)} \right| = \lim_{n \to \infty} \frac{4^{2n+2}}{2n+2} \cdot \frac{2n}{4^{2n}} x^2 = 16x^2,$$

因此当 $16x^2 < 1$,即 $|x| < \dfrac{1}{4}$ 时,级数 $\sum\limits_{n=1}^{\infty} w_n(x)$ 绝对收敛;当 $16x^2 > 1$,即 $|x| > \dfrac{1}{4}$ 时,有 $\lim\limits_{n \to \infty} w_n(x) \neq 0$,从而幂级数 $\sum\limits_{n=1}^{\infty} w_n(x)$ 发散.故幂级数 $\sum\limits_{n=1}^{\infty} w_n(x)$ 的收敛半径为 $R_2 = \dfrac{1}{4}$.

所以,幂级数 $\sum\limits_{n=1}^{\infty} \dfrac{[3+(-1)^n]^n}{n} x^n$ 的收敛半径为 $R = \min\{R_1, R_2\} = \dfrac{1}{4}$.

例 12　求幂级数 $\sum\limits_{n=1}^{\infty} \dfrac{(x-1)^{2n}}{n \cdot 3^{2n}}$ 的收敛域和收敛半径.

解　幂级数 $\sum\limits_{n=1}^{\infty} \dfrac{(x-1)^{2n}}{n \cdot 3^{2n}}$ 的一般项为 $u_n(x) = \dfrac{(x-1)^{2n}}{n \cdot 3^{2n}}$.由于

$$\lim_{n\to\infty}\left|\frac{u_{n+1}(x)}{u_n(x)}\right| = \lim_{n\to\infty}\frac{1-\dfrac{n}{3^n}}{1-\dfrac{n+1}{3^{2n+2}}}\cdot\frac{(x-1)^2}{3^2} = \frac{(x-1)^2}{3^2},$$

因此当 $\dfrac{(x-1)^2}{3^2}<1$,即 $|x-1|<3$,亦即 $-2<x<4$ 时,幂级数 $\displaystyle\sum_{n=1}^{\infty}\frac{(x-1)^{2n}}{n-3^{2n}}$ 绝对收敛;当

$\dfrac{(x-1)^2}{3^2}>1$,即 $|x-1|>3$ 时,$\displaystyle\lim_{n\to\infty}u_n(x)\neq 0$,从而幂级数 $\displaystyle\sum_{n=1}^{\infty}\frac{(x-1)^{2n}}{n-3^{2n}}$ 发散.

当 $x=-2$ 或 $x=4$ 时,原幂级数化为 $\displaystyle\sum_{n=1}^{\infty}\frac{3^{2n}}{n-3^{2n}}$. 由于

$$\lim_{n\to\infty}\frac{3^{2n}}{n-3^{2n}} = \lim_{n\to\infty}\frac{1}{n\cdot 3^{-2n}-1} = -1\neq 0,$$

因此级数 $\displaystyle\sum_{n=1}^{\infty}\frac{3^{2n}}{n-3^{2n}}$ 发散.

所以,幂级数 $\displaystyle\sum_{n=1}^{\infty}\frac{(x-1)^{2n}}{n-3^{2n}}$ 的收敛域为 $(-2,4)$,收敛半径为 3.

四、幂级数和函数的计算

例 13 求幂级数 $\displaystyle\sum_{n=0}^{\infty}\frac{n^2+1}{2^n n!}x^n$ 的和函数.

解 记 $a_n=\dfrac{n^2+1}{2^n n!}$. 因

$$\lim_{n\to\infty}\left|\frac{a_{n+1}}{a_n}\right| = \lim_{n\to\infty}\frac{(n+1)^2+1}{2^{n+1}(n+1)!}\cdot\frac{2^n n!}{n^2+1} = \frac{1}{2}\lim_{n\to\infty}\frac{(n+1)^2+1}{(n+1)(n^2+1)} = 0,$$

故该幂级数的收敛域为 $(-\infty,+\infty)$.

令

$$s(x) = \sum_{n=0}^{\infty}\frac{n^2+1}{2^n n!}x^n = \sum_{n=0}^{\infty}\frac{n^2}{2^n n!}x^n + \sum_{n=0}^{\infty}\frac{1}{n!}\left(\frac{x}{2}\right)^n.$$

由于

$$\sum_{n=0}^{\infty}\frac{n^2}{2^n n!}x^n = x\sum_{n=1}^{\infty}\frac{1}{2^n(n-1)!}nx^{n-1} = x\sum_{n=1}^{\infty}\left[\frac{1}{(n-1)!}\left(\frac{x}{2}\right)^n\right]'$$

$$= x\left[\frac{x}{2}\sum_{n=1}^{\infty}\frac{1}{(n-1)!}\left(\frac{x}{2}\right)^{n-1}\right]',$$

而

$$\sum_{n=1}^{\infty}\frac{1}{(n-1)!}\left(\frac{x}{2}\right)^{n-1} = \sum_{n=0}^{\infty}\frac{1}{n!}\left(\frac{x}{2}\right)^n = e^{\frac{x}{2}},$$

因此所求的和函数为

$$s(x) = x\left(\frac{x}{2}e^{\frac{x}{2}}\right)' + e^{\frac{x}{2}} = \left(\frac{1}{4}x^2 + \frac{x}{2} + 1\right)e^{\frac{x}{2}} \quad (-\infty < x < +\infty).$$

例 14　设幂级数 $\dfrac{x^4}{2\times 4} + \dfrac{x^6}{2\times 4\times 6} + \dfrac{x^8}{2\times 4\times 6\times 8} + \cdots$ 的和函数为 $s(x)$,求:

(1) $s(x)$ 所满足的一阶微分方程;　　(2) $s(x)$ 的表达式.

解　该幂级数的一般项为 $u_n(x) = \dfrac{x^{2n+2}}{(2n+2)!!}$. 因为

$$\lim_{n\to\infty}\left|\frac{u_{n+1}(x)}{u_n(x)}\right| = \lim_{n\to\infty}\frac{x^2}{2n+4} = 0,$$

所以该幂级数的收敛域为 $(-\infty, +\infty)$.

由于

$$s'(x) = \frac{x^3}{2} + \frac{x^5}{2\times 4} + \frac{x^7}{2\times 4\times 6} + \cdots$$

$$= x\left(\frac{x^2}{2} + \frac{x^4}{2\times 4} + \frac{x^6}{2\times 4\times 6} + \cdots\right) \quad (-\infty < x < +\infty),$$

即

$$s'(x) = x\left[\frac{x^2}{2} + s(x)\right] \quad (-\infty < x < +\infty),$$

再注意到 $s(0) = 0$,故 $s(x)$ 所满足的一阶微分方程为

$$\begin{cases} s'(x) - xs(x) = \dfrac{x^3}{2}, \\ s(0) = 0. \end{cases}$$

(2) 利用一阶线性微分方程的通解公式,可得

$$s(x) = e^{\int x\,\mathrm{d}x}\left(\int \frac{x^3}{2}e^{-\int x\,\mathrm{d}x}\,\mathrm{d}x + C\right) = -\frac{x^2}{2} - 1 + Ce^{\frac{x^2}{2}}.$$

由初始条件 $s(0) = 0$,求出 $C = 1$. 于是,该幂级数的和函数为

$$s(x) = -\frac{x^2}{2} - 1 + e^{\frac{x^2}{2}} \quad (-\infty < x < +\infty).$$

五、函数的幂级数展开式及其应用

例 15　设函数 $f(x) = \begin{cases} \dfrac{\sin x}{x}, & x \neq 0, \\ 1, & x = 0, \end{cases}$　求 $f^{(n)}(0)\ (n = 1, 2, \cdots)$.

分析　直接从导数的定义求 $f(x)$ 在分段点 $x = 0$ 处的 n 阶导数 $f^{(n)}(0)$,将非常烦琐. 可利用间接展开法先求出 $f(x)$ 在点 $x = 0$ 处的幂级数展开式

$$f(x) = a_0 + a_1 x + a_2 x^2 + \cdots + a_n x^n + \cdots, \quad x \in (-R, R),$$

再由幂级数展开式的唯一性便知 $a_n = \dfrac{f^{(n)}(0)}{n!}$,从而 $f^{(n)}(0) = n!\,a_n\,(n = 0, 1, 2, \cdots)$.

解 由于

$$\sin x = x - \frac{x^3}{3!} + \frac{x^5}{5!} - \cdots + (-1)^n \frac{x^{2n+1}}{(2n+1)!} + \cdots \quad (-\infty < x < +\infty),$$

所以

$$\frac{\sin x}{x} = 1 - \frac{x^2}{3!} + \frac{x^4}{5!} - \cdots + (-1)^n \frac{x^{2n}}{(2n+1)!} + \cdots \quad (x \neq 0).$$

又当 $x=0$ 时,$\frac{\sin x}{x}$ 无意义,但 $\lim\limits_{x \to 0} \frac{\sin x}{x} = 1$,上式右端的幂级数当 $x=0$ 时的和也为 1,因此

$$f(x) = 1 - \frac{x^2}{3!} + \frac{x^4}{5!} - \cdots + (-1)^n \frac{x^{2n}}{(2n+1)!} + \cdots \quad (-\infty < x < +\infty).$$

因为 $f(x)$ 的幂级数展开式中不出现奇次项,故有

$$f^{(2n-1)}(0) = 0, \quad f^{(2n)}(0) = \frac{(-1)^n}{2n+1} \quad (n = 1, 2, \cdots).$$

例 16 将函数 $f(x) = \dfrac{1}{(3-x)^2}$ 展开成 x 的幂级数.

解 因 $f(x) = \dfrac{1}{(3-x)^2} = \left(\dfrac{1}{3-x}\right)' = \dfrac{1}{3}\left[\dfrac{1}{1-\dfrac{x}{3}}\right]'$,故当 $\left|\dfrac{x}{3}\right| < 1$,即 $|x| < 3$ 时,有

$$f(x) = \frac{1}{3}\left[\sum_{n=0}^{\infty} \left(\frac{x}{3}\right)^n\right]' = \frac{1}{3}\sum_{n=1}^{\infty} \frac{n}{3^n} x^{n-1}.$$

例 17 将 $\dfrac{1}{x^2+4x+3}$ 展成 $x-1$ 的幂级数.

解 $\dfrac{1}{x^2+4x+3} = \dfrac{1}{(x+1)(x+3)} = \dfrac{1}{2}\left(\dfrac{1}{x+1} - \dfrac{1}{x+3}\right) = \dfrac{1}{2}\left(\dfrac{1}{2+x-1} - \dfrac{1}{4+x-1}\right)$

$$= \frac{1}{4} \cdot \frac{1}{1+\dfrac{x-1}{2}} - \frac{1}{8} \cdot \frac{1}{1+\dfrac{x-1}{4}}.$$

当 $\left|\dfrac{x-1}{2}\right| < 1$,即 $|x-1| < 2$ 时,$\dfrac{1}{1+\dfrac{x-1}{2}} = \sum\limits_{n=0}^{\infty}(-1)^n \left(\dfrac{x-1}{2}\right)^n$;

当 $\left|\dfrac{x-1}{4}\right| < 1$,即 $|x-1| < 4$ 时,$\dfrac{1}{1+\dfrac{x-1}{4}} = \sum\limits_{n=0}^{\infty}(-1)^n \left(\dfrac{x-1}{4}\right)^n$.

因此,当 $|x-1| < 2$,即 $-1 < x < 3$ 时,有

$$\frac{1}{x^2+4x+3} = \frac{1}{4}\sum_{n=0}^{\infty}(-1)^n \left(\frac{x-1}{2}\right)^n - \frac{1}{8}\sum_{n=0}^{\infty}(-1)^n \left(\frac{x-1}{4}\right)^n$$

$$= \sum_{n=0}^{\infty}(-1)^n \left(\frac{1}{2^{n+2}} - \frac{1}{2^{n+3}}\right)(x-1)^n.$$

例 18 将函数

$$f(x)=\begin{cases} \dfrac{1+x^2}{x}\arctan x, & x\neq 0, \\ 1, & x=0 \end{cases}$$

展开成 x 的幂级数,并求级数 $\displaystyle\sum_{n=1}^{\infty}\dfrac{(-1)^n}{1-4n^2}$ 的和.

解 当 $|x|<1$ 时,有

$$(\arctan x)'=\frac{1}{1+x^2}=\sum_{n=0}^{\infty}(-x^2)^n,$$

所以

$$\arctan x=\int_0^x\frac{1}{1+x^2}\mathrm{d}x=\int_0^x\sum_{n=0}^{\infty}(-1)^nx^{2n}\mathrm{d}x=\sum_{n=0}^{\infty}(-1)^n\frac{x^{2n+1}}{2n+1},\quad |x|<1.$$

由于当 $x=\pm 1$ 时,幂级数 $\displaystyle\sum_{n=0}^{\infty}(-1)^n\dfrac{x^{2n+1}}{2n+1}$ 成为收敛的交错级数,故

$$\arctan x=\sum_{n=0}^{\infty}(-1)^n\frac{x^{2n+1}}{2n+1},\quad |x|\leqslant 1.$$

于是,当 $|x|\leqslant 1$ 且 $x\neq 0$ 时,有

$$f(x)=\frac{1+x^2}{x}\arctan x=1+\sum_{n=1}^{\infty}\frac{(-1)^n}{2n+1}x^{2n}+\sum_{n=0}^{\infty}\frac{(-1)^n}{2n+1}x^{2n+2}.$$

注意到当 $x=0$ 时,上式成立,因此当 $|x|\leqslant 1$ 时,有

$$\begin{aligned}
f(x)&=1+\sum_{n=1}^{\infty}\frac{(-1)^n}{2n+1}x^{2n}+\sum_{n=0}^{\infty}\frac{(-1)^n}{2n+1}x^{2n+2}\\
&=1+\sum_{n=1}^{\infty}\frac{(-1)^n}{2n+1}x^{2n}+\sum_{n=1}^{\infty}\frac{(-1)^{n-1}}{2n-1}x^{2n}\\
&=1+2\sum_{n=1}^{\infty}\frac{(-1)^n}{1-4n^2}x^{2n}.
\end{aligned}$$

令 $x=1$,有

$$f(1)=\frac{\pi}{2}=1+2\sum_{n=1}^{\infty}\frac{(-1)^n}{1-4n^2},$$

即

$$\sum_{n=1}^{\infty}\frac{(-1)^n}{1-4n^2}=\frac{\pi}{4}-\frac{1}{2}.$$

例 19 设函数 $f(x)$ 在区间 $(-\infty,+\infty)$ 内可导,$f'(x)=\mathrm{e}^{-x^2}$,且 $f(0)=1$,求 $f(x)$ 的幂级数表达式.

解 由题意我们有

$$f(x) = f(0) + \int_0^x f'(x)\mathrm{d}x = 1 + \int_0^x \mathrm{e}^{-x^2}\mathrm{d}x,$$

再由

$$\mathrm{e}^x = 1 + x + \frac{x^2}{2!} + \cdots + \frac{x^n}{n!} + \cdots \quad (-\infty < x < +\infty)$$

得

$$f(x) = 1 + \sum_{n=0}^{\infty} \int_0^x (-1)^n \frac{x^{2n}}{n!}\mathrm{d}x$$

$$= 1 + \sum_{n=0}^{\infty} (-1)^n \frac{x^{2n+1}}{(2n+1)n!} \quad (-\infty < x < +\infty).$$

例 20　求定积分 $\int_0^{1/2} \mathrm{e}^{-x^2}\mathrm{d}x$ 的近似值,精确到 10^{-4}.

解　由于 e^{-x^2} 的原函数不是初等函数,所以只能对此定积分做近似计算. 由 e^{-x^2} 的展开式及幂函数可逐项积分的性质得

$$\int_0^{1/2} \mathrm{e}^{-x^2}\mathrm{d}x = \int_0^{1/2} \left(1 - x^2 + \frac{x^4}{2!} - \frac{x^6}{3!} + \cdots + (-1)^n \frac{x^{2n}}{n!} + \cdots\right)\mathrm{d}x$$

$$= \frac{1}{2}\left[1 - \frac{1}{2^2 \times 3} + \frac{1}{2^4 \times 5 \times 2!} - \frac{1}{2^6 \times 7 \times 3!} + \cdots + (-1)^n \frac{1}{2^{2n}(2n+1)n!} + \cdots\right],$$

上式第二个等号右端方括号部分是一个交错级数,其误差 R_n 满足

$$|R_n| \leqslant \frac{1}{2^{2n}(2n+1)n!}.$$

由此可以计算出,取 $n=4$ 时就有 $|R_4| \leqslant 10^{-4}$,即取前四项即可. 于是

$$\int_0^{1/2} \mathrm{e}^{-x^2}\mathrm{d}x \approx \frac{1}{2}\left(1 - \frac{1}{2^2 \times 3} + \frac{1}{2^4 \times 5 \times 2!} - \frac{1}{2^6 \times 7 \times 3!}\right) = 0.4613.$$

六、傅里叶级数

例 21　设函数 $f(x)$ 在区间 $[-\pi,\pi]$ 上可积或绝对可积,$a_n,b_n(n=1,2,\cdots)$ 是 $f(x)$ 在 $[-\pi,\pi]$ 上的傅里叶系数,证明:

(1) 若 $f(x)$ 在 $[-\pi,\pi]$ 上满足 $f(x+\pi)=f(x)$,则 $a_{2m-1}=b_{2m-1}=0\ (m=1,2,\cdots)$;

(2) 若 $f(x)$ 在 $[-\pi,\pi]$ 上满足 $f(x+\pi)=-f(x)$,则 $a_{2m}=b_{2m}=0\ (m=1,2,\cdots)$.

证　我们有

$$a_n = \frac{1}{\pi}\int_{-\pi}^{\pi} f(x)\cos nx\,\mathrm{d}x = \frac{1}{\pi}\int_{-\pi}^{0} f(x)\cos nx\,\mathrm{d}x + \frac{1}{\pi}\int_{0}^{\pi} f(x)\cos nx\,\mathrm{d}x \quad (n=1,2,\cdots).$$

对上式第二个等号右端第二个定积分令 $x=\pi+t$,则

$$a_n = \frac{1}{\pi}\left[\int_{-\pi}^{0} f(x)\cos nx\,\mathrm{d}x + \int_{-\pi}^{0} f(\pi+t)\cos n(\pi+t)\,\mathrm{d}t\right] \quad (n=1,2,\cdots).$$

当 $f(\pi+x)=f(x)$ 时,$a_{2m-1}=0\ (m=1,2,\cdots)$;

当 $f(\pi+x)=-f(x)$ 时,$a_{2m}=0\ (m=1,2,\cdots)$.

同理可得

$$b_n=\frac{1}{\pi}\int_{-\pi}^{\pi}f(x)\sin nx\,\mathrm{d}x=\frac{1}{\pi}\int_{-\pi}^{0}\big[f(x)+(-1)^nf(\pi+x)\big]\sin nx\,\mathrm{d}x\quad(n=1,2,\cdots).$$

当 $f(\pi+x)=f(x)$ 时,$b_{2m-1}=0\ (m=1,2,\cdots)$;

当 $f(\pi+x)=-f(x)$ 时,$b_{2m}=0\ (m=1,2,\cdots)$.

可见,(1),(2)的结论成立.

例 22 验证下列函数在指定区间上满足狄利克雷收敛性条件,并指出其傅里叶级数展开式成立的区间:

(1) $f(x)$ 是以 2π 为周期的周期函数,它在区间 $(-\pi,\pi]$ 上的表达式为

$$f(x)=\begin{cases}\dfrac{\sin x}{x},&-\pi<x\leqslant\pi,x\neq0,\\[2mm]1,&x=0;\end{cases}$$

(2) $f(x)=\begin{cases}\mathrm{e}^x\cos x,&-\pi\leqslant x\leqslant0,\\0,&0<x\leqslant\pi;\end{cases}$

(3) $f(x)$ 是以 2 为周期的周期函数,它在区间 $(-1,1]$ 上的表达式为

$$f(x)=\frac{1}{x+1}\quad(-1<x\leqslant1).$$

解 (1) 因 $\lim\limits_{x\to0}\dfrac{\sin x}{x}=1=f(0)$,故 $x=0$ 为 $f(x)$ 的连续点,从而 $f(x)$ 在 $(-\pi,\pi]$ 上是处处连续的初等函数. 所以,$f(x)$ 满足狄利克雷收敛性条件,其傅里叶级数展开式成立的区间为 $(-\infty,+\infty)$.

(2) 因为 $\lim\limits_{x\to0^+}f(x)=0=f(0)$,而 $\lim\limits_{x\to0^-}\mathrm{e}^x\cos x=1\neq f(0)$,所以 $x=0$ 是 $f(x)$ 的第一类间断点. 又

$$\lim_{x\to\pi^-}f(x)=0,\quad\lim_{x\to-\pi^+}f(x)=\lim_{x\to-\pi^+}\mathrm{e}^x\cos x=-\mathrm{e}^{-\pi},$$

即 $x=\pm\pi$ 也是 $f(x)$ 的第一类间断点. 故 $f(x)$ 满足狄利克雷收敛性条件,其傅里叶级数展开式成立的区间为 $(-\pi,0)$ 和 $(0,\pi)$.

(3) 因 $\lim\limits_{x\to-1^+}\dfrac{1}{x+1}=+\infty$,即 $f(-1^+)$ 不存在,也即 $x=-1$ 是 $f(x)$ 的第二类间断点,故 $f(x)$ 不满足狄利克雷收敛性条件.

习 题 8.1

2. $\overrightarrow{AB}=\dfrac{1}{2}(a-b)$，$\overrightarrow{BC}=\dfrac{1}{2}(a+b)$，$\overrightarrow{CD}=\dfrac{1}{2}(b-a)$，$\overrightarrow{DA}=-\dfrac{1}{2}(a+b)$.

3. $\pm\left(\dfrac{6}{11},\dfrac{7}{11},-\dfrac{6}{11}\right)$.　　　　**4.** (1) $\dfrac{a}{|a|}+\dfrac{b}{|b|}$；　(2) $\pm\dfrac{1}{\sqrt{195}}(7,11,5)$.

5. (a,a,a), $(-a,a,a)$, $(-a,-a,a)$, $(a,-a,a)$, $(a,a,-a)$, $(-a,a,-a)$, $(-a,-a,-a)$,
$(a,-a,-a)$，分别在八个卦限内.

6. $(0,1,-2)$.　　　　　　　**9.** $\left(1,\dfrac{5}{3},\dfrac{1}{3}\right)$.

10. 模：2；方向余弦：$\dfrac{1}{2},\dfrac{1}{2},\dfrac{\sqrt{2}}{2}$；方向角：$\dfrac{\pi}{3},\dfrac{\pi}{3},\dfrac{\pi}{4}$.

12. 2.　　**13.** $A(-2,3,0)$.　　**14.** $13,7j$.

习 题 8.2

1. $\pm\dfrac{1}{\sqrt{17}}(3,-2,-2)$.　　**2.** $\dfrac{2\sqrt{30}}{3}$.　　**3.** $\lambda=2\mu$.

4. $12\sqrt{2}$.　　　　　　**5.** $\dfrac{\sqrt{19}}{2}$.　　**7.** 22.5.

习 题 8.3

1. $x^2+y^2+z^2-2x-6y+4z=0$.

2. $\left(x+\dfrac{2}{3}\right)^2+(y+1)^2+\left(z+\dfrac{4}{3}\right)^2=\dfrac{116}{9}$，它表示球心为 $\left(-\dfrac{2}{3},-1,-\dfrac{4}{3}\right)$，半径为 $\dfrac{2\sqrt{29}}{3}$ 的球面.

3. $\dfrac{x^2+y^2}{a^2}+\dfrac{z^2}{b^2}=1$，其中 $a^2=b^2-c^2$，这是旋转椭球面.

4. $x^2+y^2+z^2=9$.

5. 绕 x 轴：$4x^2-9(y^2+z^2)=36$；绕 y 轴：$4(x^2+z^2)-9y^2=36$.

习 题 8.4

1. 平行于 x 轴：$3y^2-z^2=16$；平行于 y 轴：$3x^2+2z^2=16$.

2. $\begin{cases}2x^2-2x+y^2=8,\\ z=0.\end{cases}$

部分习题参考答案与提示

3. $\begin{cases} x^2+y^2-x-y+xy=0, \\ z=0. \end{cases}$

4. (1) $\begin{cases} x=\dfrac{3}{\sqrt{2}}\cos t, \\ y=\dfrac{3}{\sqrt{2}}\cos t, \quad (0\leqslant t\leqslant 2\pi); \\ z=3\sin t \end{cases}$ (2) $\begin{cases} x=\dfrac{t^2}{2p}, \\ y=t, \quad (-\infty<t<+\infty); \\ z=\dfrac{kt^2}{2p} \end{cases}$

(3) $\begin{cases} x=1+\sqrt{3}\cos\theta, \\ y=\sqrt{3}\sin\theta, \quad (0\leqslant\theta\leqslant 2\pi). \\ z=0 \end{cases}$

5. 参数方程：$\begin{cases} x=2+2\cos t, \\ y=2\sin t, \quad (0\leqslant t\leqslant 2\pi); \\ z=2(\cos 2t+8\cos t+7) \end{cases}$ 投影方程：$\begin{cases} (y^2+z)^2+32(y^2-z)=0, \\ x=0. \end{cases}$

6. Oxy 面：$\begin{cases} x^2+y^2=a^2, \\ z=0; \end{cases}$ Oyz 面：$\begin{cases} y=a\sin\dfrac{z}{b}, \\ x=0; \end{cases}$ Ozx 面：$\begin{cases} x=a\cos\dfrac{z}{b}, \\ y=0. \end{cases}$

7. Oxy 面：$\begin{cases} x^2+y^2\leqslant ax, \\ z=0; \end{cases}$ Ozx 面：$\begin{cases} x^2+z^2\leqslant a^2, \\ y=0, \end{cases}$ $z\geqslant 0.$

8. $\begin{cases} x^2+y^2\leqslant 1, \\ z=0. \end{cases}$

9. Oxy 面：$\begin{cases} x^2+y^2\leqslant 4, \\ z=0; \end{cases}$ Oyz 面：$\begin{cases} x^2\leqslant z\leqslant 4, \\ y=0; \end{cases}$ Ozx 面：$\begin{cases} y^2\leqslant z\leqslant 4. \\ x=0; \end{cases}$

习 题 8.5

1. (1) $2x+9y-6z-121=0$； (2) $y+5=0$； (3) $y+2z=0$.

2. $x+y-3z-4=0$.   **3.** $x-y-z+1=0$.   **4.** $x-3y-2z=0$.

5. $3x+5y+7z-100=0$.   **6.** $2x+3y+z=0$.   **7.** $x+y+z-2=0$.

8. Oxy 面：$\dfrac{1}{3}$；Oyz 面：$\dfrac{2}{3}$；Ozx 面：$\dfrac{2}{3}$.   **9.** (1) 2； (2) 1.

10. (1) $\alpha=\dfrac{\pi}{3},\beta=\dfrac{\pi}{4},\gamma=\dfrac{\pi}{3},d=5$； (2) $\alpha=\dfrac{\pi}{2},\beta=\dfrac{3\pi}{4},\gamma=\dfrac{\pi}{4},d=\sqrt{2}$.

习 题 8.6

1. $\dfrac{x-3}{-2}=\dfrac{y+5}{7}=\dfrac{z-1}{3}$.   **2.** $\dfrac{x-1}{7}=\dfrac{y}{-2}=z+5$.

3. $\dfrac{x-1}{-2}=\dfrac{y-1}{1}=\dfrac{z-1}{3}$；$\begin{cases} x=1-2t, \\ y=1+t, \\ z=1+3t. \end{cases}$ **4.** $\begin{cases} 5x+2y-1=0, \\ 7x-2z+1=0. \end{cases}$

5. $\left(\dfrac{1}{14},\dfrac{2}{14},\dfrac{3}{14}\right)$.　　　　　**6.** $\left(-\dfrac{5}{3},\dfrac{2}{3},\dfrac{2}{3}\right)$.　　　　**7.** (1) $\arccos\dfrac{72}{77}$;　(2) $\dfrac{\pi}{2}$.

8. (1) $\dfrac{\pi}{4}$;　(2) 0.　　　　**9.** $\dfrac{x}{-2}=\dfrac{y-2}{3}=\dfrac{z-4}{1}$.　　　　**10.** $\dfrac{x}{-1}=\dfrac{y}{0}=\dfrac{z}{3}$ 或 $\begin{cases}3x+z=0,\\ y=0.\end{cases}$

习　题　9.1

1. (1) 内部 $E^\circ=\{(x,y)\,|\,x^2+(y-1)^2>1\}\cap\{(x,y)\,|\,x^2+(y-2)^2<4\}$;

导集 $E'=E$;边界 $\partial E=\{(x,y)\,|\,x^2+(y-1)^2=1\}\cup\{(x,y)\,|\,x^2+(y-2)^2=4\}$.

(2) 内部 $E^\circ=\varnothing$;导集和边界相同:

$$E'=\partial E=\left\{(x,y)\,\Big|\,0<x\leqslant1,y=\sin\dfrac{1}{x}\right\}\cup\{(x,y)\,|\,x=0,-1\leqslant y\leqslant1\}.$$

2. (1) $\{(x,y)\,|\,y>x$ 且 $x^2+y^2<1\}$;　　　(2) $\{(x,y)\,|\,x+y>0$ 且 $x-y>0\}$;

(3) $\{(x,y,z)\,|\,r^2<x^2+y^2+z^2\leqslant R^2\}$;　　(4) $\{(x,y,z)\,|\,|z|\leqslant x^2+y^2$ 且 $x^2+y^2\neq0\}$.

3. $\varphi(x)=x^2+2x$, $f(x,y)=\sqrt{y}+x-1$.

4. (1) 1;　(2) $\dfrac{1}{2}$;　(3) -2;　(4) 0;　(5) 1;　(6) 0.

习　题　9.2

1. (1) $\dfrac{\partial z}{\partial x}=y+\dfrac{1}{y}$, $\dfrac{\partial z}{\partial y}=x-\dfrac{x}{y^2}$;

(2) $\dfrac{\partial z}{\partial x}=\dfrac{1}{y}\cos\dfrac{x}{y}\cos\dfrac{y}{x}+\dfrac{y}{x^2}\sin\dfrac{x}{y}\sin\dfrac{y}{x}$, $\dfrac{\partial z}{\partial y}=-\dfrac{x}{y^2}\cos\dfrac{x}{y}\cos\dfrac{y}{x}-\dfrac{1}{x}\sin\dfrac{x}{y}\sin\dfrac{y}{x}$;

(3) $\dfrac{\partial z}{\partial x}=\dfrac{1}{x+\ln y}$, $\dfrac{\partial z}{\partial y}=\dfrac{1}{y(x+\ln y)}$;

(4) $\dfrac{\partial z}{\partial x}=y^2(1+xy)^{y-1}$, $\dfrac{\partial z}{\partial y}=(1+xy)^y\left[\ln(1+xy)+\dfrac{xy}{1+xy}\right]$;

(5) $\dfrac{\partial u}{\partial x}=\dfrac{z(x-y)^{z-1}}{1+(x-y)^{2z}}$, $\dfrac{\partial u}{\partial y}=-\dfrac{z(x-y)^{z-1}}{1+(x-y)^{2z}}$, $\dfrac{\partial u}{\partial z}=\dfrac{(x-y)^z\ln(x-y)}{1+(x-y)^{2z}}$;

(6) $\dfrac{\partial u}{\partial x}=y^zx^{y^z-1}$, $\dfrac{\partial u}{\partial y}=x^{y^z}y^{z-1}z\ln x$, $\dfrac{\partial u}{\partial z}=x^{y^z}y^z\ln x\cdot\ln y$.

2. $f_x(0,0,0)=\dfrac{1}{4}$, $f_y(0,0,0)=\dfrac{1}{4}$, $f_z(0,0,0)=\dfrac{1}{4}$.

3. $\dfrac{\pi}{4}$.

5. (1) $\dfrac{\partial^2 z}{\partial x^2}=\dfrac{2xy}{(x^2+y^2)^2}$, $\dfrac{\partial^2 z}{\partial x\partial y}=\dfrac{y^2-x^2}{(x^2+y^2)^2}$, $\dfrac{\partial^2 z}{\partial y^2}=-\dfrac{2xy}{(x^2+y^2)^2}$;

(2) $\dfrac{\partial^2 z}{\partial x^2}=y^x\ln^2 y$, $\dfrac{\partial^2 z}{\partial x\partial y}=y^{x-1}(1+x\ln y)$, $\dfrac{\partial^2 z}{\partial y^2}=x(x-1)y^{x-2}$;

(3) $\dfrac{\partial^3 z}{\partial x^2\partial y}=(2+4xy+x^2y^2)\mathrm{e}^{xy}$, $\dfrac{\partial^3 z}{\partial x\partial y^2}=(3x^2+x^3y)\mathrm{e}^{xy}$;

(4) $\dfrac{\partial^2 u}{\partial x^2}=-\dfrac{a^2}{(ax+by+cz)^2}$, $\dfrac{\partial^3 u}{\partial x^2 \partial y}=\dfrac{2a^2 b}{(ax+by+cz)^3}$.

习　题　9.3

1. (1) $dz=\dfrac{-2y}{(x-y)^2}dx+\dfrac{2x}{(x-y)^2}dy$;　(2) $dz=-\dfrac{xy}{(x^2+y^2)^{\frac{3}{2}}}dx+\dfrac{x^2}{(x^2+y^2)^{\frac{3}{2}}}dy$;

(3) $du=yzx^{yz-1}dx+x^{yz}\ln x \cdot zdy+x^{yz}\ln x \cdot ydz$;　(4) $du=\dfrac{xdx+ydy+zdz}{\sqrt{x^2+y^2+z^2}}$.

2. (1) $dz|_{(2,4)}=\dfrac{4}{21}dx+\dfrac{8}{21}dy$;　(2) $du|_{(1,1,1)}=5e^3(dx+dy+dz)$.

3. $\Delta z|_{(2,1)}=-\dfrac{5}{42}\approx-0.119$, $dz|_{(2,1)}=-\dfrac{1}{8}=-0.125$.

*4. 2.95;　**5.** (A).

习　题　9.4

1. (1) $\dfrac{dz}{dt}=e^{\sin t-2t^3}(\cos t-6t^2)$;　(2) $\dfrac{dz}{dt}=\left(2-\dfrac{4}{t^3}\right)\sec^2\left(2t+\dfrac{2}{t^2}\right)$;　(3) $\dfrac{du}{dx}=e^{ax}\sin x$.

2. (1) $\dfrac{\partial z}{\partial x}=\dfrac{2x}{y^2}\ln(3x-2y)+\dfrac{3x^2}{(3x-2y)y^2}$, $\dfrac{\partial z}{\partial y}=-\dfrac{2x^2}{y^3}\ln(3x-2y)-\dfrac{2x^2}{(3x-2y)y^2}$;

(2) $\dfrac{\partial z}{\partial u}=-\dfrac{v}{u^2+v^2}$, $\dfrac{\partial z}{\partial v}=\dfrac{u}{u^2+v^2}$;

(3) $\dfrac{\partial u}{\partial s}=te^s(\sin w+2xv\cos w)+e^{s+t}(\sin w+2zv\cos w)$,

$\dfrac{\partial u}{\partial t}=e^s(\sin w+2xv\cos w)+e^t(\sin w+2yv\cos w)+e^{s+t}(\sin w+2zv\cos w)$,

其中 $w=x^2+y^2+z^2=t^2 e^{2s}+e^{2t}+e^{2(s+t)}$, $v=x+y+z=te^s+e^t+e^{s+t}$.

3. (1) $\dfrac{\partial z}{\partial x}=yf_1'\left(xy,\dfrac{x}{y}\right)+\dfrac{1}{y}f_2'\left(xy,\dfrac{x}{y}\right)$, $\dfrac{\partial z}{\partial y}=xf_1'\left(xy,\dfrac{x}{y}\right)-\dfrac{x}{y^2}f_2'\left(xy,\dfrac{x}{y}\right)$;

(2) $\dfrac{\partial z}{\partial x}=\dfrac{2x}{1+x^2+y^2}f_1'+e^{x+y}f_2'$, $\dfrac{\partial z}{\partial y}=\dfrac{2y}{1+x^2+y^2}f_1'+e^{x+y}f_2'$;

(3) $\dfrac{\partial u}{\partial x}=f_1'+yf_2'+yzf_3'$, $\dfrac{\partial u}{\partial y}=xf_2'+xzf_3'$, $\dfrac{\partial u}{\partial z}=xyf_3'$.

4. (1) $\dfrac{\partial^2 z}{\partial x^2}=2f'+4x^2 f''$, $\dfrac{\partial^2 z}{\partial x \partial y}=4xyf''$, $\dfrac{\partial^2 z}{\partial y^2}=2f'+4y^2 f''$;

(2) $\dfrac{\partial^2 z}{\partial x \partial y}=e^x\cos y \cdot f_1'+e^{2x}\sin y\cos y \cdot f_{11}''+2e^x(y\sin y+x\cos y)f_{12}''+4xyf_{22}''$;

(3) $\dfrac{\partial^2 z}{\partial x^2}=e^{x+y}f_3'-\sin x \cdot f_1'+\cos^2 x \cdot f_{11}''+2e^{x+y}\cos x \cdot f_{13}''+e^{2(x+y)}f_{33}''$,

$\dfrac{\partial^2 z}{\partial x \partial y}=e^{x+y}f_3'-\cos x\sin y \cdot f_{12}''+e^{x+y}\cos x \cdot f_{13}''-e^{x+y}\sin y \cdot f_{32}''+e^{2(x+y)}f_{33}''$.

6. (2) $x\dfrac{\partial z}{\partial x}+y\dfrac{\partial z}{\partial y}=\sqrt{x^2+y^2}$.

习　题　9.5

1. $\dfrac{dy}{dx}=\dfrac{x+y}{x-y}.$

2. $\dfrac{\partial z}{\partial x}=\dfrac{2e^{2x-3z}}{1+3e^{2x-3z}}$, $\dfrac{\partial z}{\partial y}=\dfrac{2}{1+3e^{2x-3z}}.$

3. $\dfrac{\partial z}{\partial x}=\dfrac{yz-\sqrt{xyz}}{\sqrt{xyz}-xy}$, $\dfrac{\partial z}{\partial y}=\dfrac{xz-2\sqrt{xyz}}{\sqrt{xyz}-xy}.$

4. $dz=\dfrac{1+(x-1)e^{z-y-x}}{1+xe^{z-y-x}}dx+dy.$

5. $f_x(0,1,-1)=1.$

6. $\dfrac{\partial^2 z}{\partial x\partial y}=\dfrac{e^z}{(1+x-z)^3}.$

7. $\dfrac{\partial^2 z}{\partial x\partial y}=\dfrac{z(z^4-2xyz^2-x^2y^2)}{(z^2-xy)^3}.$

10. (1) $\dfrac{dy}{dx}=-\dfrac{x(1+6z)}{y(2+6z)}$, $\dfrac{dz}{dx}=\dfrac{x}{1+3z}$;

(2) $\dfrac{\partial u}{\partial x}=\dfrac{f_2'g_1'+uf_1'(2vyg_2'-1)}{f_2'g_1'-(xf_1'-1)(2vyg_2'-1)}$, $\dfrac{\partial v}{\partial x}=\dfrac{(1-xf_1')g_1'-uf_1'g_1'}{f_2'g_1'-(xf_1'-1)(2vyg_2'-1)}$;

(3) $\dfrac{\partial u}{\partial x}=\dfrac{\sin v}{e^u(\sin v-\cos v)+1}$, $\dfrac{\partial u}{\partial y}=\dfrac{-\cos v}{e^u(\sin v-\cos v)+1}$,

$\dfrac{\partial v}{\partial x}=\dfrac{\cos v-e^u}{u[e^u(\sin v-\cos v)+1]}$, $\dfrac{\partial v}{\partial y}=\dfrac{\sin v+e^u}{u[e^u(\sin v-\cos v)+1]}$;

(4) $\dfrac{\partial z}{\partial x}=\dfrac{2(u\cos v-v\sin v)}{e^u}$, $\dfrac{\partial z}{\partial y}=\dfrac{2(v\cos v+u\sin v)}{e^u}.$

习　题　9.6

1. (1) 切线方程为 $\dfrac{x-\left(\frac{\pi}{2}-1\right)}{1}=\dfrac{y-1}{1}=\dfrac{z-2\sqrt{2}}{\sqrt{2}}$,法平面方程为 $x+y+\sqrt{2}z=\dfrac{\pi}{2}+4$;

(2) 切线方程为 $2(x-1)=y-1=4(2z-1)$,法平面方程为 $8x+16y+2z=25$;

(3) 切线方程为 $\dfrac{x-1}{1}=\dfrac{y-1}{0}=\dfrac{z-1}{-1}$,法平面方程为 $x-z=0$.

2. $(-1,1,-1)$ 或 $\left(-\dfrac{1}{3},\dfrac{1}{9},-\dfrac{1}{27}\right)$.

3. (1) 切平面方程为 $64x+9y-z-102=0$,法线方程为 $\dfrac{x-2}{64}=\dfrac{y-1}{9}=\dfrac{z-35}{-1}$;

(2) 切平面方程为 $x+2y-4=0$,法线方程为 $\begin{cases}\dfrac{x-2}{1}=\dfrac{y-1}{2},\\ z=0.\end{cases}$

4. $2x+4y-z-5=0.$

5. $4x-2y-3z-3=0.$

6. $\dfrac{x+3}{1}=\dfrac{y+1}{3}=\dfrac{z-3}{1}.$

习　题　9.7

1. $1+2\sqrt{3}.$

2. $\dfrac{98}{13}.$

3. $\dfrac{\sqrt{3}}{3}.$

4. $\dfrac{\sqrt{2}}{3}.$

5. $\dfrac{1}{ab}\sqrt{2(a^2+b^2)}.$

6. $\dfrac{6\sqrt{14}}{7}.$

7. $\dfrac{11}{7}.$

8. $x_0+y_0+z_0.$

9. (1) $\mathbf{grad}\,z=\left(-\dfrac{2x}{a^2},-\dfrac{2y}{b^2}\right)$; (2) $\mathbf{grad}\,u\big|_{(1,1,1)}=(11,9,5).$

习　题　9.8

1. (1) 函数 $f(x,y)$ 在点 $(2,-2)$ 处取得极大值 $f(2,-2)=8$；

(2) 函数 $f(x,y)$ 在点 $(1,1)$ 处取得极小值 $f(1,1)=-2$，在点 $(-1,-1)$ 处取得极小值 $f(-1,-1)=-2$；

(3) 函数 $f(x,y)$ 在点 $\left(\dfrac{1}{2},-1\right)$ 处取得极小值 $f\left(\dfrac{1}{2},-1\right)=-\dfrac{\mathrm{e}}{2}$；

(4) 函数 $f(x,y)$ 在点 $\left(\dfrac{a^2}{b},\dfrac{b^2}{a}\right)$ 处取得极小值 $f\left(\dfrac{a^2}{b},\dfrac{b^2}{a}\right)=3ab$.

2. (1) 极大值为 $f\left(\dfrac{1}{2},\dfrac{1}{2}\right)=\dfrac{1}{4}$；

(2) 最大值为 $f_{\max}=f\left(\dfrac{1}{3},-\dfrac{2}{3},\dfrac{2}{3}\right)=3$，最小值为 $f_{\min}=f\left(-\dfrac{1}{3},\dfrac{2}{3},-\dfrac{2}{3}\right)=-3$；

(3) 最大值为 $f_{\max}=f(-2,-2,8)=72$，最小值为 $f_{\min}=f(1,1,2)=6$.

3. 最远的点为 $(-5,-5,-5)$，距离为 5；最近的点为 $(1,1,1)$，距离为 1.

4. 直角边长均为 $\dfrac{l}{\sqrt{2}}$ 的等腰直角三角形的周长最长.

5. 矩形的长为 $\dfrac{2}{3}p$，宽为 $\dfrac{1}{3}p$.

6. 最大值为 $d_{\max}=d\left(\dfrac{-1-\sqrt{3}}{2},\dfrac{-1-\sqrt{3}}{2},2+\sqrt{3}\right)=\sqrt{9+5\sqrt{3}}$，

最小值为 $d_{\min}=d\left(\dfrac{-1+\sqrt{3}}{2},\dfrac{-1+\sqrt{3}}{2},2-\sqrt{3}\right)=\sqrt{9-5\sqrt{3}}$.

7. 最大值为 $f_{\max}=f(0,2)=8$，最小值为 $f_{\min}=f(0,0)=0$.

习　题　10.1

1. (1) $\displaystyle\iint_{x+y\leqslant1,x\geqslant0,y\geqslant0}(1-x-y)\mathrm{d}\sigma$ 或 $\displaystyle\iiint_{x+y+z\leqslant1,x\geqslant0,y\geqslant0,z\geqslant0}\mathrm{d}v$；　(2) $\displaystyle\iint_{x^2+y^2\leqslant8}\left[4-\dfrac{1}{2}(x^2+y^2)\right]\mathrm{d}\sigma$.

2. 因 $\ln(x^2+y^2)<0$，故 $\displaystyle\iint_{D}\ln(x^2+y^2)\mathrm{d}\sigma<0$.

3. (1) 0；　(2) 0；　(3) $\dfrac{2\pi}{3}$；　(4) $\dfrac{1}{3}\pi h^3$；　(5) 4π；　(6) 0.

4. (1) $\dfrac{100}{51}\leqslant\displaystyle\iint_{|x|+|y|\leqslant10}\dfrac{\mathrm{d}\sigma}{100+\cos^2 x+\cos^2 y}\leqslant2$；　(2) $\dfrac{\pi}{6}\leqslant\displaystyle\iiint_{\Omega}(1+x+y)^z\mathrm{d}v\leqslant\dfrac{\pi}{2}$.

5. (1) $\displaystyle\iint_{D}\sin^2(x+y)\mathrm{d}\sigma\leqslant\iint_{D}(x+y)^2\mathrm{d}\sigma$；　(2) $\displaystyle\iiint_{\Omega}(x+y+z)^2\mathrm{d}v\geqslant\iiint_{\Omega}(x+y+z)^3\mathrm{d}v$.

习　题　10.2

1. (1) $\displaystyle\int_{1}^{\sqrt{2}}\mathrm{d}y\int_{1}^{y^2}f(x,y)\mathrm{d}x+\int_{\sqrt{2}}^{2}\mathrm{d}y\int_{1}^{2}f(x,y)\mathrm{d}x$；　(2) $\displaystyle\int_{0}^{2}\mathrm{d}y\int_{\sqrt{2y}}^{\sqrt{8-y^2}}f(x,y)\mathrm{d}x$.

2. $\dfrac{1}{\sqrt{e}}$.　　　**3.** $\dfrac{9}{4}$.　　　**4.** $\dfrac{45}{4}$.　　**5.** $\dfrac{46}{15}$.　　**6.** $\dfrac{e}{2}-1$.

7. $\dfrac{4}{3}$.　　　**8.** $f(x,y)=\sqrt{1-x^2-y^2}-\dfrac{1}{6}\left(\dfrac{\pi}{2}-\dfrac{2}{3}\right)$.

9. (1) $-6\pi^2$;　(2) $\dfrac{\pi}{2}$;　(3) $\dfrac{a^4}{2}$;　(4) $\dfrac{3\pi^2}{64}$.

10. $\dfrac{\pi^5}{40}$.　　**11.** $\dfrac{7\pi}{6}$.　　**12.** $a^2\left(2+\dfrac{\pi}{4}\right)$.　　　**13. 提示**　交换积分次序.

习　题　10.3

1. (1) $\dfrac{\pi^2}{16}-\dfrac{1}{2}$;　(2) $\dfrac{7\pi}{3}$;　(3) 8π;　(4) $\dfrac{1}{192}$;　(5) $\dfrac{1}{364}$;　(6) 0.

2. (1) 0;　　(2) $\dfrac{7\pi}{12}$;　(3) $\dfrac{8a^2}{9}$;　(4) 336π.

3. (1) $\dfrac{7\pi}{6}$;　　(2) $\dfrac{64\pi}{9}$;　(3) $\dfrac{\pi}{16}(e^{16}-e)$.

4. (1) $\dfrac{5}{12}\pi r^3$;　(2) 81π;　(3) $\dfrac{55}{6}$.

5. $k\pi R^4$(k 为比例常数).　　**6.** $27:37$.

习　题　10.4

1. (1) $\dfrac{\pi^2}{2}$;　(2) $\dfrac{1}{2}(e-1)$;　(3) $\dfrac{4}{3}\pi(a+b+c)R^3$;　(4) $\dfrac{1}{2}\pi ab$;　(5) $\dfrac{2}{15}\pi ab^3$.

2. (1) $2\pi\displaystyle\int_0^1 f(r)r\,dr$;　　　(2) $\displaystyle\int_{-1}^1 f(u)\,du$;　　　(3) $\dfrac{1}{2}\displaystyle\int_1^4 \dfrac{f(u)}{u}\,du$.

3. $\dfrac{b^2-a^2}{2}\left(\dfrac{1}{1+\alpha}-\dfrac{1}{1+\beta}\right)$.

习　题　10.5

1. (1) $\dfrac{7}{2}$;　(2) $\dfrac{2\pi a^2}{3}(2\sqrt{2}-1)$;　(3) $\dfrac{16\pi}{3}$;　(4) $\sqrt{2}\pi$;　(5) $16R^2$(R 为底圆的半径).

2. (1) $\left(0,\dfrac{4}{3\pi}b\right)$;　(2) $\left(\dfrac{5}{6}a,\dfrac{16}{9\pi}a\right)$;　(3) $\left(-\dfrac{1}{2}a,\dfrac{8}{5}a\right)$.

3. (1) $\left(0,0,\dfrac{2}{3}\right)$;　　(2) $\left(\dfrac{1}{4},\dfrac{1}{8},-\dfrac{1}{4}\right)$;　　(3) $\left(0,0,\dfrac{3(b^4-a^4)}{8(b^3-a^3)}\right)$.

4. (1) $\dfrac{368}{105}$;　　(2) $I_y=\dfrac{1}{4}\pi a^3 b$;　　(3) $I_x=\dfrac{1}{44},I_y=\dfrac{1}{36}$;　(4) $I_x=\dfrac{\mu a^4}{4}\left(\dfrac{\pi}{4}-\dfrac{2}{3}\right)$;

　　(5) $I_x=\dfrac{\mu\pi h}{2}(b^4-a^4)+\dfrac{2\mu\pi h^3}{3}(b^2-a^2)$, $I_z=\mu\pi h(b^4-a^4)$.

5. 体积为 $\dfrac{8}{3}a^4$, 质心为点 $\left(0,0,\dfrac{7}{15}a^2\right)$, 转动惯量为 $\dfrac{112}{45}\mu a^6$.

部分习题参考答案与提示

6. $F=(F_x,F_y)$,其中 $F_x=0$,$F_y=\dfrac{\pi}{2}km(b-a)$.

习 题 11. 1

1. (D). **2.** (D). **3.** π. **4.** $e^a\left(2+\dfrac{\pi}{4}a\right)-2$. **5.** 9. **6.** $\sqrt{3}$.

7. $\left(0,\dfrac{2R}{\pi}\right)$. **8.** $R^3(\alpha-\sin\alpha\cos\alpha)$. **9.** $9+\dfrac{15}{4}\ln5$.

习 题 11. 2

1. -2. **2.** $-\dfrac{\pi}{2}a^3$. **3.** -4. **4.** $\dfrac{k}{2}(a^2-b^2)$(k 为比例常数).

5. $-\dfrac{87}{4}$. **6.** $\displaystyle\int_L\left[2\sqrt{x}P(x,y)+Q(x,y)\right]\dfrac{\mathrm{d}s}{\sqrt{1+4x}}$.

习 题 11. 3

1. (A). **2.** (1) $-\dfrac{a^4\pi}{2}$; (2) 0; (3) $\sin1+e-1$. **3.** $\pi+1$. **4.** $\dfrac{3}{8}\pi a^2$.

5. (1)0; (2) 2π. **6.** $\dfrac{1}{2}$. **7.** $\dfrac{1}{2}(x^2+y^2)+2xy+C$. **8.** $x^y=C$.

习 题 11. 4

1. $4\sqrt{61}$. **2.** $\dfrac{32\sqrt{2}}{9}$. **3.** $2\pi a\ln\dfrac{a}{h}$. **4.** π. **5.** $\dfrac{2\pi}{15}(6\sqrt{3}+1)$. **6.** $2\pi\mu a^3b$.

习 题 11. 5

1. (1) a^4; (2) 24; (3) $\dfrac{2}{15}$; (4) $\dfrac{1}{4}abc^2\pi$; (5) -2π; (6) $\dfrac{1}{8}$; (7) 0; (8) 8π.

2. $\dfrac{32\pi}{3}$.

习 题 11. 6

1. $-\dfrac{\pi}{2}$. **2.** (1) 0; (2) 128π. **3.** $\dfrac{7\pi}{2}$. **4.** 34π. **6.** $\dfrac{32\pi}{15}$.

7. 0. **8.** $\dfrac{2}{x^2+y^2+z^2}$.

习 题 11. 7

1. $-4\sqrt{2}\pi$. **2.** $-\dfrac{9}{2}a^3$. **3.** -24. **4.** 0. **5.** 0.

习 题 12.1

1. (1) $s_n = \dfrac{1 - \left(-\dfrac{1}{\sqrt{3}}\right)^n}{\sqrt{3}+1}$；　(2) $s_n = \dfrac{n}{4n+4}$；　(3) $s_n = \dfrac{\sin\dfrac{2n+1}{12}\pi - \sin\dfrac{\pi}{12}}{2\sin\dfrac{\pi}{12}}$.

2. (1) 发散；　(2) 发散；　(3) $0 < a \leqslant 1$ 时发散，$a > 1$ 时收敛；　(4) 收敛.

3. (1) 发散；　(2) 发散；　(3) 收敛；　(4) 发散.

4. (1) $-\sqrt{2}+1$；　(2) $-\ln 2$；　(3) $\dfrac{3}{2}$.

习 题 12.2

1. (1) 发散；　(2) 收敛；　(3) 收敛；　(4) 收敛；　(5) $0 < a \leqslant 1$ 时发散，$a > 1$ 时收敛；
　(6) 收敛；　(7) 发散；　(8) 收敛.

2. (1) 收敛；　(2) 发散；　(3) 收敛；　(4) 收敛；　(5) $|q| \geqslant 1$ 时发散，$|q| < 1$ 时收敛.

3. (1) 收敛；　(2) 收敛.

4. (1) 收敛；　(2) 发散；　(3) 收敛；　(4) $0 < x < \dfrac{\pi}{2}$ 及 $\dfrac{\pi}{2} < x < \pi$ 时收敛，$x = \dfrac{\pi}{2}$ 时发散.

5. (1) 收敛；　(2) $0 < a < 1$ 时收敛，$a \geqslant 1$ 时发散；　(3) 收敛；　(4) 收敛；
　(5) 收敛；　(6) $0 < a \leqslant 1$ 时发散，$a > 1$ 时收敛.

7. (1) 绝对收敛；　(2) 条件收敛；　(3) 条件收敛；　(4) 绝对收敛；　(5) 条件收敛；　(6) 发散.

习 题 12.3

1. (1) 收敛半径为 $R=1$，收敛域为 $[-1,1]$；　(2) 收敛半径为 $R=+\infty$，收敛域为 $(-\infty,+\infty)$；

　(3) 收敛半径为 $R=1$，收敛域为 $[-1,1)$；　(4) 收敛半径为 $R=\dfrac{1}{2}$，收敛域为 $\left[-\dfrac{1}{2}, \dfrac{1}{2}\right]$；

　(5) 收敛半径为 $R=1$，收敛域为 $(-1,1)$；　(6) 收敛半径为 $R=\dfrac{1}{2}$，收敛域为 $\left[-\dfrac{3}{2}, -\dfrac{1}{2}\right)$；

　(7) 收敛半径为 $R=5$，收敛域为 $(-1,9)$；　(8) 收敛半径为 $R=1$，收敛域为 $[-1,1]$.

2. (1) $s(x) = \dfrac{x}{1-x} - \ln(1-x)$，$-1 \leqslant x < 1$；

　(2) $s(x) = \dfrac{2x}{(1-x)^3}$，$-1 < x < 1$；

　(3) $s(x) = \begin{cases} 1 + \dfrac{1-x}{x}\ln(1-x), & x \in [-1,0) \bigcup (0,1), \\ 0, & x=0; \end{cases}$

　(4) $s(x) = (2x^2+1)\mathrm{e}^{x^2}$，$-\infty < x < +\infty$；

　(5) $s(x) = \dfrac{x}{(1-x)^2} + \dfrac{2}{2-x}$，$-1 < x < 1$；

部分习题参考答案与提示

(6) $s(x) = \dfrac{1}{4}\ln\dfrac{1+x}{1-x} + \dfrac{1}{2}\arctan x - x, \ -1 < x < 1.$

3. (1) 3e;　(2) 8.

习　题　12.4

1. (1) $\cos x = \displaystyle\sum_{n=0}^{\infty} \dfrac{(-1)^n}{(2n)!} x^{2n}, \ -\infty < x < +\infty;$

(2) $2^x = \displaystyle\sum_{n=0}^{\infty} \dfrac{\ln^n 2}{n!} x^n, \ -\infty < x < +\infty.$

2. (1) $\text{ch}x = \displaystyle\sum_{n=0}^{\infty} \dfrac{x^{2n}}{(2n)!}, \ -\infty < x < +\infty;$

(2) $\dfrac{1}{\sqrt{1+x^2}} = 1 + \displaystyle\sum_{n=1}^{\infty} (-1)^n \dfrac{(2n-1)!!}{(2n)!!} x^{2n}, \ -1 \leqslant x \leqslant 1;$

(3) $\cos^2 x = 1 + \displaystyle\sum_{n=1}^{\infty} (-1)^n \dfrac{2^{2n-1}}{(2n)!} x^{2n}, \ -\infty < x < +\infty;$

(4) $\ln(3+x) = \ln 3 + \displaystyle\sum_{n=1}^{\infty} (-1)^{n-1} \dfrac{x^n}{3^n n}, \ -3 < x \leqslant 3;$

(5) $\ln(x + \sqrt{1+x^2}) = x + \displaystyle\sum_{n=1}^{\infty} (-1)^n \dfrac{(2n-1)!!}{(2n+1)(2n)!!} x^{2n+1}, \ -1 \leqslant x \leqslant 1;$

(6) $\arcsin x = x + \displaystyle\sum_{n=1}^{\infty} \dfrac{(2n-1)!!}{(2n+1)(2n)!!} x^{2n+1}, \ -1 < x < 1.$

3. (1) $\dfrac{1}{2x+3} = \displaystyle\sum_{n=0}^{\infty} (-1)^n \dfrac{2^n}{5^{n+1}} (x-1)^n, \ x \in \left(-\dfrac{3}{2}, \dfrac{7}{2}\right);$

(2) $\ln x = \ln 2 + \displaystyle\sum_{n=1}^{\infty} (-1)^{n-1} \dfrac{1}{2^n n} (x-2)^n, \ x \in (0, 4];$

(3) $\cos x = \dfrac{\sqrt{2}}{2} \displaystyle\sum_{n=0}^{\infty} (-1)^n \left[\dfrac{1}{(2n)!}\left(x - \dfrac{\pi}{4}\right)^{2n} - \dfrac{1}{(2n+1)!}\left(x - \dfrac{\pi}{4}\right)^{2n+1}\right], \ x \in (-\infty, +\infty);$

(4) $\dfrac{1}{x^2 - 2x - 3} = -\displaystyle\sum_{n=0}^{\infty} \dfrac{1}{4^{n+1}} (x-1)^{2n}, \ x \in (-1, 3).$

4. $f(x) = \displaystyle\sum_{n=0}^{\infty} (x^{3n} - x^{3n+1}) \ (-1 < x < 1), \ f^{(100)}(0) = -100!.$

5. $\cos 1° \approx 0.999\,847\,7,$ 误差 $|r| \leqslant 3.9258 \times 10^{-14}.$

6. 2.004 30.　　**7.** (1) 0.4940;　(2) 0.487.

习　题　12.5

1. (1) $f(x) = -\pi + 6 \displaystyle\sum_{n=1}^{\infty} \dfrac{(-1)^{n-1}}{n} \sin nx \ (x \neq (2n+1)\pi, n = 0, \pm1, \pm2, \cdots);$

(2) $f(x) = \dfrac{e^{2\pi} - e^{-2\pi}}{\pi} \left[\dfrac{1}{4} + \displaystyle\sum_{n=1}^{\infty} \dfrac{(-1)^n}{n^2 + 4} (2\cos nx - n\sin nx)\right]$

$\qquad (x \neq (2n+1)\pi, \ n = 0, \pm1, \pm2, \cdots);$

(3) $f(x) = \frac{1}{6}\pi^2 + \sum_{n=1}^{\infty} \left\{ \frac{2(-1)^n}{n^2}\cos nx + \left\{ \frac{2}{\pi} \cdot \frac{n^2-1}{n^3}[(-1)^n - 1] - \frac{(-1)^n}{n}\pi \right\}\sin nx \right\}$

$\quad (x \neq (2n+1)\pi, n = 0, \pm1, \pm2, \cdots)$;

(4) $f(x) = \frac{b-a}{4}\pi + \sum_{n=1}^{\infty} \left\{ \frac{[1-(-1)^n](a-b)}{n^2\pi}\cos nx + \frac{(-1)^{n-1}(a+b)}{n}\sin nx \right\}$

$\quad (x \neq (2n+1)\pi, n = 0, \pm1, \pm2, \cdots)$.

2. $s\left(\frac{5\pi}{2}\right) = \frac{\pi^3}{8}$, $s(5\pi) = 0$.

3. (1) $f(x) = \frac{2}{\pi} + \frac{4}{\pi}\sum_{n=1}^{\infty} \frac{(-1)^{n-1}}{4n^2-1}\cos nx$, $x \in [-\pi, \pi]$;

(2) $f(x) = \frac{\pi}{2} - \frac{4}{\pi}\sum_{n=1}^{\infty} \frac{\cos(2n-1)x}{2n-1}$, $x \in [-\pi, \pi]$;

(3) $f(x) = \frac{4}{3}\pi^2 + 4\sum_{n=1}^{\infty} \left(\frac{\cos nx}{n^2} - \frac{\pi\sin nx}{n} \right)$, $x \in [-\pi, \pi]$;

(4) $f(x) = \frac{2}{\pi}\sum_{n=1}^{\infty} \left[(-1)^{n-1}\frac{\pi}{n} + \frac{\pi}{n}\cos\frac{n\pi}{2} - \frac{2}{n^2}\sin\frac{n\pi}{2} \right]\sin nx$,

$\quad x \in \left(-\pi, -\frac{\pi}{2} \right) \cup \left(-\frac{\pi}{2}, \frac{\pi}{2} \right) \cup \left(\frac{\pi}{2}, \pi \right)$.

4. (1) $f(x) = \frac{2}{\pi}\sum_{n=1}^{\infty} \frac{1-(\pi+1)(-1)^n}{n}\sin nx$, $0 < x < \pi$;

$\quad f(x) = \frac{\pi}{2} + 1 - \frac{4}{\pi}\sum_{n=1}^{\infty} \frac{\cos(2n-1)x}{(2n-1)^2}$, $0 \leqslant x \leqslant \pi$;

(2) $f(x) = 4\sum_{n=1}^{\infty} \left\{ \frac{(-1)^{n-1}\pi}{n} + \frac{2}{n^3\pi}[(-1)^n - 1] \right\}\sin nx$, $0 \leqslant x < \pi$;

$\quad f(x) = \frac{2}{3}\pi^2 + 8\sum_{n=1}^{\infty} \frac{(-1)^n}{n^2}\cos nx$, $0 \leqslant x \leqslant \pi$.

5. $\tilde{a}_n = a_n\cos na + b_n\sin na$, $n = 0, 1, 2, \cdots$;

$\quad \tilde{b}_n = -a_n\sin na + b_n\cos na$, $n = 1, 2, \cdots$.

习　题　12.6

1. $f(x) = \frac{11}{12} + \frac{1}{\pi^2}\sum_{n=1}^{\infty} \frac{(-1)^{n-1}}{n^2}\cos 2n\pi x$, $-\infty < x < +\infty$.

2. $f(x) = \begin{cases} x, & -1 \leqslant x \leqslant 0, \\ x+1, & 0 \leqslant x \leqslant 1 \end{cases} = \frac{1}{2} + \frac{1}{\pi}\sum_{n=1}^{\infty} \frac{3(-1)^{n-1}+1}{n}\sin n\pi x$, $x \neq 0, \pm1, \pm2, \cdots$.

3. $f(x) = -\frac{1}{2} + \frac{6}{\pi}\sum_{n=1}^{\infty} \left[\frac{1-(-1)^n}{n^2\pi}\cos\frac{n\pi}{3} + \frac{(-1)^{n-1}}{n}\sin\frac{n\pi}{3} \right]$, $x \neq 6k+3, k = 0, \pm1, \pm2, \cdots$.

4. $f(x) = \frac{1}{2}\sin\frac{\pi x}{2} + \frac{4}{\pi}\sum_{n=1}^{\infty} (-1)^{n-1}\frac{n}{4n^2-1}\sin n\pi x$, $x \neq \pm1, \pm3, \pm5, \cdots$;

$\quad f(x) = \frac{1}{\pi} + \frac{1}{\pi}\cos\frac{\pi x}{2} - \frac{2}{\pi}\sum_{n=2}^{\infty} \left(\frac{1}{n^2-1} + \frac{n}{n^2-1}\cos\frac{n+1}{2}\pi \right)\cos\frac{n\pi x}{2}$, $x \neq \pm1, \pm3, \pm5, \cdots$.

部分习题参考答案与提示

5. $f(x) = \dfrac{2al}{\pi^2} \sum\limits_{n=1}^{\infty} \dfrac{(-1)^{n-1}}{(2n-1)^2} \sin\dfrac{(2n-1)\pi x}{l}$, $0 \leqslant x \leqslant l$;

$f(x) = \dfrac{al}{8} - \dfrac{al}{\pi^2} \sum\limits_{n=1}^{\infty} \dfrac{1}{(2n-1)^2} \cos\dfrac{2(2n-1)\pi x}{l}$, $0 \leqslant x \leqslant l$.